Altium Designer 电路设计
20 例详解

周润景　刘　波　编著

北京航空航天大学出版社

内 容 简 介

本书以 Altium 公司最新开发的软件 Altium Designer 16 版本为平台,结合应用实例,按照实际的设计步骤讲解电子设计的过程,包括设计题目、设计任务、设计方案、PCB 版图、实物照片、元器件清单、习题、注意事项及程序代码。随书配有电子资料包,以方便读者学习。

本书适合从事 PCB 设计的工程技术人员阅读,也可作为高等院校相关专业和相关职业培训的教学用书。

图书在版编目(CIP)数据

Altium Designer 电路设计 20 例详解 / 周润景,刘波编著. -- 北京 :北京航空航天大学出版社,2017.7
ISBN 978 - 7 - 5124 - 2442 - 5

Ⅰ. ①A… Ⅱ. ①周… ②刘… Ⅲ. ①印刷电路—计算机辅助设计—应用软件 Ⅳ.①TN410.2

中国版本图书馆 CIP 数据核字(2017)第 127836 号

Altium Designer 电路设计 20 例详解
周润景　刘　波　编著
责任编辑　冯　颖
*
北京航空航天大学出版社出版发行

北京市海淀区学院路 37 号(邮编 100191)　http://www.buaapress.com.cn
发行部电话:(010)82317024　传真:(010)82328026
读者信箱: emsbook@buaacm.com.cn　邮购电话:(010)82316936
涿州市新华印刷有限公司印装 各地书店经销
*
开本:710×1 000　1/16　印张:36.5　字数:821 千字
2017 年 8 月第 1 版　2017 年 8 月第 1 次印刷　印数:3 000 册
ISBN 978 - 7 - 5124 - 2442 - 5　定价:79.00 元

前　言

  Protel 是当今优秀的 EDA 软件之一，而 Altium Designer 16 是现在最新版本的 Protel 软件。将 Protel 升级到 Altium Designer 主要有以下几点原因：① Altium Designer 提供了解决布线难题的新工具（差分对布线工具、灵巧交互式布线工具）；② Altium Designer 提供了更高级的元件库管理工具；③ Altium Designer 提供了更强大的电路仿真功能；④Altium Designer 还提供了一些更高效的操作技巧（智能粘贴、自动标注等）。

  编写本书的主要目的是：使读者熟悉 Altium Designer 的设计环境；了解 Altium Designer 的功能特性；快速掌握并熟练使用 Altium Designer 绘制 PCB 版图。全书共有 20 个实例，均为科研项目电路或电子设计竞赛常用电路。这 20 个实例分为测量电路实例、驱动电路实例、电源电路实例和综合控制电路实例。测量电路实例包括频率测量电路、数字电压表设计、心电信号检测与显示电路、基于无线传感网的脉搏感测系统设计和血压测量电路设计，共 5 个实例；驱动电路实例包括步进电机控制电路、LED 点阵驱动电路、有刷直流电机驱动电路和无刷直流电机驱动电路，共 4 个实例；电源电路实例包括可调式恒流源充电电路和智能稳压电源设计，共 2 个实例；综合控制电路实例包括声光电子琴、数字时钟电路、基于单片机的公交车自动报站器、声光控窗帘、基于模糊控制的温度控制电路、遥控小车、舞蹈机器人设计、消防灭火小车电路设计和智能小车，共 9 个实例。这 20 个实例由易到难、循序渐进、相辅相成。每个实例都包括了原理图设计、元件库绘制、元件布局、布线、规则设置及检查等完整的 PCB 设计过程。本书提供所有案例的源代码，读者可以到 http://www.buaapress.com.cn 的"下载专区"免费下载。

  通过学习本书，读者不仅可以对 PCB 设计有一个全面的了解，还可以在创建元件库时选用不同的绘制方法。比如，规则的元件采用元器件向导的方式创建；半规则的元件采用元器件向导与手动修改相结合的方式创建；不规则的元件采用手动绘制的方式创建。各章内容连贯，适合初学者阅读。通过 20 个实例的绘制，读者可以逐步掌握元件布局和布线的相关技巧和方法，为以后的电子设计之路打下良好的基础。

  本书具有以下特色：

  1. 注重系统性。本书将软件操作与电路设计技术有机地结合在一起，使学生能够更全面地学习和掌握 PCB 设计的整个过程。

2. 注重实用性。本书所提供的电路设计实例均采用图文并茂的方式来讲解,克服了空洞的纯文字描述的缺点。

3. 注重先进性。本书介绍的是 Altium 公司开发的最新技术,并将之应用于电路设计。通过学习其提供的相关新技术和新方法,读者可大大提高设计质量与设计效率。

4. 注重全面性。各章均附有习题、注意事项及程序代码,可使读者更易学习和掌握课程的内容。

本书由周润景、刘波编写,刘波负责第 13 章和第 16 章的编写,其余章节由周润景负责编写,全书由周润景统稿。任自鑫、崔婧、邵绪晨、邵盟、李楠、李艳、南志贤、冯震也参加了本书的编写。全书统稿时,李志、刘艳珍、井探亮、陈萌、邢婧、丁岩、张赫、谢亚楠等提出了宝贵意见,在此一并表示感谢。作者在本书编写期间,查阅了大量的 IC 芯片数据手册(主要参考网站:http://www.szlcsc.com),在此对相关 IC 芯片厂商表示衷心的感谢。

由于作者水平有限,加之时间仓促,书中错误和不足之处在所难免,敬请读者批评指正!

作 者

2017 年 4 月

目 录

第**1**章

声光电子琴

1.1　设计题目与设计任务

　　设计题目:声光电子琴。

　　设计任务:设计一台声光电子琴,使其能在发出 DO、RE、MI、FA、SO、LA、SI 七种不同音调的同时,点亮相应的 LED 灯。

1.2　设计方案

1.2.1　电路设计的总体思路

　　弹奏功能:有七个键,分别代表 DO、RE、MI、FA、SO、LA、SI,采用定时中断计算延时时间来让单片机发出不同频率的声音,单独按下按键蜂鸣器发出相应的音调,点亮相应 LED。那么怎样确定一个频率所对应的定时器的定时值呢? 以 C 调音符 DO 为例:DO 的频率 $f = 523$ Hz,其对应的周期 $T = 1/f = 1/(523 \text{ Hz}) = 1\,912$ μs,通过对端口 P3.4/T0 循环的置位、清 0 来达到输出固定频率波形,对于 DO 频率为 523 Hz,$T = 1\,912$ μs,那么 $t = T/2 = 1\,912/2$ μs $= 956$ μs,所以我们只要在程序中将 P3.4/T0 置为高电平,延时 956 μs,再置为低电平,延时 956 μs,如此循环,就可以得到 523 Hz 频率的声音。这个延时可以用定时器中断来实现。假设单片机晶振频率为 12 MHz,以定时器工作方式 1 来实现定时中断,可以得到定时器/计数器初值为

$$TH = (65536 - 956)/256 = 0\text{xFC}$$
$$TL = (65536 - 956)/256 = 0\text{x}44$$

　　以此类推即可确定各个音符的定时器/计数器的初值,如表 1.1 所列。

表 1.1 音符频率的倍频关系

C 调音符	D0	RE	MZ	FA	SO	LA	SI
频率/Hz	523	586	658	697	783	879	987
TH/TL	FC44	FCAC	FD09	FD34	FD82	FDC8	FE05

1.2.2 系统组成

声光电子琴整个系统主要分为以下四部分：

第一部分：电源电路；

第二部分：单片机最小系统；

第三部分：蜂鸣器驱动电路；

第四部分：按键电路。

整个系统方案的模块框图如图 1.1 所示。

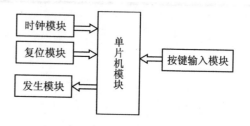

图 1.1 声光电子琴系统模块框图

1.2.3 电路详解

1. 电源电路

P1 为外接端口，为电路提供工作电压，如图 1.2 所示。

2. 单片机最小系统

单片机最小系统包含三部分，分别为时钟电路、复位电路、蜂鸣器驱动电路。

1）时钟电路

晶体振荡器与 AT89C51 的接法如图 1.3 所示，XTAL1 和 XTAL2 接到 12 MHz 的晶体振荡器上，与两个 22 pF 的电容并联，并接低电平。

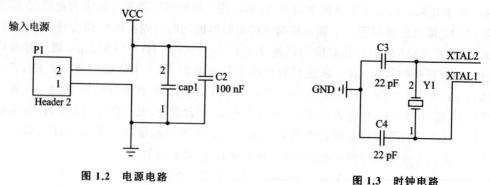

图 1.2 电源电路　　　　　　　　图 1.3 时钟电路

2）复位电路

AT89C51 的复位引脚（RESET）是第九脚，当此引脚连接高电平超过 2 个机器周

期(1 个机器周期包含 12 个时钟脉冲)时,即可产生复位的操作。以 12 MHz 的时钟

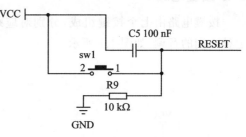

脉冲为例,每个时钟脉冲为 1/12 μs,两个
机器周期为 2 μs。因此,我们可在第九脚
上连接一个 2 μs 以上的高电平脉冲即可
产生复位操作,在此使用的 10 kΩ 电阻、
100 nF电容,其时间常数远大于 1 μs,所以
第九脚上的电压可保持 2 μs 以上的高电
平,足以使系统复位,即电源通电复位电路
自动复位。复位电路如图 1.4 所示。

图 1.4　复位电路

3) LED 驱动电路

LED 为发光二极管的简称,其体积小、耗电低,常被用作微型计算机与数字电路的
输出装置,用以显示信号状态随着通过 LED 的顺向电流的增加,LED 的亮度将更亮,
而 LED 的寿命也将缩短,所以电流以 10～20 mA 为宜。8051 的输入/输出端口都是
漏极开路的输出,其中的 P1～P3 内部有 30 kΩ 的上拉电阻,因此在 LED 旁边串联一
个 510 Ω 的电阻以防止电流过大而烧坏 LED 灯。

LED 驱动电路如图 1.5 所示。

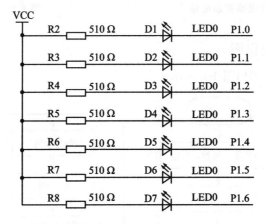

图 1.5　LED 驱动电路

3. 蜂鸣器驱动电路

此处使用的是一个 5 V 无源蜂鸣器。无源蜂鸣器可以理解成与喇叭一样,需要在
其供电端加上高低不断变化的电信号才可以驱动发出声音。对于无源蜂鸣器,驱动其
发出声音的过程较为复杂。因为它本身不带信号源,因此,只是通上电源并不能使其发
出声音,必须要不断地重复通电、断电,才能使其发出声音。我们可以通过编写程序,控
制 T0 口不断地置为高电平—低电平—高电平……,这样蜂鸣器就可以不断地通电、断
电,从而发出声音。通电、断电的时间不同,相当于振荡周期不同,因此可以得到不同频
率的声音,从而发出 DO、RE、MI、FA、SO、LA、SI 七种不同的音调,如图 1.6 所示。

4. 按键电路

按键电路由七个按键组成,分别对应蜂鸣器发出的 DO、RE、MI、FA、SO、LA、SI 七种不同的音调,如图 1.7 所示。

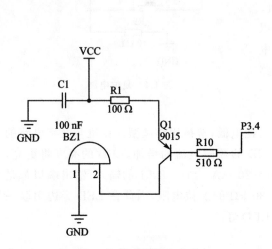

图 1.6 蜂鸣器驱动电路

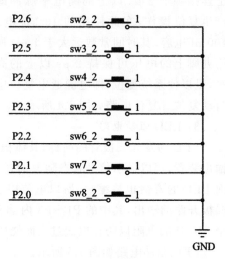

图 1.7 按键电路

5. 单片机程序流程图

单片机程序流程图如图 1.8 所示。

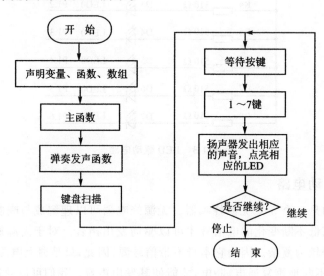

图 1.8 单片机程序流程图

6. 电路整体原理图

电路整体原理图如图 1.9 所示。

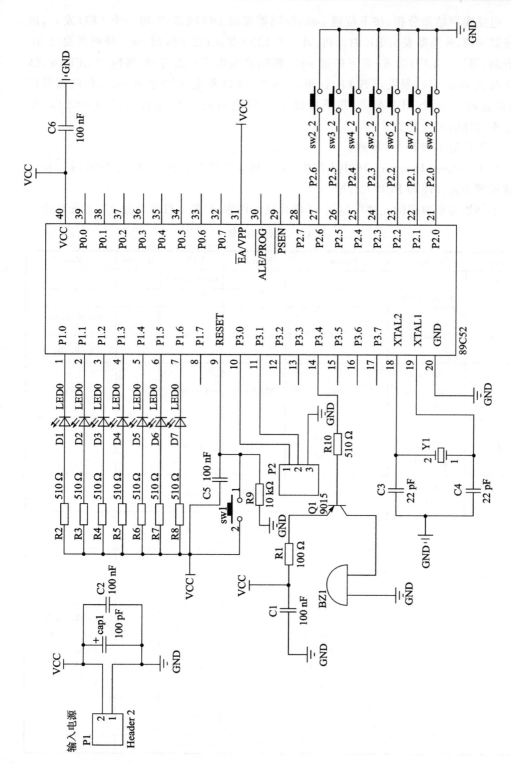

图 1.9 整体电路图

电路实测结果分析：按下按键 sw2，蜂鸣器发出 DO 的音调，第一个 LED 发光；按下按键 sw3，蜂鸣器发出 RE 的音调，第二个 LED 发光；按下按键 sw4，蜂鸣器发出 MI 的音调，第三个 LED 发光；按下按键 sw5，蜂鸣器发出 FA 的音调，第四个 LED 发光；按下按键 sw6，蜂鸣器发出 SO 的音调，第五个 LED 发光；按下按键 sw7，蜂鸣器发出 LA 的音调，第六个 LED 发光；按下按键 sw8，蜂鸣器发出 SI 的音调，第七个 LED 发光。本设计满足设计要求。

元器件清单如表 1.2 所列。

由于 Altium Designer 16 中未提供 51 系列单片机等元件，故绘制 PCB 时需自己创建原理图元件库和 PCB 元件库。

本例所需要自建的元件库包括 51 单片机元件库、晶振元件库和独立按键元件库。

表 1.2　元器件清单

Comment	Description	Designator	Footprint	LibRef	Quantity	Value
89C52		1	89C52	Component_1	1	
Bell	Electrical Bell	BZ1	PIN2	Bell	1	
Cap	Capacitor	C1、C2、C3、C4、C5、C6	RAD－0.3	Cap	6	100 nF，100 nF，22 pF，22 pF，100 nF，100 nF
Cap Pol1	Polarized Capacitor (Radial)	cap1	RB7.6－15	Cap Pol1	1	100 pF
LED0	Typical INFRARED GaAs LED	D1、D2、D3、D4、D5、D6、D7	LED－0	LED0	7	
Header 2	Header，2-Pin	P1	HDR1X2	Header 2	1	
Header 3	Header，3-Pin	P2	HDR1X3	Header 3	1	
9015	PNP General Purpose Amplifier	Q1	TO－92A	2N3906	1	
Res2	Resistor	R1、R2、R3、R4、R5、R6、R7、R8、R9、R10	AXIAL－0.4	Res2	10	100 Ω，510 Ω，510 Ω，510 Ω，510 Ω，510 Ω，510 Ω，510 Ω，10 k Ω，510 Ω
Component_1		sw1、sw2、sw3、sw4、sw5、sw6、sw7、sw8	sw	Component_1	8	
Component_1		Y1	XTAL	Component_1	1	

1.3 电路板布线图(PCB 版图)、实物照片

1.3.1 新建项目工程文件

首先,执行"文件"→"新建"→Project 命令,将新工程项目命名为"声光电子琴",并向其中添加原理图文件和 PCB 文件。然后,执行"文件"→"新建"→"库"→"原理图库"命令,在"声光电子琴"项目中添加 3 个原理图库文件。最后,执行"文件"→"新建"→"库"→"PCB 库"命令,在"声光电子琴"项目中添加 3 个 PCB 库文件。将所有文件重命名,如图 1.10 所示。

1.3.2 绘制元件库

图 1.10 新建"声音光电子琴"项目工程文件

1. 建立 51 单片机元件库

查看 51 单片机的数据手册,封装类型为 PDIP - 40,其尺寸数据参见图 1.11 和表 1.3。

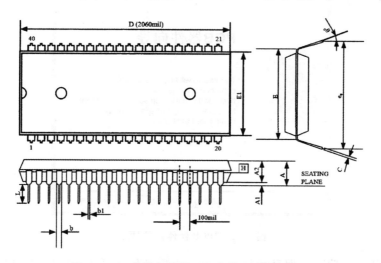

图 1.11 51 单片机数据手册中的尺寸数据截图

进入 89c51.PcbLib 绘制环境中,执行"工具"→"元器件向导"命令,弹出"PCB 器件向导"界面,如图 1.12 所示。

单击"下一步"按钮,进入"器件图案"界面,选择封装形式为 DIP,选择单位为 mil,如图 1.13 所示。

表 1.3　尺寸数据表

UNIT:inch（1 inch＝1 000 mil）

SYMBOLS	DIMENSIONS IN INCH		
	MIN	NOR	MAX
A	—	—	0.190
A1	0.015	—	0.020
A2	0.15	0.155	0.160
C	0.008	—	0.015
D	2.025	2.060	2.070
E	0.600BSC		
E1	0.540	0.545	0.550
L	0.120	0.130	0.140
b1	0.015	—	0.021
b	0.045	—	0.067
e_θ	0.630	0.650	0.690
0	0	7	15

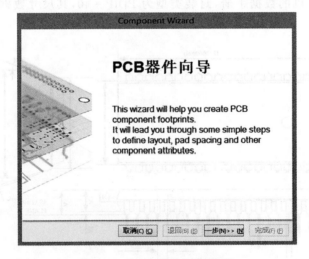

图 1.12　"PCB 器件向导"界面

单击"下一步"按钮，即显示焊盘尺寸。由焊盘尺寸可知：b1 为 51 单片机引脚尺寸，最大值为 21 mil，焊盘孔径略大于引脚尺寸（增加 10%～20% 余量），焊盘外径一般为焊盘孔径的 1.5～2 倍，因此将焊盘孔径设为 25 mil，焊盘外径设为 50 mil，如图 1.14 所示。

单击"下一步"按钮，即可定义焊盘间距。由封装尺寸图可知：51 单片机纵向引脚间距为 100 mil，横向引脚间距为 e_θ，取其典型值 650 mil，如图 1.15 所示。

图 1.13　"器件图案"界面

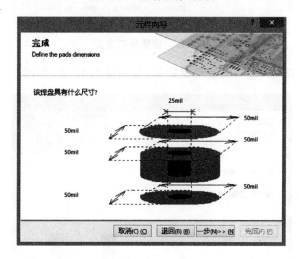

图 1.14　焊盘尺寸

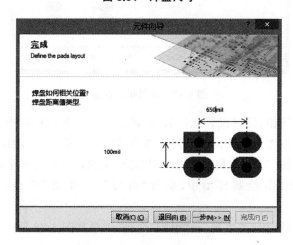

图 1.15　定义焊盘间距

单击"下一步"按钮,即设置外框宽度,选择默认值,如图 1.16 所示。

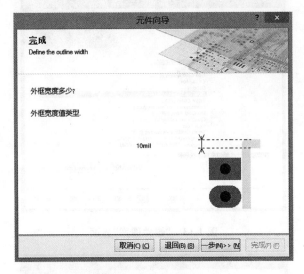

图 1.16   设置外框宽度

单击"下一步"按钮,即可设置焊盘数量,数量设为 40 个,如图 1.17 所示。

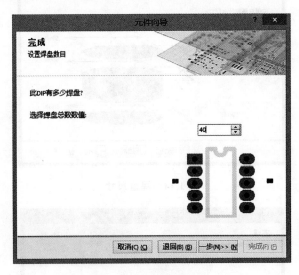

图 1.17   设置焊盘数量

单击"下一步"按钮,即可设置元件名称,将其命名为 89c51,如图 1.18 所示。

单击"下一步"按钮,提示"向导已经具备足够信息完成任务",如图 1.19 所示。

单击"完成"按钮,51 单片机的 PCB 封装已经完成,如图 1.20 所示。

进入 89c51.SchLib 绘制环境中,执行"放置"→"矩形"命令,绘制出的矩形如图 1.21 所示。

矩形绘制完毕后,执行"放置"→"引脚"命令,结果如图 1.22 所示。

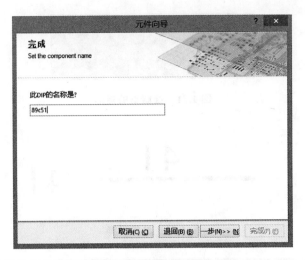

图 1.18　设置元件名称

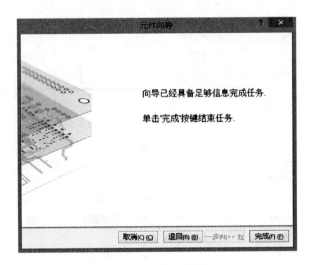

图 1.19　完成界面

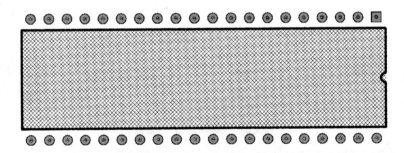

图 1.20　51 单片机的 PCB 封装

按下键盘上的 Tab 键，设置需要放置引脚的属性，参数设置如图 1.23 所示。

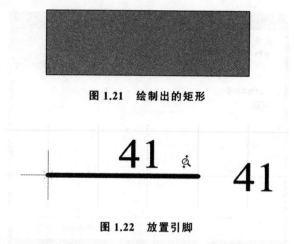

图 1.21 绘制出的矩形

图 1.22 放置引脚

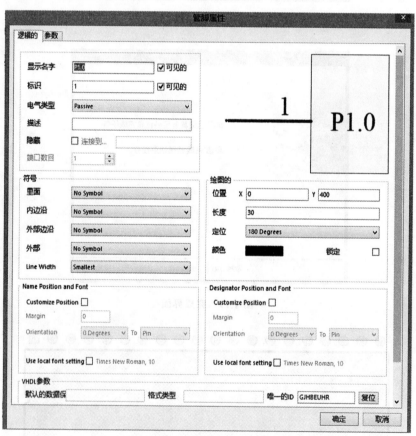

图 1.23 "管脚属性"对话框

其他引脚同样依照此方法设置,89C52 单片机左侧引脚自上而下依次命名为 P1.0、P1.1、P1.2、P1.3、P1.4、P1.5、P1.6、P1.7、RESET、P3.0、P3.1、P3.2、P3.3、P3.4、P3.5、P3.6、P3.7、XTAL2、XTAL1、GND,右侧引脚自下至上依次命名为 P2.0、P2.1、P2.2、

P2.3、P2.4、P2.5、P2.6、P2.7、$\overline{PSEN}$ ALE/$\overline{PROG}$、$\overline{EA}$/VPP、P0.7、P0.6、P0.5、P0.4、P0.3、P0.2、P0.1、P0.0、VCC。40 个引脚放置完成后,如图 1.24 所示。

打开 SCH Library 窗口,如图 1.25 所示。

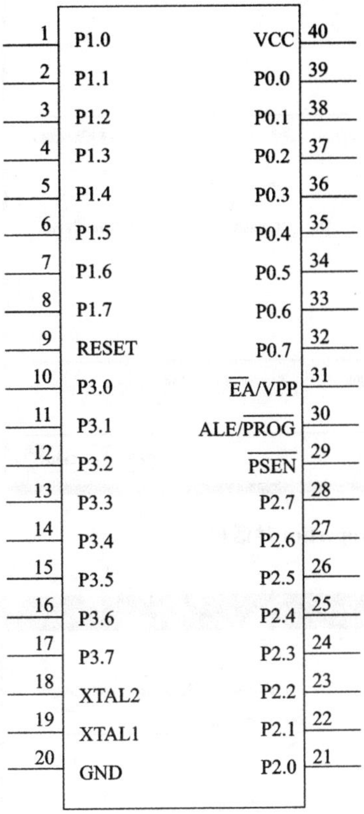

图 1.24 引脚放置完成

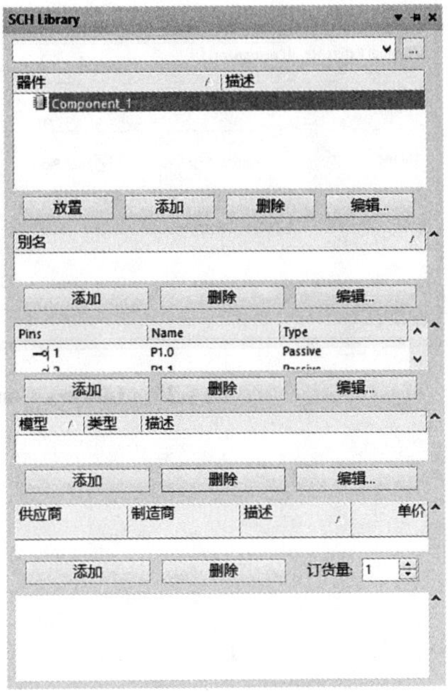

图 1.25 SCH Library 窗口

单击"器件"栏中的"编辑"按钮,弹出 Library Component Properties 对话框,如图 1.26 所示。

单击 Add 按钮,弹出"添加新模型"对话框,选择模型种类为 Footprint,如图 1.27 所示。

单击"添加新模型"对话框中的"确定"按钮,弹出"PCB 模型"对话框,如图 1.28 所示。

单击"PCB 模型"对话框中的"确定"按钮,选择加载已经完成的 89c51.PcbLib 文件到 PCB 文件库,如图 1.29 所示。

单击"浏览库"对话框中的"确定"按钮,返回到"PCB 模型"对话框,在"选择封装"栏中出现封装模型,表示封装模型已经成功加载,如图 1.30 所示。

单击"PCB 模型"对话框中的 in Map 按钮,进入"模型图"对话框,查看原理图元件库的引脚标识与 PCB 元件库的引脚标识是否对应,若不对应则须手动修改,如图 1.31 所示。

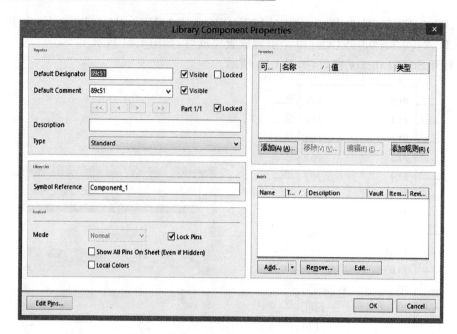

图 1.26 Library Component Properties 对话框

图 1.27 "添加新模型"对话框　　　　　　　**图 1.28 "PCB 模型"对话框**

　　单击"模型图"对话框中的"确定"按钮,返回到"PCB 模型"对话框,然后单击"PCB 模型"对话框中的"确定"按钮,返回到 Library Component Properties 对话框,可见右下角已出现对应封装,如图 1.32 所示。

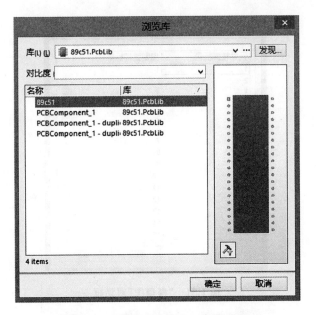

图 1.29　加载 51 单片机 PCB 元件库

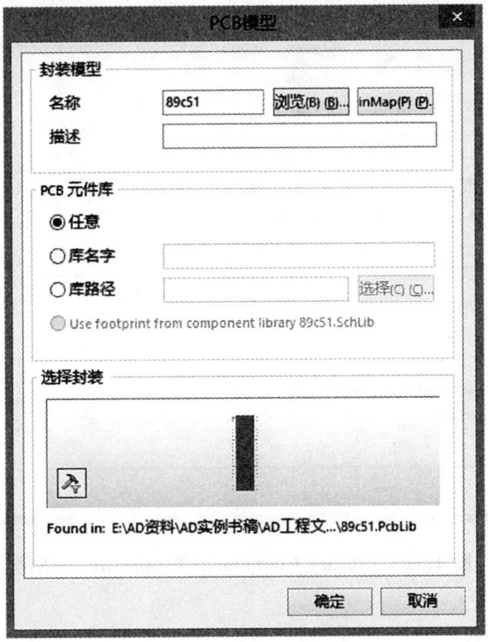

图 1.30　封装模型已成功加载

单击 Library Component Properties 对话框中的"OK"按钮,返回到原理图元件库绘制界面,再次打开 SCH Library 窗口,同样显示模型已加载,如图 1.33 所示。

至此,51 单片机的元件库绘制已经完成。

图 1.31 "模型图"对话框

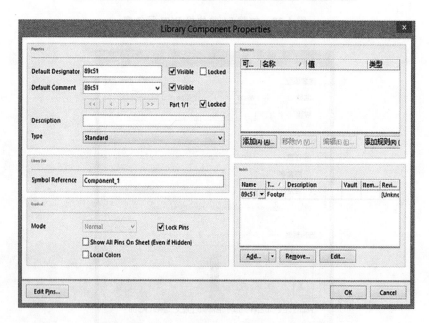

图 1.32 Library Component Properties 对话框

2. 建立晶振元件库

查看晶振的数据手册,具体尺寸数据如图 1.34 所示。

3. 建立微动开关元件库

查看微动开关的数据手册,确定各个尺寸,如图 1.35 所示。

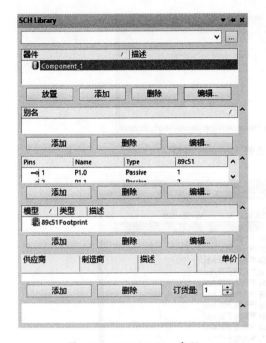

图 1.33　SCH Library 窗口

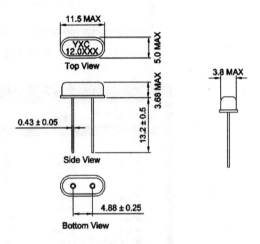

图 1.34　晶振数据手册中的尺寸数据截图

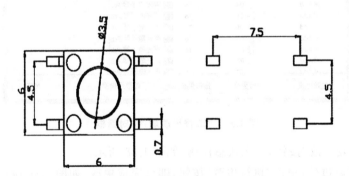

图 1.35　微动开关数据手册中的尺寸数据截图

　　参考上例可将本例中所需自建的元件库绘制完毕，即可在绘制原理图环境中绘制如图 1.9 所示的整体电路。

1.3.3　元件布局和布线

1. 元件布局

　　整体电路绘制后，执行"工程"→"Compile Document 声光电子琴.SchDoc"命令，打开 Messages 窗口（如图 1.36 所示），显示原理图编译无错误。

　　执行"设计"→"Update PCB Document 声光电子琴.PcbDoc"命令，弹出"工程更改顺序"对话框，如图 1.37 所示。

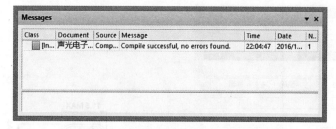

图 1.36　原理图编译后的 Messages 窗口

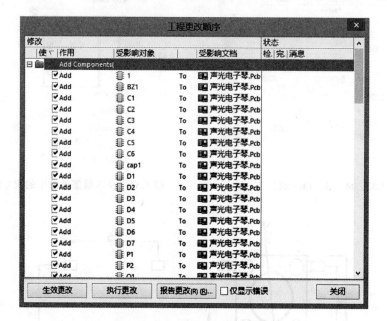

图 1.37　"工程更改顺序"对话框

　　单击"生效更改"按钮，完成状态检测，如图 1.38 所示。

　　检测全部通过后，单击"执行更改"按钮，即可完成更改（如图 1.39 所示），并在 PCB 编辑环境下，自动生成 PCB 图（如图 1.40 所示）。

　　将 Room 和所有元件移动到 PCB 板上，并调整 Room 尺寸，如图 1.41 所示。

　　元件布局采用手动布局方式。微动开关与 LED 分别位于 51 单片机两侧；电源接口尽量放在板子边缘，方便插拔；晶振、复位开关和下载接口尽量靠近 51 单片机；电源尽量远离晶振，防止干扰。元件粗略布局如图 1.42 所示。

　　使用"排列工具"等命令，调节元件间距和对齐方向，所有元件布局完毕，如图 1.43 所示。

　　接下来，切换到 Top Overlay 层，执行"放置"→"走线"命令，绘制出矩形框，如图 1.44 所示。

　　选择绘制出的矩形框，执行"设计"→"板子形状"→"按照选择对象定义"命令，结果如图 1.45 所示。

图 1.38　状态检测完成

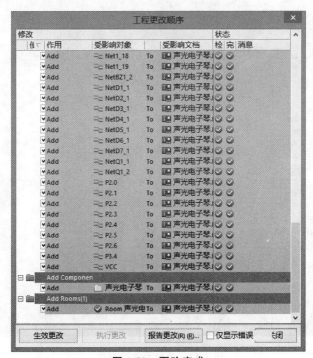

图 1.39　更改完成

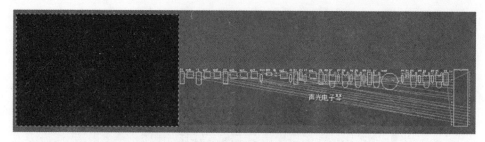

图 1.40　自动生成的 PCB 图

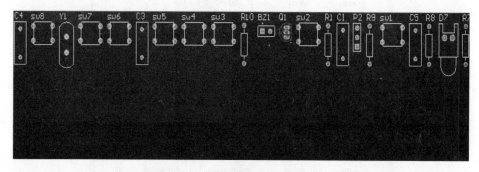

图 1.41　调整 Room 尺寸后

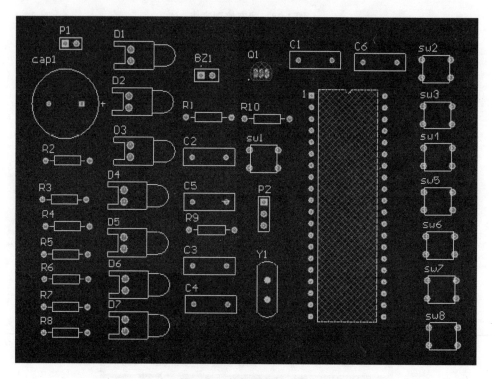

图 1.42　部分元件排列后

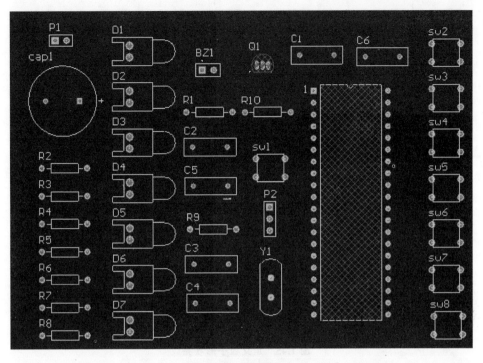

图 1.43 布局完毕后

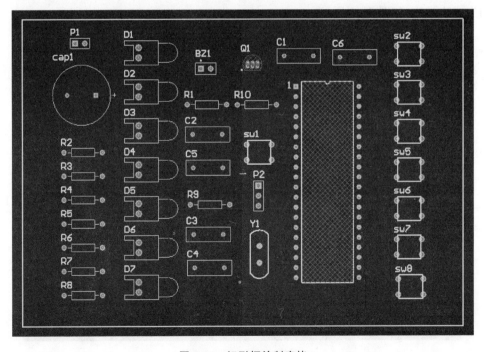

图 1.44 矩形框绘制完毕

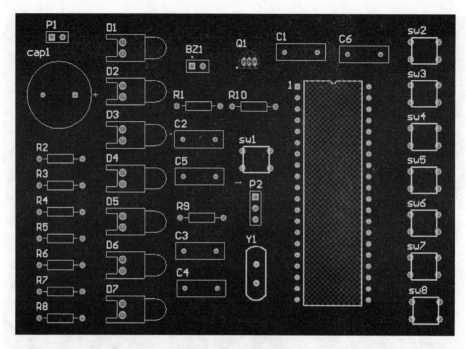

图 1.45　定义板子形状完成

执行"设计"→"板子形状"→"根据板子外形生成线条"命令，在 PCB 板子外轮廓自动生成边界线，如图 1.46 所示。

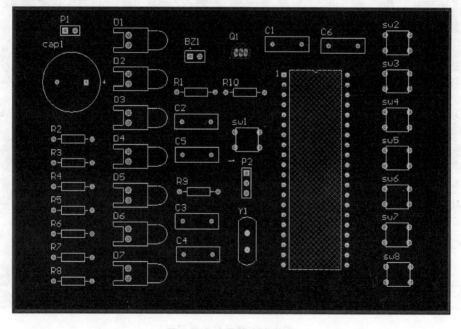

图 1.46　边界线生成完成

放置 4 个直径为 3 mm 的定位通孔,执行"放置"→"过孔"命令,结果如图 1.47 所示。

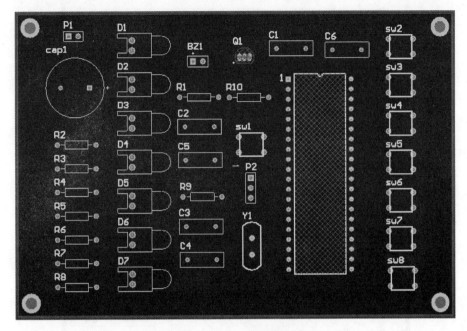

图 1.47 过孔放置完成

至此,元件布局已经完成。需要注意的是元件布局并非越密越好,元件与元件之间至少应留出 100 mil 的空隙。

2. 布 线

进行布线操作,执行"自动布线"→"全部"命令,弹出"Situs 布线策略"对话框,如图 1.48 所示。

单击"Situs 布线策略"对话框中的"编辑规则"按钮,进入"PCB 规则及约束编辑器"对话框,对布线规则进行设定,如图 1.49 所示。

首先设置电气规则,它主要用于系统的 DRC 电气校验。布线过程中若违反电气规则,则自动报警。选择 Electrical 规则中的 Clearance 子规则,将导线与导线间距、焊盘与焊盘间距、导线与焊盘间距等导电对象距离设为 10 mil(双层板一般设为 10 mil,多层板一般设为 7 mil),如图 1.50 所示。

选择 Routing 规则中的 Width 子规则,"最小宽度"设置为 20 mil,"首选尺寸"设置为 30 mil,"最大宽度"设置为 35 mil,如图 1.51 所示。

选择 Width 规则,然后单击下方的"新规则"按钮,执行结果如图 1.52 所示。

双击线宽子规则 Width_1,进入参数设置界面,"名称"设置为 VCC,连接方式选择 Net,VCC 网络,"最小宽度"设置为 30 mil,"首选尺寸"设置为 40 mil,"最大宽度"设置为 45 mil,如图 1.53 所示。

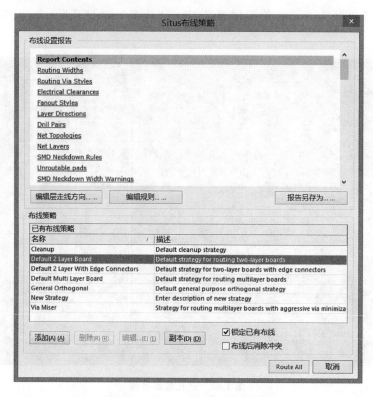

图 1.48 "Situs 布线策略"对话框

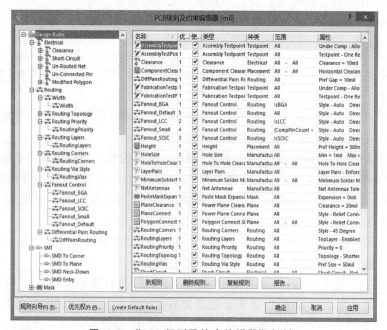

图 1.49 "PCB 规则及约束编辑器"对话框

图 1.50　Clearance 规则设置

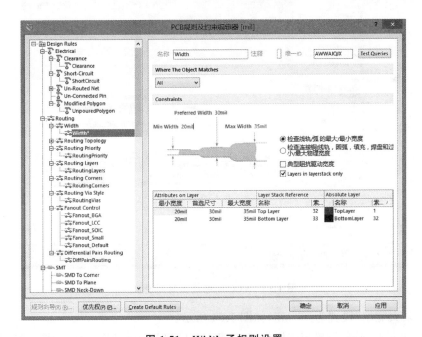

图 1.51　Width 子规则设置

新建 GND 网络线宽规则参照 VCC 网络线宽规则的新建方法,"名称"设置为 GND,连接方式选择 Net,GND 网络,"最小宽度"设置为 30 mil,"首选尺寸"设置为

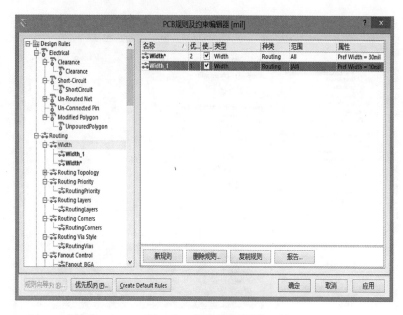

图 1.52　新建线宽规则

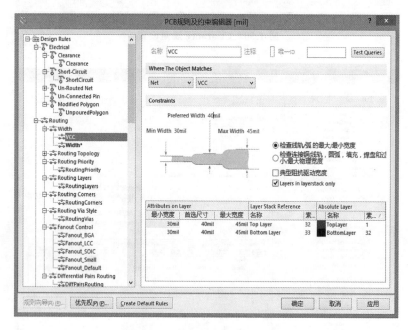

图 1.53　VCC 网络线宽规则设置

50 mil，"最大宽度"设置为 55 mil，如图 1.54 所示。

返回 Width 规则，设置相应优先权，GND、VCC 和 Width 依次减弱，如图 1.55 所示。

选择 Routing Topology 规则，设置各个节点的布线方式，一般选择 Shortest，即所有节点连线最短，如图 1.56 所示。

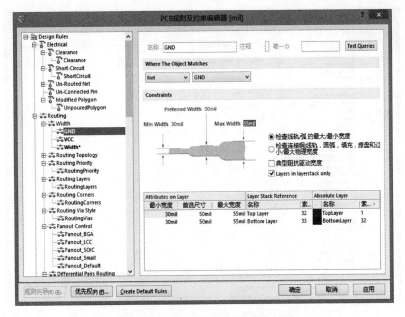

图 1.54　GND 网络线宽规则设置

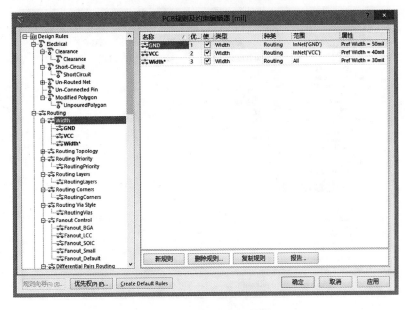

图 1.55　线宽优先权设置

选择 RoutingLayers 规则,设置各个网络允许布线的工作层,本例选择所有网络可以在任意工作层布线,如图 1.57 所示。

基本规则设置完成后,单击"PCB 规则及约束编辑器"对话框中的"确定"按钮,返回"Situs 布线策略"对话框,单击"Route All"按钮,即可完成自动布线,如图 1.58 所示。

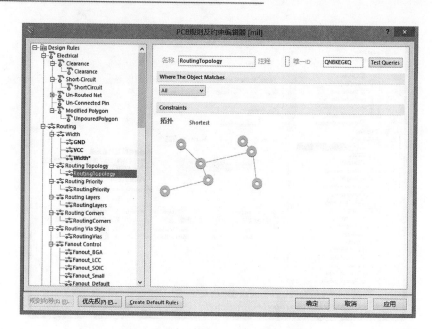

图 1.56　RoutingTopology 规则设置

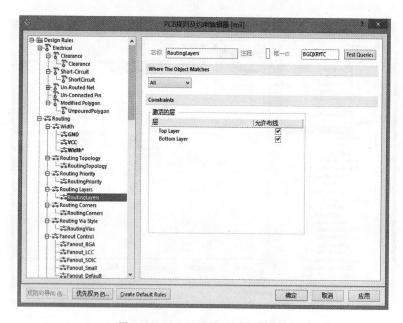

图 1.57　Routing Layers 规则设置

　　可见自动布线的结果并不理想,某些线条需要手动调整,尽量缩短线条的长度,同时避免弯曲。调整微动开关与单片机之间的布线,调整 C6 与单片机之间的布线,如图 1.59 所示。

　　调整晶振电路的布线,如图 1.60 所示。

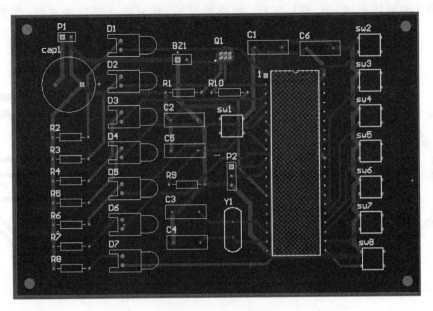

图 1.58　自动布线完成

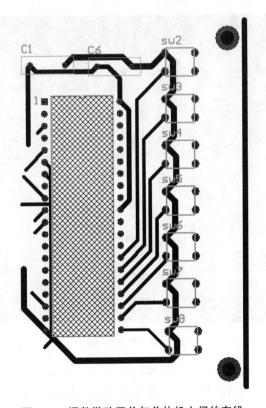

图 1.59　调整微动开关与单片机之间的布线

为了调整体布线，将 BZ1 与 Q1 的位置互换，并调整这部分的布线，如图 1.61 所示。

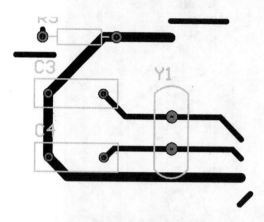

图 1.60　调整晶振电路布线后

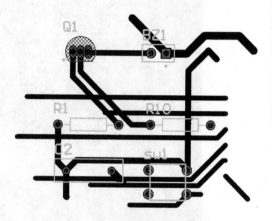

图 1.61　Q1 与 BZ1 之间的布线

调整布线后，整体布线图如图 1.62 所示。

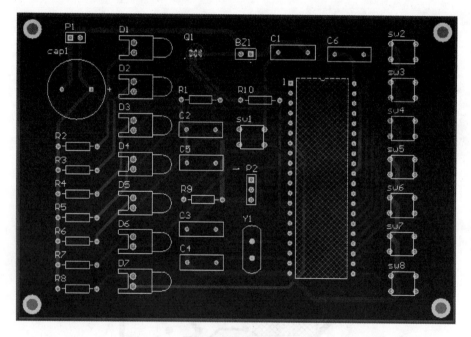

图 1.62　整体布线图

完成布线后，执行"放置"→"多边形敷铜"命令或单击命令栏中的"敷铜"图标，为 PCB 敷铜。在弹出的"多边形敷铜"对话框中选择填充模式为 Hatched，如图 1.63 所示。

设置好参数后，单击"确定"按钮，选择四点，使所画矩形覆盖整个 PCB，右键单击退出，顶层敷铜之后如图 1.64 所示。

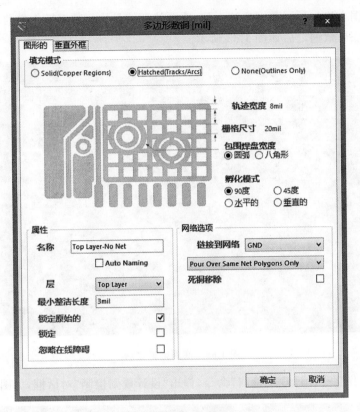

图 1.63　"多边形敷铜"对话框

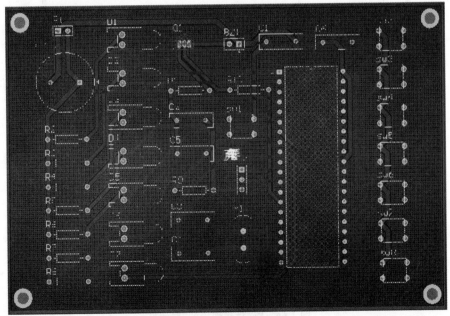

图 1.64　顶层敷铜之后

底层敷铜方法与顶层敷铜方法一致,需要注意的是执行敷铜操作之前,应先切换到底层图层。底层敷铜之后如图 1.65 所示。

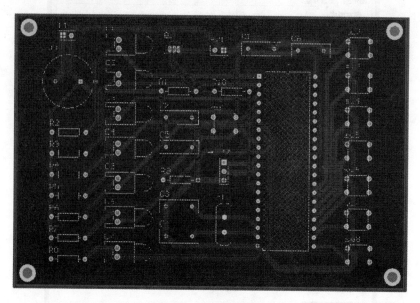

图 1.65   底层敷铜之后

执行"工具"→"设计规则检测"命令,弹出"设计规则检测"对话框,如图 1.66 所示。

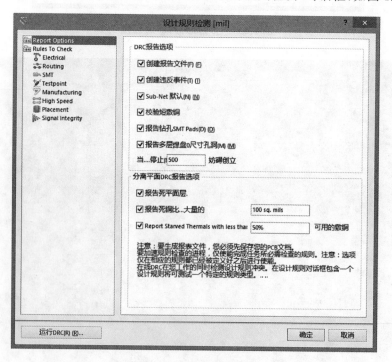

图 1.66   "设计规则检测"对话框

单击"设计规则检测"对话框中的"运行 DRC"按钮,若有错误则弹出如图 1.67 所示的 Messages 窗口。

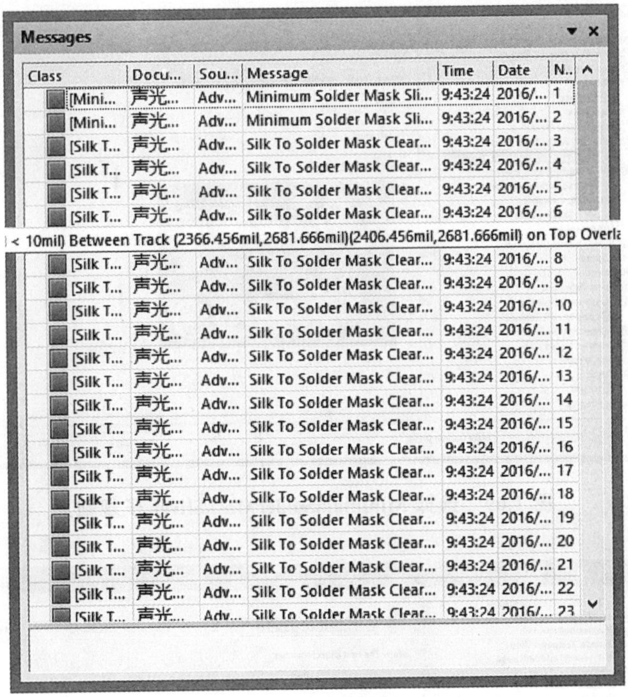

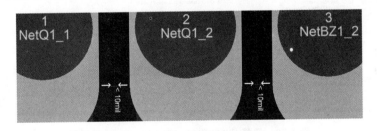

图 1.67　Messages 窗口

可见 Messages 窗口中显示出大量的错误信息。双击某错误信息即自动定位到规则冲突处。例如:双击第 1 条错误信息,定位显示如图 1.68 所示。

图 1.68　定位第 1 条错误信息

由图 1.68 所示的错误信息可知,该错误主要来源于丝印层,但此层只起解释说明的作用,故此类错误信息可以忽略。

执行"设计"→"规则"命令,选择 MinimumSolderMaskSliver 子规则,将初始值修改为 2 mil,如图 1.69 所示。

选择 SilkToSolderMaskClearance 子规则,将初始值修改为 0 mil,如图 1.70 所示。

执行"工具"→"设计规则检查"命令后重新执行 DRC,此时 Messages 窗口如图 1.71 所示,显示无错误。

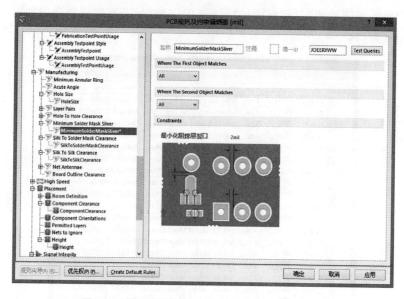

图 1.69 选择 MinimumSolderMaskSliver 子规则

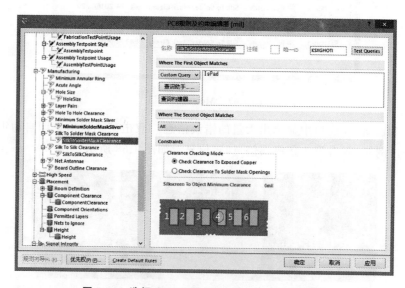

图 1.70 选择 SilkToSolderMaskClearance 子规则

图 1.71 Messages 窗口

至此,声光电子琴 PCB 实例基本绘制完毕,下面查看 3 维视图。执行"查看"→"切换到 3 维显示"命令,显示结果如图 1.72 所示。

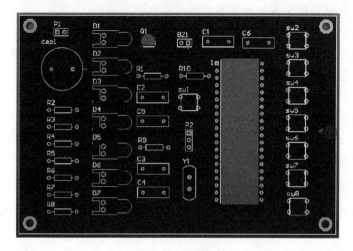

图 1.72 3 维显示

1.3.4 实物照片

声光电子琴实物照片如图 1.73 所示。

图 1.73 声光电子琴实物照片

1.4 习题、注意事项及程序代码

1. 习 题

(1) 单片机为什么需要晶体振荡器?

答:晶体振荡器是一种高精度和高稳定度的振荡器。通过一定的外接电路,可以生成频率和峰值稳定的正弦波。单片机在运行时,需要一个脉冲信号,作为自己执行指令的触发信号,可以简单地想象为:单片机收到一个脉冲,就执行一次或多次指令。

(2) 为什么单片机演奏的歌曲听起来声音特别单调?

答:一般说来,单片机演奏的歌曲基本都是单音频率,因为单片机的 I/O 端口只能输出高电平或低电平,相当于方波信号,它虽然谐波很丰富,但不包含足够幅度的谐波频率,也就是说不能像电子琴那样奏出多种音色的声音。

(3) AT89C51 单片机的按键为什么会产生抖动?

答:由于单片机的工作频率比较高,在按键按下去和按键松开的过程中,都有可能产生连续的电平脉冲,从而使其 I/O 口发生连续的电平变化。为了防止程序误动作,一般用软件来实现去抖。

2. 注意事项

(1) 电路各部分设计完毕后,需对各部分进行适当的连接,并考虑器件间的相互影响。

(2) 设计完成后要对电路进行键盘防抖处理。

3. 程序代码

```c
# include<reg52.h>
# define   uint   unsigned int
# define   uchar  unsigned int
# define LED_dispay P1                //LED 二极管输出端口
sbit speaker = P3^4;                  //扬声器端口
void sound(uchar x);                  //弹奏音乐函数
uint key_scan();                      //键盘扫描函数
uint TH0_f,TL0_f,name,num2 = 0;       //变量声明
//********************************1 2 3 4 5 6 7 i
uchar   code tone[] = {
0x8E,0xF8,     //00262Hz,    1            //音调
0x5E,0xF9,     //           2
0x18,0xFA,     //           3
0x6D,0xFA,     //           4
0x09,0xFB,     //           5
0x95,0xFB,     //           6
    0x11,0xFC,  //00494Hz,   7
                };
//*****************************LED 二极管显示码
uchar LED_Diode[] = {0xff,0xfe,0xfd,0xfb,0xf7,0xef,0xdf,0xbf};
//=========延时 100 us=================
void  dalay(uint  x)
{
    uint j,i;
    for(j = x;j>0;
        for(i = 100;i>0;i -- );
}
/* =================主函数================= */
```

```
main()
{
speaker = 1;
TMOD = 0x11;    //选择定时器模式(定时器/计数器模式寄存器 TMOD)
IE = 0x83;      //EA(总) - ET2 ES ET1 EX1 ET0(T0) IE0(INT0)  中断启用  计时器 IE
TCON = 0x01;    //定时器/计数器控制寄存器 TCON
IP = 0x02;      //设定时器优先级( - - PT2 PS PT1 PX1 PT0(T0) PX0   中断优先级寄存器 IP )
TR0 = 0;
    while(1)
     {
        IE = 0x83;    //当跳出外部中断时,再次返回外部中断准备(EA(总) -
                      //ET2 ES ET1 EX1 ET0(T0) IE0(INT0))
        sound(key_scan());
     }
}
/ * = = = = = = = = = = = = = = = = = =定时中断 0 = = = = = = = = = = = = = = = = = = = * /
void timer0() interrupt 1                     //用于产生唱歌频率
{
    speaker = ～speaker;                      //对原来的输出电平进行取反操作
    TL0 = TL0_f;                              //调入预定时值
    TH0 = TH0_f;
}
/ * = = = = = = = = = = = = = = = = =弹奏发声函数 = = = = = = = = = = = = = = = = = = * /
void sound(uint x)
{
    uint m;
    if(x＞0)
    {
        m = x;
        TL0_f = tone[2 * (m - 1)];
        TH0_f = tone[2 * (m - 1) + 1];
        TL0 = TL0_f;                          //调入预定时值
        TH0 = TH0_f;
        TR0 = 1;
        LED_dispay = LED_Diode[m];            //二极管点亮
        dalay(600);
    }
    TR0 = 0;
    LED_dispay = 0xff;                        //音调播放后,二极管均灭
    num2 = 0;
}
/ * = = = = = = = = = = = = = = = = =键盘扫描 = = = = = = = = = = = = = = = = = = * /
uint key_scan()
{
    uchar temp;
    P2 = 0xff;
    temp = P2;
    temp = temp&0xff;
    while(temp! = 0xff)                       //判断是否有键按下
```

```
{
        dalay(1);                           //去抖
        while(temp! = 0xff)                 //真的有键按下
        {
            temp = P2;
            switch(temp)
            {
                case 0xfe;num2 = 7;break;
                case 0xfd;num2 = 6;break;
                case 0xfb;num2 = 5;break;
                case 0xf7;num2 = 4;break;
                case 0xef;num2 = 3;break;
                case 0xdf;num2 = 2;break;
                case 0xbf;num2 = 1;break;
            }
            while(temp! = 0xff)     //很重要:松手检测,没有此语句的话,根本跳
                                    //不出第一个 while 语句,而只能检测 0123
            {
            temp = P2;
            temp = temp&0xff;
            }
        //松手后 temp! = 0xf0 时,可以执行其他的 while 语句
        }
    }
    return  num2;           //返回值
}
```

第**2**章

步进电机控制电路

2.1　设计题目与设计任务

设计题目:步进电机控制电路。

设计任务:五线式步进电机有四相线圈,其工作原理是对四相绕组按合适的时序通电,就能使步进电机转动。

本设计利用 AT89S52 单片机实现对步进电动机的控制,编写程序,用单片机的四路 I/O 通道实现环形脉冲的分配,并控制步进电动机的转动,通过按键控制步进电动机的旋转角度,具体要求如下:

① 利用 AT89C52 单片机实现对步进电动机的控制,编写程序,用单片机的四路 I/O 通道实现环形脉冲的分配,控制步进电动机按固定方向连续转动。

② 在上述设计要求的基础上,单片机外接两个按键:

> 按键 POSITIVE 每按下一次,控制步进电动机正转 5.625°,长按时电动机持续正转;

> 按键 NEGATIVE 每按下一次,控制步进电动机反转 5.625°,长按时电动机持续反转;

> 按键放开时,电动机应停止转动。

2.2　设计方案

2.2.1　电路的总体设计思路

单片机编程实现四路 I/O 通道输出环形脉冲,然后四路环形脉冲分配给达林顿管四路输入,达林顿管的输出作为驱动步进电机励磁电流驱动步进电机转动。

2.2.2　系统组成

步进电机控制电路主要分为以下三部分：

第一部分：单片机电路，编程实现四路环形脉冲的输出。

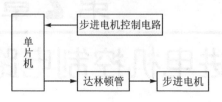

第二部分：达林顿管输出脉冲电流作为步进电机的励磁电流驱动步进电机。

第三部分：步进电机控制电路，控制步进电机的正转、反转、持续正转、持续反转以及停转。

整个系统方案的模块框图如图 2.1 所示。

图 2.1　步进电机控制电路系统模块框图

2.2.3　电路详解

1. 步进电机控制电路

图 2.2 所示为步进电机控制电路。POSITIVE 按键控制电机单次正转和连续正转，NEGATIVE 按键控制电机单次反转和连续反转。当按键按下时，P0.0 和 P0.1 输入低电平；当按键未被按下时，上拉电阻和按键两端并联的反向二极管使 P0.0 和 P0.1 输入稳定可靠的高电平。

2. 步进电机驱动电路

ULN2003 是集成达林顿管 IC，内部还集成了一个消线圈反电动势的二极管，可用来驱动继电器。ULN2003 是一个非门电路，包含 7 个单元，每个单元的驱动电流最大可达 350 mA。ULN2003 是大电流驱动阵列，多用于单片机、智能仪表、PLC、数字量输出卡等控制电路中，可直接驱动继电器等负载。达林顿管的 1B、2B、3B、4B 分别接单片机的 P2.0、P2.1、P2.2、P2.3，单片机编程输出环形脉冲电流，通过达林顿管放大，使放大后的脉冲电流 1C、2C、3C、4C 接步进电机的两相励磁线圈来驱动步进电机。

步进电机驱动电路如图 2.3 所示。

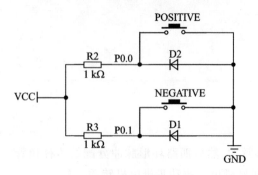

图 2.2　步进电机控制电路

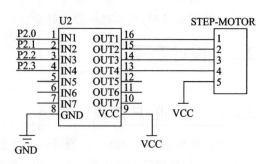

图 2.3　步进电机驱动电路

3. 步进电机驱动原理

本次设计采用的步进电动机为五线式,其控制方式为脉冲电流驱动。若每旋转一圈以 20 个励磁信号来计算,则每个励磁信号前进 18°,其旋转角度与脉冲数成正比,正、反转可由脉冲顺序来控制。本次设计采用的步进电机驱动方法为半步励磁,又称 1~2 相励磁。这种励磁方法为每一个瞬间有一个线圈和两个线圈交替导通。因分辨率提高,且运转平滑,每旋转一圈有 64 个励磁信号,故步距角是 5.625°。以 1~2 相励磁法控制步进电动机正转,其励磁顺序如表 2.1 所列。若励磁信号反向传送,则步进电动机反转。

表 2.1　正转励磁顺序:A→AB→B→BC→C→CD→D→DA→A

Step	A	B	C	D
1	1	0	0	0
2	1	1	0	0
3	0	1	0	0
4	0	1	1	0
5	0	0	1	0
6	0	0	1	1
7	0	0	0	1
8	1	0	0	1

当 POSITIVE 键按下时,单片机的 P2.3~P2.0 口按正向励磁顺序 A →AB →B →BC →C →CD →D →DA →A 输出电脉冲,电动机正转;当 NEGATIVE 键按下时,单片机的 P2.3~P2.0 口按反向励磁顺序 A →DA →D →CD →C →BC→B→AB →A 输出电脉冲,电动机反转。

4. 单片机外围硬件电路

单片机外围硬件电路包括晶振电路和复位电路。复位电路采用上拉电解电容上电复位电路。本设计采用的是 HMOS 型 MCS - 51 振荡电路,当外接晶振时,C1 和 C2 通常选择 30 pF。在设计印刷电路板时,晶体和电容应尽可能安装在单片机附近,以减小寄生电容,保证振荡器稳定可靠地工作。单片机晶振采用 12 MHz。

单片机工作时,当外接控制电路 POSITIVE 键按下时,单片机编程使 P2.3~P2.0 口按正向励磁顺序 A →AB →B →BC →C →CD →D →DA →A 输出电脉冲,电动机正转;当 NEGATIVE 键按下时,单片机编程使 P2.3~P2.0 口按反向励磁顺序 A →DA →D →CD →C →BC→B→AB →A 输出电脉冲,电动机反转。

5. 单片机程序流程图

单片机程序流程图如图 2.5 所示。

6. 电路整体原理图

电路整体原理图如图 2.6 所示。

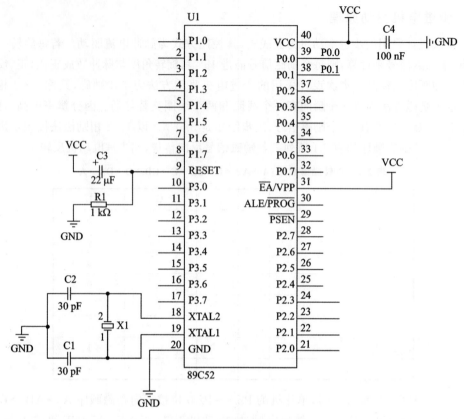

图 2.4　单片机外围电路

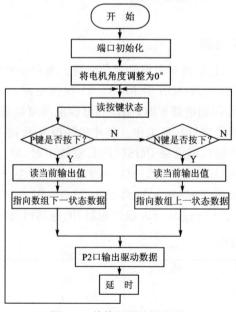

图 2.5　单片机程序流程图

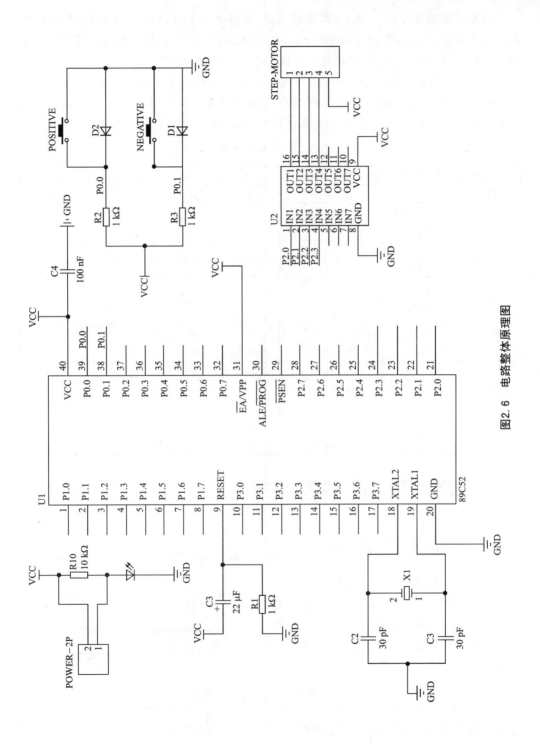

图2.6　电路整体原理图

电路实测结果分析：上电，不按控制按键，步进电机不转；按一下正转按键，电机正转一个步距角 5.625°，长按正转按键，电机持续正转；按一下反转按键，电机反转一个步距角 5.625°，长按反转按键，电机持续反转。本设计满足设计要求。

构成本电路的元器件清单如表 2.2 所列。由于 Altium Designer 16 中未提供本设计中使用的所有元件，故绘制 PCB 时需自己创建原理图元件库和 PCB 元件库。本设计所需要的自建元件库包括 51 单片机元件库、晶振元件库和 ULN2003 元件库。

表 2.2　元器件清单

Comment	Description	Designator	Footprint	LibRef	Quantity	Value
Cap	Capacitor	C1, C2, C4	RAD－0.3	Cap	3	30 pF, 30 pF, 100 nF
Cap Poll	Polarized Capacitor (Radial)	C3	RB7.6－15	Cap Poll	1	22 μF
Diode 1N4148	High Conductance Fast Diode	D1, D2	DO－35	Diode 1N4148	2	
D3	Typical INFRARED GaAs LED	D3	LED－0	LED0	1	
SW－PB	Switch	NEGATIVE, POSITIVE	SPST－2	SW－PB	2	
Header 2	Header, 2-Pin	POWER－2P	HDR1X2	Header 2	1	
Res2	Resistor	R1, R2, R3, R10	AXIAL－0.4	Res2	4	1 kΩ
Header 5	Header, 5-Pin	STEP-MOTOR	HDR1X5	Header 5	1	
89C52		U1		89C52	Component_1	1
Component_1		U2		ULN2003	Component_1	1
Component_1		X1		LC－HC－49S	Component_1	1

2.3　电路板布线图、实物照片

2.3.1　新建项目工程文件

首先，执行"文件"→"新建"→Project 命令，将新工程项目命名为"步进电机控制电路"，并向其中添加原理图文件和 PCB 文件。然后，执行"文件"→"新建"→"库"→"原理图库"命令，在"步进电机控制电路"项目中添加 3 个原理图库文件。最后，执行"文件"→"新建"→"库"→"PCB 库"命令，在"步进电机控制电路"项目中添加 3 个 PCB 库文件。将所有文件重命名，如图 2.7 所示。

图 2.7　新建"步进电机控制电路"项目工程文件

2.3.2　绘制元件库

查看 ULN2003 数据手册，具体尺寸数据如图 2.8 所示。

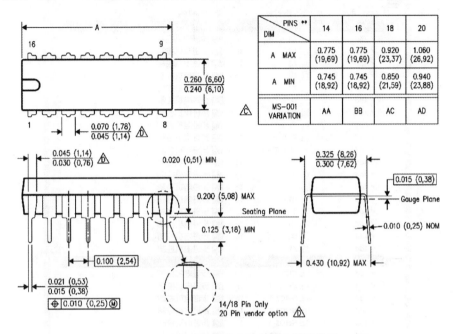

PINS **	14	16	18	20
A　MAX	0.775 (19,69)	0.775 (19,69)	0.920 (23,37)	1.060 (26,92)
A　MIN	0.745 (18,92)	0.745 (18,92)	0.850 (21,59)	0.940 (23,88)
MS-001 VARIATION	AA	BB	AC	AD

图 2.8　ULN2003 数据手册中尺寸数据截图

仿照 1.3.2 小节中的建库方法将本设计中所需自建的元件库绘截图制完毕后，即可在绘制原理图环境中绘制如图 2.6 所示的整体电路。

2.3.3　元件布局和布线

1. 元件布局

整体电路绘制后，执行“工程”→“Compile Document 步进电机控制电路.SchDoc”命令，打开 Messages 窗口（如图 2.9 所示），显示原理图编译无误。

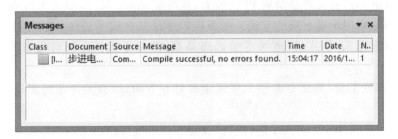

图 2.9　原理图编译后的 Messages 窗口

执行“设计”→“Update PCB Document 步进电机控制电路.PcbDoc”命令，弹出“工程更改顺序"对话框,如图 2.10 所示。

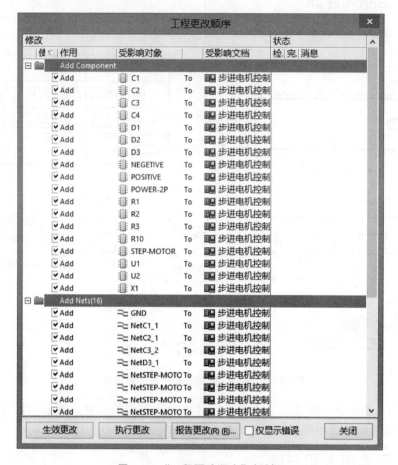

图 2.10　"工程更改顺序"对话框

单击"生效更改"按钮,完成状态检测,如图 2.11 所示。

检测全部通过后,单击"执行更改"按钮,即可完成更改(如图 2.12 所示),并在 PCB 编辑环境下,自动生成 PCB 图(如图 2.13 所示)。

将 Room 和所有元件移动到 PCB 板上,并调整 Room 尺寸,如图 2.14 所示。

元件布局采用手动布局的方式。电源接口尽量放在板子边缘,方便插拔;晶振、复位开关尽量靠近 51 单片机;电源尽量远离晶振,防止干扰。元件粗略布局如图 2.15 所示。

使用"排列工具"等命令调整元件间距和对齐方向,所有元件布局完毕,如图 2.16 所示。

然后,切换到 Top Overlay 层,执行"放置"→"走线"命令,绘制出矩形框,如图 2.17 所示。

图 2.11　状态检测完成

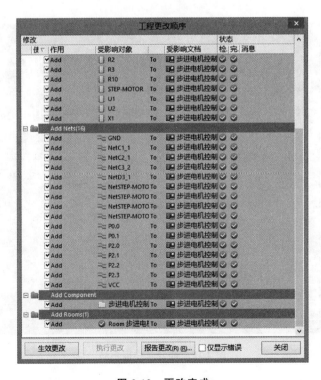

图 2.12　更改完成

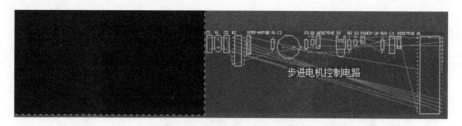

图 2.13　自动生成的 PCB 图

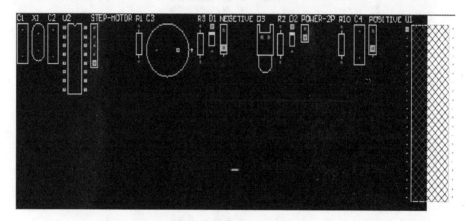

图 2.14　调整 Room 尺寸后

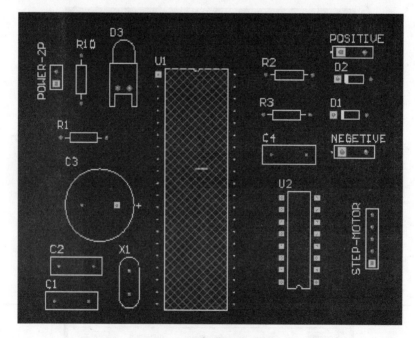

图 2.15　部分元件排列后

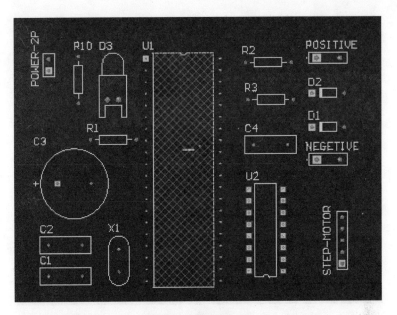

图 2.16　布局完毕后

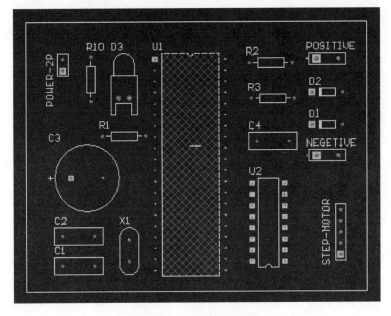

图 2.17　矩形框绘制完毕

　　选择绘制出的矩形框,执行"设计"→"板子形状"→"按照选择对象定义"命令,结果如图 2.18 所示。

　　执行"设计"→"板子形状"→"根据板子外形生成线条"命令,在 PCB 板子外轮廓自动生成边界线,如图 2.19 所示。

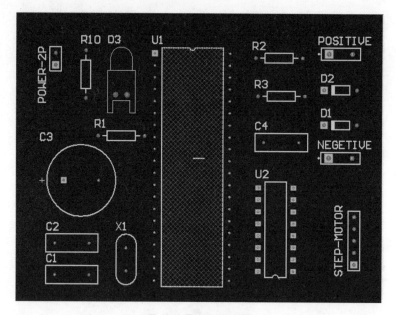

图 2.18 定义板子形状

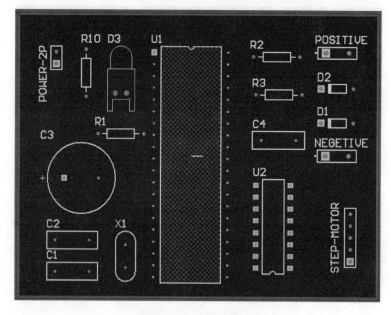

图 2.19 生成边界线后

　　放置 4 个直径为 3 mm 的定位通孔,执行"放置"→"过孔"命令,结果如图 2.20 所示。

　　至此,元件布局已经完成。需要注意的是元件布局并非越密越好,元件与元件之间至少应留出 100 mil 的空隙。

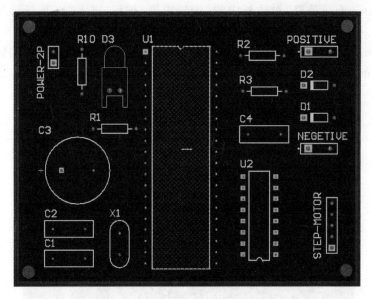

图 2.20　放置过孔后

2. 布　线

进行布线操作,执行"自动布线"→"全部"命令,弹出"Situs 布线策略"对话框,如图 2.21 所示。

图 2.21　"Situs 布线策略"对话框

单击"Situs 布线策略"对话框中的"编辑规则"按钮,进入"PCB 规则及约束编辑器"对话框。对布线规则的设定,与 1.3.3 小节中的电气规则一致。

基本规则设置完成后,单击"PCB 规则及约束编辑器"对话框中的"确定"按钮,返回到"Situs 布线策略"对话框,单击 Route All 按钮即完成自动布线,如图 2.22 所示。

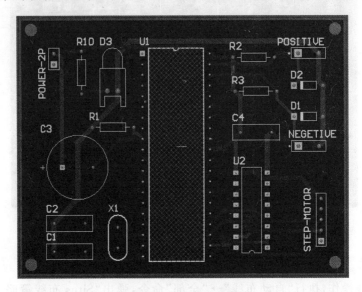

图 2.22　自动布线完成后

可见自动布线的结果并不理想,对整体布线进行调整,调整后如图 2.23 所示。

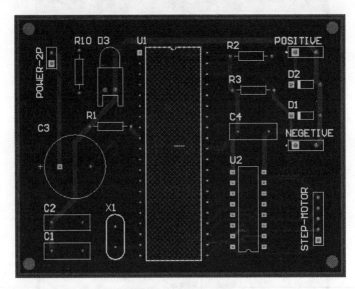

图 2.23　整体布线图

布线完成后,执行"放置"→"多边形敷铜"命令或单击命令栏中的"敷铜"图标为 PCB 敷铜。在弹出的"多边形敷铜"对话框中,选择填充模式为 Hatched,连接网络选择 GND。

设置好参数后,分别对 PCB 板顶层和底层敷铜,完成后如图 2.24 和图 2.25 所示。

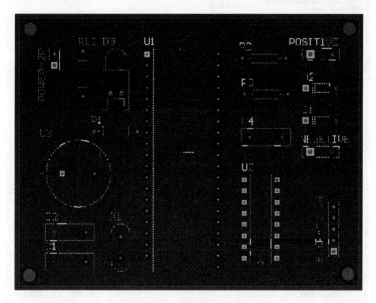

图 2.24　顶层敷铜之后

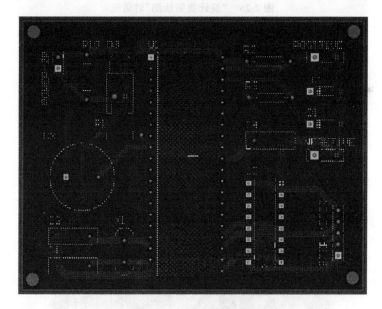

图 2.25　底层敷铜之后

执行"工具"→"设计规则检查"命令,弹出"设计规则检测"对话框,如图 2.26 所示。

单击"运行 DRC"按钮,Messages 窗口显示无错误,如图 2.27 所示。

步进电机控制电路 PCB 实例基本绘制完毕,下面查看 3 维视图。执行"查看"→"切换到 3 维显示"命令后,结果如图 2.28 所示。

图 2.26 "设计规则检测"对话框

图 2.27 Messages 窗口

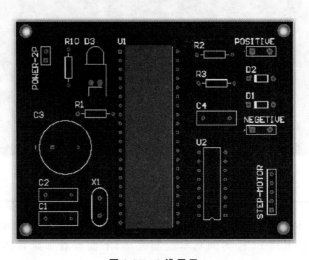

图 2.28 3 维显示

2.3.4　实物照片

步进电机控制电路实物照片如图 2.29 所示。

图 2.29　步进电机控制电路实物照片

2.4　习题、注意事项及程序代码

1. 习　题

（1）单片机编程输出脉冲时，为什么要延时？

答：电动机的负载转矩与速度成反比，速度愈快则负载转矩愈小，但当速度快至其极限时，步进电动机即不再运转。因此，在每走一步后，程序必须延时一段时间，以对转速加以限制。

（2）步进电机控制电路中，按键两端为什么要并联二极管？

答：当按键按下时，P0.0 和 P0.1 输入低电平；当按键没有按下时，上拉电阻和按键两端并联的反向二极管使 P0.0 和 P0.1 输入稳定可靠的高电平。

（3）达林顿管为什么可以直接驱动电机？

答：达林顿管内部相当于一个复合三极管，属于高耐压、大电流驱动阵列。

2. 注意事项

（1）在设计印刷电路板时，晶体和电容应尽可能安装在单片机附近，以减小寄生电容，保证振荡器稳定可靠地工作。为了提高稳定性，应采用 NPO 电容。

（2）焊接 PCB 前，先检查 PCB 板有无短路现象，一般要看电源线和地线有无短路，信号线和电源线有无短路，信号线和地线有无短路。

（3）焊接 PCB 时，注意电解电容的极性。

3. 程序代码

```
/***********************************************
包含文件,程序开始
***********************************************/
# include <reg51.h>
# define uchar unsigned char
# define uint   unsigned int
sbit a = P0^0;
sbit b = P0^1;
uchar code TAB[8] = {0x02,0x06,0x04,0x0c,0x08,0x09,0x01,0x03};
char i,j;
/***********************************************
延时子程序
***********************************************/
void delay(uint t)
{
   uint k;
   while(t -- )
   {
     for(k = 0; k<125; k ++ )
     { }
   }
}
/***********************************************
带返回值的当前励磁状态检测函数
***********************************************/
uchar read_tab()
{
  uchar test;
  test = P2;
  test& = 0x0f;
  switch (test)
    {
    case 0x02: i = 0;break;
    case 0x06: i = 1;break;
    case 0x04: i = 2;break;
    case 0x0c: i = 3;break;
    case 0x08: i = 4;break;
    case 0x09: i = 5;break;
    case 0x01: i = 6;break;
    case 0x03: i = 7;break;
    default: break;
    }
  return(i);
}
/***********************************************
主函数
***********************************************/
void main()
{
```

```
P2 = 0xff;
P0 = 0x03;
 while(1)
  {
    if(a == 0)
       {
            i = read_tab();
            i = i + 1;
            if(i == 8)
             i = 0;
            P2 = TAB[i];
            delay(2);
       }
    if(b == 0)
        {
            i = read_tab();
            i = i - 1;
            if(i < 0)
             i = 7;
            P2 = TAB[i];
            delay(2);
        }
  }
}
```

第 **3** 章

频率测量电路

3.1 设计题目与设计任务

设计题目：频率测量电路。

设计任务：设计一个能够测量直流电机转速频率，并具有显示功能的电路。

基本要求：

➢ 通过霍尔传感器检测直流电机转速并将其转化为数字信号；

➢ 单片机每隔1 s处理一次采回的脉冲信号；

➢ 数码管显示直流电机当前转速。

3.2 设计方案

3.2.1 电路设计的总体思路

直流电机转速频率测量电路主要包括：电源电路、霍尔传感器电路、单片机控制电路、数码管显示电路。

其设计思路为：霍尔传感器AH49E将直流电机转速信号转化为电信号，并进一步处理为数字信号，然后将其输入单片机，单片机对外部输入的脉冲信号进行计数，并每隔1 s对脉冲数进行一次计算，从而得出电机转速频率，之后，四位一体共阳数码管在单片机的控制下实时显示直流电机当前转速频率。

3.2.2 系统组成

直流电机转速频率测量电路整个系统主要分为以下四部分：

第一部分：STC89C52RC单片机模块，处理送入的脉冲信号。

第二部分:霍尔传感器模块,采集电机转速频率信号。

第三部分:数码管显示模块,显示传感器检测到的转速频率信息。

第四部分:电源模块,直流稳压电源为整个电路提供 5 V 的稳定电压。

整个系统方案的模块框图如图 3.1 所示。

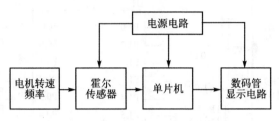

图 3.1　频率测量电路系统模块框图

3.2.3　电路详解

1. STC89C52RC 单片机模块

STC89C52RC 单片机是一款低功耗、低电压、高性能的 CMOS8 位单片机,片内含 8 KB 可编程 FLASH 存储器、256×8 字节内部 RAM、32 个外部双向输入/输出(I/O)口,可方便地应用在各控制领域。

本设计主要通过单片机对外部脉冲进行计数,并每隔 1 s 进行一次转速频率计算,最后控制数码管显示当前转速频率。

本设计中的单片机模块包含 12 MHz 时钟电路、按键复位电路以及下载电路。单片机模块电路图如图 3.2 所示。

2. 霍尔传感器模块

本设计中的转速频率测量主要由 AH49E 集成霍尔传感器模块完成。

AH49E 集成霍尔传感器模块由电压调整器、霍尔电压发生器、线性放大器和射极跟随器组成,其输入是磁感应强度,输出是和输入量成正比的数字信号。工作电压:直流电压 5 V,极限电压 6.5 V。在本设计中负责采集直流电机转速频率信号,并将其转化为数字信号。

AH49E 集成霍尔传感器实物照片如图 3.3 所示。

本设计中的霍尔传感器模块电路如图 3.4 所示。

AH49E 的 1 脚连 5 V 电源,2 脚连 GND,3 脚为信号输出脚,接单片机 P3.4 口(T0 口)。

3. 数码管显示模块

数码管是设计中较为常用的一种显示器件。本设计采用四位一体共阳八段数码管进行显示。共阳数码管是指将所有发光二极管的阳极接到一起形成公共阳极,应用时将公共极接+5 V,当某一字段发光二极管的阴极为低电平时,相应字段就点亮。数码管显示模块电路图如图 3.5 所示。其中数码管段选引脚分别和单片机 P0 口相连,而位选引脚通过三极管驱动电路分别与单片机的 P2.0～P2.3 口相连。

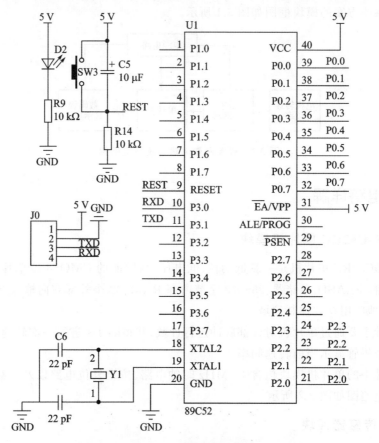

图 3.2　单片机模块电路图

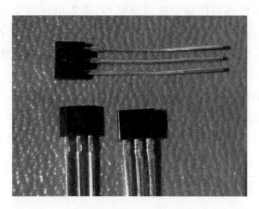

图 3.3　AH49E 集成霍尔传感器实物照片

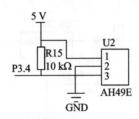

图 3.4　霍尔传感器模块电路图

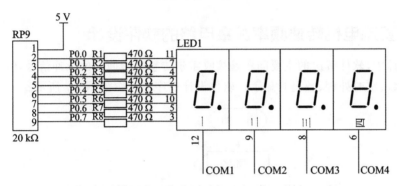

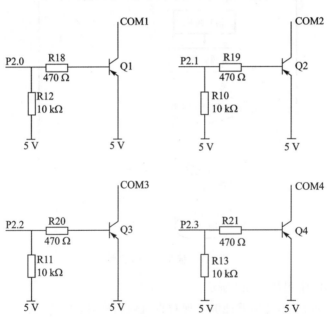

图 3.5　数码管显示模块电路图

4. 电源模块

本设计使用 8 V 直流电源供电，通过 LM7805 将其稳压为 5 V。

电源模块示意图如图 3.6 所示。

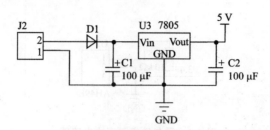

图 3.6 电源模块

3.2.4 直流电机转速频率测量电路的软件设计

本设计中,软件解决的主要问题是接收霍尔传感器传回来的脉冲信号,然后对该信号进行计数、定时处理、数码管显示。软件设计程序流程图如图 3.7 所示。

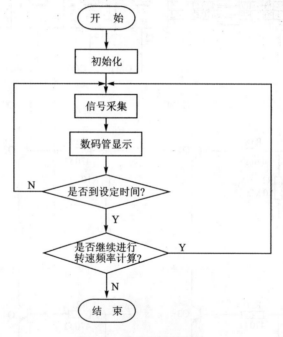

图 3.7 程序设计流程图

本设计总体电路图如图 3.8 所示。

通过对实物的测试,此电路能够实现对直流电机转速频率的测量并且能够显示当前测量的值,符合设计要求。

构成本电路的元器件清单如表 3.1 所列。

由于 Altium Designer 16 中未提供 51 系列单片机等元件,绘制 PCB 时需自己创建原理图元件库和 PCB 元件库。

本设计所需要的自建元件库包括 51 单片机元件库、晶振元件库、7805 数码管和四位数码管元件库。

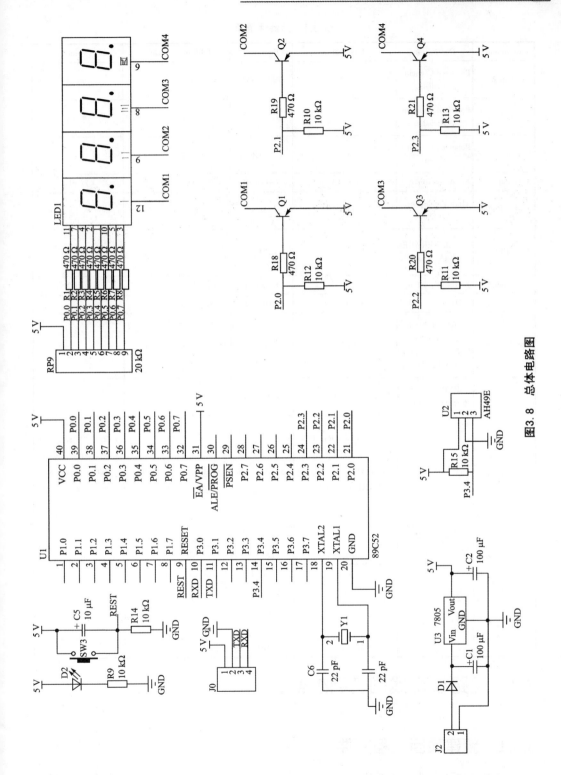

图3.8　总体电路图

表 3.1　元器件清单

Comment	Description	Designator	Footprint	LibRef	Quantity	Value
Cap 1	Polarized Capacitor （Radial）	C1	RB7.6 – 15	Cap Pol1	1	100 μF
Cap Pol1	Polarized Capacitor （Radial）	C2	RB7.6 – 15	Cap Pol1	1	100 μF
Cap Pol2	Polarized Capacitor （Axial）	C5	POLAR0.8	Cap Pol2	1	10 μF
Cap	Capacitor	C6，C7	RAD – 0.3	Cap	2	22 pF
Diode 1N914	High Conductance Fast Diode	D1	DO – 35	Diode 1N914	1	
LED0	Typical INFRARED GaAs LED	D2	LED – 0	LED0	1	
Header 4	Header，4-Pin	J0	HDR1X4	Header 4	1	
Header 2	Header，2-Pin	J2	HDR1X2	Header 2	1	
Dpy Red – CA	7.62 mm Black SurfaceHER 7-Segment Display：CA，RH DP	LED1	DISPLAY	Dpy Red – CA	1	
2N3906	PNP General Purpose Amplifier	Q1，Q2，Q3，Q4	TO – 92A	2N3906	4	
Res2	Resistor	R1，R2，R3，R4，R5，R6，R7，R8，R9，R10，R11，R12，R13，R14，R15，R18，R19，R20，R21	AXIAL – 0.4	Res2	19	470 Ω，470 Ω，470 Ω，470 Ω，470 Ω，470 Ω，470 Ω，470 Ω，10 kΩ，10 kΩ，10 kΩ，10 kΩ，10 kΩ，10 kΩ，10 kΩ，470 Ω，470 Ω，470 Ω，470 Ω
20k	Header，9-Pin	RP9	HDR1X9	Header 9	1	
SW – PB	Switch	SW3	SPST – 2	SW – PB	1	
89C52		U1	89C52	Component_1	1	
AH49E	Header，3-Pin	U2	HDR1X3	Header 3	1	
7805	Voltage Regulator	U3	PCB Component_1	Volt Reg	1	
Component_1		Y1	LC – HC – 49S	Component_1	1	

3.3　电路板布线图、实物照片

3.3.1　新建项目工程文件

　　首先,执行"文件"→"新建"→Project 命令,将新工程项目命名为"频率测量电路",

并向其中添加原理图文件和 PCB 文件。然后,执行"文件"→"新建"→"库"→"原理图库"命令,在"频率测量电路"项目中添加 4 个原理图库文件。最后,执行"文件"→"新建"→"库"→"PCB 库"命令,在"频率测量电路"项目中添加 4 个 PCB 库文件。将所有文件重命名,如图 3.9 所示。

图 3.9　新建"频率测量电路"项目工程文件

3.3.2　绘制元件库

1. 建立 7805 元件库

查看 7805 的数据手册,确定各尺寸数据,如图 3.10 所示。

2. 建立四位数码管元件库

查看四位数码管的数据手册,具体尺寸数据如图 3.11 所示。

仿照 1.3.2 小节中的建库方法可将本设计所需自建元件库的文件已经全部绘制完毕,即可在绘制原理图环境中绘制如图 3.8 所示的整体电路。

3.3.3　元件布局和布线

1. 元件布局

整体电路绘制后,执行"工程"→"Compile Document 频率测量电路.SchDoc"命令,打开 Messages 窗口(如图 3.12 所示),显示原理图编译无错误。

执行"设计"→"Update PCB Document 频率测量.PcbDoc"命令,弹出"工程更改顺序"对话框,如图 3.13 所示。

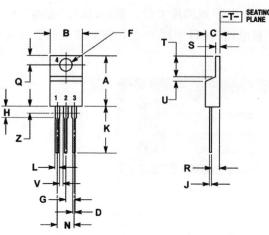

NOTES:
1. DIMENSIONING AND TOLERANCING PER ANSI Y14.5M, 1982.
2. CONTROLLING DIMENSION: INCHES.
3. DIMENSION Z DEFINES A ZONE WHERE ALL BODY AND LEAD IRREGUALRITIES ARE ALLOWED.
4. PRODUCT SHIPPED PRIOR TO 2008 HAD DIMENSIONS S = 0.045 – 0.055 INCHES (1.143 – 1.397 MM)

DIM	INCHES		MILLIMETERS	
---	MIN	MAX	MIN	MAX
A	0.570	0.620	14.48	15.75
B	0.380	0.405	9.66	10.28
C	0.160	0.190	4.07	4.82
D	0.025	0.035	0.64	0.88
F	0.142	0.147	3.61	3.73
G	0.095	0.105	2.42	2.66
H	0.110	0.155	2.80	3.93
J	0.018	0.025	0.46	0.64
K	0.500	0.562	12.70	14.27
L	0.045	0.060	1.15	1.52
N	0.190	0.210	4.83	5.33
Q	0.100	0.120	2.54	3.04
R	0.080	0.110	2.04	2.79
S	0.020	0.024	0.508	0.61
T	0.235	0.255	5.97	6.47
U	0.000	0.050	0.00	1.27
V	0.045	---	1.15	---
Z	---	0.080	---	2.04

图 3.10　7805 数据手册中的尺寸数据截图

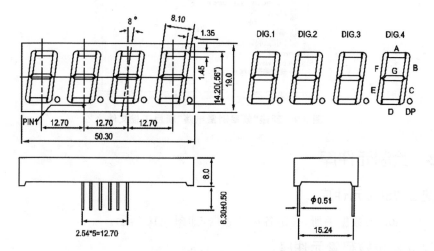

图 3.11　四位数码管数据手册中的尺寸数据截图

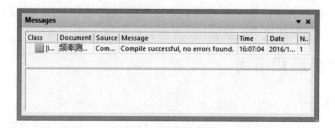

图 3.12　原理图编译后的 Messages 窗口

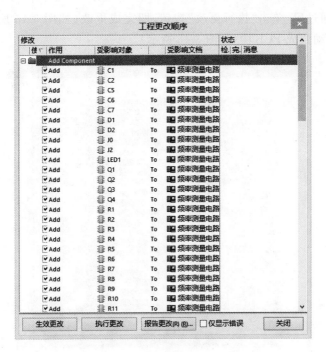

图 3.13　"工程更改顺序"对话框

单击"生效更改"按钮,完成状态检测,如图 3.14 所示。

图 3.14　状态检测完成

检测全部通过后，单击"执行更改"按钮，即完成更改（如图 3.15 所示），并在 PCB 编辑环境下，自动生成 PCB 图（如图 3.16 所示）。

图 3.15　更改完成

图 3.16　自动生成的 PCB 图

将 Room 和所有元件移动到 PCB 板上，并调整 Room 尺寸，如图 3.17 所示。

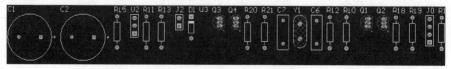

图 3.17　调整 Room 尺寸后

元件布局采用手动布局的方式,尽量将元件集中到一个区域,并采用"排列工具"命令,使元件对齐或等间距排列,排列好的元件如图 3.18 所示。

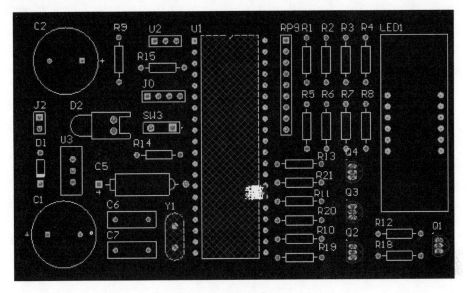

图 3.18　排列好的元件

再次调整 Room 尺寸,使 Room 区域覆盖所有元件即可,布局完毕后,执行"放置"→"走线"命令,绘制出矩形框,选择绘制出的矩形框。然后执行"设计"→"板子形状"→"按照选择对象定义"命令,结果如图 3.19 所示。

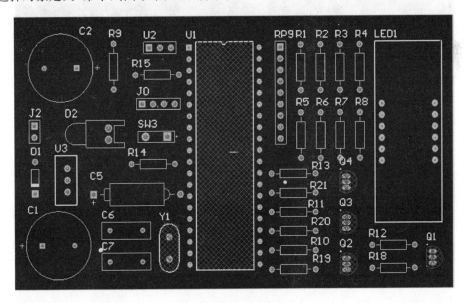

图 3.19　定义板子形状后

执行"设计"→"板子形状"→"根据板子外形生成线条"命令,在 PCB 板外轮廓生成边界线,如图 3.20 所示。

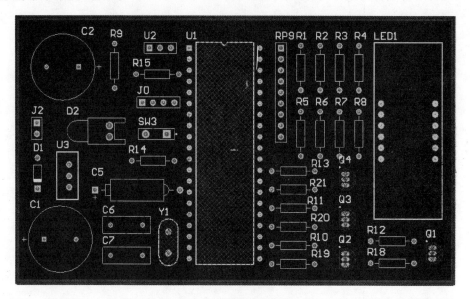

图 3.20　生成边界线后

在 PCB 板上放置 4 个直径为 4 mm 的通孔,作为固定孔。放置通孔后,如图 3.21 所示。

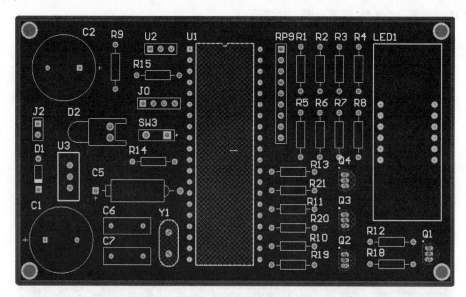

图 3.21　放置通孔后

至此,元件布局已经完成。需要注意的是元件布局并非越密越好,元件与元件之间至少应留出 100 mil 的空隙。

2. 布　线

进行布线操作,执行"自动布线"→"全部"命令,弹出"Situs 布线策略"对话框,如图 3.22 所示。单击"编辑规则"按钮,进入"PCB 规则及约束编辑器"对话框,对布线规则进行设定,与 1.3.3 小节中的电气规则一致。

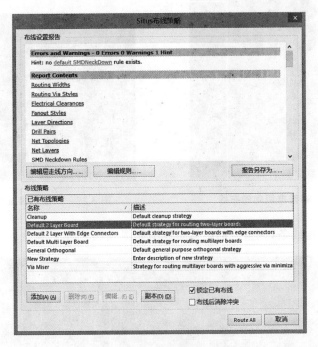

图 3.22　"Situs 布线策略"对话框

设置完基本规则后,在"PCB 规则及约束编辑器"对话框中单击"确定"按钮,返回到"Situs 布线策略"对话框,单击 Route All 按钮,即可完成自动布线,如图 3.23 所示。

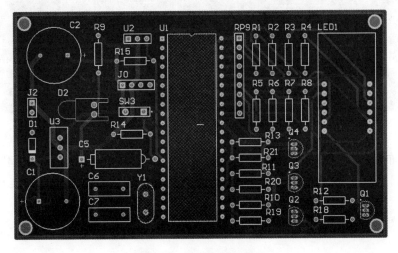

图 3.23　自动布线完成后

自动布线的结果并不理想,线条需要手动调整。注意尽量缩短线条的长度并减少弯曲次数。调整 R1~R8 之间的布线,如图 3.24 所示。

调整三极管间的布线如图 3.25 所示。

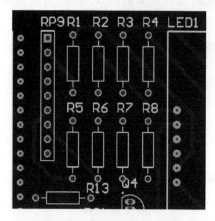

图 3.24　调整电阻间的布线

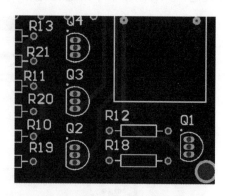

图 3.25　调整三极管间的布线

继续调整其他线条,调整后的整体布线图如图 3.26 所示。

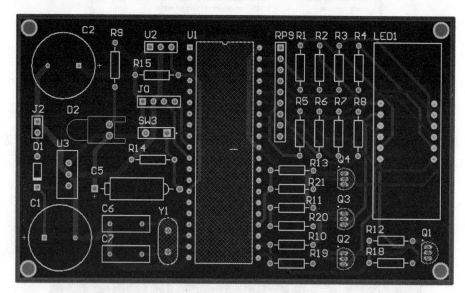

图 3.26　整体布线图

完成布线后,执行"放置"→"多边形敷铜"命令或单击命令栏中的"敷铜"图标,为 PCB 敷铜。在弹出的"多边形敷铜"对话框中选择填充模式为 Hatched,连接网络选择 GND。

设置好参数后,分别对 PCB 板顶层和底层敷铜,完成后如图 3.27 和图 3.28 所示。

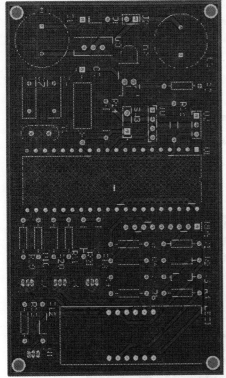

图 3.27 顶层敷铜之后   图 3.28 底层敷铜之后

执行"工具"→"设计规则检查"命令,弹出"设计规则检测"对话框,如图 3.29 所示。

图 3.29 "设计规则检测"对话框

单击"运行 DRC"按钮,Messages 窗口显示无错误,如图 3.30 所示。

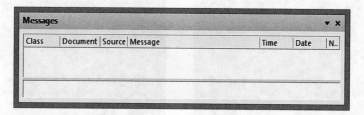

图 3.30　Messages 窗口

频率测量电路 PCB 实例基本绘制完毕,下面查看 3 维视图。执行"查看"→"切换到 3 维显示"命令,结果如图 3.31 所示。

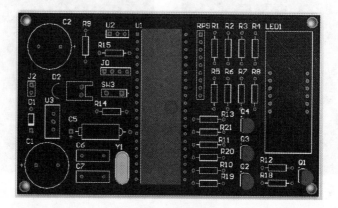

图 3.31　3 维显示

3.3.4　实物照片

直流电机转速检测装置实物照片如图 3.32 所示。

图 3.32　直流电机转速检测装置实物图

3.4　习题、注意事项及程序代码

1.习　题

(1) 数码管一般如何驱动?

答:数码管有共阴、共阳之分,不同类型的数码管其驱动方式也不同。由于数码管中的 LED 需要至少 10 mA 电流才可正常点亮,而单片机 I/O 口输出电流一般非常小,所以可靠的驱动电路是必不可少的。普通驱动数码管常用上拉电阻(共阴)和限流电阻(共阳)。这里电阻阻值的选取也需要一定的技巧,尤其是上拉电阻的选取,既要把电流拉到足够大以驱动数码管正常点亮,又要考虑灌电流对单片机的影响,切不可使电流过大到超过 I/O 可承受的最大灌电流数值,否则会使单片机烧毁。对于更稳定的数码管驱动电路,一般需要配合三极管、译码器、锁存器等,或使用专用的驱动芯片,这样既能起到放大电流的起用,又能很好地保护单片机 I/O 口。

(2) 霍尔传感器的工作原理是什么?

答:磁场中有一个霍尔半导体片,恒定电流 I 从 A 到 B 通过该半导体片。在洛仑兹力的作用下,I 的电子流在通过霍尔半导体时向一侧偏移,使该半导体片在 CD 方向上产生电位差,这就是所谓的霍尔电压。

霍尔电压随磁场强度的变化而变化,磁场越强则电压越高;反之,磁场越弱,电压越低。霍尔电压值很小,通常只有几毫伏,但经集成电路中的放大器放大后,就能使该电压放大到足以输出较强的信号。若使霍尔集成电路起传感作用,则需要用机械的方法来改变磁场强度。用一个转动的叶轮作为控制磁通量的开关,当叶轮叶片处于磁铁和霍尔集成电路之间的气隙中时,磁场偏离集成片,霍尔电压消失。这样,霍尔集成电路输出电压的变化,就能表示出叶轮驱动轴的某一位置,利用这一工作原理可将霍尔集成电路片用作点火正时传感器。霍尔效应传感器属于被动型传感器,它需要有外加电源才能工作,这一特点使它能检测低转速的运转情况。

(3) 简述频率测量电路的工作原理。

答:霍尔传感器 AH49E 将直流电机转速信号转化为电信号,并进一步处理为数字信号,然后将其输入单片机,单片机对外部输入的脉冲信号进行计数,并每隔 1 s 对脉冲数进行一次计算,从而得出电机转速频率,之后四位一体共阳数码管在单片机的控制下实时显示直流电机当前的转速频率。

2.注意事项

为保证传感器准确、稳定地工作,检测时要将电机转盘上的检测点靠近传感器敏感点且保持电机稳固,不可晃动。

3.程序代码

```
#include<reg52.h>
```

```
//定义定时器初值,方便修改
#define HIGH_Time   ((65536 - 2000)/256)
#define LOW_Time    ((65536 - 2000)%256)
#define PI_Round  3.141592          //圆周率的值
bit OVERFLOWFLAG = 0;               //时间溢出标志位
bit TIMERFLAG = 0;                  //1 s 时间到处理数据的标志位
#define SMG_PORT P0                 //定义数据端口,程序中遇到 DataPort 则用 P0 替换
unsigned  char  code  Dofly_table[16] = {0xc0,0xf9,0xa4,0xb0,0x99,0x92,0x82,0xf8,
0x80,0x90,0x77,0x7c,0x39,0x5e,0x79,0x71};
//P20  1
void  Dis_Play(unsigned int uiDis_Num)
{
  static unsigned char ucStep = 0;
  char ucDis_Dat = 0;
  if(uiDis_Num > 9999)
    return;
    SMG_PORT = 0XFF;
    P2| = 0X0f;
  switch(ucStep)
  {
  //2345  11
    case 0 :          //主频
    ucDis_Dat = uiDis_Num % 10;
    SMG_PORT = Dofly_table[ucDis_Dat];
    P2 & = ~0X08;
    ucStep ++ ;
    break;
    case 1 :
    ucDis_Dat = uiDis_Num % 100/10;
    SMG_PORT = Dofly_table[ucDis_Dat]&0x7f;
    P2 & = ~0X04;
    ucStep ++ ;
    break;
    case 2 :
    ucDis_Dat = uiDis_Num % 1000/100;
    SMG_PORT = Dofly_table[ucDis_Dat];
    P2 & = ~0X02;
    ucStep ++ ;
    break;
    case 3 :
    ucDis_Dat = uiDis_Num/1000;
    SMG_PORT = Dofly_table[ucDis_Dat];
    P2 & = ~0X01;
    ucStep = 0;
    break;
  default: break;
  }
}
/* ----------------------------------------------------------------
定时器 0 初始化子程序,使用的是 P3.4 计数模式
----------------------------------------------------------------*/
```

```
void Init_Timer0(void)
{
    TMOD | = 0x01 | 0x04;          //使用模式1,16位计数器,使用"|"符号可以在使用多个
                                   //定时器时不受影响
    TH0 = 0x00;                    //给定初值
    TL0 = 0x00;
    EA = 1;                        //总中断打开
    ET0 = 1;                       //定时器中断打开
    TR0 = 1;                       //定时器开关打开
}
/* ------------------------------------------------
定时器1初始化子程序,本程序用于定时和显示刷新
--------------------------------------------------*/
void Init_Timer1(void)
{
    TMOD | = 0x10;                 //使用模式1,16位定时器,使用"|"符号可以在使用多个
                                   //定时器时不受影响
    TH1 = HIGH_Time;               //给定初值,这里使用定时器最大值从0开始计数
                                   //一直到65 535溢出
    TL1 = LOW_Time;
    EA = 1;                        //总中断打开
    ET1 = 1;                       //定时器中断打开
    TR1 = 1;                       //定时器开关打开
}
/* ------------------------------------------------
函数说明:
数据的处理计算
参数入口:
uiCount  单位时间里的脉冲个数
uiRadius_Cycle  轮毂的半径值
--------------------------------------------------*/
unsigned  int  Get_ValInto_KM(unsigned  int  uiCount,unsigned  int  uiRadius_Cycle)
{
    float fGet_Val = (float)uiRadius_Cycle;     //转化数据得到轮毂的半径单位转化成m
    fGet_Val * = 0.01;
    fGet_Val * = 2 * PI_Round;
    fGet_Val * = uiCount;
    fGet_Val * = 3.6;
    return (unsigned int)(fGet_Val * 10);
}
/* ------------------------------------------------
                        主程序
--------------------------------------------------*/
char  cDis_Flag = 0;
main()
{
    unsigned  long int iDis_Km_Val = 0;        //定义各显示数据
    Init_Timer0();                             //初始化定时器0
    Init_Timer1();                             //初始化定时器1
    while(1)
    {
```

```
        if(OVERFLOWFLAG)            //检测溢出标志,如果溢出则表明频率过高,显示溢出信息
          {
          OVERFLOWFLAG = 0;      //标志清 0
          //如果正常就不会进入到这里
          }
        if(TIMERFLAG)             //定时 100 ms 到,进行数据处理
          {
          iDis_Km_Val = TL0 + TH0 * 256;      //读取计数值,得到 1 s 中系统记录到的脉冲个数
          iDis_Km_Val = Get_ValInto_KM(iDis_Km_Val,10);      //数据的转换,轮毂半径 10 cm
          TR0 = 1;                       //2 个定时器打开
//        TR1 = 1;
          TH0 = 0;                       //保证计数器初值为 0
          TL0 = 0;
          TIMERFLAG = 0;                 //打开计时、计数标志
          }
        if(cDis_Flag == 1)          //获得单位时间显示的时间
          {
          cDis_Flag = 0;
          Dis_Play(iDis_Km_Val);         //显示得到的千米数
//        Dis_Play(1234);                //显示得到的千米数
          }
//显示函数,单位时间显示
//      if(cDis_Flag == 1)          //获得单位时间显示的时间
//        {
//        cDis_Flag = 0;
//          Dis_Play(iDis_Km_Val);       //显示得到的千米数
//        Dis_Play(1234);                //显示得到的千米数
//        }
      }
}
/* ----------------------------------------------------
                      定时器 0 中断子程序
   -------------------------------------------------- */
void Timer0_isr(void) interrupt 1
{
TH0 = 00;                 //重新给定初值
TL0 = 00;
OVERFLOWFLAG = 1;        //溢出标志
}
/* ----------------------------------------------------
                      定时器 1 中断子程序
   -------------------------------------------------- */
void Timer1_isr(void) interrupt 3
{
static unsigned int cI = 0;      //用于脉冲单位时间计数
TH1 = HIGH_Time;                 //重新赋值 10 ms
TL1 = LOW_Time;
cDis_Flag = 1;                   //刷新显示,在主函数中刷新显示
if(TIMERFLAG == 0)
{
    cI ++;
```

```
        if(cI == 501)                //100 ms 计数时间单位,得出 100 ms 脉冲个数×10 就是
                                     //1 s 中的脉冲个数,即为频率,单位为 Hz

        {
            cI = 0;
            TR0 = 0;                 //2 个定时器关闭
//          TR1 = 0;
            TIMERFLAG = 1;           //标志位清 0
            TH1 = HIGH_Time;         //重新赋值
            TL1 = LOW_Time;
        }
    }
  else
    cI = 0;
}
```

第 4 章

数字电压表电路

4.1 设计题目与设计任务

设计题目:数字电压表电路。

设计任务:设计一个数字电压表,使其能够测量 0～5 V 直流电压,四位数码显示,精确到 0.01 V。

基本要求:可以将 0～5 V 的模拟电压量转化成数字量,并用四位数码管显示出来,具体原理如下:

> 利用 STC89C52 单片机和 ADC0808 将模拟量转化为数字量,转化的结果为 0～255。

> 将转化出来的数字量在单片机上进行数据处理,使显示结果为 0 和 5 之间的数,并保留两位小数。

> 使用软件从 AT89C52 的 P2.4 端口输出 CLK 信号供 ADC0808 使用。

> 直接使用单片机驱动 LED 数码管。

4.2 设计方案

4.2.1 电路的总体设计思路

数字电压表是采用数字化测量技术把连续的模拟量(直流输入电压)转换成不连续、离散的数字形式并加以显示的仪表,它的显示清楚直观、读数准确。

4.2.2 系统组成

数字电压表的系统主要分为以下四部分:

第一部分:被测模拟电压部分,为整个电路提供被测的模拟电压 0～5 V。

第二部分:模/数转换部分,将被测模拟电压转换成数字量来让单片机进行数据处理。

第三部分:单片机数据处理部分,将转化成的数字量进行译码处理,处理成相应的个位、十位和小数点位。

第四部分:数码管显示部分,将单片机译码后的数字通过对多位数码管动态扫描显示到数码管上。

整个系统方案的模块框图如图 4.1 所示。

图 4.1　数字电压表电路系统模块框图

4.2.3　电路详解

1. 被测模拟电压电路

被测模拟电压部分由一个阻值为 10 kΩ 的可调电位器和 5 V 电源组成。电位器两端接到 5 V 电源上,这样中间抽头所引出线的电压值即 0~5 V 的模拟电压。

2. 模/数转换电路

本设计采用的是模拟通道 IN0 采集模拟量。模拟通道地址选择信号 ADDA、AD-DB、ADDC 都接地,这样地址信号为 000,选中的转换通道为 IN0。地址锁存允许信号 ALE,高电平有效。当此信号有效时,A、B、C 三位地址信号被锁存,译码选通对应模拟通道。A/D 转换启动信号 START,正脉冲有效。ALE 和 START 信号连在一起,以便同时锁存通道地址和启动 A/D 转换。本设计为单极电压输入,所以 VREF(+)正参考电压输入端接+5 V,用于提供片内 DC 电阻网络的基准电压。转换结束信号 EOC 在 A/D 转换过程中为低电平,转换结束时为高电平,与单片机的 P2.6 口相连,当其转换结束时,单片机读取数字转换结果。输出允许信号 OE 接单片机的 P2.7 口,高电平有效。当单片机将 P2.7 口置 1 时,ADC0808/0809 的输出三态门被打开,使转换结果通过数据总线被读走。在中断工作方式下,该信号往往是 CPU 发出的中断请求响应信号。OUT1~OUT7 为 A/D 转换后的数据输出端,为三态可控输出,故可直接和单片机 P1 口数据线连接。模/数转换电路如图 4.2 所示。

3. 单片机数据处理电路

单片机数据处理电路主要进行内部程序处理,将采集到的数字量进行译码处理。其外围硬件电路包括晶振电路和复位电路。复位电路采用上拉电解电容上电复位电路。本设计采用的是 HMOS 型 MCS-51 振荡电路,当外接晶振时,C1 和 C2 值通常选择 30 pF。在设计印刷电路板时,晶体和电容应尽可能安装在单片机附近,以减小寄生电容,保证振荡器稳定可靠地工作。单片机晶振采用 12 MHz。图 4.3 所示为单片机外围电路。

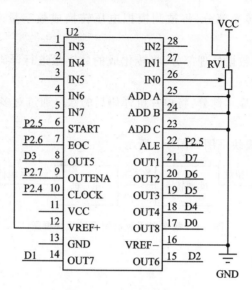

图 4.2 模/数转换电路

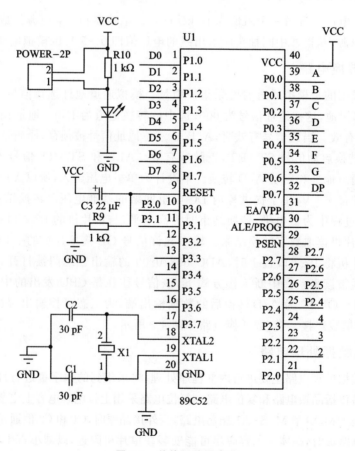

图 4.3 单片机外围电路

4. 数码管显示电路

本设计采用的是 4 位一体的共阴数码管 3461AS,用单片机的 P0 口驱动数码管的 8 位段选信号,P2.0～P2.3 驱动数码管的 4 个位选信号,由于数码管是共阴的,所以每个信号都由程序控制产生高电平来驱动显示电路。段选口线接 10 kΩ 的上拉电阻以保证电路能输出稳定的高电平。整个数码管采用多位数码管动态扫描显示的方法。图 4.4 所示为数码管显示电路。

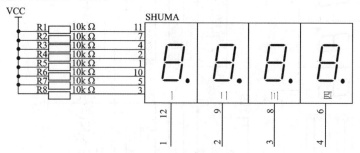

图 4.4　数码管显示电路

5. 单片机程序流程

单片机程序流程如图 4.5 所示。

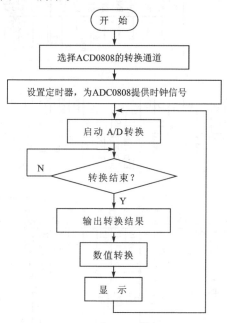

图 4.5　单片机流程图

6. 电路整体原理图

电路整体原理图如图 4.6 所示。

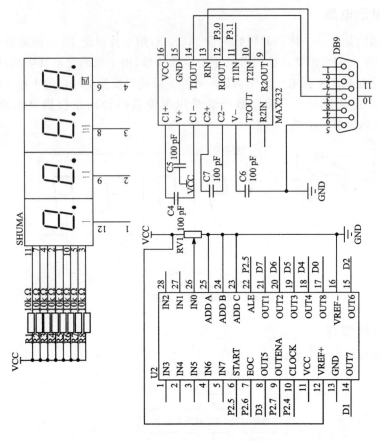

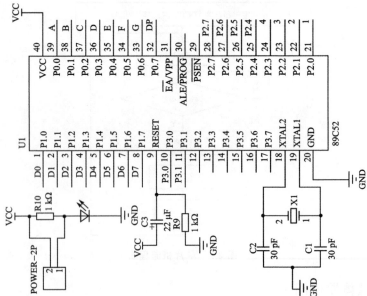

图4.6 电路整体原理图

电路实际测量结果分析:① 电路供电前调节电位器使中间抽头和电位器接地一端的电阻接近于零,为 0.8 Ω,这样电位器的中间抽头采集到的模拟电压接近为零,给板子上电发现数字电压表显示为 0 V;② 增大电位器的阻值,发现电压表示的数在逐渐增大,当电压表显示为量程值 5 V 时,断电测量变阻器中间抽头和接地端的电阻值,发现阻值为 8.11 kΩ。经测量此变阻器焊接在电路板上两端的电阻只能达到 8.2 kΩ 左右。综上分析:数字电压表的设计满量程时存在一定的误差。

构成本电路的元器件清单如表 4.1 所列。由于 Altium Designer 16 中未提供 51 系列单片机等元件,绘制 PCB 时需自己创建原理图元件库和 PCB 元件库。本例所需要的自建元件库包括 51 单片机元件库、晶振元件库、四位数码管元件库、ADC0808 元件库和 MAX232 元件库。

表 4.1 元器件清单

Comment	Description	Designator	Footprint	LibRef	Quantity	Value
Cap	Capacitor	C1、C2、C4、C5、C6、C7	RAD – 0.3	Cap	6	30 pF、30 pF、100 pF、100 pF、100 pF、100 pF
Cap Pol1	Polarized Capacitor (Radial)	C3	RB7.6 – 15	Cap Pol1	1	22 μF
D3	Typical INFRARED GaAs LED	D1	LED – 0	LED0	1	
D Connector 9	Receptacle Assembly, 9 Position, Right Angle	DB9	DSUB 1.385 – 2H9	D Connector 9	1	
Header 2	Header, 2 – Pin	POWER – 2P	HDR1X2	Header 2	1	
Res2	Resistor	R1、R2、R3、R4、R5、R6、R7、R8、R9、R10	AXIAL – 0.4	Res2	10	10 kΩ、10 kΩ、10 kΩ、10 kΩ、10 kΩ、10 kΩ、10 kΩ、10 kΩ、1 kΩ、1 kΩ
RPot SM	Square Trimming Potentiometer	RV1	POT4MM – 2	RPot SM	1	
Dpy Red – CA	7.62 mm Black Surface HER 7 – Segment Display;CA, RH DP	SHUMA	DISPLAY	Dpy Red – CA	1	
89C52		U1	89C52	Component_1	1	
Component_1		U2	ADC0808	Component_1	1	
MAX232		U3	MAX232	Component_1	1	
Component_1		X1	LC – HC – 49S	Component_1	1	

4.3　电路板布线图、实物图

4.3.1　新建项目工程文件

　　首先,执行"文件"→"新建"→Project 命令,将新工程项目命名为"数字电压表",并向其中添加原理图文件和 PCB 文件。然后执行"文件"→"新建"→"库"→"原理图库"命令,在"数字电压表"项目中添加 5 个原理图库文件。最后,执行"文件"→"新建"→"库"→"PCB 库"命令,在"数字电压表"项目中添加 5 个 PCB 库文件。将所有文件重命名,如图 4.7 所示。

图 4.7　新建"数字电压表"项目工程文件

4.3.2　绘制元件库

　　在前 3 章的实例中已经完成了 51 单片机元件库、晶振元件库和四位数码管元件库的绘制,因此这里只需绘制 ADC0808 元件库和 MAX232 元件库。

1. 建立 ADC0808 元件库

　　查看 ADC0808 的数据手册,封装类型为 DIP-28,各尺寸数据如图 4.8 所示。

2. 建立 MAX232 元件库

　　查看 MAX232 的数据手册,封装类型为 DIP-16,引脚尺寸数据如图 4.9 所示。

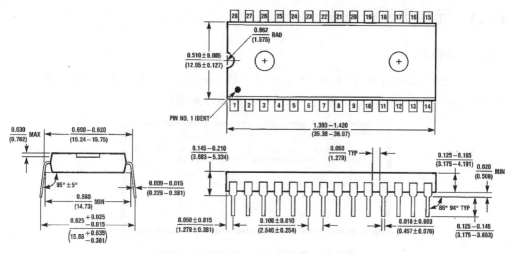

图 4.8　ADC0808 数据手册中的尺寸数据截图

　　按照 1.3.2 小节中的建库方法可将本设计中所需自建的元件库绘制完毕，即可在绘制原理图环境中绘制如图 4.6 所示的整体电路。

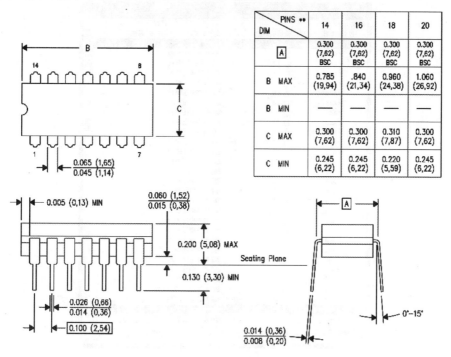

图 4.9　MAX232 数据手册中的引脚尺寸数据截图

4.3.3 元件布局和布线

1. 元件布局

整体电路绘制后,执行"工程"→"Compile Document 数字电压表.SchDoc"命令,查看 Messages 窗口(如图 4.10 所示),显示原理图编译无错误。

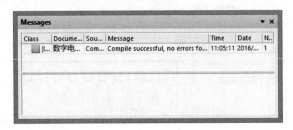

图 4.10 原理图编译后的 Messages 窗口

执行"设计"→"Update PCB Document 数字电压表.PcbDoc"命令,弹出"工程更改顺序"对话框,如图 4.11 所示。

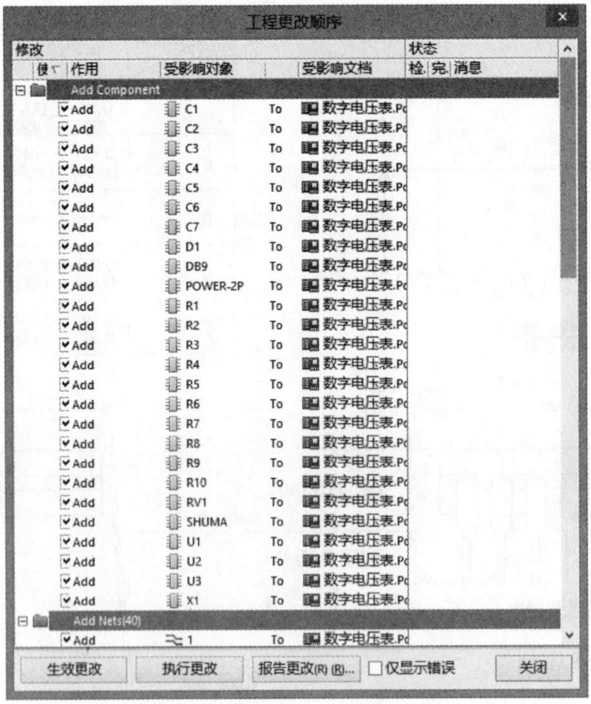

图 4.11 "工程更改顺序"对话框

单击"生效更改"按钮,完成状态检测,如图 4.12 所示。

检测全部通过后,单击"执行更改"按钮即可完成更改(如图 4.13 所示),并在 PCB 编辑环境下,自动生成 PCB 图(如图 4.14 所示)。

图 4.12　状态检测完成

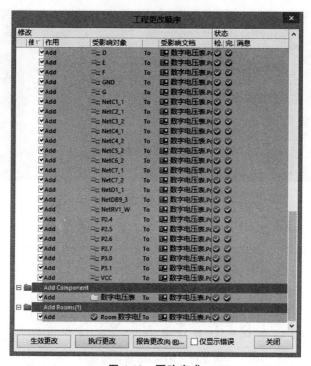

图 4.13　更改完成

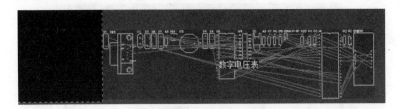

图 4.14   自动生成的 PCB 图

将 Room 和所有元件移动到 PCB 板上,并调整 Room 尺寸,如图 4.15 所示。

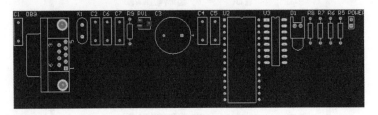

图 4.15   调整 Room 尺寸后

元件布局采用手动布局的方式。电源接口尽量放在板子边缘,方便插拔;晶振尽量靠近 51 单片机;电源尽量远离晶振,防止干扰;九针串口接口放置在 PCB 板的边缘,方便连接串口通信线。元件粗略布局如图 4.16 所示。

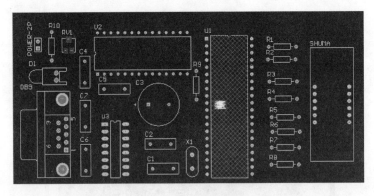

图 4.16   元件粗略布局

使用"排列工具"中的命令,选中 R1~R8 这 8 个电阻,执行"以左边边缘对齐器件"和"使器件的垂直间距相等"命令,结果如图 4.17 所示。

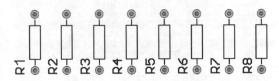

图 4.17   R1~R8 排列完毕

将单片机左边的元件进行调整,使离上边缘较近的元件以顶对齐,离下边缘较近的元件以底对齐,调整后如图 4.18 所示。

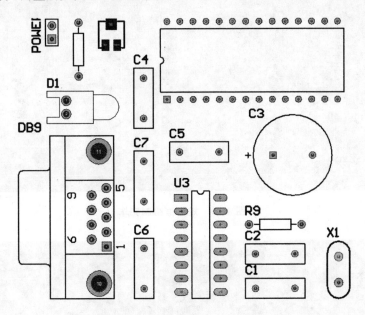

图 4.18　边缘元件对齐后

对整体布局再次进行调整,调整元件间间距,全体元件布局完毕后如图 4.19 所示。

布局完毕后,切换到 Top Overlay 层,执行"放置"→"走线"命令,绘制出矩形框,如图 4.20 所示。

选择绘制出的矩形框,执行"设计"→"板子形状"→"按照选择对象定义"命令,结果如图 4.21 所示。

执行"设计"→"板子形状"→"根据板子外形生成线条"命令,在 PCB 板子外轮廓自动生成边界线,如图 4.22 所示。

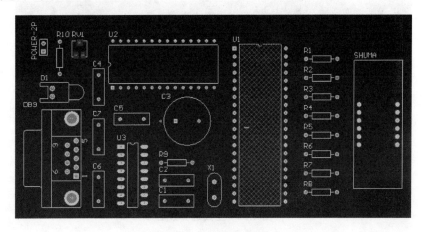

图 4.19　布局完毕后

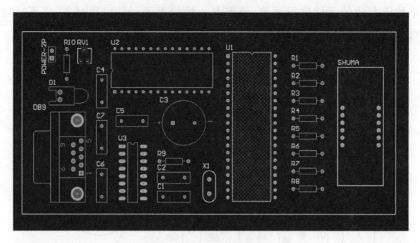

图 4.20　矩形框绘制完毕

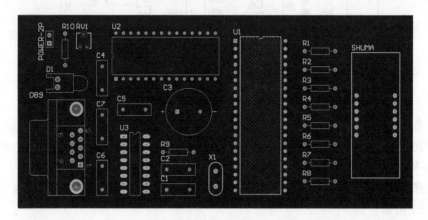

图 4.21　定义板子形状后

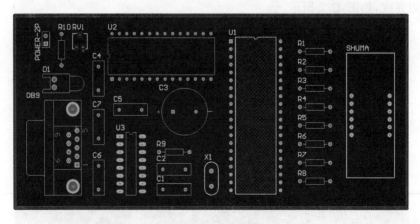

图 4.22　生成边界线后

放置 4 个直径为 3 mm 的定位通孔,执行"放置"→"过孔"命令,结果如图 4.23 所示。

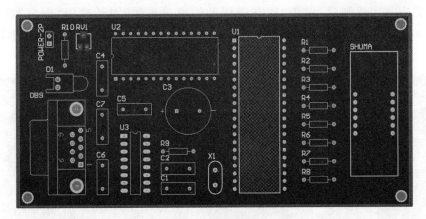

图 4.23　放置过孔后

至此,元件布局已经完成。需要注意的是元件布局并非越密越好,元件与元件之间至少应留出 100 mil 的空隙。

2.　布　　线

进行布线操作,执行"自动布线"→"全部"命令,弹出"Situs 布线策略"对话框,如图 4.24 所示。

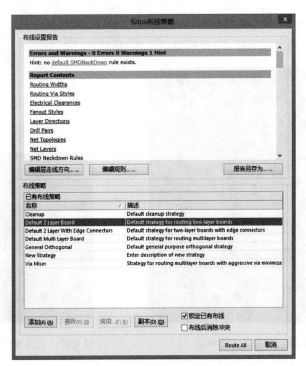

图 4.24　"Situs 布线策略"对话框

单击"编辑规则"按钮,进入"PCB 规则及约束编辑器"对话框,对布线规则进行设定与1.3.3 小节中的电气规则一致。

设置完基本规则后,单击"PCB 规则及约束编辑器"对话框中"确定"按钮,返回到"Situs 布线策略"对话框,单击 Route All 按钮,即可完成自动布线,如图 4.25 所示。

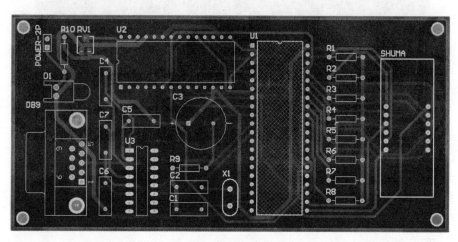

图 4.25　完成自动布线后

自动布线的结果并不理想,某些线条并不合理。手动调整单片机右侧的布线,完成后如图 4.26 所示。

调整元件 RV1 周围的布线,完成后如图 4.27 所示。

调整元件 U2 周围的布线,完成后如图 4.28 所示。

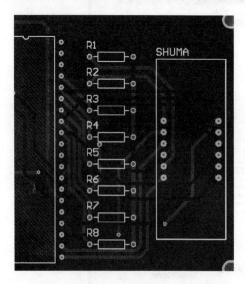

图 4.26　单片机右侧布线

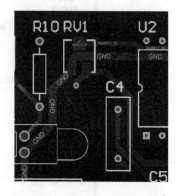

图 4.27　元件 RV1 周围的布线

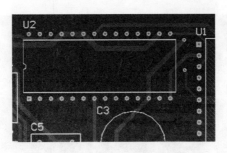

图 4.28　元件 U2 周围的布线

　　调整其他布线,尽量缩短线条的长度。采用"绕"和"打孔"的方式调整布线,全部线条调整完毕后如图 4.29 所示。

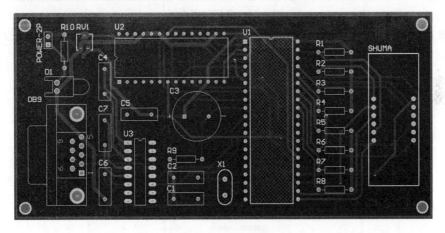

图 4.29　整体布线图

　　完成布线后,执行"放置"→"多边形敷铜"命令或单击命令栏中的"敷铜"图标,为 PCB 敷铜。在弹出的"多边形敷铜"对话框中选择填充模式为 Hatched,连接网络选择 GND,设置好参数后,分别对 PCB 板顶层和底层敷铜,完成后如图 4.30 和图 4.31 所示。

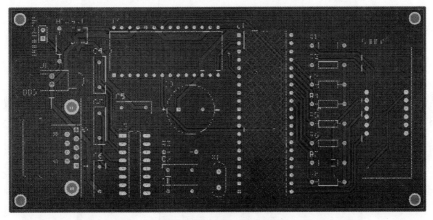

图 4.30　顶层敷铜之后

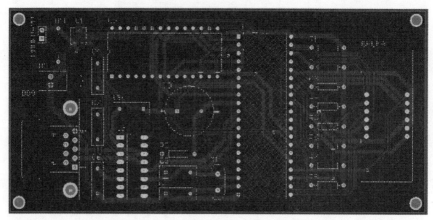

图 4.31   底层敷铜之后

敷铜之后,进行电气规则检查。执行"工具"→"设计规则检查"命令,弹出"设计规则检测"对话框,如图 4.32 所示。

图 4.32   "设计规则检测"对话框

单击"设计规则检测"对话框中的"运行 DRC"按钮,Messages 窗口显示无错误,如图 4.33 所示。

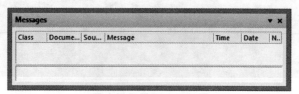

图 4.33   Messages 窗口

数字电压表 PCB 实例基本绘制完毕,下面查看 3 维视图。执行"查看"→"切换到 3 维显示"命令,结果如图 4.34 所示。

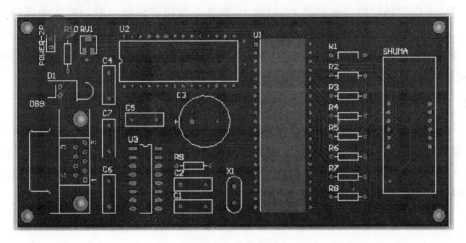

图 4.34 3 维显示

4.3.4 实物照片

数字电压表装置实物照片如图 4.35 所示。

图 4.35 数字电压表装置实物照片

4.4 习题、注意事项及程序代码

1. 习 题

(1) 为什么 P0 口要加上拉电阻?

答:P0 口要驱动共阴数码管,加上拉电阻可以保证电路输出稳定可靠的高电平。

(2) 多位数码管动态显示的原理是什么?

答:多位数码管的段码都是 P0 口输出,即各个数码管在每一时刻输入的段码是一样的。为了使其显示不同的数字,可采用动态显示的方法,即先让最低位选通显示,经过一段延时,再让次低位选通显示,再延时,以此类推。由于视觉暂留效应,只要延时的时间足够短,就能使数码管的显示看起来稳定清楚。

2. 注意事项

(1) 在设计印刷电路板时,晶体和电容应尽可能安装在单片机附近,以减小寄生电容,保证振荡器稳定、可靠地工作。为了提高稳定性,应采用 NPO 电容。

(2) 在调试过程中,如果发现数码管某些显示位显示不亮或者闪烁,则可以修改程序中数码显示的延时时间。

3. 程序代码

```
# include <reg52.h>
# include <intrins.h>
sbitEOC = P2^6;
sbitSTART = P2^5;
sbitOE = P2^7;
sbitCLK = P2^4;
long int   a;
int b,c,d,e,f,g;                         //定义长度为 7 的字符串
Unsigned char code
table[] = {0x3f,0x06,0x5b,0x4f,0x66,0x6d,0x7d,0x07,0x7f,0x6f,0x80};
void delay_display(unsigned int z)            //延时子程序
{
    unsigned int x,y;
    for(x = z;x>0;x-- )
      for(y = 110;y>0;y-- );
}
void ADC0808()
{
    if(!EOC)       //如果 EOC 为低电平,则产生一个脉冲,这个脉冲的下降沿用于启动 A/D 转换
    {
        START = 0;
        START = 1;
        START = 0;
    }
    while(!EOC);        //等待 A/D 转换结束
START = 1;      //转换结束后,再产生一个脉冲,这个脉冲的下降沿用于将 EOC 置为低电平,
            //为下一次转换做准备
    START = 0;
    while(EOC);
}
void bianma()
{
```

```
     START = 0;
     ADC0808( );
     a = P1 * 100;
     a = a/51;
}
void yima( )
{                                            //定义整型局域变量
     b = a/1000;                             //取出千位
     c = a - b * 1000;                       //取出百位、十位、个位
     d = c/100;                              //取出百位
     e = c - d * 100;                        //取出十位、个位
     f = e/10;                               //取出十位
     g = e - f * 10;                         //取出个位
}
void display( )                              //显示子程序
{
     P2 = 0xfe;
     P0 = table[b];
     delay_display(5);
     P2 = 0xfd;
     P0 = table[d];
     delay_display(5);
     P2 = 0xfd;
     P0 = table[10];
     delay_display(5);
     P2 = 0xfb;
     P0 = table[f];
     delay_display(5);
     P2 = 0xf7;
     P0 = table[g];
     delay_display(3);
}
void main( )
{
     EA = 1;
     TMOD = 0X02;
     TH0 = 216;
     TL0 = 216;
     TR0 = 1;
     ET0 = 1;
     while(1)
     {
         bianma( );
         yima( );
         display( );
     }
}
void t0( ) interrupt 1 using 0
{
     CLK = ~CLK;
}
```

第**5**章

数字时钟电路

5.1　设计题目与设计任务

设计题目:数字时钟电路。

设计任务:本设计是实现一款有计时和时间校对功能的数字时钟。

具体要求如下:

➢ 用 AT89C51 单片机的定时/计数器 T0 产生 1 s 的定时时间,作为秒计数时间;

➢ 当1 s 产生时,秒计数加1,当加到60 s 时向分钟位进一,当分钟位加到60 时,向时钟位进一;

➢ 开机时,显示 00 - 00 - 00,并开始连续计时;

➢ 计时满 23 - 59 - 59 时,返回 00 - 00 - 00 重新开始计时;

➢ P1.0 控制"秒"的调整,每按一次加 1 s;

➢ P1.1 控制"分"的调整,每按一次加 1 min;

➢ P1.2 控制"时"的调整,每按一次加 1 h;

➢ P1.3 用作复位键,如果在计时过程中按下 P1.3 键复位,则返回 00 - 00 - 00 重新开始计时。

5.2　设计方案

5.2.1　电路的总体设计思路

本设计主要由单片机内部定时器/计数器 T0 产生 1 s 的定时时间,再通过计数器计数并驱动数码管来显示时、分、秒。同时 P1 口的 4 个按键输入控制时、分、秒和复位的调整。

5.2.2　系统组成

数字时钟主要由两大部分组成。

第一部分:数码显示模块,主要由单片机和74LS245来驱动数码管显示时间。

第二部分:键盘控制模块,4 个按键用来调整时间和复位操作。

整个系统方案的模块框图如图 5.1 所示。

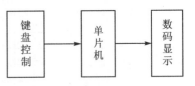

图 5.1　数字时钟电路系统模块框图

5.2.3　电路详解

1. 键盘控制电路

由于所需键数较少,所以采用独立式按键,用了 4 个轻触式按键分别占用 I/O 口的 P1.0～P1.3,实现调整时、分、秒和复位的功能。当按键按下时,P1.0～P1.3 输入低电平;当按键没有按下时,上拉电阻和按键两端并联的反向二极管使 P1.0～P1.3 输入稳定可靠的高电平。P1.0 控制"秒"的调整,每按一次加 1 s;P1.1 控制"分"的调整,每按一次加 1 min;P1.2 控制"时"的调整,每按一次加 1 h;P1.3 用作复位键,在计时过程中如果按下复位键,则返回 00 - 00 - 00 重新计时。键盘控制电路如图 5.2 所示。

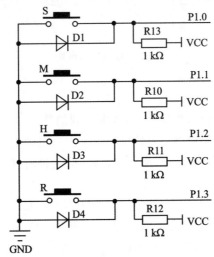

图 5.2　键盘控制电路

2. 数码显示电路

如图 5.3 所示,数码显示电路采用 2 个 4 位七段共阴 LED 数码管显示时间,采用 74LS245 增加 I/O 口的驱动能力。单片机计数并在数码管上显示出相应的时间。初始化时数码管显示 00 - 00 - 00 开始计时,选通相应的数码位来显示计时结果。

本设计采用 74LS245 来驱动数码管,它是 8 路同相三态双向总线收发器,可双向传输数据。图 5.3 中,当 $\overline{CE}$ 接低电平,AB/BA 接高电平时,信号由 A 向 B 传输(发送)。

数码管的段选信号由 74LS245 来驱动,位选信号直接由单片机 P2 口驱动。P0 口加上拉电阻,保证单片机输出稳定可靠的高电平以驱动数码管。

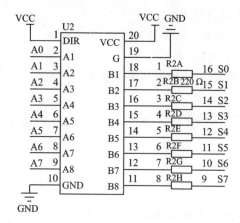

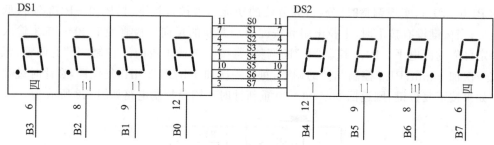

图 5.3　数码显示电路

3. 单片机电路

单片机电路主要进行内部程序处理,将采集到的数字量进行译码处理。其外围硬件电路包括晶振电路和复位电路。复位电路采用上拉电解电容上电复位电路。本设计采用的是 HMOS 型 MCS - 51 的振荡电路,当外接晶振时,C1 和 C2 通常选择 30 pF。单片机晶振采用 12 MHz。

在此设计中,选择 16 位定时工作方式。对于 T0 来说,系统时钟频率为 12 MHz,最大定时也只有 65 536 μs,即 65.536 ms,无法达到我们所需要的 1 s 定时。因此,必须通过软件来处理这个问题,假设取 T0 的最大定时为 50 ms,即要定时 1 s 则需要经过 20 次 50 ms 的定时。对于这 20 次计数,就可以采用软件的方法来统计了。

设定 TMOD＝0000 0001B,即 TMOD＝01H,设置定时器/计数器 0 工作在方式 1。给 T0 定时器/计数器的 TH0、TL0 装入预置初值,通过下面的公式可以计算出,即

$$TH0＝(65 536－50 000)/256$$

$$TL0＝(65 536－50 000)\%256$$

这样,当定时器/计数器 0 计满 50 ms 时,产生一个中断;然后,在中断服务程序中,对中断次数加以统计,以实现数字时钟的逻辑功能。

4. 单片机程序流程

单片机程序流程如图 5.4 所示。

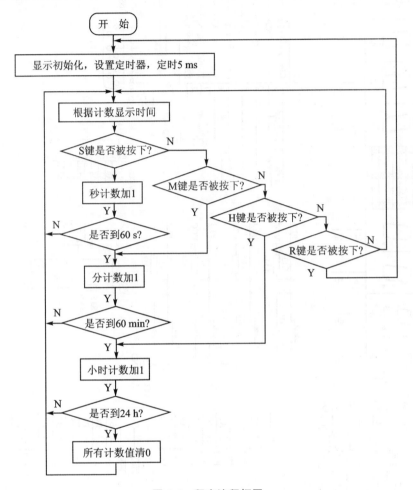

图 5.4　程序流程框图

5. 电路整体原理图

电路整体原理图如图 5.5 所示。

电路实际测量结果分析：上电后，初始化 00 - 00 - 00 并开始计时，计时一段时间后按下 S 键，秒计时加 1；按下 M 键，分计时加 1；按下 H 键，时计时加 1；按下复位键，从 00 - 00 - 00 开始计时。本设计达到任务要求。

构成本电路的元器件清单如表 5.1 所列。由于 Altium Designer 16 中未提供本设计中使用的所有元件，绘制 PCB 时需自己创建原理图元件库和 PCB 元件库。本设计所需要的自建元件库包括 51 单片机元件库、晶振元件库、四位数码管元件库、MAX232元件库以及 74LS245 元件库。

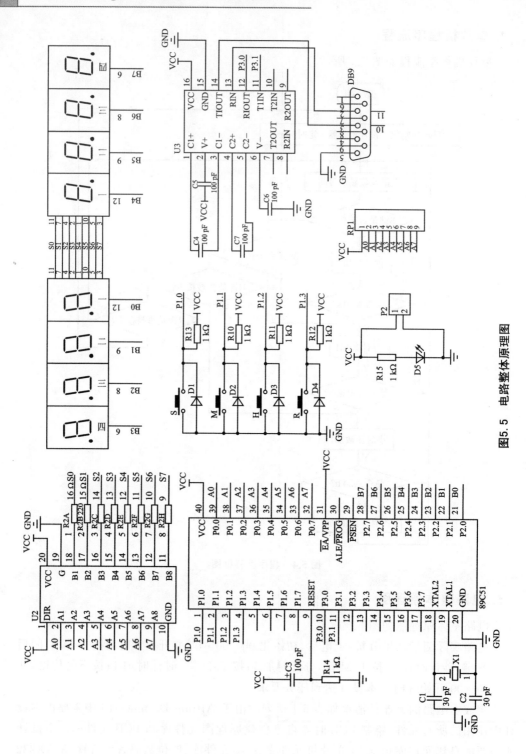

图5.5　电路整体原理图

表 5.1　元器件清单

Comment	Description	Designator	Footprint	LibRef	Quantity	Value
Cap	Capacitor	C1，C2，C4，C5，C6，C7	RAD – 0.3	Cap	6	30 pF，30 pF，100 pF，100 pF，100 pF，100 pF
Cap2	Capacitor	C3	CAPR5 – 4X5	Cap2	1	100 pF
Diode 1N914	High Conductance Fast Diode	D1，D2，D3，D4	DO – 35	Diode 1N914	4	
LED1	Typical RED GaAs LED	D5	LED – 1	LED1	1	
D Connector 9	Receptacle Assembly, 9 Position, Right Angle	DB9	DSUB 1.385 – 2H9	D Connector 9	1	
Dpy Red – CA	7.62 mm Black Surface HER 7 – Segment Display：CA，RH DP	DS1，DS2	DISPLAY	Dpy Red – CA	2	
SW – PB	Switch	H, M, R, S	SPST – 2	SW – PB	4	
Header 2	Header，2 – Pin	P2	HDR1X2	Header 2	1	
Res Pack2	Isolated Resistor Network – Parts	R2	DIP – 16	Res Pack2	1	220 Ω
Res2	Resistor	R10，R11，R12，R13，R14，R15	AXIAL – 0.4	Res2	6	1 kΩ
Header 9	Header，9 – Pin	RP1	HDR1X9	Header 9	1	
89C51		U1	89C51	Component_1	1	
Component_1		U2	74LS245	Component_1	1	
Component_1		U3	MAX232	Component_1	1	
Component_1		X1	LC – HC – 49S	Component_1	1	

5.3　电路板布线图、实物照片

5.3.1　新建项目工程文件

　　首先,执行"文件"→"新建"→Project 命令,将新工程项目命名为"数字时钟电路",并向其中添加原理图文件和 PCB 文件。然后,执行"文件"→"新建"→"库"→"原理图库"命令,在"数字时钟电路"项目中添加 5 个原理图库文件。最后,执行"文件"→"新建"→"库"→"PCB 库"命令,在"数字时钟电路"项目中添加 5 个 PCB 库文件。将所有文件重命名,如图 5.6 所示。

图 5.6　新建"数字时钟电路"项目工程文件

5.3.2　绘制元件库

查看 74LS245 的数据手册,封装类型为 PDIP－20,各尺寸数据如图 5.7 所示。

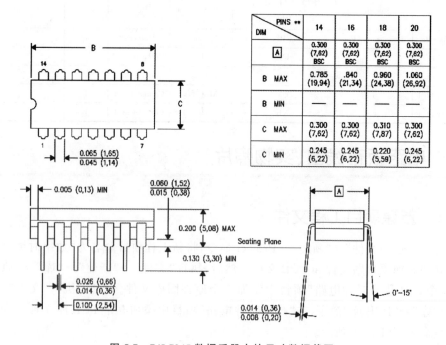

DIM \ PINS **	14	16	18	20
A	0.300 (7,62) BSC	0.300 (7,62) BSC	0.300 (7,62) BSC	0.300 (7,62) BSC
B MAX	0.785 (19,94)	.840 (21,34)	0.960 (24,38)	1.060 (26,92)
B MIN	——	——	——	——
C MAX	0.300 (7,62)	0.300 (7,62)	0.310 (7,87)	0.300 (7,62)
C MIN	0.245 (6,22)	0.245 (6,22)	0.220 (5,59)	0.245 (6,22)

图 5.7　74LS245 数据手册中的尺寸数据截图

按照 1.3.2 小节中的建库方法可将本设计中所需自建的元件库绘制完毕,即可在绘制原理图环境中绘制如图 5.5 所示的整体电路。

5.3.3　元件布局和布线

1. 元件布局

　　整体电路绘制完成后,执行"工程"→"Compile Document 数字时钟电路.SchDoc"命令,查看 Messages 窗口(如图 5.8 所示),显示原理图编译无错误。

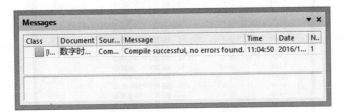

图 5.8　原理图编译后的 Messages 窗口

　　执行"设计"→"Update PCB Document 数字时钟电路.PcbDoc"命令,弹出"工程更改顺序"对话框,如图 5.9 所示。

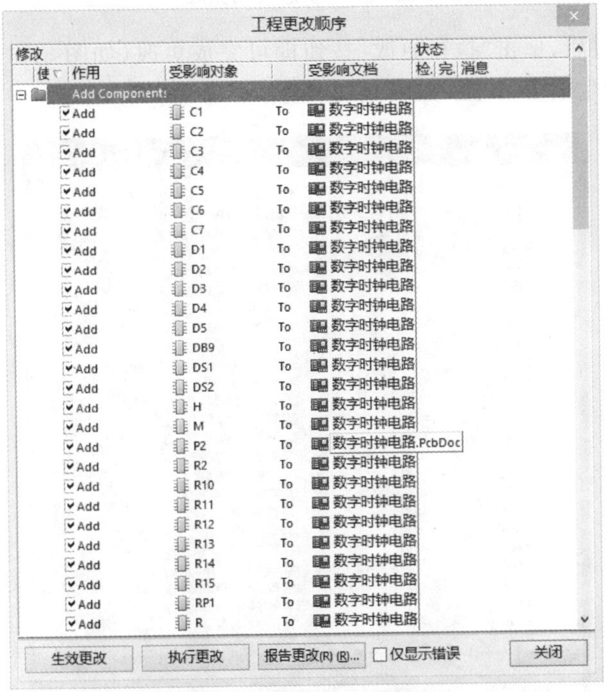

图 5.9　"工程更改顺序"对话框

　　单击"生效更改"按钮,完成状态检测,如图 5.10 所示。

图 5.10　状态检测完成

　　检测全部通过后,单击"执行更改"按钮即可完成更改(如图 5.11 所示),并在 PCB 编辑环境下,自动生成 PCB 图(如图 5.12 所示)。

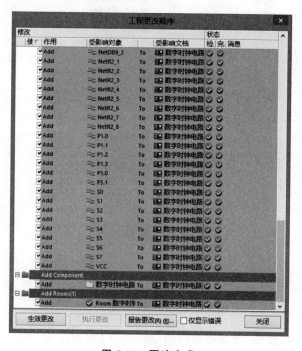

图 5.11　更改完成

图 5.12　自动生成的 PCB

将 Room 和所有元件移动到 PCB 板上，并调整 Room 尺寸，如图 5.13 所示。

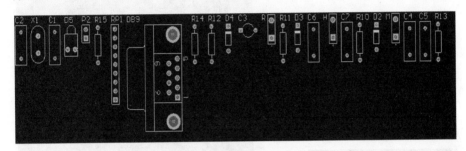

图 5.13　调整 Room 尺寸后

元件布局采用手动布局的方式。复位电路与晶振电路应尽量紧靠 51 单片机，排阻元件 RP1 尽量在 51 单片机 P0 端口附近，51 单片机最小系统布局，如图 5.14 所示。

下载通信电路尽量放置在板子的边缘，方便插拔。下载通信电路相关元件布局如图 5.15 所示。

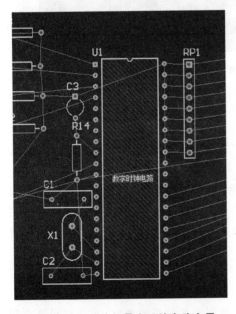

图 5.14　51 单片机最小系统电路布局

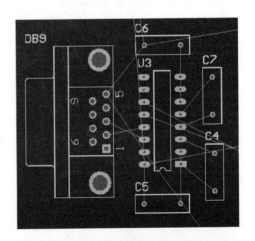

图 5.15　下载通信电路布局

键盘控制电路放置在 51 单片机 P1 端口附近,使用"排列工具"中的命令,将相关元件以一侧对齐并且等距分布。键盘控制电路元件布局如图 5.16 所示。

数码显示电路放置在 51 单片机最小系统电路的右侧。数码显示电路相关元件的布局如图 5.17 所示。

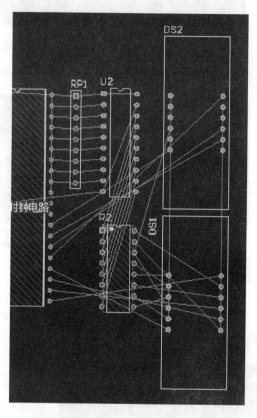

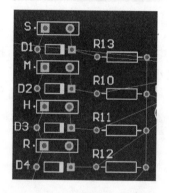

图 5.16　键盘控制电路元件布局

图 5.17　数码显示电路元件布局

使用"排列工具"等命令,调整元件间距和对齐方向,所有元件布局完毕后如图 5.18 所示。

布局完毕后,切换到 Top Overlay 层,执行"放置"→"走线"命令,绘制出矩形框,如图 5.19 所示。

选择绘制出的矩形框,执行"设计"→"板子形状"→"按照选择对象定义"命令,结果如图 5.20 所示。

执行"设计"→"板子形状"→"根据板子外形生成线条"命令,在 PCB 板子外轮廓自动生成边界线,如图 5.21 所示。

放置 4 个直径为 3 mm 的定位通孔,执行"放置"→"过孔"命令,结果如图 5.22 所示。

至此,元件布局已经完成。需要注意的是元件布局并非越密越好,元件与元件之间至少应留出 100 mil 的空隙。

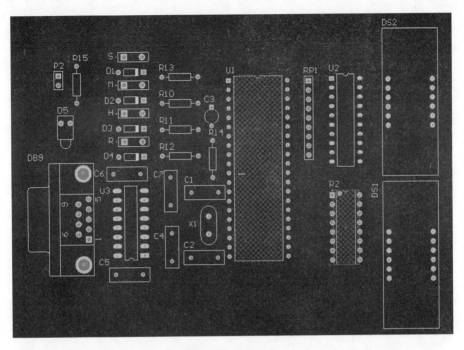

图 5.18 整体布局

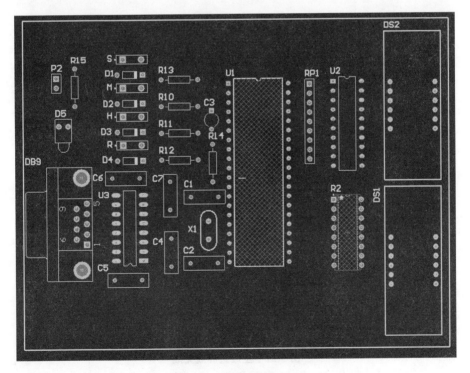

图 5.19 矩形框绘制完毕

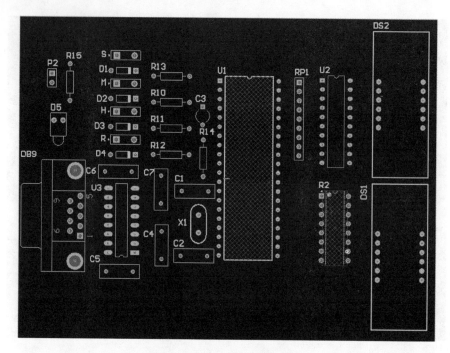

图 5.20　板子形状定义完成

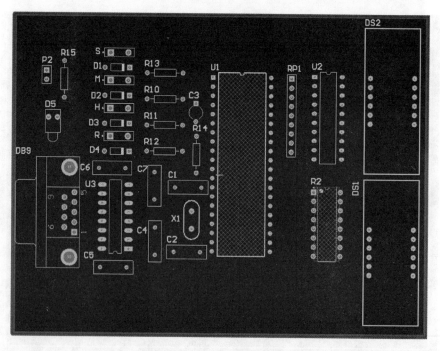

图 5.21　生成边界线完成

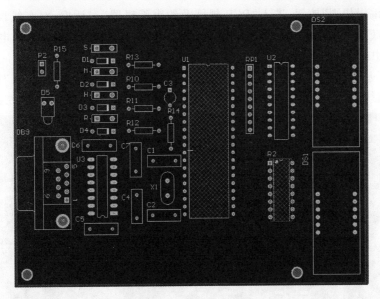

图 5.22　过孔放置完成

2. 布　线

进行布线操作，执行"自动布线"→"全部"命令，弹出"Situs 布线策略"对话框，如图 5.23 所示。

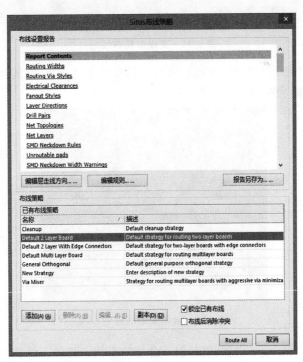

图 5.23　"Situs 布线策略"对话框

单击"编辑规则"按钮,进入"PCB 规则及约束编辑器"对话框,对布线规则进行设定,GND、VCC 和 Width 的线宽分别设为 10 mil、20 mil 和 30 mil。其他电气规则与1.3.3 小节中的电气规则一致。

设置完基本规则后,单击"PCB 规则及约束编辑器"对话框中的"确定"按钮,返回到"Situs 布线策略"对话框,单击 Route All 按钮即可完成自动布线,如图 5.24 所示。

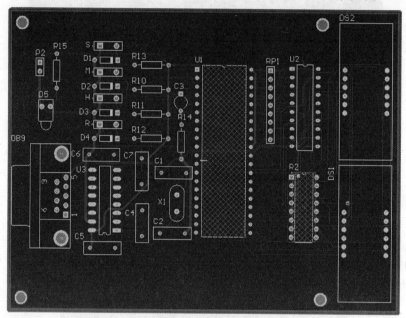

图 5.24　完成自动布线后

自动布线的结果并不理想,数码显示电路的布线太过杂乱,需要手动调整。调整完毕后,数码显示电路的布线如图 5.25 所示。

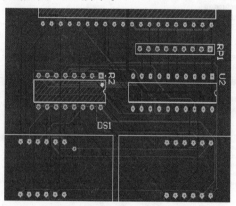

图 5.25　数码显示电路的布线

采用"绕"或"打孔"的方式,调整其他不合理的布线。整体布线调整完毕后如图 5.26所示。

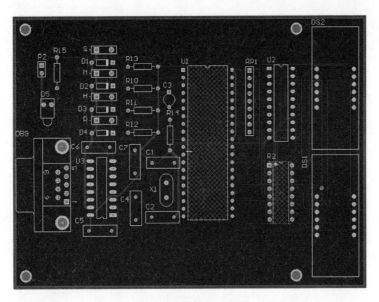

图 5.26　整体布线图

完成布线后,执行"放置"→"多边形敷铜"命令或单击命令栏中的"敷铜"图标为 PCB 敷铜。在弹出的"多边形敷铜"对话框中选择填充模式为 Hatched,连接网络选择 GND。设置好参数后,分别对 PCB 板顶层和底层敷铜,完成后如图 5.27 和图 5.28 所示。

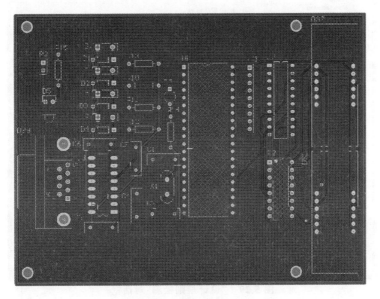

图 5.27　顶层敷铜之后

执行"工具"→"设计规则检查"命令,弹出"设计规则检测"对话框,如图 5.29 所示。单击"运行 DRC"按钮,Messages 窗口显示无错误,如图 5.30 所示。

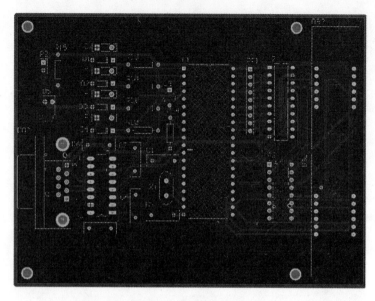

图 5.28　底层敷铜之后

图 5.29　"设计规则检测"对话框

　　数字时钟电路 PCB 实例基本绘制完毕,下面查看 3 维视图。执行"查看"→"切换到 3 维显示"命令,结果如图 5.31 所示。

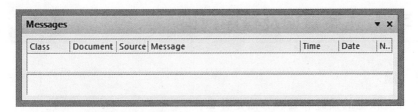

图 5.30　Messages 窗口

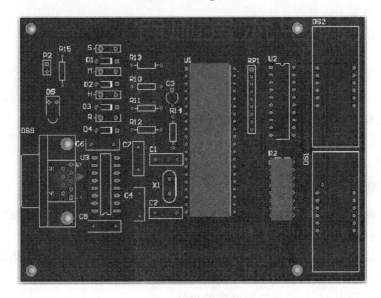

图 5.31　3 维显示

5.3.4　实物照片

数字时钟电路实物照片如图 5.32 所示。

图 5.32　数字时钟电路实物照片

5.4 习题、注意事项及程序代码

1. 习 题

（1）独立按键的读键和处理方法是什么？

答：单片机用查询方式读取相应的 I/O 口，当其为低电平时，表明该键按下，然后相应的计数器加 1 或者清 0 复位。

（2）本设计中为什么要用到 74LS245？

答：当 AT89C51 单片机的 P0 口总线负载达到或超过 P0 最大负载能力时，必须接入 74LS245 等总线驱动器。

（3）AT89S52 单片机的内部 16 位定时器/计数器是一个可编程定时器/计数器，它有几种工作方式？本设计中采用的是哪种工作方式？

答：它可以工作在 13 位定时方式，也可以工作在 16 位定时方式和 8 位定时方式。在本设计中，选择 16 位定时工作方式。

2. 注意事项

（1）在设计印刷电路板时，晶体和电容应尽可能安装在单片机附近，以减小寄生电容，保证振荡器稳定、可靠地工作。为了提高稳定性，应采用 NPO 电容。

（2）焊接 PCB 前，应先检查 PCB 板有无短路现象，一般要看电源线和地线有无短路，信号线和电源线有无短路，信号线和地线有无短路。

（3）焊接 PCB 时，应注意电解电容的极性。

3. 程序代码

```
# include  <reg52.h>
# define  uchar  unsigned char
# define  uint  unsigned int
sbit S_SET = P1^0;
sbit M_SET = P1^1;
sbit H_SET = P1^2;
sbit RESET = P1^3;
unsigned char SECOND,MINITE,HOUR,TCNT,restar = 0;
//行扫描数组
uchar code scan[8] = {0xfe,0xfd,0xfb,0xf7,0xef,0xdf,0xbf,0x7f};
//数码管显示的段码表
uchar code table[13] = {0x3F,0x06,0x5B,0x4F,0x66,0x6D,0x7D,0x07,0x7F,
0x6F,0x40,0x39,0x00};
uchar dispbuf[8];      //显示缓冲区
//************************************************
//延时函数
//************************************************
void delay (unsigned int us)
{while(us--);
```

```
}
// **************************************************
//扫描显示函数
// **************************************************
void SCANDISP()
{  unsigned char i,value;
    for(i = 0;i<8;i++)
    {  P2 = 0xff;
        value = table[dispbuf[i]];
        P0 = value;
        P2 = scan[i];
        delay(50);  }
}
// **************************************************
// 定时器/计数器 0 中断函数
// **************************************************
void Timer0(void)interrupt 1    using  1
{ TH0 = (65536 - 50000)/256;
  TL0 = (65536 - 50000) % 256;
  TCNT ++ ;
  if(TCNT == 20)
  {     SECOND ++ ;
        TCNT = 0;
        if(SECOND == 60)
          { MINITE ++ ;
          SECOND = 0;
          if(MINITE == 60)
            {
            HOUR ++ ;
          MINITE = 0;
          if(HOUR == 24)
            {
            HOUR = 0;
            MINITE = 0;
            SECOND = 0;
            TCNT = 0;}} }
    }
}
// **************************************************
//显示内容处理函数
// **************************************************
void DISPLAY()
{
    SCANDISP();
    dispbuf[6]  = SECOND/10 ;
    dispbuf[7]  = SECOND % 10 ;
    dispbuf[5]  = 10 ;
    dispbuf[3]  = MINITE/10;
    dispbuf[4]  = MINITE % 10;
    dispbuf[2]  = 10;
    dispbuf[0]  = HOUR/10;
```

```
  dispbuf[1] = HOUR % 10;
}
// **************************************************
// 独立按键扫描和键值处理函数
// **************************************************
void KEY_TEST()
{
  DISPLAY();
  P1 = 0xff;
  restar = 0;
if(S_SET == 0)
  {delay(100);
  if(S_SET == 0)
  {
    SECOND ++ ;
    if(SECOND == 60)
    {SECOND = 0;}
    while(S_SET == 0) DISPLAY();}
  }
  if(M_SET == 0)
  {delay(100);
    if(M_SET == 0)
  {MINITE ++ ;
    if(MINITE == 60)
    {MINITE = 0;}
    while(M_SET == 0) DISPLAY();
  }}
  if(H_SET == 0)
  {delay(100);
  if(H_SET == 0)
  { HOUR ++ ;
    if(HOUR == 24)
    { HOUR = 0;}
    while(H_SET == 0)  DISPLAY();
  }
  }
  if(RESET == 0)
  {delay(100);
  if(RESET == 0)
  { restar = 1;}
  }
}
// ********************************************
//主函数
// ********************************************
void main()
{
while(1)
{
  HOUR = 0;
  MINITE = 0;
```

```
        SECOND = 0;
        TCNT = 0;
        TMOD = 0x01;
        TH0 = (65536 - 50000)/256;
        TL0 = (65536 - 50000) % 256;
        IE = 0x82;
        TR0 = 1;
        while(1)
            {
              KEY_TEST();
              if(restar == 1)
                break;
            }
    }
}
```

第**6**章

LED 点阵驱动电路

6.1　设计题目与设计任务

设计题目:LED 点阵驱动电路。

设计任务:设计一个简单的单片机电路,控制红绿双色点阵两种颜色循环显示相同图形。

基本要求:由于本文采用单片机 I/O 口与集成芯片 74HC595 结合的方式来驱动红绿双色点阵循环显示相同的图形,所以必须满足以下条件:

➢ 供电电压使用 5 V;

➢ 单片机 I/O 口与 74HC595 芯片共同构成锁存、时钟及发送数据的功能;

➢ 用单片机编程来实现。

6.2　设计方案

6.2.1　电路设计的总体思路

首先为单片机设计一个最小系统,并设计一个串口下载电路,能向 PCB 板上的单片机中下载程序。然后,由于给单片机供电需要的是 5 V 电源,所以设计一个 5 V 供电电路,给 74HC595 芯片供电也采用 5 V,采用单片机和 3 片 74HC595 共同构成红绿双色点阵的驱动电路,以驱动双色点阵循环显示相同的图形。

6.2.2　系统组成

数码管驱动电路主要分为以下四部分:

第一部分:直流稳压源与电源供电显示电路。

第二部分:串口下载电路,把在 PC 上写好的程序下载到单片机中。

第三部分:单片机电路。

第四部分:74HC595 芯片控制红绿双色点阵电路。

整个系统方案的模块框图如图 6.1 所示。

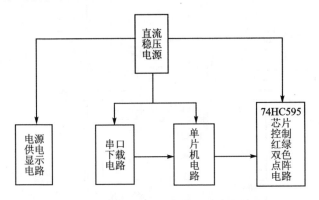

图 6.1　LED 点阵驱动电路系统模块框图

6.2.3　电路详解

1. 直流稳压电源与电源供电显示电路

由于要给整个系统供电,所以必须设计一个直流稳压电源。这里为了设计方便,直接用一个两脚排针,外接 5 V 直流电源对系统进行供电,并采用发光 LED 指示电源是否供电正常。

如图 6.2 所示,J1 为两脚排针,外接 5 V 电源和地,S1 为开关,D1 为发光 LED。外接 5 V 电源后,闭合开关 S1,如果发光 LED 亮了,则证明外接电源正常。

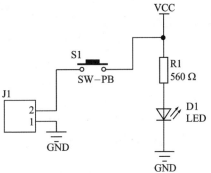

图 6.2　直流稳压电源与电源
供电显示电路原理图

2. 串口下载电路

由于程序代码都是在 PC 上写的,所以要把写好的程序代码下载到 PCB 板上的单片机中必须要设计一个串口下载电路。本文设计的串口下载电路如图 6.3 所示。

图 6.3 中使用的是 DB9 串口母座接上 MAX232 芯片以及给 MAX232 芯片外接电容构成串口下载电路,MAX232 芯片上的 12 脚和 11 脚分别接单片机的 P30、P31 口,将程序下载到 STC89C52 单片机中去。

3. 单片机电路

单片机电路是本文的主要电路,单片机中的程序控制 LED 点阵的驱动,其电路原理图如图 6.4 所示。

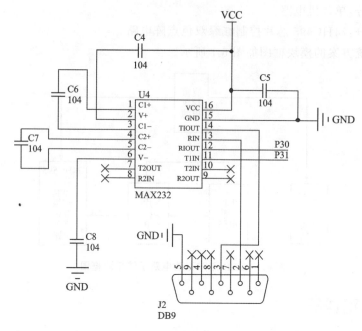

图 6.3　串口下载电路

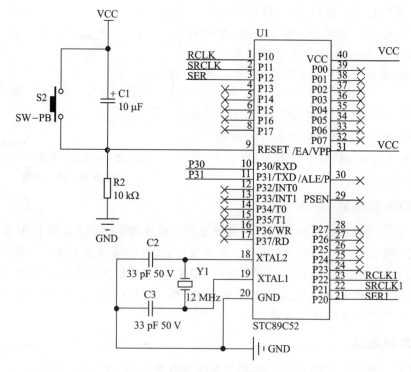

图 6.4　单片机电路原理图

在图 6.4 中,电容 C1、电阻 R2 以及按键 S2 构成单片机的复位电路,Y1 与 C2、C3 构成时钟电路,单片机的 P1.0～P1.2 口与 P2.0～P2.2 口共同控制 3 个 74HC595 芯片的锁存、时钟与发送数据等功能,从而实现控制红绿双色点阵的显示。

4. 74HC595 芯片控制红绿双色点阵电路

LED 点阵是由发光二极管排列组成的。它共由 64 个发光二极管组成,且每个发光二极管放置在行线和列线之间,列线接 LED 负端,行线接 LED 正端,若对应的某一行置 1 电平,某一列置 0 电平,则相应的二极管就点亮。图 6.5 所示为 8×8 LED 点阵内部原理图。图 6.6 所示为 8×8 LED 点阵外观图。

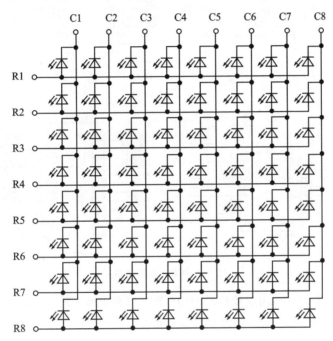

图 6.5　LED 点阵内部原理图

由图 6.5 与图 6.6 可知:如要将第一个 LED 点亮,则 R1 脚接高电平,C1 脚接低电平;如果要将第一行点亮,则 R1 脚接高电平,C1～C8 这些引脚接低电平;如要将第一列点亮,则 C1 脚接低电平,R1～R8 接高电平。

如图 6.7 所示,本设计采用三个 74HC595 芯片控制双色点阵,分别为 U2、U3、U5。其中 U2 控制两种颜色的公共端 QCON0～QCON7,另 2 个分别控制两种颜色。由单片机的 P10 口连接 U3 和 U5 的第 12 引脚,P11 口连接 U3 和 U5 的第 11 引脚,P12 口连接 U3 的第 14 引脚,P20 口连接 U2 的第 14 引脚,P21 口连接

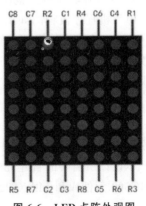

图 6.6　LED 点阵外观图

U2 的第 11 引脚,P20 口连接 U2 的第 12 引脚。74HC595 是串行转并行的芯片,可以多级级联,由 3 个端口输入:第 14 引脚为串行数据输入端,第 11 引脚为串行时钟输入端,第 12 引脚为锁存端。写入数据的原理为:由第 11 引脚输入时钟信号,为输入数据提供时间基准,跟随时钟信号由第 14 引脚输入对应的数据信号,输入完毕后,控制第 12 引脚锁存端,使串行输入的数据锁存到输入端并保持不变。

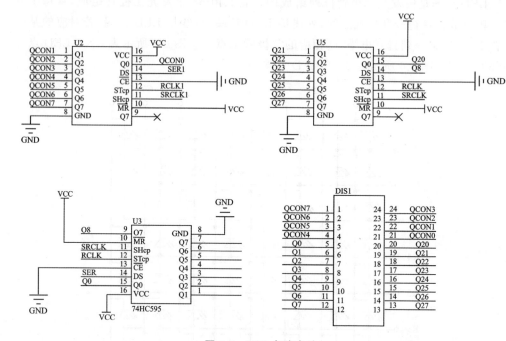

图 6.7　LED 点阵电路

在图 6.4 和图 6.7 中,用单片机的 P10～P12 口和 P20～P22 口以及 3 个 74HC595 芯片驱动 LED 点阵,使其两种颜色循环显示心形。

5. 电路整体原理图

LED 点阵驱动电路整体原理图如图 6.8 所示。

单片机程序流程图如图 6.9 所示。

经过实物测试,当接上电源,按下按键 S1 时,由单片机和 3 个 74HC595 共同控制双色点阵,LED 点阵循环显示心形,实现了驱动 LED 点阵的目的,达到了设计要求。

构成本电路的元器件清单如表 6.1 所列。

由于 Altium Designer 16 中未提供 51 系列单片机等元件,绘制 PCB 时需自己创建原理图元件库和 PCB 元件库。

本设计所需要的自建元件库包括 51 单片机元件库、晶振元件库、双色点阵元件库、74HC596 元件库和 MAX232 元件库。

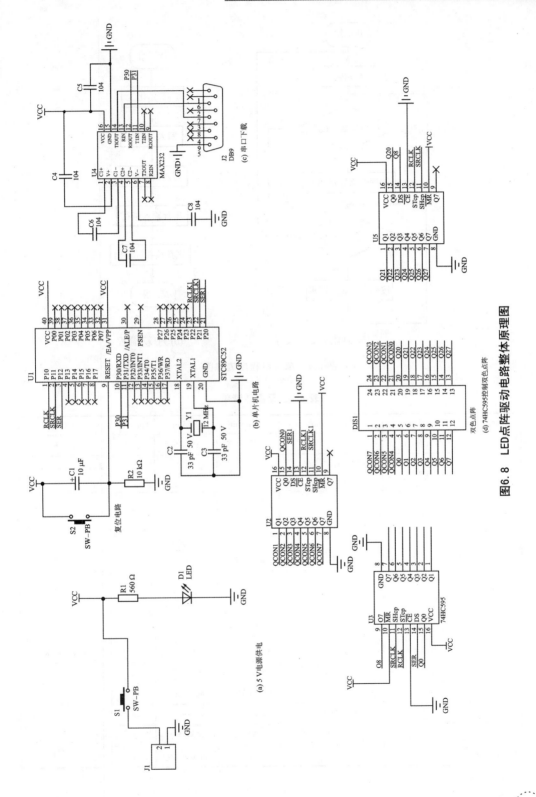

图6.8　LED点阵驱动电路整体原理图

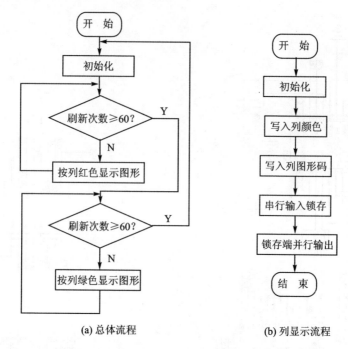

(a) 总体流程   (b) 列显示流程

图 6.9　单片机程序流程图

表 6.1　元器件清单

Comment	Description	Designator	Footprint	LibRef	Quantity	Value
Cap2	Capacitor	C1	CAPR5 – 4X5	Cap2	1	10 μF
Cap	Capacitor	C2, C3, C4, C5, C6, C7, C8	RAD – 0.3	Cap	7	33 pF, 33 pF, 104, 104, 104, 104, 104
LED1	Typical RED GaAs LED	D1	LED – 1	LED1	1	
Component_1		DIS1	LED – display	Component_1	1	
Header 2	Header, 2 – Pin	J1	HDR1X2	Header 2	1	
DB9	Receptacle Assembly, 9 Position, Right Angle	J2	DSUB 1.385 – 2H9	Connector 9	1	
Res2	Resistor	R1, R2	AXIAL – 0.4	Res2	2	560 Ω, 10 kΩ
SW – PB	Switch	S1, S2	SPST – 2	SW – PB	2	
89C51		U1	89C51	Component_1	1	
Component_1		U2, U3, U5	74HC595	Component_1	3	
MAX232		U4	MAX232	MAX232	1	
Component_1		Y1	LC – HC – 49S	Component_1	1	

6.3　电路板布线图、实物照片

6.3.1　新建项目工程文件

　　首先,执行"文件"→"新建"→Project 命令,将新工程项目命名为"LED 点阵驱动电路",并向其中添加原理图文件和 PCB 文件。然后,执行"文件"→"新建"→"库"→"原理图库"命令,在"LED 点阵驱动电路"项目中添加 5 个原理图库文件。最后,执行"文件"→"新建"→"库"→"PCB 库"命令,在"LED 点阵驱动电路"项目中添加 5 个 PCB 库文件。将所有文件重命名,如图 6.10 所示。

图 6.10　新建"LED 点阵驱动电路"项目工程文件

6.3.2　绘制元件库

　　由于前几章的实例中已经完成了 51 单片机元件库、晶振元件库和四位数码管元件库的绘制,因此这里只需绘制 74HC595 元件库和双色点阵元件库即可。

1. 建立 74HC595 元件库

　　查看 74HC595 的数据手册,封装类型为 DIP‑16 ,各尺寸数据如图 6.11 所示。图 6.12 所示为设计的 74HC595 的 PCB 封装。

2. 建立双色点阵元件库

　　查看双色点阵的数据手册,封装类型为不规则类型,具体尺寸数据如图 6.13 所示。单击"完成"按钮,生成的 PCB 封装已经完成,如图 6.14 所示。

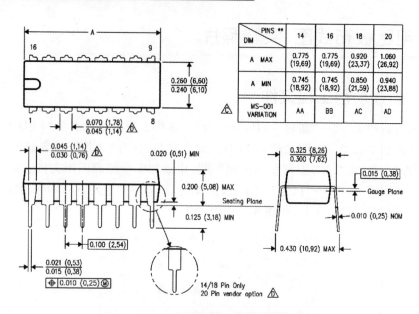

图 6.11　74HC595 数据手册中的尺寸数据截图

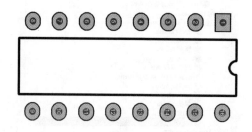

图 6.12　74HC595 的 PCB 封装

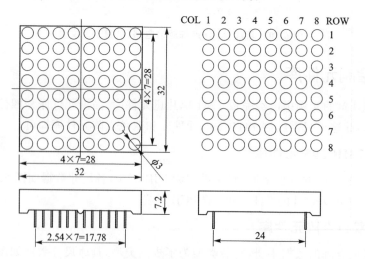

图 6.13　双色点阵数据手册中的尺寸数据截图

删除生成的外形轮廓线,只保留生成的焊盘,然后绘制 38 mm×38 mm 的矩形,使所有焊盘在矩形内等距分布,绘制完毕后如图 6.15 所示。

图 6.14　生成的 PCB 封装

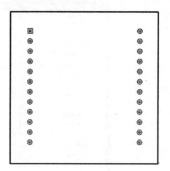

图 6.15　双色点阵 PCB 元件库

仿照 1.3.2 小节中的建库方法将本设计中所需自建的元件库绘制完毕后,即可在绘制原理图环境中绘制如图 6.8 所示的整体电路。

6.3.3　元件布局和布线

1. 元件布局

整体电路绘制后,执行"工程"→"Compile Document LED 点阵驱动电路.SchDoc"命令,查看 Messages 窗口(如图 6.16 所示),显示原理图编译无错误。

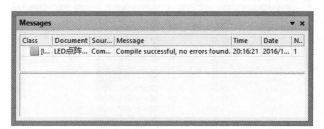

图 6.16　原理图编译后的 Messages 窗口

执行"设计"→"Update PCB Document LED 点阵驱动电路.PcbDoc"命令,弹出"工程更改顺序"对话框,如图 6.17 所示。

单击"生效更改"按钮,完成状态检测,如图 6.18 所示。

检测全部通过后,单击"执行更改"按钮,即可完成更改(如图 6.19 所示)并在 PCB 编辑环境下,自动生成 PCB 图(如图 6.20 所示)。

将 Room 和所有元件移动到 PCB 板上,并调整 Room 尺寸,如图 6.21 所示。

元件布局采用手动布局的方式。电源接口尽量放在板子边缘,方便插拔;晶振尽量靠近 51 单片机;电源尽量远离晶振,防止干扰;九针串口接口放置 PCB 板边缘,方便连接串口通信线。元件粗略布局如图 6.22 所示。

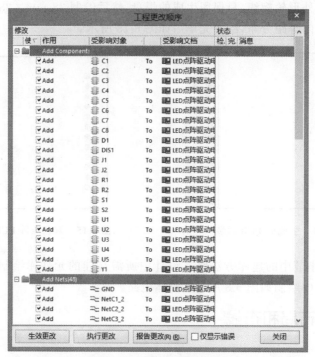

图 6.17　"工程更改顺序"对话框

图 6.18　状态检测完成

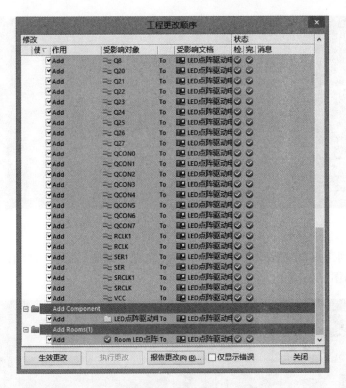

图 6.19　更改完成

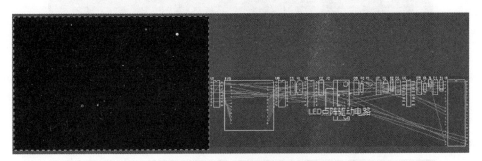

图 6.20　自动生成的 PCB 图

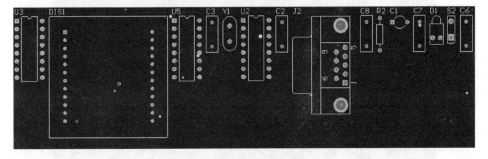

图 6.21　调整 Room 尺寸后

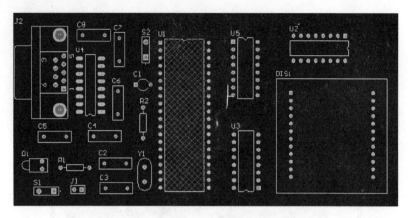

图 6.22　元件粗略布局

使用"排列工具"中的命令,对整体布局再次进行调整,调整元件间间距,全体元件布局完毕后如图 6.23 所示。

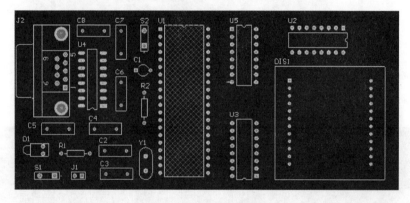

图 6.23　布局完毕后

布局完毕后,切换到 Top Overlay 层,执行"放置"→"走线"命令,绘制出矩形框,如图 6.24 所示。

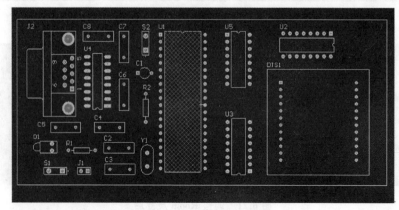

图 6.24　矩形框绘制完毕

选择绘制出的矩形框,执行"设计"→"板子形状"→"按照选择对象定义"命令,结果如图 6.25 所示。

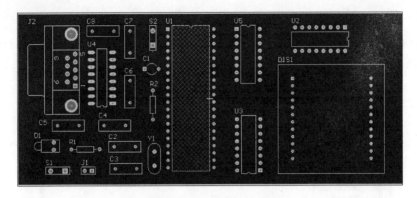

图 6.25　板子形状定义完成

执行"设计"→"板子形状"→"根据板子外形生成线条"命令,在 PCB 板子外轮廓自动生成边界线,如图 6.26 所示。

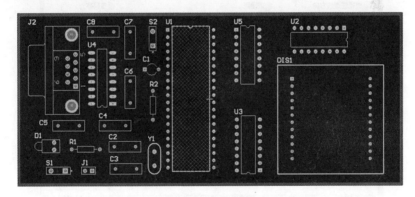

图 6.26　生成边界线完成

放置 4 个直径为 3 mm 的定位通孔,执行"放置"→"过孔"命令,结果如图 6.27 所示。

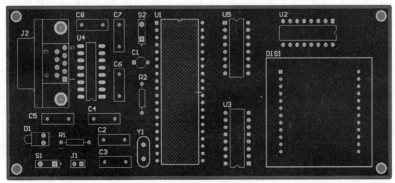

图 6.27　放置过孔后

至此,元件布局已经完成。需要注意的是元件布局并非越密越好,元件与元件之间应留出一定的空隙。

2. 布　线

进行布线操作,执行"自动布线"→"全部"命令,弹出"Situs 布线策略"对话框,如图 6.28 所示。

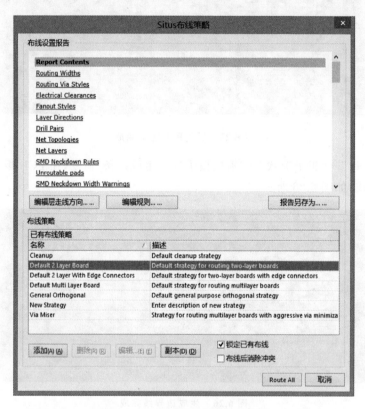

图 6.28　"Situs 布线策略"对话框

单击"编辑规则"按钮,进入"PCB 规则及约束编辑器"对话框,对布线规则进行设定,GND、VCC 和 Width 的线宽分别设为 10 mil、20 mil 和 30 mil。其他电气规则与1.3.3 小节中的电气规则一致。

基本规则设置完成后,单击"PCB 规则及约束编辑器"对话框中的"确定"按钮,即返回到"Situs 布线策略"对话框,单击 Route All 按钮即可完成自动布线,如图 6.29所示。

可见自动布线的结果并不理想,某些线条并不合理。手动调整单片机右侧的布线,调整完成后如图 6.30 所示。

调整其他布线,尽量缩短线条的长度。采用"绕"和"打孔"的方式调整布线。全部线条调缩短完毕后,如图 6.31 所示。

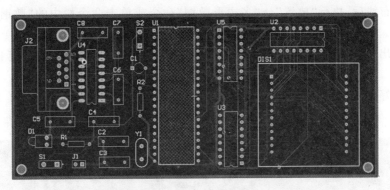

图 6.29　完成自动布线后

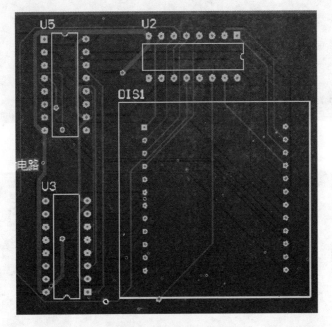

图 6.30　单片机右侧布线

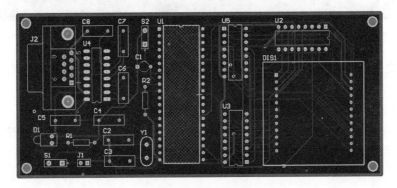

图 6.31　整体布线图

完成布线后,执行"放置"→"多边形敷铜"命令或单击命令栏中的"敷铜"图标,为 PCB 敷铜。

在弹出的"多边形敷铜"对话框中,选择填充模式为 Hatched,连接网络选择 GND。

设置好参数后,分别对 PCB 板顶层和底层敷铜,完成后如图 6.32 和图 6.33 所示。

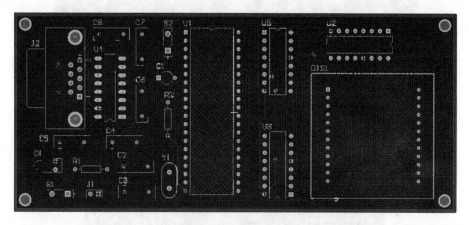

图 6.32　顶层敷铜之后

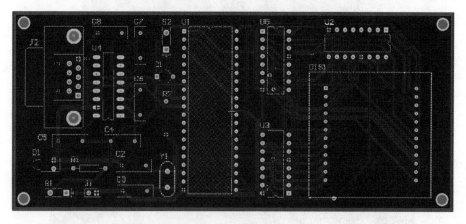

图 6.33　底层敷铜之后

敷铜之后,进行电气规制检查。执行"工具"→"设计规则检查"命令,弹出"设计规则检测"对话框,如图 6.34 所示。

单击"运行 DRC"按钮,Messages 窗口显示无错误,如图 6.35 所示。

LED 点阵驱动电路 PCB 实例基本绘制完毕,下面查看 3 维视图。执行"查看"→"切换到 3 维显示"命令,结果如图 6.36 所示。

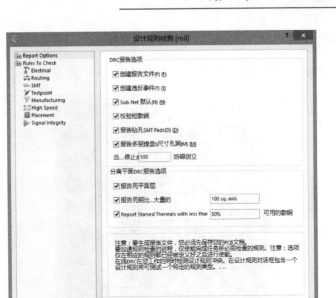

图 6.34　"设计规则检测"对话框

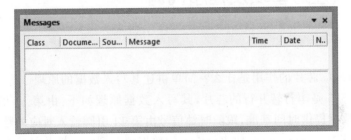

图 6.35　Messages 窗口

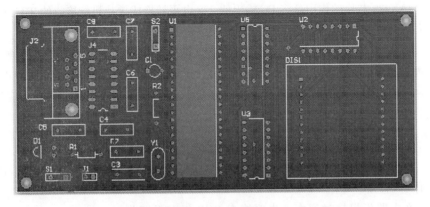

图 6.36　3 维显示

6.3.4 实物照片

双色点阵驱动电路实物照片如图 6.37 所示。

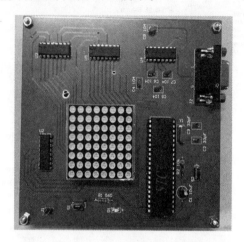

图 6.37 双色点阵驱动电路实物照片

6.4 习题、注意事项及程序代码

1. 习 题

（1）74HC595 芯片的作用是什么？简单讲述其写入数据的原理。

答：74HC595 是串行转并行的芯片，其写入数据原理如下：由第 11 引脚输入时钟信号，为输入数据提供时间基准，跟随时钟信号由第 14 引脚输入对应的数据信号；输入完毕后，控制第 12 引脚锁存端，使串行输入的数据锁存到输入端并保持不变。

（2）MAX232 芯片的作用是什么？

答：MAX232 芯片的作用是将 PC 输出的 232 电平转换成单片机能接收的 TTL 电平。

（3）本设计中的 LED 点阵的构成及发光原理是什么？

答：本设计中的 LED 点阵是由发光二极管排列组成的。它是由 64 个两种颜色的发光二极管组成，且每个发光二极管是放置在行线和列线的交叉点上，列线接 LED 的负极，行线接 LED 的正极。若对应的某一行置 1 电平，某一列置 0 电平，则相应的二极管点亮。

2. 注意事项

（1）PCB 板布线时要把电源和地线加粗，一般是普通信号线宽的 2～3 倍，PCB 走线不要有 90°直角。

（2）在电路板焊接过程中首先要检查 PCB 板有无短路。

（3）外接电源时千万不要把电源正负极接反。

3. 程序代码

```c
/* -----------------------------------------------------
   内容:使用 74HC595 驱动双色点阵
   -----------------------------------------------------*/
# include   <reg52.h>       //包含头文件,一般情况不需要改动,头文件包含特殊功能寄存器
                            //的定义
# include <intrins.h>
//unsigned char    segout[8] = {0,1,2,3,4,5,6,7};       //8 列
  unsigned char    segout[8] = {0x01,0x02,0x04,0x08,0x10,0x20,0x40,0x80};    //8 列
unsigned char code tab[] = {
                    0x00,0x6C,0x92,0x82,0x44,0x28,0x10,0x00
                    };
/* -----------------------------------------------------
                   硬件端口定义
   -----------------------------------------------------*/
sbit LATCH  = P1^0;
sbit SRCLK  = P1^1;
sbit SER    = P1^2;
sbit LATCH_B = P2^2;
sbit SRCLK_B = P2^1;
sbit SER_B = P2^0;
/* -----------------------------------------------------
us 延时函数,含有输入参数 unsigned char t,无返回值
unsigned char 是定义无符号字符变量,其值的范围是 0~255。
这里使用晶振 12 MHz,精确延时请使用汇编语言,大致延时
长度为 T = tx2 + 5 us
   -----------------------------------------------------*/
void DelayUs2x(unsigned char t)
{
while( -- t);
}
/* -----------------------------------------------------
ms 延时函数,含有输入参数 unsigned char t,无返回值。
unsigned char 是定义无符号字符变量,其值的范围是 0~255。
这里使用晶振 12 MHz,精确延时请使用汇编语言
   -----------------------------------------------------*/
void DelayMs(unsigned char t)
{
while(t -- )
{
    //大致延时 1 ms
    DelayUs2x(245);
    DelayUs2x(245);
}
}
/* -----------------------------------------------------
                   发送字节程序
   -----------------------------------------------------*/
void SendByte(unsigned char dat)
{   unsigned char i;
```

```
    for(i = 0;i<8;i++)
        {
        SRCLK = 0;
        SER = dat&0x80;
        dat<< = 1;
        SRCLK = 1; }
}
/ * -------------------------------------------------
                发送双字节程序
     595 级联,n 个 595,就需要发送 n 字节后锁存
    -------------------------------------------------- * /
void Send2Byte(unsigned char dat1,unsigned char dat2)
{
    SendByte(dat1);
    SendByte(dat2);
}
/ * -------------------------------------------------
                595 锁存程序
            595 级联发送数据后,锁存有效
    -------------------------------------------------- * /
void Out595(void)
{       _nop_();
        LATCH = 1;
        LATCH = 0;
}
/ * -------------------------------------------------
                发送位码字节程序
                使用另外一片单独 595
    -------------------------------------------------- * /
void SendSeg(unsigned char dat)
{
unsigned char i;
    for(i = 0;i<8;i++)              //发送字节
        {
        SRCLK_B = 0;
        SER_B = dat&0x80;
        dat<< = 1;
        SRCLK_B = 1; }
    LATCH_B = 1;                    //锁存
    _nop_();
    LATCH_B = 0;
}
void main()
{
unsigned char i,j;
while(1)
{               for(j = 0;j<60;j++)
                for(i = 0;i<8;i++)                    //8 列显示
                    {
                    SendSeg(segout[i]);
                    Send2Byte(~tab[i],0xff);
```

```
         Out595();
           DelayMs(1);
         Send2Byte(0xff,0xff);        //delay(10); //防止重影
         Out595();
         }
//另外一种颜色
for(j = 0;j<60;j++)
  for(i = 0;i<8;i++)                    //8列显示
      {
         SendSeg(segout[7 - i]);        //反向显示同样图形

         Send2Byte(0xff,~tab[i]);
         Out595();
           DelayMs(1);
         Send2Byte(0xff,0xff);          //delay(10); //防止重影
         Out595(); }
  }
}
```

第 **7** 章
有刷直流电机驱动电路

7.1 设计题目与设计任务

设计题目:有刷直流电机驱动电路。

设计任务:设计一个 555 多谐振荡器,产生 PWM 波,改变 PWM 波的占空比来控制有刷直流电机的转速。由于数字集成电路的最大输出电流为 20 mA 左右,而这样小的电流无法驱动直流电机,本设计需要驱动一个电机,所以在这里可以用三极管把电流放大到能够驱动电机的程度。

基本要求:

本设计要使用 555 芯片构成可调占空比的多谐振荡器,输出 PWM 信号以及运用三极管共同构成有刷直流电机驱动电路,改变输出的 PWM 波占空比来调节有刷直流电机的速度,有刷直流电机为 6 V 电源供电,而 555 芯片使用 5 V 电源供电,所以需要满足如下要求:

➤ 555 多谐振荡器产生具有一定占空比的方波信号,并且能够调节占空比;

➤ 外接 6 V 电源给有刷直流电机供电,并利用 7805 芯片构成 5 V 稳压电路,给 555 芯片供电;

➤ 运用三极管放大 555 多谐振荡器输出的微小的电流信号,驱动有刷直流电机工作。

7.2 设计方案

7.2.1 电路设计的总体思路

本设计运用 555 电路组成多谐振荡器电路,产生具有一定占空比的方波信号,并能够调节信号的占空比,从而达到改变有刷直流电机速度的目的;由于数字集成电路输出的电流比较小,所以运用三极管来放大电流,以达到能驱动有刷直流电机的目的;针对电源模块,外接 6 V 电压给电机供电;运用 7805 构成 5 V 稳压电路给 555 多谐振荡器电路供电。

7.2.2 系统组成

有刷直流电机驱动电路整个系统主要分以下四部分:

第一部分:直流稳压源电路,外接 6 V 供电电压给有刷直流电机工作。

第二部分:7805 稳压电路,把外接的 6 V 供电电压稳压至 5 V,给 555 多谐振荡器电路供电。

第三部分:555 多谐振荡器电路,用来输出具有一定占空比和一定频率的方波信号,并且输出的信号占空比可调。

第四部分:三极管驱动电路,可将集成电路中毫安级的小电流放大到使直流电机正常工作的电流。

整个系统方案的模块框图如图 7.1 所示。

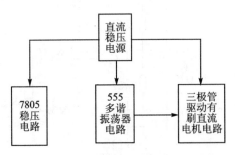

图 7.1 有刷直流电机电路系统模块框图

7.2.3 电路详解

1. 直流稳压电源电路

由于本设计使用的是 6 V 有刷直流电机,所以要给有刷直流电机供电,必须设计一个 6 V 的供电电源。这里为了设计方便,直接用两脚接线端子外接+6 V 电源给电机供电,如图 7.2 所示。

2. 7805 稳压电路

由于给 555 多谐振荡器供电使用 5 V,外接电源为 6 V,所以用 7805 芯片构成三端稳压器,把 6 V 电压转换成 5 V 给 555 多谐振荡器电路供电,其原理图如图 7.3 所示。

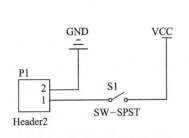

图 7.2 直流稳压源电路原理图

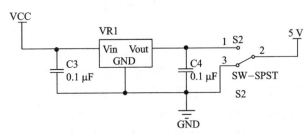

图 7.3 7805 稳压电路原理图

由图 7.3 可知,7805 的输入端接入 VCC,经过稳压器输出 5 V 电压到开关 S2 的 1 脚。如果开关 S2 的 2 脚接 1 脚,5 V 电源就接多谐振荡器电压输入端;如果开关 S2 的

2 脚接 3 脚,则 555 多谐振荡器停止工作。

3. 555 多谐振荡器电路

555 定时器成本低,性能可靠,只需要外接几个电阻、电容,就可以实现多谐振荡器、单稳态触发器及施密特触发器等脉冲产生于变换电路。它也常作为定时器广泛应用于仪器仪表、家用电器、电子测量及自动控制等方面。555 定时器数据手册中的内部电路截图和外引脚排列图如图 7.4 和图 7.5 所示。

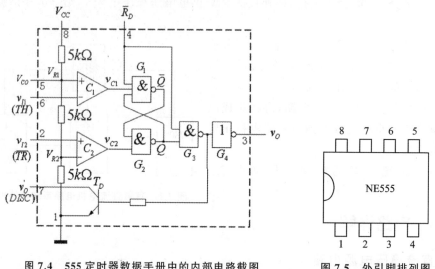

图 7.4 555 定时器数据手册中的内部电路截图　　图 7.5 外引脚排列图

555 定时器的功能主要由两个电压比较器决定。两个电压比较器的输出电压控制 RS 触发器和放电管的状态。在电源和地之间加上电压,当 5 脚悬空时,电压比较器 C_1 的同相输入端的电压为 2VCC/3,C_2 的反相输入端的电压为 VCC/3。若输入端 TR 的电压小于 VCC/3,则比较器 C_2 输出为 0,可使 RS 触发器置 1,使输出端 OUT=1。如果阈值输入端 TH 的电压大于 2VCC/3,同时 TR 端的电压大于 VCC/3,则 C_1 的输出为 0,C_2 的输出为 1,可将 RS 触发器置 0,使输出为 0 电平。本设计采用的 555 多谐振荡器电路如图 7.6 所示。

由图 7.6 中 555 芯片构成的多谐振荡器电路可知,555 芯片 1 脚与 6 脚之间的电容 C1 起到充放电的作用;C5 在充电过程中,3 脚输出为高电平;C1 在放电过程中,3 脚输出为低电平。因此得到方波信号,其振荡周期为 $T=T_1+T_2$,T_1 为电容充电时间,T_2 为电容放电时间。对于图 7.5,设定滑动变阻器 R2 分为两个部分,与电阻 R3 串联的部分令其为 R21,与 R1 串联的部分令其为 R22,看到加入了二极管 D2 和 D1,电容的充电电流和放电电流流经不同的路径,充电电流只流经 R3 与 R21,放电电流只流经 R1 与 R22,这时电容 C5 的充电时间为 $T=(R_3+R_{21})C_1\ln2\approx0.7(R_3+R_{21})C_1$,放电时间为 $T_2=(R_1+R_{22})C_1\ln2\approx0.7(R_1+R_{22})C_1$,所以方波的的振荡周期为 $T=T_1+T_2=\ln2$

$(R_2+R_3+R_1)C_1 \approx 0.7(R_2+R_3+R_1)C_1$，则方波的振荡频率为 $f=\dfrac{1}{T} \approx 1.43/(R_2+R_3+R_1)C_1$，所以这时设计的 555 多谐振荡器振荡频率不变，改变滑动上下部分阻值，即滑动滑动变阻器，R31 与 R32 的阻值都改变，就可以改变输出信号占空比了，R31 阻值越大，R32 阻值越小，输出的信号占空比越大，电机的转速越快，这样就可以调节有刷直流电机的速度。这章初步设定 $R_1=200$ kΩ，$R_3=200$ kΩ，$C_1=0.1$ μF，R_2 为 500 kΩ 的滑动变阻器。

4. 三极管驱动有刷直流电机电路

要使电机旋转起来需要有一些条件，但其中最主要的条件是要有足够大的驱动电流，用数字集成电路是不能直接驱动直流电机旋转的，必须用三极管进行电流放大来驱动。由于这里使用的是小电机，所以可以使用三极管来放大 555 多谐振荡器输出电流来驱动有刷直流电机转动。其原理图如图 7.7 所示。

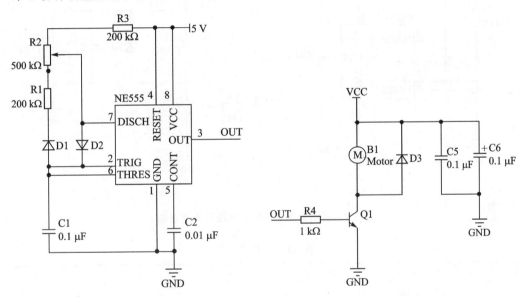

图 7.6　555 多谐振荡器电路　　　　图 7.7　三极管驱动有刷直流电机原理图

如图 7.7 所示，OUT 引脚控制三极管，当 OUT 引脚输出为高电平时，通过 R4 形成电流，使三极管导通，并放大电流。当 OUT 引脚输出为低电平时，三极管不导通，由于基极电流为 3 mA 左右，假设三极管的放大倍数为 300 倍，则电机中流过的电流为 0.9 A，若在三极管的最大集电极电流之内，则可驱动 0.9 A 的有刷直流电机，满足要求。

5. 电路整体原理图

有刷直流电机驱动电路整体原理图如图 7.8 所示。

经实物测试，当接上 6 V 供电电源，按下开关 S1 时，可以看到有刷直流电机转动,滑动滑动变阻器,可以看到电机转速在改变,达到设计目的,符合设计要求。

　　构成本电路的材料清单如表 7.1 所列。由于 Altium Designer 16 中未提供本设计中使用的所有元件,绘制 PCB 时需自己创建原理图元件库和 PCB 元件库,本设计所需要的自建元件库包括 7805 元件库和 555 定时器元件库。

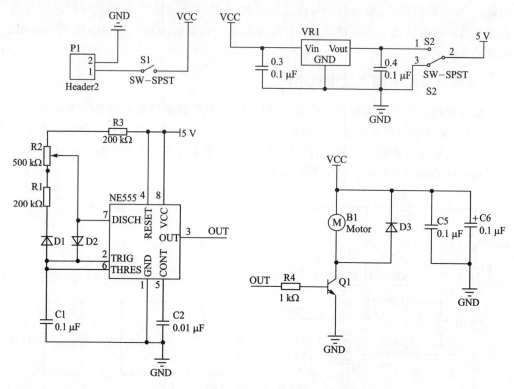

图 7.8　有刷直流电机驱动电路整体原理图

表 7.1　元器件清单

Comment	Description	Designator	Footprint	LibRef	Quantity	Value
Motor	Motor, General Kind	B1	RB5 – 10.5	Motor	1	
Cap	Capacitor	C1, C2, C3, C4, C5	RAD – 0.3	Cap	5	0.1 μF, 0.01 μF, 0.1 μF, 0.1 μF, 0.1 μF
Cap Pol1	Polarized Capacitor (Radial)	C6	RB7.6 – 15	Cap Pol1	1	47 μF
Diode 1N4148	High Conductance Fast Diode	D1, D2	DO – 35	Diode 1N4148	2	
Diode 1N4001	1 Amp General Purpose Rectifier	D3	DO – 41	Diode 1N4001	1	
NE555		NE555	LC – DIP – 8	Component_1	1	

续表 7.1

Comment	Description	Designator	Footprint	LibRef	Quantity	Value
Header 2	Header，2 – Pin	P1	HDR1X2	Header 2	1	
2N3904	NPN General Purpose Amplifier	Q1	TO – 92A	2N3904	1	
Res2	Resistor	R1，R3，R4	AXIAL – 0.4	Res2	3	200 kΩ，200 kΩ，1 kΩ
RPot	Potentiometer	R2	VR5	RPot	1	500 kΩ
SW – SPST	Single – Pole，Single – Throw Switch	S1	SPST – 2	SW – SPST	1	
SW – SPDT	SPDT Subminiature Toggle Switch，Right Angle Mounting，Vertical Actuation	S2	TL36WW15050	SW – SPDT	1	
7805	Voltage Regulator	VR1	PCB Component_1	Volt Reg	1	

7.3　电路板布线图、实物照片

7.3.1　新建项目工程文件

首先，执行"文件"→"新建"→"Project"命令，将新工程项目命名为"有刷直流电机驱动电路"，并向其中添加原理图文件和 PCB 文件。然后，执行"文件"→"新建"→"库"→"原理图库"命令，在"频率测量电路"项目中添加 2 个原理图库文件。最后，执行"文件"→"新建"→"库"→"PCB 库"命令，在"有刷直流电机驱动电路"项目中添加 2 个 PCB 库文件。将所有文件重命名，如图 7.9 所示。

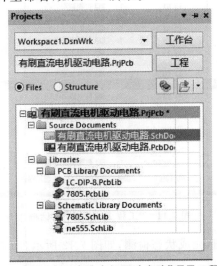

图 7.9　新建"有刷直流电机驱动电路"项目工程文件

7.3.2　元件布局和布线

1. 元件布局

整体电路绘制后,执行"工程"→"Compile Document 频率测量电路.SchDoc"命令,查看 Messages 窗口(如图 7.10 所示),显示原理图编译无错误。

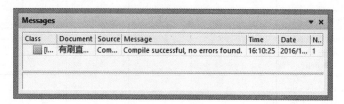

图 7.10　Messages 窗口

执行"设计"→"Update PCB Document 有刷直流电机驱动电路.PcbDoc"命令,弹出"工程更改顺序"对话框,如图 7.11 所示。

工程更改顺序						
修改				**状态**		
使	作用	受影响对象		受影响文档	检 完	消息
	Add Component					
☑	Add	B1	To	有刷直流电机		
☑	Add	C1	To	有刷直流电机		
☑	Add	C2	To	有刷直流电机		
☑	Add	C3	To	有刷直流电机		
☑	Add	C4	To	有刷直流电机驱动电路.PcbDoc		
☑	Add	C5	To	有刷直流电机		
☑	Add	C6	To	有刷直流电机		
☑	Add	D1	To	有刷直流电机		
☑	Add	D2	To	有刷直流电机		
☑	Add	D3	To	有刷直流电机		
☑	Add	NE555	To	有刷直流电机		
☑	Add	P1	To	有刷直流电机		
☑	Add	Q1	To	有刷直流电机		
☑	Add	R1	To	有刷直流电机		
☑	Add	R2	To	有刷直流电机		
☑	Add	R3	To	有刷直流电机		
☑	Add	R4	To	有刷直流电机		
☑	Add	S1	To	有刷直流电机		
☑	Add	S2	To	有刷直流电机		
☑	Add	VR1	To	有刷直流电机		
	Add Nets(14)					
☑	Add	5V	To	有刷直流电机		
☑	Add	GND	To	有刷直流电机		
☑	Add	NetB1_2	To	有刷直流电机		
☑	Add	NetC1_1	To	有刷直流电机		
☑	Add	NetC2_1	To	有刷直流电机		
☑	Add	NetC4_1	To	有刷直流电机		
☑	Add	NetD1_2	To	有刷直流电机		

生效更改	执行更改	报告更改(R) (R)	☐ 仅显示错误	关闭

图 7.11　"工程更改顺序"对话框

单击"生效更改"按钮,完成状态检测,如图 7.12 所示。

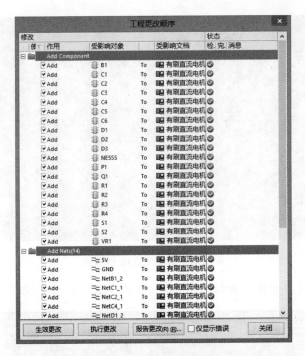

图 7.12 状态检测完成

检测全部通过后，单击"执行更改"按钮，即可完成更改（如图 7.13 所示），并在 PCB 编辑环境下，自动生成 PCB 图（如图 7.14 所示）。

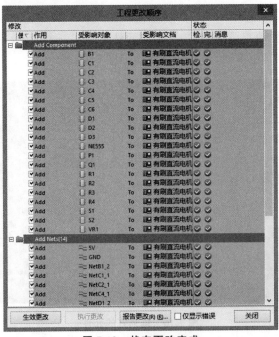

图 7.13 状态更改完成

图 7.14　自动生成的 PCB 图

将 Room 和所有元件移动到 PCB 板上，并调整 Room 尺寸，如图 7.15 所示。

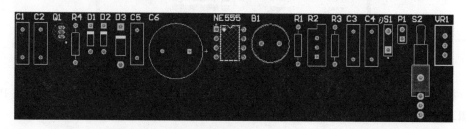

图 7.15　调整 Room 尺寸后

元件布局采用手动布局的方式，尽量将元件集中到一个区域，并采用"排列工具"命令，使元件对齐或等间距排列，排列好的元件如图 7.16 所示。

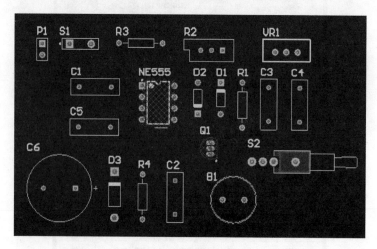

图 7.16　排列好的元件

再次调整 Room 尺寸，使 Room 区域覆盖所有元件即可。布局完毕后，执行"放置"→"走线"命令，绘制出矩形框，选择绘制出的矩形框，然后执行"设计"→"板子形状"→"按照选择对象定义"命令，执行结果如图 7.17 所示。

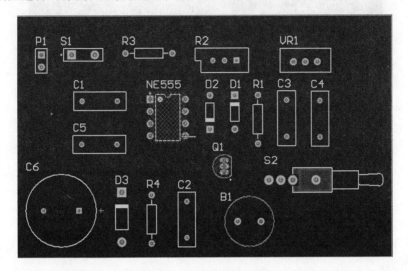

图 7.17　板子形状定义完成

执行"设计"→"板子形状"→"根据板子外形生成线条"命令，在 PCB 板外轮廓生成边界线，如图 7.18 所示。

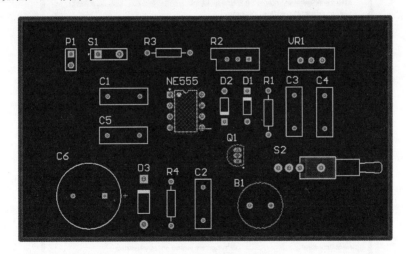

图 7.18　生成边界线完成

在 PCB 板上放置 4 个直径为 4 mm 的通孔，作为固定孔。放置通孔后，如图 7.19 所示。

至此，元件布局已经完成。需要注意的是元件布局并非越密越好，元件与元件之间至少应留出 100 mil 的空隙。

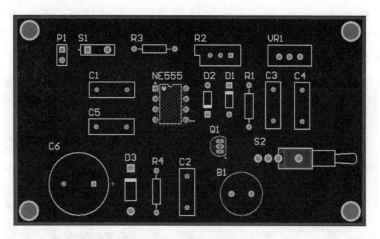

图 7.19 放置通孔后

2. 布 线

进行布线操作,执行"自动布线"→"全部"命令,弹出"Situs 布线策略"对话框,如图 7.20 所示。

图 7.20 "Situs 布线策略"对话框

单击"编辑规则"按钮,进入"PCB 规则及约束编辑器"对话框,对布线规则进行设定,与 1.3.3 小节中的电气规则一致。

设置完基本规则后,单击"PCB 规则及约束编辑器"对话框中的"确定"按钮,返回到"Situs 布线策略"对话框,单击 Route All 按钮,即可完成自动布线,如图 7.21 所示。

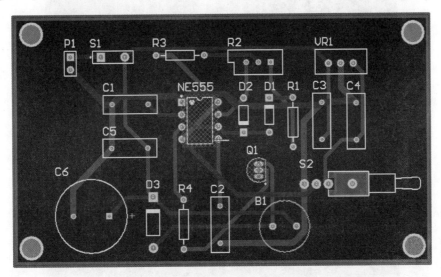

图 7.21　完成自动布线后

可见自动布线的结果并不理想,线条需要手动调整,调整后的三极管间布线如图 7.22 所示。

继续调整其他线条,调整后的整体布线图如图 7.23 所示。

完成布线后,执行"放置"→"多边形敷铜"命令或单击命令栏中的"敷铜"图标,为 PCB 敷铜。在弹出的"多边形敷铜"对话框中,选择填充模式为 Hatched,连接网络选择 GND。设置好参数后,分别对 PCB 板顶层和底层敷铜,完成后如图 7.24 和图 7.25 所示。

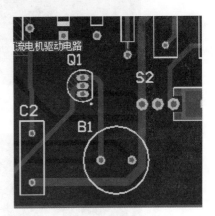

图 7.22　三极管间布线调整后

执行"工具"→"设计规则检查"命令,弹出"设计规则检测"对话框,如图 7.26 所示。

单击"运行 DRC"按钮,Messages 窗口显示无错误,如图 7.27 所示。

有刷直流电机驱动电路 PCB 实例基本绘制完毕,下面查看 3 维视图。执行"查看"→"切换到 3 维显示"命令,结果如图 7.28 所示。

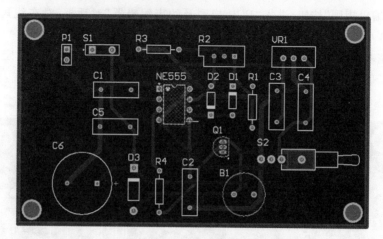

图 7.23　整体布线图

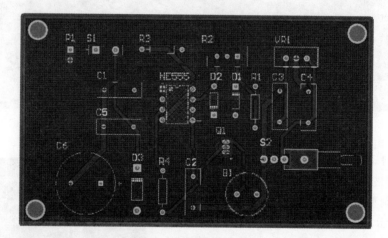

图 7.24　顶层敷铜之后

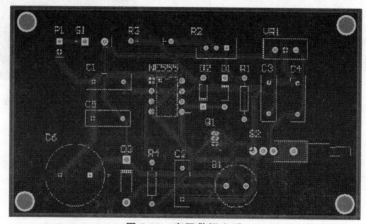

图 7.25　底层敷铜之后

图 7.26　"设计规则检测"对话框

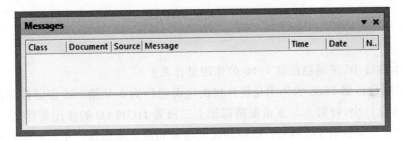

图 7.27　Messages 窗口

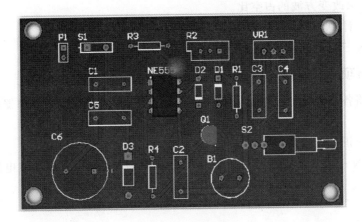

图 7.28　3 维显示

7.3.3 实物照片

有刷直流电机驱动电路实物照片如图 7.29 所示。

图 7.29 有刷直流电机驱动电路实物照片

7.4 习题、注意事项

1. 习　题

（1）本设计中，三端稳压器 7805 的作用是什么？

答：三端稳压器 7805 的作用是将外接的电源稳压到 5 V 给 555 多谐振荡器供电。

（2）本设计中，针对 555 多谐振荡器加上二极管 D1 和 D2 的作用是什么？

答：加入了二极管 D2 和 D3，电容的充电电流和放电电流流经不同的路径，充电电流只流经 R2 与 R3，放电电流只流经 R1、R2 与 R3，这时候调节滑动变阻器不改变产生的方波频率，只改变方波的占空比。

（3）本设计中，NPN 三极管的作用是什么？

答：NPN 三极管的作用是放大电流，从而驱动电机转动。

2. 注意事项

（1）电路各部分设计完毕后，需对各部分进行适当的连接，并考虑器件间的相互影响。

（2）电源正负极千万别接反。

（3）NPN 三极管千万别接错！若集电极与发射极接反，则将导致电路不能正常工作。

第**8**章

基于单片机的公交车自动报站器

8.1 设计题目与设计任务

设计题目：基于单片机的公交车自动报站器。

设计任务：使用 8 位单片机作为控制器件，当系统进行语音再生时，单片机控制电路中的语音芯片来读取其外接存储器内部的语音信息，并合成语音信号，再通过语音输出电路，进行语音报站和提示。

基本要求：

➢ 单片机通过程序读取文字信息，送入液晶显示模组来进行站数和站名的显示，通过键盘来控制系统进行工作。

➢ 当系统进行语音录制时，语音信号通过语音录入电路送给语音合成电路中的语音芯片，由语音芯片进行数据处理，并将生成的数字语音信息存储到语音存储芯片中，从而建立语音库。

8.2 设计方案

8.2.1 电路设计的总体思路

1. 语音芯片的选择

本次设计采用 ISD1730 语音芯片设计录放电路，其功能相对于 ISD2560 语音芯片更强大，由按键直接控制语音的录放等，电路工作稳定，可靠性高，完全达到了设计要求，具有非常好的实用性。

2. 显示模块的选择

采用四位数码管显示当前过站数，以确定报站状态。

8.2.2 系统组成

1. 系统结构图

系统结构图如图 8.1 所示。

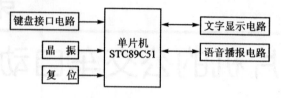

图 8.1 系统结构图

2. 单片机控制模块

单片机控制模块如图 8.2 所示。通过对 STC89C51 进行编程,令 P1.0～P1.3 接收当前按键状态,实现对工作状态的控制;令 P0 口与 P2.4～P2.7 发送数码管段选和位选信号,驱动数码管显示;令 P3.4～P3.7 传输 ISD1730 的控制信号,以实现语音提示模块功能。

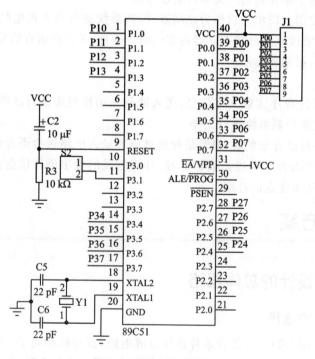

图 8.2 单片机控制模块

3. 数码管显示模块

通过程序令单片机 P0 口输出 8 位段选信号,用来确定数码管对应显示位的显示内容;令单片机 P2.4～P2.7 口输出 4 位位选信号,用来确定数码管显示位。数码管显示模块电路如图 8.3 所示。

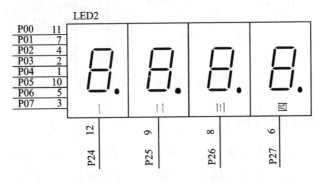

图 8.3　数码管显示模块

4. 语音提示模块

语音提示模块如图 8.4 所示。$\overline{\text{REC}}$ 端为低电平有效,开始执行录音操作;$\overline{\text{PLAY}}$ 为低电平有效,会将芯片内所有语音信息播放出来,并且循环播放直到松开按键将 $\overline{\text{PLAY}}$ 引脚电平拉高。在放音期间 LED 灯闪烁。若放音停止,则播放指针会停留在当前停止的语音段起始位置;FWD 端拉低,会启动快进操作。快进操作用来将播放指针移向下一段语音信息;将 VOL 引脚拉低会改变音量大小。

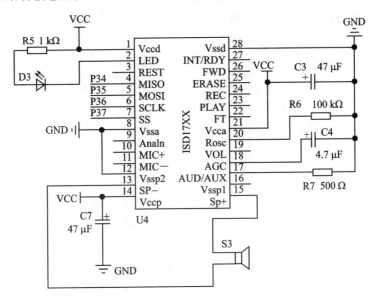

图 8.4　语音提示模块

5. 外设接口

外设接口如图 8.5 所示,利用 4 个按键开关来选择电路当前执行状态。

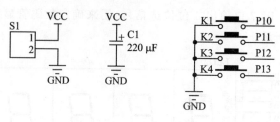

图 8.5　外设接口

8.2.3　ISD1730 芯片简介

ISD1730 芯片提供了多项新功能,包括内置专利的多信息管理系统、新信息提示、双运作模式以及可定制的信息操作指示音效。芯片内部包含有自动增益控制、麦克风前置扩大器、扬声器驱动线路、振荡器与内存等全方位整合系统功能。

ISD1730 芯片的性能特点如下:

> 可录、放音十万次,存储内容可以断电保留一百年。

> 有两种控制方式、两种录音输入方式以及两种放音输出方式。

> 可处理多达 255 段以上信息。

> 有丰富多样的工作状态提示。

> 多种采样频率对应多种录放时间。

> 音质好,电压范围宽,应用灵活,物美价廉。

ISD1730 芯片的引脚如图 8.6 所示。

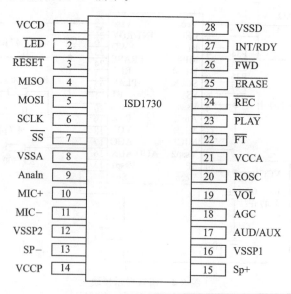

图 8.6　ISD1730 芯片的引脚

VCCD(1 脚):数字电路电源。

$\overline{\text{LED}}$(2 脚):LED 指示信号输出。

$\overline{\text{RESET}}$(3 脚):芯片复位。

MISO(4 脚):SPI 接口的串行输出端口。ISD1700 在 SCLK 下降沿之前的半个周期将数据放置在 MISO 端。数据在 SCLK 下降沿时移出。

MOSI(5 脚):SPI 接口的数据输入端口。主控制芯片在 SCLK 上升沿之前的半个周期将数据放置在 MOSI 端。数据在 SCLK 上升沿被锁存在芯片内。此引脚在空闲时应该被拉高。

SCLK(6 脚):SPI 接口的时钟。由主控制芯片产生,并被用来同步芯片 MOSI 和 MISO 端各自的数据输入和输出。此引脚空闲时必须拉高。

$\overline{\text{SS}}$(7 脚):此引脚为低时,选择该芯片成为当前被控制设备并且开启 SPI 接口。此引脚空闲时需要被拉高。

VSSA(8 脚):模拟地。

Anain(9 脚):芯片录音或直通时,辅助模拟输入。需要一个交流耦合电容(典型值为 0.1 μF),并且输入信号的幅值不能超出 1.0 Vpp。APC 寄存器的 D3 可以决定 Analn 信号被立刻录制到存储器中,与 MIC 信号混合被录制到存储器中,或者被缓存到喇叭端并经由直通线路 AUD/AUX 输出。

MIC+(10 脚):麦克风输入正极。

MIC-(11 脚):麦克风输入负极。

VSSP2(12 脚):负极 PWM 喇叭驱动器地。

SP-(13 脚):喇叭输出负极。

VCCP(14 脚):PWM 喇叭驱动器电源。

SP+(15 脚):喇叭输出正极。

VSSP1(16 脚):正极 PWM 喇叭驱动器地。

AUD/AUX(17 脚):辅助输出,由 APC 寄存器的 D7 决定,用来输出 AUD 或 AUX。AUD 是一个单端电流输出,而 AUD/AUX 是一个单端电压输出。它们能够被用来驱动外部扬声器。出厂默认设置为 AUD。APC 寄存器的 D9 可以使其掉电。

AGC(18 脚):自动增益控制。

VOL(19 脚):音量控制。

ROSC(20 脚):振荡电阻,ROSC 用一个电阻连接到地,决定芯片的采样频率。

VCCA(21 脚):模拟电路电源。

$\overline{\text{FT}}$(22 脚):在独立芯片模式下,当 FT 一直为低,Anain 直通线路被激活。Anain 信号被立刻从 Anain 经由音量控制线路发射到喇叭以及 AUD/AUX 输出。不过,在 SPI 模式下,SPI 无视这个输入,而且直通线路被 APC 寄存器的 D0 控制。该引脚有一个内部上拉设备和一个内部防抖动电路,允许使用按键开关来控制开始和结束。

$\overline{\text{PLAY}}$(23 脚):播放控制端。

$\overline{\text{REC}}$(24 脚):录音控制端。

$\overline{\text{ERASE}}$(25 脚):擦除控制端。

$\overline{\text{FWD}}$(26 脚):快进控制端。

INT/RDY(27 脚)：一个开路输出。Ready(独立模式)该引脚在录音、放音、擦除和指向操作时保持为低电平,保持为高电平时进入掉电状态。Interrupt(SPI 模式)在完成 SPI 命令后,会产生一个低电平信号的中断。一旦中断消除,该引脚变回为高电平。

VSSD(28 脚)：数字地。

8.2.4　程序设计流程图

程序设计流程图如图 8.7 所示。

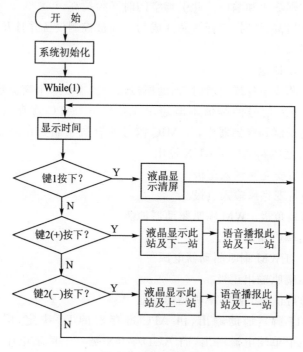

图 8.7　程序流程图

8.2.5　电路原理图

电路原理图如图 8.8 所示。

电路实际测量结果分析：上电后,依次测试 4 个按键,其功能依次为下站报站、上站报站、重复报站、复位,且语音提示模块能够正常发出报站信息,完全达到设计要求。

构成本电路的元器件清单如表 8.1 所列。

由于 Altium Designer 16 中未提供本设计中使用的所有元件,绘制 PCB 时需自己创建原理图元件库和 PCB 元件库。

本设计所需要的自建元件库包括 51 单片机元件库、晶振元件库、四位数码管元件库以及 ISD1730 元件库。

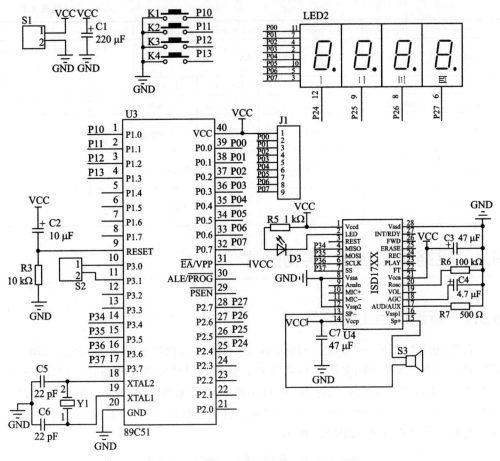

图 8.8　电路原理图

表 8.1　元器件清单

Comment	Description	Designator	Footprint	LibRef	Quantity	Value
Cap2	Capacitor	C1、C2、C3、C4、C7	CAPR5 – 4X5	Cap2	5	220 μF、10 μF、47 μF、4.7 μF、47 μF
Cap	Capacitor	C5、C6	RAD – 0.3	Cap	2	22 pF
LED1	Typical RED GaAs LED	D3	LED – 1	LED1	1	
Header 9	Header，9-Pin	J1	HDR1X9	Header 9	1	
SW – PB	Switch	K1，K2，K3，K4	SPST – 2	SW – PB	4	
Dpy Red – CA	7.62 mm Black SurfaceHER 7-Segment Display： CA，RH DP	LED2	DISPLAY	Dpy Red – CA	1	

续表 8.1

Comment	Description	Designator	Footprint	LibRef	Quantity	Value
Res2	Resistor	R3，R5，R6，R7	AXIAL – 0.4	Res2	4	10 kΩ,1 kΩ,100 kΩ, 500 Ω
Header 2	Header，2-Pin	S1，S2	HDE:1X2	Header 2	2	
Speaker	Loudspeaker	S3	PIN2	Speaker	1	
89C51		U3	89C51	Component_1	1	
Component_1		U4	ISD1730	Component_1	1	
Component_1		Y1	XTAL	Component_1	1	

8.3 电路板布线图、实物照片

8.3.1 新建项目工程文件

首先,执行"文件"→"新建"→Project 命令,将新工程项目命名为"公交自动报站器",并向其中添加原理图文件和 PCB 文件。然后,执行"文件"→"新建"→"库"→"原理图库"命令,在"公交自动报站器"项目中添加 4 个原理图库文件。最后,执行"文件"→"新建"→"库"→"PCB 库"命令,在"公交自动报站器"项目中添加 4 个 PCB 库文件。将所有文件重命名,如图 8.9 所示。

图 8.9　新建"公交自动报站器"项目工程文件

8.3.2　元件布局和布线

1. 元件布局

整体电路绘制后，执行"工程"→"Compile Document 公交自动报站器.SchDoc"命令，查看 Messages 窗口（如图 8.10 所示），显示原理图编译无错误。

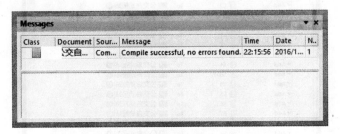

图 8.10　原理图编译后的 Messages 窗口

执行"设计"→"Update PCB Document 公交自动报站器.PcbDoc"命令，弹出"工程更改顺序"对话框，如图 8.11 所示。

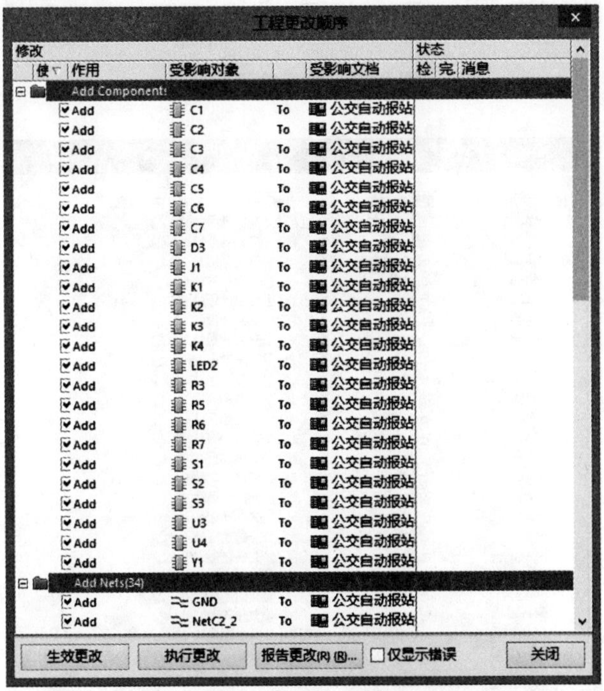

图 8.11　"工程更改顺序"对话框

单击"生效更改"按钮，完成状态检测，如图 8.12 所示。

检测全部通过后，单击"执行更改"按钮，即可完成更改（如图 8.13 所示），并在 PCB 编辑环境下，自动生成 PCB 图（如图 8.14 所示）。

图 8.12　状态检测完成

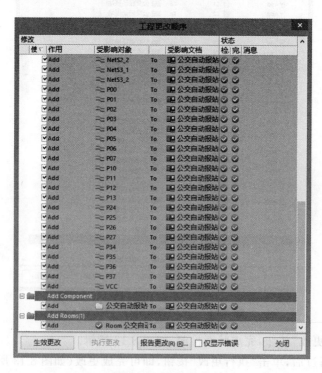

图 8.13　更改完成

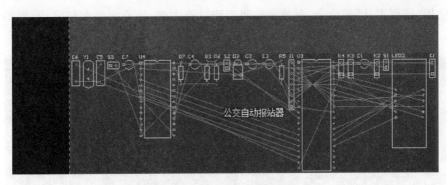

图 8.14　自动生成的 PCB 图

将 Room 和所有元件移动到 PCB 板上,并调整 Room 尺寸,如图 8.15 所示。

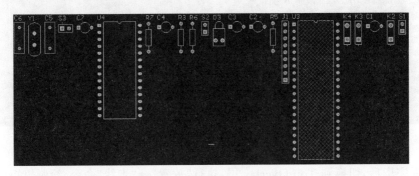

图 8.15　调整 Room 尺寸后

元件布局采用手动布局的方式。复位电路与晶振电路应尽量紧靠 51 单片机,排阻元件 J1 应尽量在 51 单片机 P0 端口附近。51 单片机最小系统布局如图 8.16 所示。

语音提示模块相关电路放置在 51 单片机最小系统的右侧,具体布局如图 8.17 所示。

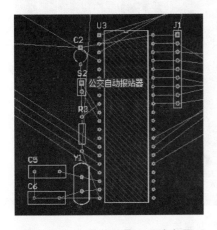

图 8.16　51 单片机最小系统布局

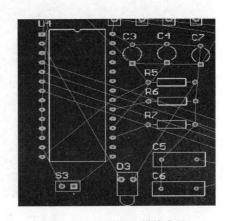

图 8.17　语音提示模块布局

使用"排列工具"等命令,调整元件间距和对齐方向,所有元件布局完毕,如图 8.18 所示。

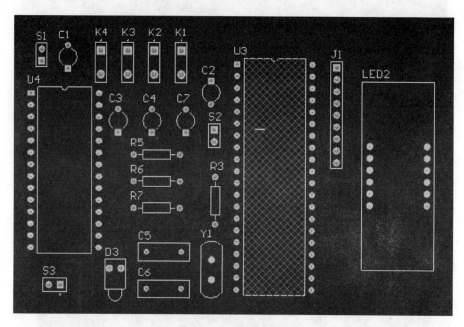

图 8.18　整体布局

布局完毕后,切换到 Top Overlay 层,执行"放置"→"走线"命令,绘制出矩形框,如图 8.19 所示。

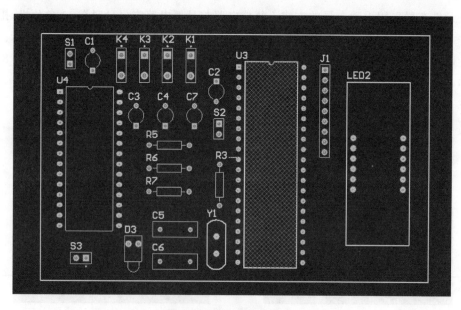

图 8.19　矩形框绘制完毕

选择绘制出的矩形框,执行"设计"→"板子形状"→"按照选择对象定义"命令,结果如图 8.20 所示。

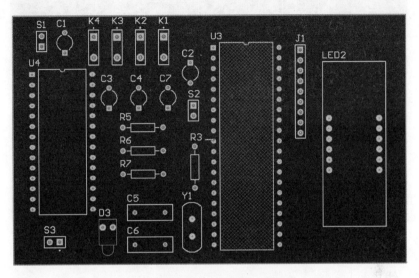

图 8.20　板子形状定义完成

执行"设计"→"板子形状"→"根据板子外形生成线条"命令,在 PCB 板子外轮廓自动生成边界线,如图 8.21 所示。

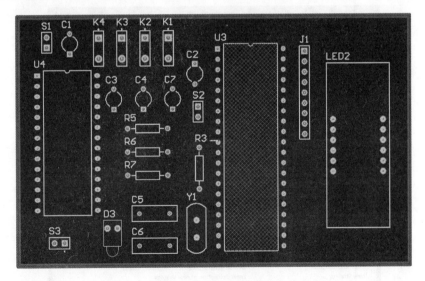

图 8.21　生成边界线

放置 4 个直径为 3 mm 的定位通孔,执行"放置"→"过孔"命令,结果如图 8.22 所示。

至此,元件布局已经完成。需要注意的是元件布局并非越密越好,元件与元件之间至少应留出 100 mil 的空隙。

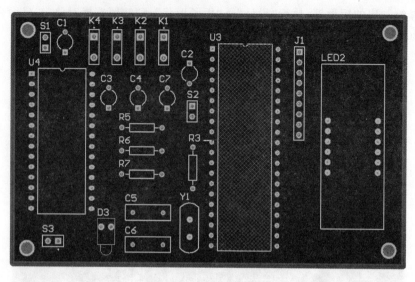

图 8.22　过孔放置完成

2. 布　线

　　进行布线操作,执行"自动布线"→"全部"命令,弹出"Situs 布线策略"对话框,如图 8.23 所示。

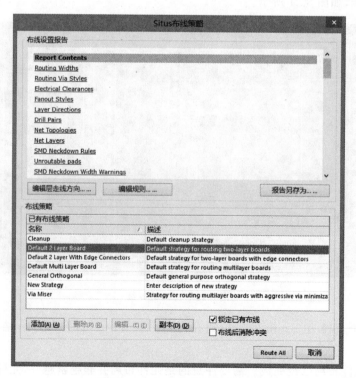

图 8.23　"Situs 布线策略"对话框

单击"编辑规则"按钮,弹出"PCB 规则及约束编辑器"对话框,对布线规则进行设定,GND、VCC 和 Width 的线宽分别设为 10 mil、20 mil 和 30 mil。其他电气规则与 1.3.3 小节中的电气规则一致。

　　设置完基本规则后,单击"PCB 规则及约束编辑器"对话框中的"确定"按钮,返回到"Situs 布线策略"对话框,单击 Route All 按钮即可完成自动布线,如图 8.24 所示。

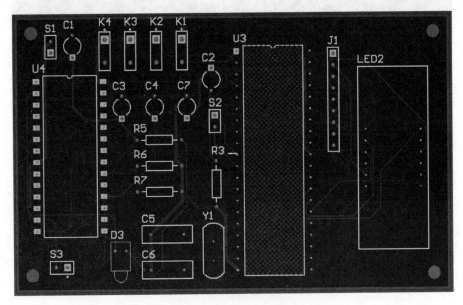

图 8.24　自动布线完成

　　可见自动布线的结果并不理想,数码显示电路的布线太过杂乱,需要手动调整。调整完毕后,数码显示电路布线如图 8.25 所示。

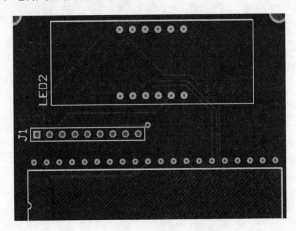

图 8.25　数码显示电路布线

　　采用"绕"或"打孔"的方式,调整其他不合理的布线,缩短布线长度并减少弯曲次数,整体布线调整后如图 8.26 所示。

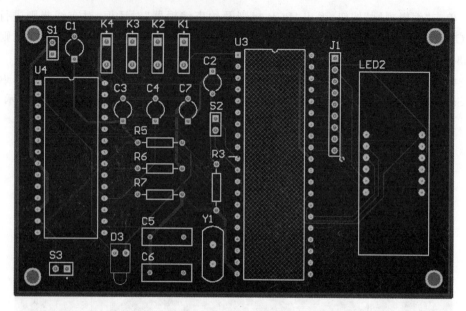

图 8.26　整体布线图

　　完成布线后,执行"放置"→"多边形敷铜"命令或单击命令栏中的"敷铜"图标,为 PCB 敷铜。在弹出的"多边形敷铜"对话框中选择填充模式为 Hatched,连接网络选择 GND。设置好参数后,分别对 PCB 板顶层和底层敷铜,完成后如图 8.27 和图 8.28 所示。

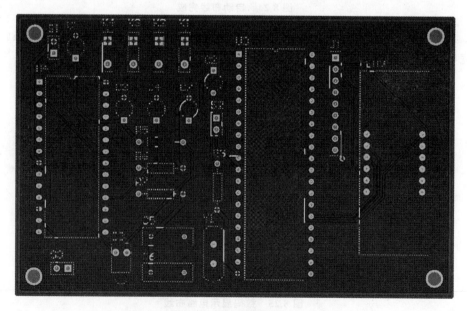

图 8.27　顶层敷铜之后

　　执行"工具"→"设计规则检查"命令,弹出"设计规则检测"对话框,如图 8.29 所示。

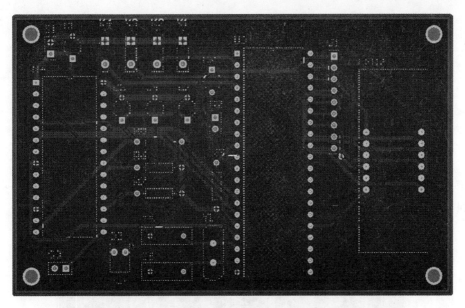

图 8.28 底层敷铜之后

图 8.29 "设计规则检测"对话框

单击"设计规则检测"对话框中的"运行 DRC"按钮,Messages 窗口显示无错误,如图 8.30 所示。

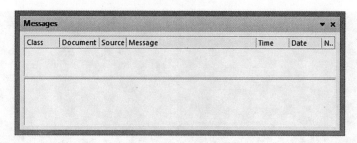

图 8.30　Messages 窗口

公交自动报站器 PCB 实例基本绘制完毕,下面查看 3 维视图。执行"查看"→"切换到 3 维显示"命令,结果如图 8.31 所示。

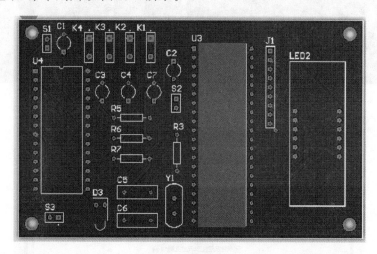

图 8.31　3 维显示

8.3.3　实物照片

公交自动报站器实物照片如图 8.32 所示。

图 8.32　公交自动报站器实物照片

8.4　习题、注意事项及程序代码

1. 习　题

（1）本设计中是如何构成系统声音模块的？

答：本设计采用 ISD1730 语音芯片设计录放电路，其功能相对于 ISD2560 语音芯片更强大，由按键直接控制语音的录放等，电路工作稳定，可靠性高，完全达到了设计要求，具有非常好的实用性。

（2）本设计中如何调整电路以执行不同的命令？ 分别有哪些功能？

答：本设计通过单片机程序读取 4 个按键开关的当前状态，利用按键开关来选择电路当前执行状态。 其功能依次为下站报站、上站报站、重复报站、复位。

（3）数码管主要分为哪两种？ 本设计中使用的是哪种？

答：数码管可分为共阴、共阳两种类型。 本设计中使用的是四位共阳数码管，应注意其与共阴引脚间的区别。

2. 注意事项

（1）四位数码管引脚连接较为复杂，注意其位选信号线和段选信号线的连接。

（2）注意在 ISD1730 等元件输出口后等各关键位置添加测试点，以便调试。

3. 程序代码

主函数程序代码如下：

```
# include   <reg52.h>
# include   "ISD1700.h"
# include   "KEY.h"
# include   "LED.h"
main()
{   date = 1;
    ISD_Init();
    while(1)
    {
        key();
        xianshi(date);
    }
}
```

按键输入程序代码如下：

```
# ifndef _KEY_H_
# define _KEY_H_
# include   "LED.h"
# include   "ISD1700.h"
sbit K1 = P1^0;
sbit K2 = P1^1;
```

```
sbit K3 = P1^2;
sbit K4 = P1^3;
/*
0、90~130   欢迎乘坐1路公交车,本车由高家村开往南京路
1、0~7      高家村
2、16~18    何家桥
3、17~26    红星路
4、27~36    体育广场
5、37~45    人民公园
6、46~54    火车站
7、55~63    博物馆
8、64~72    南京路
*/
unsigned char code add1[] = {90, 0, 8,17,27,37,46,55,64};
unsigned char code add2[] = {130,7,16,26,36,45,54,63,72};
unsigned char a1 = 0,a2 = 5;     //随意选取的值供调试时使用
intdate = 1;
key()
{
    if(K1 == 0)                 //判断是否按下键盘
    {
        if(K1 == 0)             //确认按键按下
        { date++;
            if(date>8) date = 8;
    ISD_SET_PLAY(add1[date],0,add2[date],0);delay1(2500);ISD_SET_PLAY(add1[0],0,add2
[0],0);delay1(2000);
        }
        while(K1 == 0)xianshi(date);   //按键锁定
    }
        if(K2 == 0)                 //判断是否按下键盘
    {
        if(K2 == 0)                 //确认按键按下
        { date--;
            if(date<1) date = 1;
    ISD_SET_PLAY(add1[date],0,add2[date],0);delay1(2500);ISD_SET_PLAY(add1[0],0,add2
[0],0);delay1(2000);
        }
        while(K2 == 0)xianshi(date);//按键锁定
    }
    if(K3 == 0)                     //判断是否按下键盘
    {
        if(K3 == 0)                 //确认按键按下
        {
            ISD_SET_PLAY(add1[date],0,add2[date],0);delay1(2500); ISD_SET_PLAY(add1
[0],0,add2[0],0);delay1(2000);
        }
        while(K3 == 0)xianshi(date);//按键锁定
    }
    if(K4 == 0)                     //判断是否按下键盘
    {
        if(K4 == 0)                 //确认按键按下
```

```
        {  date = 1;
        }
     while(K4 == 0)xianshi(date);//按键锁定
  }


}

# endif
```

语音模块读/写程序代码如下：

```
# ifndef _ISD1700_h_              //ISD1700 的读/写文件
# define _ISD1700_h_
sbit MISO = P3^4;
sbit MOSI = P3^5;
sbit SCK = P3^6;
sbit SS = P3^7;
unsigned char bdata SR0_L;
unsigned char bdata SR0_H;
unsigned char bdata SR1;
unsigned char APCL = 0,APCH = 0;
unsigned char PlayAddL = 0,PlayAddH = 0;
unsigned char RecAddL = 0,RecAddH = 0;
sbit CMD = SR0_L^0;
sbit FULL = SR0_L^1;
sbit PU = SR0_L^2;
sbit EOM = SR0_L^3;
sbit INTT = SR0_L^4;
sbit RDY = SR1^0;
sbit ERASE = SR1^1;
sbit PLAY = SR1^2;
sbit REC = SR1^1;
void ISD_Init(void);             //初始化
unsigned char ISD_SendData(unsigned char dat);     //向 CPU 发送 & 读回数据
unsigned char ISD_Devid(void);    //读取 APC 寄存器内容
void ISD_PU(void);               //上电(指令后需延迟 50 ms)
void ISD_STOP(void);             //停止当前操作
void ISD_Reset(void);            //复位(指令后需延迟 50 ms)
void ISD_Clr_Int(void);          //清除中断
void ISD_Rd_Status(void);        //读取状态寄存器内容
void ISD_Rd_Playptr(void);       //读取放音指针
void ISD_PD(void);               //掉电(指令后需延迟 50 ms)
void ISD_Rd_Recptr(void);        //读取录音指针
void ISD_Rd_APC(void);           //读取 APC 寄存器内容
void ISD_WR_APC2(unsigned char apcdatl,apcdath);        //设置 APC2
void ISD_WR_NVCFG(unsigned char apcdatl,apcdath);       //APC 数据载入 NVCFG 寄存器
void ISD_LD_NVCFG(void);         //NVCFG 数据载入 APC 寄存器中
void ISD_FWD(void);              //放音指针下调一段,指向下一段语音起始地址
void ISD_CHK_MEM(void);          //空间检查
void ISD_EXTCLK(void);           //启用/关闭外部时钟模式
void ISD_SET_PLAY(unsigned char Saddl,Saddh,Eaddl,Eaddh);       //播放
```

```
void Delay(unsigned int t);
void ISD_Init(void)                    //初始化
{
    unsigned char i = 2;
    SS = 1;
    SCK = 1;
    MOSI = 0;
    do
    {
        ISD_PU();
        Delay(50);
        ISD_Rd_Status();
    }while(CMD||(!PU));
    ISD_WR_APC2(0x40,0x04);
    do
    {
        ISD_Rd_Status();
    }while(RDY == 0);
}
void ISD_WR_NVCFG(unsigned char apcdatl,apcdath)
{
    ISD_SendData(0x56);
    ISD_SendData(apcdatl);
    ISD_SendData(apcdath);
    SS = 1;
}
void ISD_LD_NVCFG(void)
{
    ISD_SendData(0x57);
    ISD_SendData(0x00);
    SS = 1;
}
void ISD_EXTCLK(void)
{
    ISD_SendData(0x5a);
    ISD_SendData(0x00);
    SS = 1;
}
void ISD_CHK_MEM(void)
{
    ISD_SendData(0x59);
    ISD_SendData(0x00);
    SS = 1;
}
void ISD_FWD(void)
{
    ISD_SendData(0x58);
    ISD_SendData(0x00);
    SS = 1;
}
void ISD_Rd_APC(void)
```

```
{
    unsigned char i;
    ISD_SendData(0x54);
    ISD_SendData(0x00);
    ISD_SendData(0x00);
    ISD_SendData(0x00);
    SS = 1;
    for(i = 2;i>0;i--)
    {;}
    SR0_L = ISD_SendData(0x44);
    SR0_H = ISD_SendData(0x00);
    APCL = ISD_SendData(0x00);
    APCH = ISD_SendData(0x00);
    SS = 1;}
void ISD_Rd_Recptr(void)
{   unsigned char i;
    ISD_SendData(0x18);
    ISD_SendData(0x00);
    ISD_SendData(0x00);
    ISD_SendData(0x00);
    SS = 1;
    for(i = 2;i>0;i--)
    {;}
    SR0_L = ISD_SendData(0x08);
    SR0_H = ISD_SendData(0x00);
    PlayAddL = ISD_SendData(0x00);
    PlayAddH = ISD_SendData(0x00);
    SS = 1;
}
void ISD_Rd_Playptr(void)       //读取放音指针
{
    unsigned char i;
    ISD_SendData(0x16);
    ISD_SendData(0x00);
    ISD_SendData(0x00);
    ISD_SendData(0x00);
    SS = 1;
    for(i = 2;i>0;i--)
    {;}
    SR0_L = ISD_SendData(0x06);
    SR0_H = ISD_SendData(0x00);
    PlayAddL = ISD_SendData(0x00);
    PlayAddH = ISD_SendData(0x00);
    SS = 1;
}
void ISD_STOP(void)             //停止当前操作
{
    ISD_SendData(0x12);         //0x02
    ISD_SendData(0x00);
    SS = 1;
}
```

```
unsigned char ISD_Devid(void)                //读取 APC 寄存器中的内容
{   unsigned char DeviceNO,i;
    ISD_SendData(0x19);                      //0x09
    ISD_SendData(0x00);
    ISD_SendData(0x00);
    SS = 1;
    for(i = 2;i>0;i-- )
    {;}
    ISD_SendData(0x09);
    ISD_SendData(0x00);
    DeviceNO = ISD_SendData(0x00);
    SS = 1;
    return DeviceNO;
}
void ISD_Play(void)                          //放音
{   ISD_SendData(0x50);                      //0x40
    ISD_SendData(0x00);
    SS = 1;
}
void ISD_WR_APC2(unsigned char apcdatl,apcdath)    //设置 APC2
{
    ISD_SendData(0x75);                                //0x65
    ISD_SendData(apcdatl);
    ISD_SendData(apcdath);
    SS = 1;
}
void ISD_Rd_Status(void)                     //读取状态寄存器内容
{
    unsigned char i;
    ISD_SendData(0x15);                      //0x05
    ISD_SendData(0x00);
    ISD_SendData(0x00);
    SS = 1;
    for(i = 2;i>0;i-- )
    {;}
    SR0_L = ISD_SendData(0x05);
    SR0_H = ISD_SendData(0x00);
    SR1 = ISD_SendData(0x00);
    SS = 1;}
void ISD_PU(void)                            //上电(指令后需延迟 50 ms)
{
    ISD_SendData(0x11);                      //0x01
    ISD_SendData(0x00);
    SS = 1;
}
void ISD_Reset(void)                         //复位(指令后需延迟 50 ms)
{
    ISD_SendData(0x30);
    ISD_SendData(0x00);
    SS = 1;
}
```

```
void ISD_Clr_Int(void)                    //清除中断
{
    ISD_SendData(0x14);                   //0x04
    ISD_SendData(0x00);
    SS = 1;
}
void ISD_PD(void)                         //掉电(指令后需延迟 50 ms)
{
    ISD_SendData(0x17);                   //0x07
    ISD_SendData(0x00);
    SS = 1;
}
void ISD_SET_PLAY(unsigned char Saddl,Saddh,Eaddl,Eaddh)
{
    ISD_SendData(0x90);                   //0x80    播放命令
    ISD_SendData(0x00);                   //        播放数据字节
    ISD_SendData(Saddl);
    ISD_SendData(Saddh);
    ISD_SendData(Eaddl);
    ISD_SendData(Eaddh);
    ISD_SendData(0x00);
    SS = 1;
}
unsigned char ISD_SendData(unsigned char dat)
{
    unsigned char i,j,BUF_ISD = dat;
    SCK = 1;                              //初始条件
    SS = 0;                               //使能 ISD1700 的 SPI
    for(j = 4;j>0;j--)                    //延迟
    {;}
    for(i = 0;i<8;i++)
    {
        SCK = 0;
        for(j = 2;j>0;j--)
        {;}
        if(BUF_ISD&0X01)
          MOSI = 1;
        else
          MOSI = 0;
        BUF_ISD>> = 1;
        if(MISO)
          BUF_ISD| = 0x80;
        SCK = 1;
        for(j = 6;j>0;j--)
        {;}
    }
    MOSI = 0;
    return(BUF_ISD);
}
void Delay(unsigned int t)
{
```

```
    unsigned char x;
    for(;t>0;t--)
    for(x=250;x>0;x--);
}
# endif
```

LED 程序代码如下：

```
# ifndef _LED_H_
# define _LED_H_
# define uchar unsigned char
# define uint unsigned int
sbit qian = P2^4;
sbit bai  = P2^5;
sbit shi  = P2^6;
sbit ge   = P2^7;
unsigned char TB[] =
    {0x3f,0x06,0x5b,0x4f,0x66,0x6d,0x7d,0x07,0x7f,0x6f};
void delay1(unsigned int tt)
{
    unsigned char i,j;
    while(tt! = 0)
    {
    for(i = 0;i<10;i++)
    for(j = 20;j>0;j--);
    tt--;
}
}
void xianshi(uint S)
{   qian = 0;
    P0 = TB[S/1000];
    delay1(10);
    qian = 1;
    bai = 0;
    P0 = TB[S % 1000/100];
    delay1(10);
    bai = 1;
    shi = 0;
    P0 = TB[S % 100/10];
    delay1(10);
    shi = 1;
    ge = 0;
    P0 = TB[S % 10];
    delay1(10);
    ge = 1;
}
# end if
```

第 **9** 章

可调式恒流源充电电路

9.1 设计题目与设计任务

设计题目：可调式恒流源充电电路。

设计任务：设计一个恒流输出电路给电池充电，使得在输入电压为 8～36 V 的情况下，利用 XL4015E1 使输出电压变为恒压输出，利用 LM317 和 LM358 使电流变为恒流输出，为电池充电。

基本要求：在输入电压为 8～36 V 的情况下，根据充电电池浮充电压和充电电流调整输出电压、输出电流，输出电压 1.25～36 V 连续可调，输出电流 0～5 A 可调。电路满足如下要求：

➤ 电路采用直流(DC)8～36 V 供电；

➤ 使用 XL4015E1 模块进行稳压并降压；

➤ 使用 LM317 作为输出电压可变的集成三端稳压器，LM358 作为双运算放大器输出低功耗电流，适合于电池供电。

9.2 设计方案

9.2.1 电路设计的总体思路

使用恒流功能的模块来给电池充电，采用 XL4015E1 直流降压模块和滑动变阻器使电路能够提供 1.25～36 V 的恒压输出，采用 LM317、LM358 以及滑动变阻器实现电路使电路能够提供 0～5 A 的恒流输出。

9.2.2 系统组成

可调式恒流源充电电路整个系统主要分为以下四部分：

第一部分:直流电压源,直流电压源为整个电路提供 8~36 V 的稳定电压。

第二部分:滤波电路,可利用滤波电路将脉动的直流电压变为平滑的直流电压。

第三部分:降压变换电路,利用 XL4015E1 电路,通过调节滑动变阻器达到 1.25~36 V 连续可调电压。

第四部分:恒流电路,利用 LM317、LM358,通过调节滑动变阻器达到 0~5 A 连续可调电流。

整个系统方案的模块框图如图 9.1 所示。

图 9.1 可调式恒流源充电电路系统模块框图

9.2.3 电路详解

1. 直流电压源

直流电压源可以输出 8~36 V 直流电压,为电路提供输入。

2. 滤波电路

电容滤波电路是最常见也是最简单的滤波电路,在电路的输入端并联一个电容即构成电容滤波电路。滤波电容容量较大,因此一般均采用电解电容,在接线时要注意电解电容的正、负极。电容滤波电路利用电容的充、放电作用,使输出电压趋于平稳。这里滤波电路要根据 XL4015 的使用来选择电容器。

输入电容的选择:在连续模式中,转化器的输入电流是一组占空比约为 $V_{\text{OUT}}/V_{\text{IN}}$ 的方波。为了防止大的瞬态电压,必须采用针对最大 RMS 电流要求而选择低 ESR 输入电容器。最大 RMS 电容器电流由下式给出:

$$I_{\text{RMS}} \approx I_{\text{MAX}} \frac{\sqrt{V_{\text{OUT}}(V_{\text{IN}} - V_{\text{OUT}})}}{V_{\text{IN}}}$$

其中最大平均电流 I_{MAX} 等于峰值电流与 1/2 峰值纹波电流之差,即 $I_{\text{MAX}} = I_{\text{LIM}} - \Delta I_{\text{L}}/2$。这里输入电容 C3 选择容值 220 μF、耐压 50 V 的电解电容,C5 选择 1 μF 的陶瓷电容。

输出电容的选择:在输出段选择低 ESR 电容以减小输出纹波电压,一般来说,一旦电容 ESR 得到满足,电容就足以满足需求。任何电容器的 ESR 连同其自身容量将为系统产生一个零点,ESR 值越大,零点位于的频率段就越低;而陶瓷电容的零点处于一个较高的频率上,通常可以忽略,是一种上佳的选择。但与电解电容相比,大容量、高耐压陶瓷电容的体积较大,成本较高,所以可将 0.1 μF~1 μF 的陶瓷电容与低 ESR 电解电容结合使用。输出电压公式如下:

$$\Delta V_{\text{OUT}} \approx \Delta I_{\text{L}} \left(\text{ESR} + \frac{1}{8 \times F \times C_{\text{OUT}}} \right)$$

式中：F 为开关频率，C_{OUT} 为输出电容，ΔI_L 为电感器中的纹波电流。这里的输出电容 C4 选择容值 220 μF、耐压 50 V 的电解电容，C6 选择 1 μF 陶瓷电容。

3. 降压变换电路

XL4015 是开关型 DC‑DC 转换芯片，固定开关频率 180 kHz，可调小外部元器件尺寸，方便 EMC 设计。芯片具有出色的线性调整率与负载调整率，输出电压支持 1.25～36 V间任意调节。可对 XL4015 输入端提供 8～36 V 直流电压对其进行供电，芯片内部集成过流保护、过温保护、短路保护等可靠性模块，并且要在引脚 Vin 与 GND 之间并联电解电容 C3 以消除噪声。

VC 脚为内部电压调节旁路电容。在典型的应用电路中，VC 脚与 Vin 之间需连接 1 μF 电容，即电路中的 C1。FB 为反馈引脚，调节反馈阈值电压为 1.25 V，通过外部电阻分压网络，对输出电压进行调整。这里的输出电压由电阻 R4 和 RV2 确定，即设置电路输出电压为 1.25～36 V。

电感的选择：虽然电感器并不影响工作频率，但电感值却对纹波电流有着直接的影响，电感纹波电流 ΔI_L 随电感值的增加而减小，并随着 V_{IN} 和 V_{OUT} 的升高而增加。用于设定纹波电流的一个合理起始点为 $\Delta I_L = 0.3 \times I_{LIM}$，其中 I_{LIM} 为峰值开关电流限值。为了保证纹波电流处于一个规定的最大值以下，应按下式来选择电感值：

$$L = \frac{V_{OUT}}{F \times \Delta I_L}\left(1 - \frac{V_{OUT}}{V_{MAX(MAX)}}\right)$$

整流二极管：整流二极管使用的是肖特基二极管 SS54B，它的额定值为平均正向电流5 A和反向电压 20～100 V。

降压变换电路原理图如图 9.2 所示。

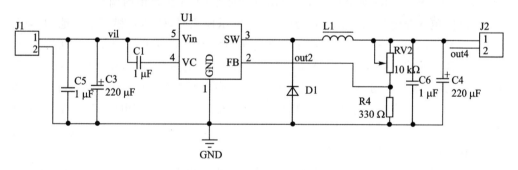

图 9.2　降压变换电路原理图

4. 恒流电路

由 LM317 和 LM358 构成的恒流电路如图 9.3 所示。

集成电路 LM317：LM317 是应用最为广泛的电源集成电路之一，它不仅具有固定式三端稳压电路的最简单形式，而且具有输出电压可调的特点，此外还具有调压范围宽、稳压性能好、噪声低、纹波抑制比高等优点。LM317 是可调节三端正电压稳压器，在输出电压范围 1.2～37 V 内能够提供超过 1.5 A 的电流，此稳压器非常易于使用。

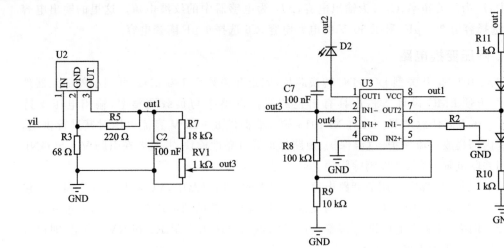

图 9.3　恒流电路原理图

集成电路 LM358：LM358 内部有两个独立的、高增益、内部频率补偿的双运算放大器，适合电源电压范围很宽的单电源使用，也适用于双电源工作模式。在推荐的工作条件下，电源电流与电源电压无关。它适用于传感放大器、直流增益模块和其他所有可用单电源供电的使用运算放大器场合。

LM317 的输出端电压由 R3 和 R5 决定，$V_{OUT1} = 5$ V，为 LM358 供电；而 V_{OUT3} 是由电阻分压得到的恒压输出，可以在 0～0.28 V 范围内调节。由于运放 U3:A 输入端虚短的关系，其 3 脚电压 V_{OUT4} 与 2 脚电压 V_{OUT3} 相等，故电路输出端的电流值可由 $I_o = V_{OUT4}/R_2$ 求得。R2 为 0.05 Ω，则输出电流可在 0～5 A 范围内调节。

电路中包含充电指示部分，当电路工作在恒压模式时，OUT4 相当于接地，其电位接近于 0 V，则 U3:A 作为比较器，输出低电平，由于 V_{OUT2} 为 1.25 V，此时红灯不亮。而由 U3:B 构成的比较器正相输入端电压大于 OUT4 的电压，输出高电平 5 V，此时绿灯亮；当电路恒流工作时，U3:A 作为比较器输出高电平 5 V，红灯亮，由 U3:B 构成的比较器正相输入端电压小于 OUT4 的电压，蓝灯亮。充电电池充电时，蓝灯亮，若充满则熄灭，而绿灯亮。

整体电路原理图如图 9.4 所示。

电路焊接完成后，对其进行实测。输入 15 V 直流电源，恒压模式下，充电电压可在 1.24～15.05 V 范围内调节；恒流模式下，输出电流可在 0～4.94 A 范围内调节。设计要求输出电压可在 1.25 V 至输入最大电压（不超过 36 V）之间调节，输出电流可在 0～5 A 范围内调节，能够对充电电池进行充电，实测电路基本符合设计要求。

构成该电路的元器件清单如表 9.1 所列。

由于 Altium Designer 16 中未提供本设计中使用的所有元件，故绘制 PCB 时需自己创建原理图元件库和 PCB 元件库。本设计所需要的自建元件库包括 LM317 元件库、LM358 元件库以及 XL4015E1 元件库。

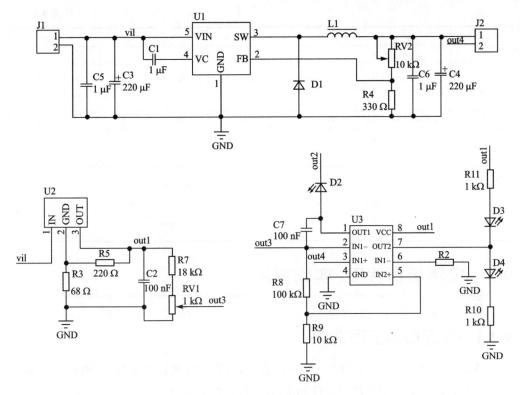

图 9.4　整体电路原理图

表 9.1　元器件清单

Comment	Description	Designator	Footprint	LibRef	Quantity	Value
Cap Semi	Capacitor (Semiconductor SIM Model)	C1，C2，C5，C6，C7	C1206	Cap Semi	5	1 μF，100 nF，1 μF，1 μF，100 nF
Cap Pol1	Polarized Capacitor (Radial)	C3，C4	RB7.6－15	Cap Pol1	2	220 μF
Diode	Default Diode	D1	SMC	Diode	1	
LED2	Typical RED，GREEN，YELLOW，AMBER GaAs LED	D2，D3，D4	3.2X1.6X1.1	LED2	3	
Header 2	Header，2-Pin	J1，J2	HDR1X2	Header 2	2	
Inductor Iron	Magnetic-Core Inductor	L1	AXIAL－0.9	Inductor Iron	1	10 mH

Comment	Description	Designator	Footprint	LibRef	Quantity	Value
Res3	Resistor	R2，R3，R4，R5，R7，R8，R9，R10，R11	J1 – 0603	Res3	9	18 kΩ，680 Ω，330 Ω，220 Ω，18 kΩ，100 kΩ，10 kΩ，1 kΩ，1 kΩ
RPot	Potentiometer	RV1，RV2	VR5	RPot	2	1 kΩ，10 kΩ
Component_1		U1	XL4015E1	Component_1	1	
Component_1		U2	LM317	Component_1	1	
Component_1		U3	LM358	Component_1	1	

9.3　电路板布线图、实物照片

9.3.1　新建项目工程文件

首先，执行"文件"→"新建"→Project 命令，将新工程项目命名为"可调式恒流源充电电路"，并向其中添加原理图文件和 PCB 文件。然后，执行"文件"→"新建"→"库"→"原理图库"命令，在"可调式恒流源充电电路"项目中添加 3 个原理图库文件。最后，执行"文件"→"新建"→"库"→"PCB 库"命令，在"可调式恒流源充电电路"项目中添加 3 个 PCB 库文件。将所有文件重命名，如图 9.5 所示。

图 9.5　新建"可调式恒流源充电电路"项目工程文件

9.3.2　元件布局和布线

1. 元件布局

整体电路绘制完成后，执行"工程"→"Compile Document 可调式恒流源充电电路. SchDoc"命令，查看 Messages 窗口（如图 9.6 所示），显示原理图编译无错误。

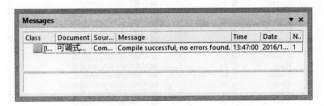

图 9.6　原理图编译后的 Messages 窗口

执行"设计"→"Update PCB Document 可调式恒流源充电电路.PcbDoc"命令，弹出"工程更改顺序"对话框，如图 9.7 所示。

图 9.7　"工程更改顺序"对话框

单击"生效更改"按钮，完成状态检测，如图 9.8 所示。

检测全部通过后，单击"执行更改"按钮，即可完成更改（如图 9.9 所示），并在 PCB 编辑环境下，自动生成 PCB 图（如图 9.10 所示）。

将 Room 和所有元件移动到 PCB 板上，并调整 Room 尺寸，如图 9.11 所示。

图 9.8　状态检测完成

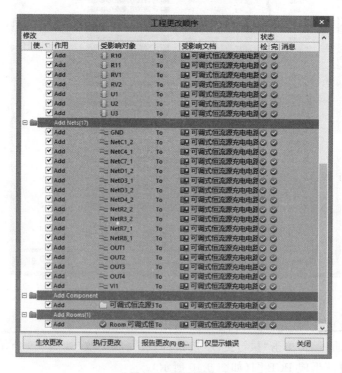

图 9.9　更改完成

图 9.10　自动生成的 PCB 图

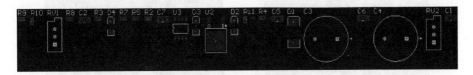

图 9.11　调整 Room 尺寸后

元件布局采用手动布局的方式。将 IC 芯片放置在板子中央位置，与 IC 芯片相连的元件尽量靠近 IC 芯片。IC 芯片及相关元件布局如图 9.12 所示。

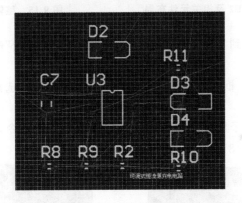

图 9.12　IC 芯片布局

调整元件 U1 及相关元件布局，滤波电容尽量靠近元件 U1 且分居 U1 两侧，如图 9.13 所示。

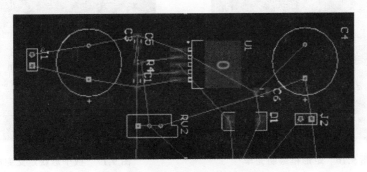

图 9.13　元件 U1 及相关元件布局

调整元件 U2 及相关元件布局，由于 LM317 工作时会产生一定的热量，故应尽量将 LM317 单独放置一个区域，如图 9.14 所示。

使用"排列工具"等命令，使元件对齐或等距排列，调整元件整体布局。调整后的整体布局如图 9.15 所示。

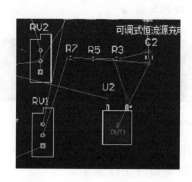

图 9.14　元件 U2 及相关元件布局

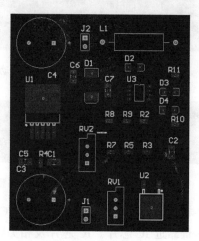

图 9.15　整体布局

布局完毕后，切换到 Top Overlay 层，执行"放置"→"走线"命令，绘制出矩形框，如图 9.16 所示。

选择绘制出的矩形框，执行"设计"→"板子形状"→"按照选择对象定义"命令，结果如图 9.17 所示。

执行"设计"→"板子形状"→"根据板子外形生成线条"命令，在 PCB 板子外轮廓自动生成边界线，如图 9.18 所示。

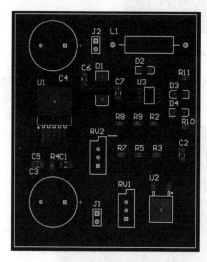

图 9.16　矩形框绘制完毕

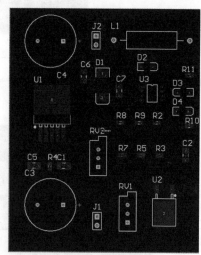

图 9.17　板子形状定义完成

放置 4 个直径为 3 mm 的定位通孔,执行"放置"→"过孔"命令,结果如图 9.19 所示。

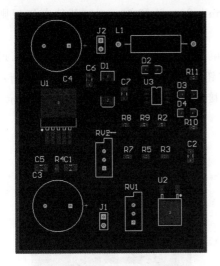

图 9.18　边界线生成完成

图 9.19　过孔放置完成

2. 布　线

进行布线操作,执行"自动布线"→"全部"命令,弹出"Situs 布线策略"对话框,如图 9.20 所示。

图 9.20　"Situs 布线策略"对话框

单击"编辑规则"按钮,进入"PCB 规则及约束编辑器"对话框,对布线规则进行设定,GND、VCC 和 Width 的线宽分别设为 10 mil、20 mil 和 30 mil。其他电气规则与 1.3.3 小节中的电气规则一致。

设置完基本规则后,单击"PCB 规则及约束编辑器"对话框中的"确定"按钮,返回到"Situs 布线策略"对话框,单击 Route All 按钮,即可完成自动布线,如图 9.21 所示。

可见自动布线的结果并不理想,两条线连接出现了直角或锐角,如图 9.22 所示。

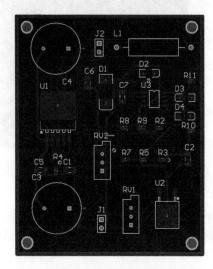

图 9.21 完成自动布线后

图 9.22 不合理布线(一)

有些布线转弯次数较多且线较长,如图 9.23 所示。由于电路比较简单,故可以直接手动调整整体布线图。调整后的整体布线如图 9.24 所示。

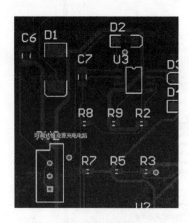

图 9.23 不合理布线(二)

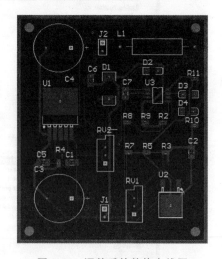

图 9.24 调整后的整体布线图

LM317 等元件在工作时会产生一定热量,需要在这些元件的焊接处敷铜,以增加散热面积。执行"放置"→"多边形敷铜"命令,在弹出的"多边形敷铜"对话框中选择填充模式为 Solid,如图 9.25 所示。设置好参数后,单击"确定"按钮,选择四点,使所画矩形覆盖整个发热元件,右击退出。发热元件敷铜之后如图 9.26 所示。

图 9.25　"多边形敷铜"对话框

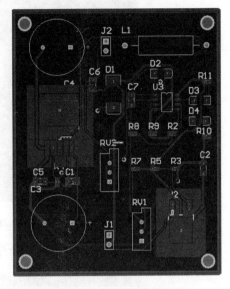

图 9.26　发热元件敷铜之后

完成布线后,执行"放置"→"多边形敷铜"命令或单击命令栏中的"敷铜"图标,为 PCB 敷铜。在弹出的"多边形敷铜"对话框中选择填充模式为 Hatched,连接网络选择 GND。设置好参数后,分别对 PCB 板顶层和底层敷铜,完成后如图 9.27 和图 9.28 所示。

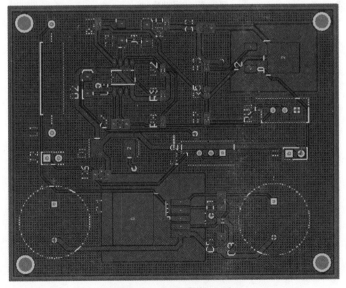

图 9.27　顶层敷铜之后

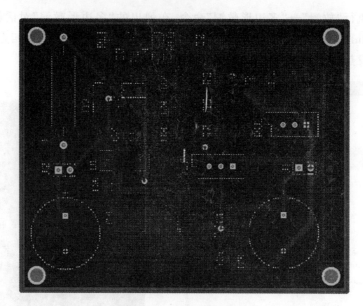

图 9.28 底层敷铜之后

执行"工具"→"设计规则检查"命令，弹出"设计规则检测"对话框，如图 9.29 所示。

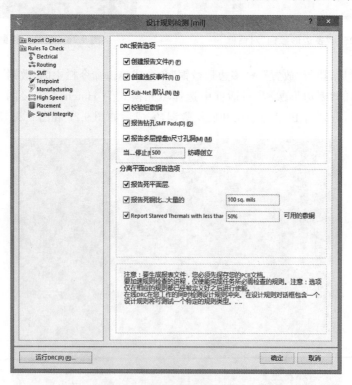

图 9.29 "设计规则检测"对话框

单击"运行 DRC"按钮,打开 Messages 窗口,显示无错误,如图 9.30 所示。

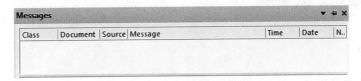

图 9.30　Messages 窗口

可调式恒流源充电电路 PCB 实例基本绘制完毕,下面查看 3 维视图。执行"查看"→"切换到 3 维显示"命令,结果如图 9.31 所示。

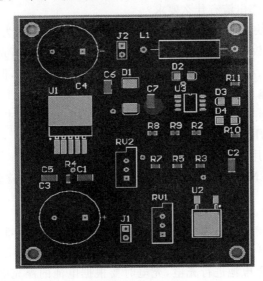

图 9.31　3 维显示

9.3.3　实物照片

可调式恒流源充电电路实物照片如图 9.32 所示,测试照片如图 9.33 所示。

图 9.32　可调式恒流源充电电路实物照片

图 9.33　测试照片

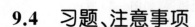

9.4　习题、注意事项

1. 习　题

（1）为什么要提高 LM317 的负载调整率？

答：负载调整率指当芯片温度不变而负载电流变化时输出的电压的变化。LM317 可以提供极好的负载调整率，但如果将调整端至输出端的设定电阻接在靠近负载端，则负载调整率将成倍变坏。

（2）LM317 对工作电流有什么要求？

答：LM317 稳压块有一个最小稳定工作电流，有的资料称其为最小输出电流，也有的资料称其为最小泄放电流。最小稳定工作电流的值一般为 1.5 mA。由于 LM317 稳压块的生产厂家不同、型号不同，其最小稳定工作电流也不相同，但一般不大于 5 mA。当 LM317 稳压块的输出电流小于其最小稳定工作电流时，LM317 稳压块就不能正常工作。当 LM317 稳压块的输出电流大于其最小稳定工作电流时，LM317 稳压块就可以输出稳定的直流电压。

（3）LM358 的使用在电流方面有什么限制？

答：要注意的是 LM358 的最大灌电流，不能超过，否则很快就会烧掉芯片。

2. 注意事项

（1）本设计最大输出电流为 5 A，建议使用 4 A 以下的电流，留有一定余量。

（2）输入电压为 4～36 V，注意接入电压时不要超过最大电压，以防止电路烧坏。

（3）本设计为充电电池进行充电，充电时要根据电池的浮充电压和充电电流正确调整输出电压和输出电流，防止充电电池被充坏。

第 **10** 章

声光控窗帘

10.1 设计题目与设计任务

设计题目:声光控窗帘。

设计任务:基于单片机设计一个能通过光强和声音控制实现电机正反转的电路,以此模拟窗帘的开闭。

基本要求:采用 5 V 电源供电,通过光控和声控实现对电机正反转的控制。

10.2 设计方案

10.2.1 电路设计的总体思路

系统电路是由 STC12C5A16S2 芯片控制的,由单片机、晶振电路、复位电路组成单片机的最小系统。

本设计通过声音传感器和光敏电阻构成的电路实现对电机正反转的控制。

10.2.2 系统组成

整个系统主要分为以下五部分:

第一部分:电源电路;

第二部分:声控电路;

第三部分:光控电路;

第四部分:单片机最小系统;

第五部分:电机及其驱动电路。

整个系统方案的模块框图如图 10.1 所示。

图 10.1 声光控窗帘系统模块框图

10.2.3 电路详解

电源按键部分电路如图 10.2 所示,本设计需要 5 V 电源供电。

单片机最小系统电路如图 10.3 所示。

本设计选用 STC12C5A16S2 单片机,由电容 C5、电阻 R13 以及开关 K3 构成单片机的复位电路,X1 与 C6、C7 构成时钟电路。三色 LED 指示灯起到指示不同工作状态的作用。单片机的P21～P28口控制电机部分。

声控电路如图 10.4 所示。

由麦克接收声音信号使 Q1 基极电位发生变化,由此 Q1 导通,LM393 的 3 脚电压低于 2 脚电压,由比较器 LM393 输出低电平,将信号传输给单片机。

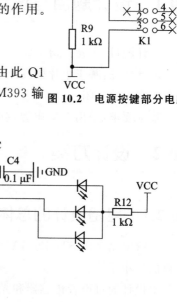

图 10.2 电源按键部分电路

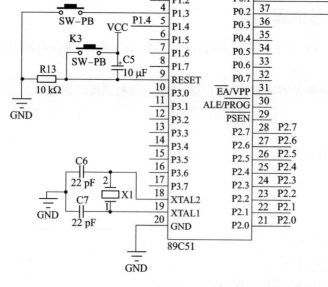

图 10.3 单片机最小系统电路

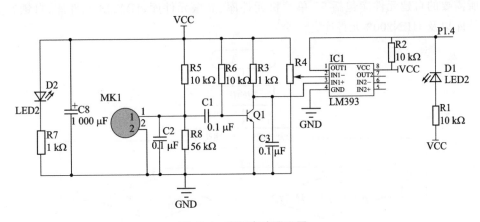

图 10.4　声控电路原理图

光控电路如图 10.5 所示。

光敏电阻经不同光照强度的照射阻值发生变化,电压值也就发生变化,将变化的电压信号传输给单片机来控制电机的正反转。

电机及其驱动电路如图 10.6 所示,由 ULN2003 来驱动电机。

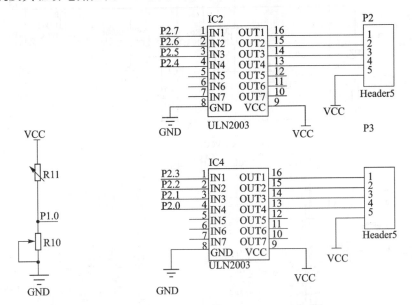

图 10.5　光控电路原理图　　　　　图 10.6　电机及其驱动电路

程序流程图如图 10.7 所示。

电路原理图如图 10.8 所示。经过测试,该电路能实现光强和声音对电机正反转的控制,可满足设计要求。

构成本电路的元器件清单如表 10.1 所列。由于 Altium Designer 16 中未提供本设计中使用的所有元件,绘制 PCB 时需自己创建原理图元件库和 PCB 元件库。本设计所需要的自建元件库包括 51 单片机元件库、晶振元件库、LM393 元件库、自锁开关元件库以及 ULN2003 元件库。

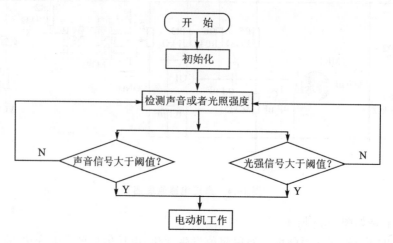

图 10.7　程序流程图

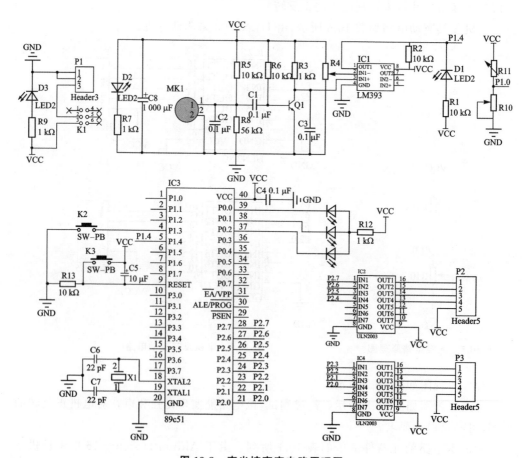

图 10.8　声光控窗帘电路原理图

表 10.1 元器件清单

Comment	Description	Designator	Footprint	LibRef	Quantity	Value
LED2	Typical RED, GREEN, YELLOW, AMBER GaAs LED	B, D1, D2, D3, G, R	3.2X1.6X1.1	LED2	6	
Cap	Capacitor	C1, C2, C3, C4, C6, C7	RAD - 0.3	Cap	6	0.1 μF, 0.1 μF, 0.1 μF, 0.1 μF, 22 pF, 22 pF
Cap Pol1	Polarized Capacitor (Radial)	C5, C8	RB7.6 - 15	Cap Pol1	2	10 μF, 1000 μF
LM393		IC1	LM393	Component_1	1	
ULN2003		IC2, IC4	ULN2003	Component_1	2	
89C51		IC3	89C51	Component_1	1	
Component_1		K1	Switch	Component_1	1	
SW - PB	Switch	K2, K3	SPST - 2	SW - PB	2	
Mic2	Microphone	MK1	PIN2	Mic2	1	
Header 3	Header，3-Pin	P1	HDR1X3	Header 3	1	
Header 5	Header，5-Pin	P2, P3	HDR1X5	Header 5	2	
2N3904	NPN General Purpose Amplifier	Q1	TO - 92A	2N3904	1	
Res2	Resistor	R1, R2, R3, R5, R6, R12, R13	AXIAL - 0.4	Res2	7	10 kΩ, 10 kΩ, 1 kΩ, 10 kΩ, 100 kΩ, 1 kΩ, 10 kΩ
RPot SM	Square Trimming Potentiometer	R4, R10	POT4MM - 2	RPot SM	2	
1K	Resistor	R7, R9	AXIAL - 0.4	Res2	2	1 kΩ
56K	Resistor	R8	AXIAL - 0.4	Res2	1	56 kΩ
Res Adj2	Variable Resistor	R11	AXIAL - 0.6	Res Adj2	1	1 kΩ
Component_1		X1	LC - HC - 49S	Component_1	1	

10.3 电路板原理图、布线图、实物照片

10.3.1 新建项目工程文件

首先，执行"文件"→"新建"→Project 命令，将新工程项目命名为"声光控窗帘"，并向其中添加原理图文件和 PCB 文件。然后，执行"文件"→"新建"→"库"→"原理图库"命令，在"声光控窗帘"项目中添加 5 个原理图库文件。最后，执行"文件"→"新建"→"库"→"PCB 库"命令，在"声光控窗帘"项目中添加 5 个 PCB 库文件。将所有文件重命

名,如图 10.9 所示。

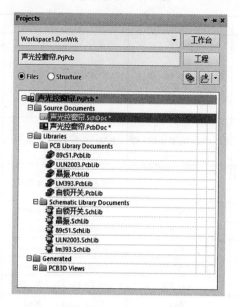

图 10.9　新建"声光控窗帘"项目工程文件

10.3.2　元件布局和布线

1. 元件布局

整体电路绘制后,执行"工程"→"Compile Document 声光控窗帘.SchDoc"命令,查看 Messages 窗口(如图 10.10 所示),显示原理图编译无错误。

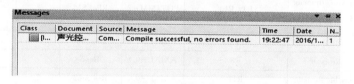

图 10.10　原理图编译后的 Messages 窗口

执行"设计"→"Update PCB Document 声光控窗帘.PcbDoc"命令,弹出"工程更改顺序"对话框,如图 10.11 所示。

单击"生效更改"按钮,完成状态检测,如图 10.12 所示。

检测全部通过后,单击"执行更改"按钮,即可完成更改(如图 10.13 所示),并在 PCB 编辑环境下,自动生成 PCB 图(如图 10.14 所示)。

将 Room 和所有元件移动到 PCB 板上,并调整 Room 尺寸,如图 10.15 所示。

元件布局采用手动布局的方式。电源接口尽量放在板子边缘,方便插拔;晶振、复位开关尽量靠近 51 单片机;电源尽量远离晶振,防止干扰。元件粗略布局如图 10.16 所示。

图 10.11 "工程更改顺序"对话框

图 10.12 状态检测完成

图 10.13　更改完成

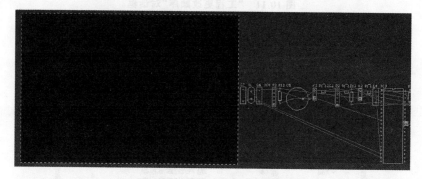

图 10.14　自动生成的 PCB 图

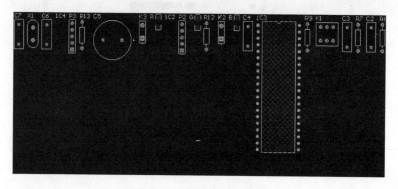

图 10.15　调整 Room 尺寸后

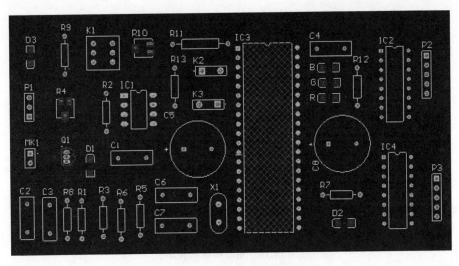

图 10.16　部分元件排列后

使用"排列工具"等命令,调整元件间距和对齐方向,所有元件布局完毕后如图 10.17 所示。

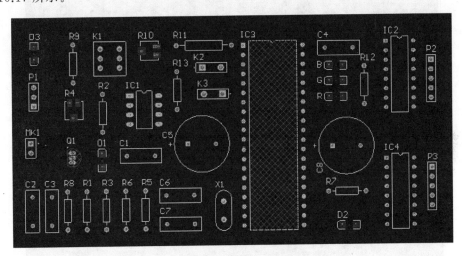

图 10.17　布局完毕后

布局完毕后,切换到 Top Overlay 层,执行"放置"→"走线"命令,绘制出矩形框,如图 10.18 所示。

选择绘制出的矩形框,执行"设计"→"板子形状"→"按照选择对象定义"命令,结果如图 10.19 所示。

执行"设计"→"板子形状"→"根据板子外形生成线条"命令,在 PCB 板子外轮廓自动生成边界线,如图 10.20 所示。

放置 4 个直径为 3 mm 的定位通孔,执行"放置"→"过孔"命令,结果如图 10.21 所示。

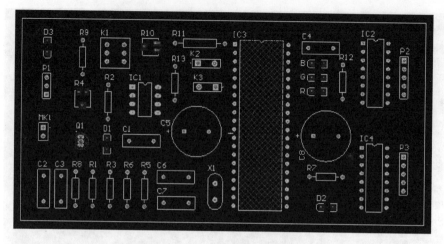

图 10.18　矩形框绘制完毕

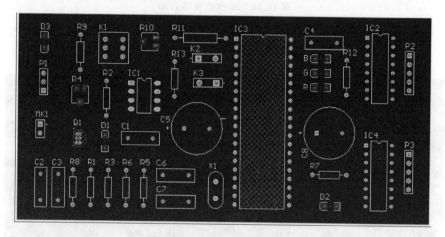

图 10.19　板子形状定义完成

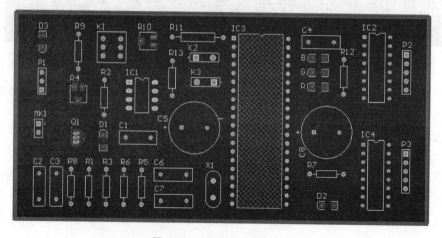

图 10.20　边界线生成完成

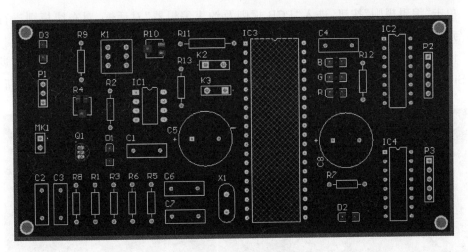

图 10.21　过孔放置完成

至此,元件布局已经完成。需要注意的是元件布局并非越密越好,元件与元件之间至少应留出 100 mil 的空隙。

2. 布　线

进行布线操作,执行"自动布线"→"全部"命令,弹出"Situs 布线策略"对话框,如图 10.22 所示。

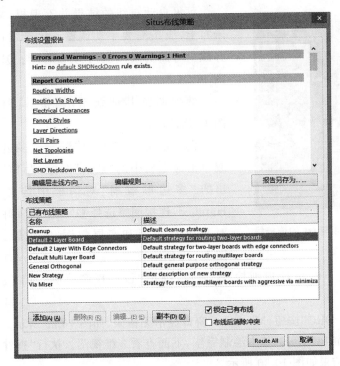

图 10.22　"Situs 布线策略"对话框

单击"编辑规则"按钮,进入"PCB 规则及约束编辑器"对话框,对布线规则进行设定,与 1.3.3 小节中的电气规则一致。

设置完基本规则后,单击"PCB 规则及约束编辑器"对话框中的"确定"按钮,返回到"Situs 布线策略"对话框,单击 Route All 按钮,即可完成自动布线,如图 10.23 所示。

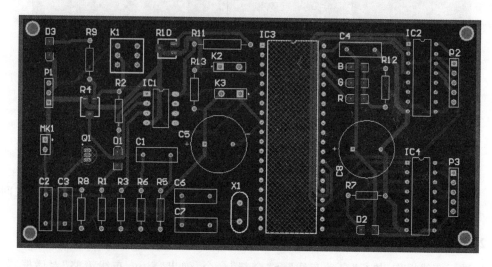

图 10.23 完成自动布线后

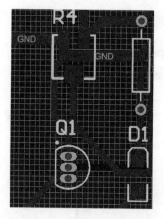

图 10.24 R4 与 Q1 的连接线

可见自动布线的结果并不理想,某些连接线并未布上,线条需要手动调整。尽量缩短线条的长度并减少弯曲次数,采取手动布 R4 与 Q1 的连接线,如图 10.24 所示。

继续调整其他线条,调整后,整体布线图如图 10.25 所示。

完成布线后,执行"放置"→"多边形敷铜"命令或单击命令栏中的"敷铜"图标,为 PCB 敷铜。在弹出的"多边形敷铜"对话框中选择填充模式为 Hatched,连接网络选择 GND。设置好参数后,分别对 PCB 板顶层和底层敷铜,完成后如图 10.26 和图 10.27 所示。

执行"工具"→"设计规则检查"命令,弹出"设计规则检测"对话框,如图 10.28 所示。

单击"运行 DRC"按钮,Messages 窗口显示无错误,如图 10.29 所示。

声光控窗帘 PCB 实例基本绘制完毕,下面查看 3 维视图。执行"查看"→"切换到 3 维显示"命令,结果如图 10.30 所示。

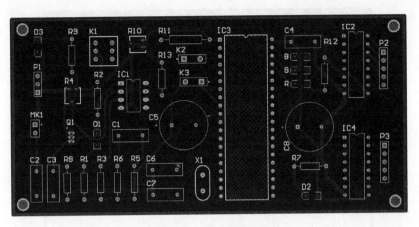

图 10.25　整体布线图

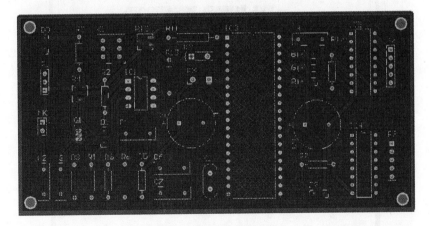

图 10.26　顶层敷铜之后

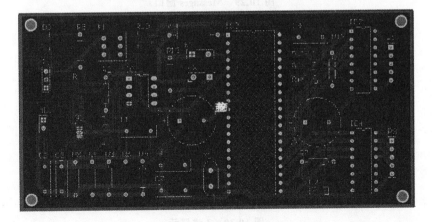

图 10.27　底层敷铜之后

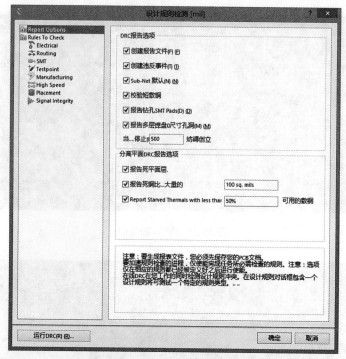

图 10.28　"设计规则检测"对话框

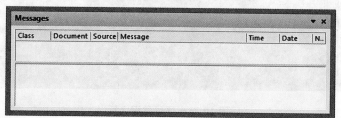

图 10.29　Messages 窗口

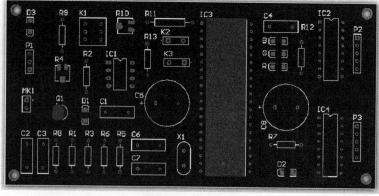

图 10.30　3 维显示

10.3.3　实物照片

声光控窗帘电路实物照片图 10.31 所示,测试照片如图 10.32 所示。

图 10.31　声光控窗帘电路实物照片

图 10.32　声光控窗帘电路测试照片

10.4　习题、注意事项及程序代码

1. 习　题

(1) 如何调节比较器使声控电路工作?

答:比较器工作原理是比较 2 脚和 3 脚的电压:当 2 脚电压大于 3 脚电压时,输出低电平,2 脚电压小于 3 脚电压则输出高电平;当 3 脚电压低于 2 脚电压时,由比较器 LM339 的 1 脚输出低电平,将信号传输给单片机。

(2) 请简述光控电路的工作原理。

答:光敏电阻在不同光线的照射下,电阻发生变化,电压值也就发生变化,将变化的电压信号传输给单片机。

(3) 请简述单片机复位电路的设计。

答:由于复位时高电平有效,在刚接上电源的瞬间,电容两端相当于短路,即相当于给 RESET 引脚一个高电平,等充电结束时(这个时间很短暂),电容相当于断开,这时已经完成了复位动作。

2. 注意事项

(1)在放置电解电容时一定要注意正负,否则可能会有危险。

(2)在调节声控和光控时,应先调节光控电路再调节声控电路。

3. 程序代码

```
# include "STC12C5A60S2.H"
# include "AD.H"
# include "delay.h"
# define UpValue      3            //光敏开启窗帘上限值
# define DownValue    2            //光敏关闭窗帘下限值
# define      OUTP2
sbit LED_R =    P0^0;              //定义红灯
sbit LED_G =    P0^1;              //定义绿灯
sbit LED_B =    P0^2;              //定义蓝灯
sbit Limit =    P1^3;             //模拟限位引脚
sbit KEY_SK = P1^4;               //定义声控接口
// sbit BEEP = P1^1;              //蜂鸣器接口
unsigned char code FFW[8] = {0x19,0x38,0x2c,0x64,0x46,0xC2,0x83,0x91};  //正转
unsigned char code REV[8] = {0x91,0x83,0xC2,0x46,0x64,0x2c,0x38,0x19};  //反转
void Init();                      //I/O 初始化函数
void KEYSK();                     //声控扫描
void Timer0Init(void);            //中断初始化
unsigned char FFW_MARK = 0,REV_MARK = 0;    //正反转标志位
unsigned char SK_Mark = 0;        //声控信号标志位
unsigned char SK_Markcount = 0;   //声控触发标志计数
unsigned int SK_Count = 0;        //声控用中断计数
unsigned char RunMark = 0;        //定义电机运行标志位
unsigned int   RunCount = 0;      //用于电机运行时定时器的计数
void main()
{
    float temp = 0,temp1 = 0;     //定义两个浮点变量
    unsigned char i;              //定义循环变量
    Init();                       //I/O 初始化
    InitADC();                    //A/D 初始化
    Timer0Init();                 //定时器 0 初始化
    KEY_SK = 1;
//  BEEP = 1;                     //蜂鸣器关闭
    DelayNms(100);
    while(1)
    {
        temp = DigitalFiltering();    //取出 A/D 值
        temp = (temp/6);              //除以 6
        temp1 = temp/1023;            //十位分辨率是 0～1 023,所以除以 1 023
        temp = temp1 * 4.8;           //USB 供电参考电压约为 4.8V
        if(SK_Markcount == 1? (temp<DownValue):(temp>UpValue))
                                      //如果大于开启上限值
```

```
        {
            KEYSK();                    //如果电压条件符合且不是正转,则在这里进行一次转换
        if(FFW_MARK == 0)
        {
//          BEEP = 0;
            RunMark = 1;                //标志位置 1 表示电机已经运行
            RunCount = 0;
            while(!FFW_MARK)            //正转
            {
              LED_R = 1;               //红灯灭
              LED_G = 0;               //绿灯亮
              LED_B = 1;               //蓝灯灭
              for(i = 0;i<8;i++)        //前进一个步进角,减速比 1:64,5.625 * 8/64
                                        //就是外部转动的角度
              {
                  OUT = FFW[i];         //送数据
                  DelayNus(400);        //延时
              }

              temp = DigitalFiltering();  //取出 A/D 值
              temp = (temp/6);            //除以 6
              temp1 = temp/1023;          //十位分辨率是 0~1023,所以除以 1 023
              temp = temp1 * 4.8;         //USB 供电参考电压约为 4.8 V
              KEYSK();
              if(SK_Markcount == 1? (temp>UpValue):(temp<DownValue))
              {
                  FFW_MARK = 1;          //已经反转过,把正转标志位清 0,等待正转
                  REV_MARK = 0;          //已经反转过,等待正转
                  LED_R = 0;             //红灯亮
                  LED_G = 1;             //绿灯灭
                  LED_B = 1;             //绿灯灭
              }
              if(Limit == 0)             //如果碰到限位
              {
                  DelayNms(10);          //延时
                  if(Limit == 0)         //如果碰到限位
                  {
                      FFW_MARK = 1;      //正转标志位置 1,证明已经正转过,等待反转
                      REV_MARK = 0;      //反转标志位清 0
                      LED_R = 0;         //红灯亮
                      LED_G = 1;         //绿灯灭
                      LED_B = 1;         //蓝灯灭
                      RunMark = 0;       //碰到限位清 0 计数和标志位
                      RunCount = 0;
                      BEEP = 1;}
                  }
              }
          }
        }

    }else
    if(SK_Markcount == 1? (temp>UpValue):(temp<DownValue))
```

```
                              //如果小于关闭下限值
    {
        KEYSK();                      //如果以上电压条件符合且不是反转,则有声音信号了
                                      //进行一次转换,方便声控或电压下次进入
        if(REV_MARK == 0)
        {
//          BEEP = 0;
            RunMark = 1;              //标志位置1表示电机已经运行
            RunCount = 0;
            while(!REV_MARK)  //等待窗帘碰到限位
            {
                LED_R = 1;         //红灯灭
                LED_G = 1;         //绿灯灭
                LED_B = 0;         //蓝灯亮
                for(i = 0;i<8;i++) //前进一个步进角,减速比1:64,5.625*8/64
                                   //就是外部转动的角度
                {
                    OUT = REV[i];     //送数据
                    DelayNus(400);    //延时
                }
                temp = DigitalFiltering();     //取出 A/D 值
                temp = (temp/6);               //除以6
                temp1 = temp/1023;             //十位分辨率是0~1023,所以除以1023
                temp = temp1 * 4.8;            //USB 供电参考电压约为 4.8 V
                KEYSK();
                if(SK_Markcount == 1? (temp<DownValue):(temp>UpValue))
                {
                    FFW_MARK = 0;        //已经反转过,把正转标志位清0等待正转
                    REV_MARK = 1;        //已经反转过,等待正转
                    LED_R = 0;           //红灯亮
                    LED_G = 1;           //绿灯灭
                    LED_B = 1;           //绿灯灭
                }
                if(Limit == 0)          //如果碰到限位
                {
                    DelayNms(10);        //延时
                    if(Limit == 0)       //如果碰到限位
                    {
                        FFW_MARK = 0;       //已经反转过,把正转标志位清0,等待正转
                        REV_MARK = 1;       //已经反转过,等待正转
                        LED_R = 0;          //红灯亮
                        LED_G = 1;          //绿灯灭
                        LED_B = 1;          //绿灯灭
                        RunMark = 0;        //碰到限位清0计数和标志位
                        RunCount = 0;
//                      BEEP = 1;
                    }
                }
            }
        }
    }
```

```
        }
    }
}
void KEYSK()
{
    if(KEY_SK == 0)
    {
        DelayNms(1);
        if(SK_Mark == 0)        //由于声音信号是抖动的,这里调用声控标志位表示接收了
                                //一次声音信号,开始定时 1 s 之内,不再接收声音信号
        {
            SK_Mark = 1;        //置位为 1,在定时器里计时 1 s 后将这个标志位从新清 0
                                //以便下次接收声音信号
            SK_Markcount ++ ;
            if(SK_Markcount == 2)  //如果接收了超过两次,则重新从 0 开始
                SK_Markcount = 0;
            if(FFW_MARK == 0)  //如果当前是正转
            {
                FFW_MARK = 1;   //正转标志位置 1,证明已经正转过,等待反转
                REV_MARK = 0;   //反转标志位清 0
                LED_R = 0;      //红灯亮
                LED_G = 1;      //绿灯灭
                LED_B = 1;      //蓝灯灭
            }else
            if(REV_MARK == 0)  //如果当前是反转
            {
                FFW_MARK = 0;   //已经反转过,把正转标志位清 0 等待正转
                REV_MARK = 1;   //已经反转过,等待正转
                LED_R = 0;      //红灯亮
                LED_G = 1;      //绿灯灭
                LED_B = 1;      //绿灯灭
            }
        }
    }
}
void Timer0Init(void)        //5 ms 定时器初始化函数晶振@12.000 MHz
{
    AUXR | = 0x80;           //定时器时钟 1T 模式
    TMOD & = 0xF0;           //设置定时器模式
    TMOD | = 0x01;
    TL0 = 0xA0;              //设置定时器初值
    TH0 = 0x15;              //设置定时器初值
    TF0 = 0;                 //清 TF0 标志
    TR0 = 1;                 //启动定时器
    ET0 = 1;                 //开定时器中断
    EA = 1;                  //开总中断
}

void Time0()interrupt 1
{
```

```
    TL0  =  0xA0;                     //设置定时器初值
    TH0  =  0x15;
    if(SK_Mark == 1)                  //接收到声音信号开始计时
    {
        SK_Count ++ ;
        if(SK_Count>200)             //200 * 5 ms = 1 s,1 s 定时用于接收到声音信号开始计时
        {
            SK_Count = 0;             //定时结束清 0 计数
            SK_Mark = 0;              //定时结束清 0 标志位
        }
    }
    if(RunMark == 1)                  //如果检测到运行标志
    {
        RunCount ++ ;
        if(RunCount>1000)            //1 000 * 5,5 s 计时用于电机运行时间倒计时
        {
            RunCount = 0;
            RunMark = 0;
//          BEEP = 1;
            if(FFW_MARK == 0)        //如果当前是正转
            {
                FFW_MARK = 1;        //正转标志位置 1,证明已经正转过,等待反转
                REV_MARK = 0;        //反转标志位清 0
                LED_R = 0;           //红灯亮
                LED_G = 1;           //绿灯灭
                LED_B = 1;           //蓝灯灭
            }else
            if(REV_MARK == 0)        //如果当前是反转
            {
                FFW_MARK = 0;        //已经反转过,把正转标志位清 0,等待正转
                REV_MARK = 1;        //已经反转过,等待正转
                LED_R = 0;           //红灯亮
                LED_G = 1;           //绿灯灭
                LED_B = 1;           //绿灯灭
            }
        }
    }
}
void Init()                           //初始化函数
{
    LED_R = 0;                        //红灯亮
    LED_G = 1;                        //绿灯灭
    LED_B = 1;                        //蓝灯灭
    P2M1 = 0X00;                      //P2 口强推挽输出
    P2M0 = 0XFF;
    OUT = 0X00;                       //数据口清 0
    Limit = 1;                        //限位标志口置 1


}
```

第11章
心电信号检测与显示电路

11.1　设计题目与设计任务

设计题目:心电信号检测与显示电路。

设计任务:设计一个心电信号采集电路,使其能从人体上采集到心电信号并通过A/D转换和单片机将这些物理信号(本设计中为心电波形)显示出来。由于人体上有各种生理电信号,且心电信号较弱,为了能从人体上采集到心电信号,所以必须进行滤波放大,从而得到可观察的心电信号。系统设计主要包括:

> 芯片供电电压为 3.3 V,单片机供电电压为 5 V;
> 从人体中获取微弱的心电信号;
> 滤除杂波信号;
> 放大微弱的心电信号;
> 通过 A/D 转换和单片机处理将心电信号显示在液晶屏上。

11.2　设计方案

11.2.1　电路设计的总体思路

本电路主要是为了采集到微弱的心电信号。由于采集到的心电信号非常微弱(mV级),而且还带有其他杂波信号,所以必须设计放大滤波电路,得到 V 级的心电信号。

本电路使用的是 ADI 公司的 AD8232 芯片,其供电电压为 2.0～3.5 V,我们使用稳压电源直接进行供电,然后采用内部集成了 A/D 转换的单片机 STC12C5A60S2 和液晶显示模块 LCD12864,将反映心电信号的波形显示出来。本电路显示的波形为黑色阴影点阵,阴影点阵的轮廓可以反映波形的形状。

11.2.2　系统组成

心电信号采集系统主要分为以下四部分(如图 11.1 所示):

第一部分:医用电极(配备电极片)部分,用来获取人体微弱的心电信号;

第二部分:放大滤波电路,用来滤除其他生理电信号,并且把微弱的心电信号进行放大;

第三部分:单片机电路,将前端采集到的模拟量进行 A/D 转换和数据处理。

第四部分:液晶屏显示心电信号。

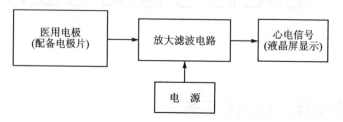

图 11.1　心电信号采集系统结构框图

11.2.3　电路详解

心电信号采集系统原理图如图 11.2 所示。经过实物测试,电路能够捕获到人体心脏在每个跳动周期中,由起搏点、心房、心室相继兴奋等过程所伴随的生物电(即心电)的变化,再经过调理电路,最终通过液晶屏能够实时显示出测试者的心电信号,满足实际情况。所设计的电路基本完成了设计要求。

1. 放大滤波电路

放大滤波电路采用 ADI 公司的 AD8232 芯片,在芯片外围接上相应的电子元器件,实现相应的放大滤波。AD8232 是内部高度集成的芯片,它内置一个专用仪表放大器(IA)、一个运算放大器(A1)、一个右腿驱动放大器(A2)以及一个中间电源电压基准电压缓冲器(A3)。针对放大部分,其中 IA 的放大倍数为 100 倍,由于心电信号幅值在 mV 级,故要得到 V 级的电压信号,必须放大 1000 倍左右。这时我们可以调整运算放大器 A1,使其放大 11 倍,这时总放大倍数为 1100 倍,符合要求。右腿驱动(RLD)放大器使仪表放大器输入端上的共模信号反相,当右腿驱动输出电流注入对象时,它会抵消共模电压变化,从而改善系统的共模抑制性能。

心电信号放大图如图 11.3 所示。

针对滤波电路,为了获得失真最小的 ECG 波形,AD8232 配置为使用一个 0.5 Hz 双极点高通滤波器,后接一个双极点、40 Hz 低通滤波器。为实现最佳共模抑制性能,需要驱动第三个电极(即右腿驱动)。

心电信号滤波图如图 11.4 所示。

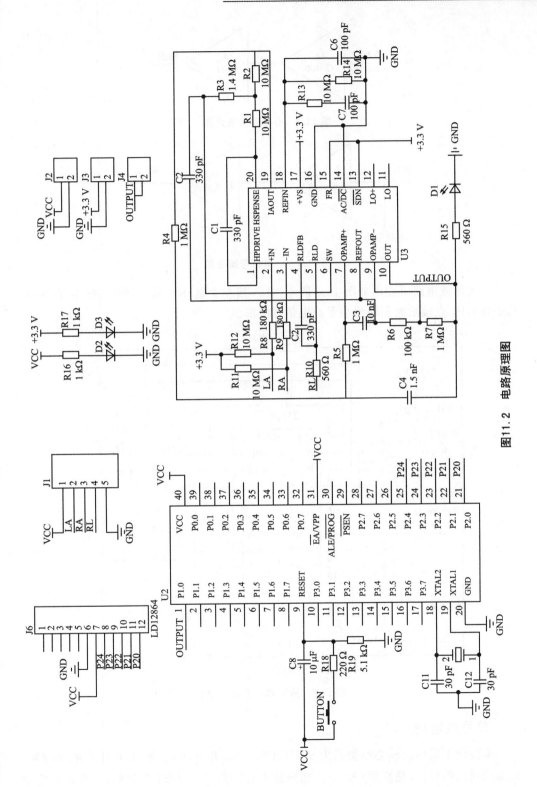

图11.2　电路原理图

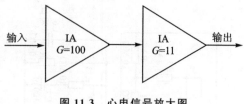

图 11.3   心电信号放大图

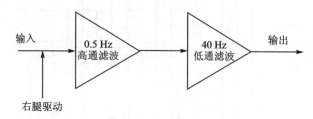

图 11.4   心电信号滤波图

放大滤波电路原理图如图 11.5 所示。LA 接左手腕,RA 接右手腕,RL 接右腿(或右手臂),P1 点接示波器输出显示心电信号波形。

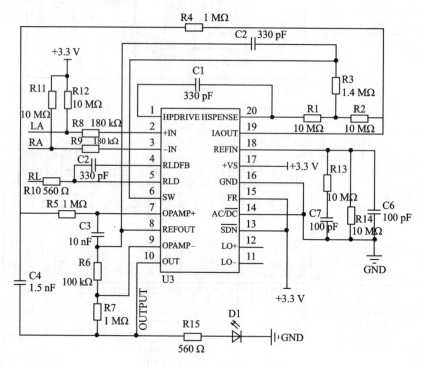

图 11.5   放大滤波电路原理图

2. 单片机电路

本设计中采用的核心控制器为 STC12C5A60S2 单片机,它是 STC 生产的单时钟/机器周期的单片机,是高速/低功耗/超强抗干扰的新一代 8051 单片机,指令代码完全兼容传统 8051,但速度提高了 8～12 倍。内部集成了 MAX810 专用复位电路,8 路高速 10 位 A/D 转换。故本设计中,在单片机内部完成 A/D 转换,通过 P1.0 将反映心电信号的模拟电压信号转换为数字信号,单片机处理后显示到 LCD12864 上。

由晶振电路和复位电路组成单片机的最小系统。晶振电路采用外接 2 MHz 的时钟源,无需电容就能保证单片机正常工作,复位电路采用上电复位和按键复位结合的方式保证电路既能按键复位也能上电复位。单片机电路如图 11.6 所示。

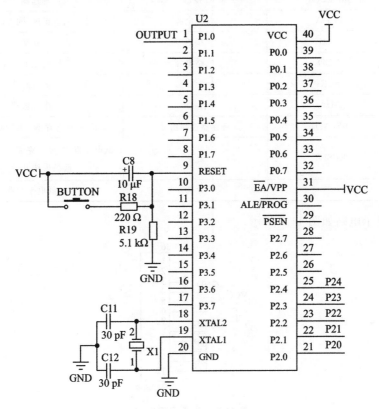

图 11.6　单片机电路

3. 液晶显示电路

本设计中采用的液晶显示电路是晶联讯电子公司生产的 JLX12864G-1353 液晶模块。该模块是由驱动 IC UC1701X(矽创公司)及几个电容、电阻组成的,使用方便,显示清晰。它可以显示 128 列×64 行点阵单色图片,可选用 16×16 点阵或其他点阵的图片来自编汉字,本设计中显示 128 列×64 行的单色图片。在 LCD 上排列着 128×64 点阵,128 个列信号与驱动 IC 相连,64 个行信号也与驱动 IC 相连。其中 IC 绑定在 LCD 屏上,模块引出 12 个引脚接口,其中,8～12 号引脚分别接单片机的 P2.4～P2.0,6 号引脚接地,7 号引脚接电源,保证液晶显示屏的正常工作。

该液晶模块的引脚及引脚功能如表 11.1 所列。

表 11.1　液晶模块的接口引脚功能

引脚号	符　号	名　称	功　能
1	ROM_IN(NC)	字库 IC 接口(SI)	串行数据输入
2	ROM_OUT(NC)	字库 IC 接口(SO)	串行数据输出
3	ROM_SCK(NC)	字库 IC 接口(SCK)	串行时钟输入
4	ROM_CS(NC)	字库 IC 接口(CS#)	片选输入
5	LEDA	背光电源	背光电源正极,同 VDD 电压
6	VSS	接地	0 V
7	VDD	电路电源	5 V 或 3.3 V 可选
8	SCK	I/O	串行时钟
9	SDA	I/O	串行数据
10	RS(AO)	寄存器选择信号	H:数据寄存器;O:指令寄存器
11	RESET	复位	低电平复位,复位完成后回到高电平,液晶模块开始工作
12	CS	片选	低电平片选

液晶显示电路如图 11.7 所示。

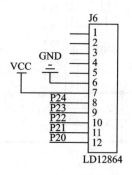

图 11.7　液晶显示电路

　　构成本电路的元器件清单如表 11.2 所列。由于 Altium Designer 16 中未提供本设计中使用的所有元件,绘制 PCB 时需自己创建原理图元件库和 PCB 元件库。本设计所需的自建元件库包括 STC12C5A60S2 单片机元件库、晶振元件库、LM1117 和 AD8232 元件库。

表 11.2　元器件清单

Comment	Description	Designator	Footprint	LibRef	Quantity	Value
SW – PB	Switch	BUTTON	SPST – 2	SW – PB	1	
Cap	Capacitor	C1, C2, C3, C4,C5, C6, C7, C11, C12	RAD – 0.3	Cap	9	330 pF, 330 pF, 10 nF, 1.5 nF, 330 pF, 100 pF, 100 pF, 30 pF, 30 pF

续表 11.2

Comment	Description	Designator	Footprint	LibRef	Quantity	Value
Cap2	Capacitor	C8	CAPR5 – 4X5	Cap2	1	10 μF
LED1	Typical RED GaAs LED	D1，D2，D3	LED – 1	LED1	3	
MICROUSB	Header，5-Pin	J1	HDR1X5	Header 5	1	
Header 2	Header，2-Pin	J2，J3，J4	HDR1X2	Header 2	3	
LD12864	Header，12-Pin	J6	HDR1X12	Header 12	1	
Res2	Resistor	R1，R2，R3，R4，R5，R6，R7，R8，R9，R10，R11，R12，R13，R14，R15,R16，R17，R18，R19	AXIAL – 0.4	Res2	19	10 MΩ，10 MΩ，1.4 MΩ，1 MΩ，1 MΩ，100 kΩ，1 MΩ，180 kΩ，180 kΩ，560 Ω，10 MΩ，10 MΩ，10 MΩ，10 MΩ，560 Ω，1 kΩ,1 kΩ，220 Ω，5.1 kΩ
89C51		U2	89C51	Component_1	1	
Component_1		U3	AD8232	Component_1	1	
Component_1		X1	LC – HC – 49S	Component_1	1	

11.3　电路板布线图、实物照片

11.3.1　新建项目工程文件

　　首先，执行"文件"→"新建"→Project 命令，将新工程项目命名为"心电检测与显示电路"，并向其中添加原理图文件和 PCB 文件。然后，执行"文件"→"新建"→"库"→"原理图库"命令，在"心电检测与显示电路"项目中添加 4 个原理图库文件。最后，执行"文件"→"新建"→"库"→"PCB 库"命令，在"心电检测与显示电路"项目中添加 4 个 PCB 库文件。将所有文件重命名，如图 11.8 所示。

11.3.2　元件布局和布线

1. 元件布局

　　心电检测与显示整体电路绘制后，执行"工程"→"Compile Document 心电检测与显示

图 11.8　项目工程

".SchDoc"命令,查看 Messages 窗口(如图 11.9 所示),显示原理图编译无错误。

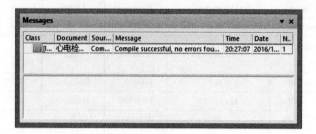

图 11.9　原理图编译后的 Messages 窗口

执行"设计"→"Update PCB Document 心电检测与显示.PcbDoc"命令,弹出"工程更改顺序"对话框,如图 11.10 所示。

图 11.10　"工程更改顺序"对话框

单击"生效更改"按钮,完成状态检测,如图 11.11 所示。

检测全部通过后,单击"执行更改"按钮,即可完成更改(如图 11.12 所示),并在 PCB 编辑环境下,自动生成 PCB 图(如图 11.13 所示)。

将 Room 和所有元件移动到 PCB 板上,并调整 Room 尺寸,如图 11.14 所示。

元件布局采用手动布局的方式。将 STC12C5A60S2 单片机最小系统电路放置在板子中央位置,晶振电路和复位电路与单片机的距离尽量短。单片机最小系统布局如图 11.15 所示。

图 11.11　状态检测完成

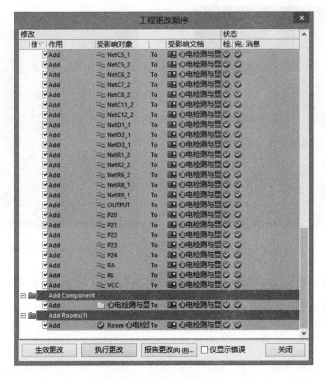

图 11.12　更改完成

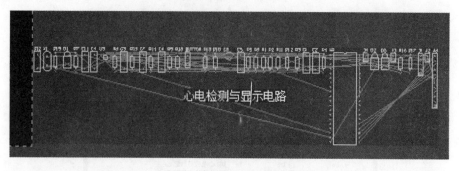

图 11.13　自动生成的 PCB 图

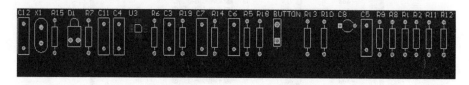

图 11.14　调整 Room 尺寸后

调整滤波放大电路的布局,尽量将相关元件放置在同一区域,调整后如图 11.16 所示。

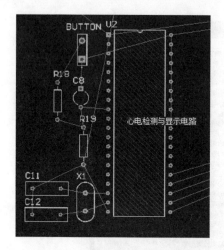

图 11.15　单片机最小系统布局

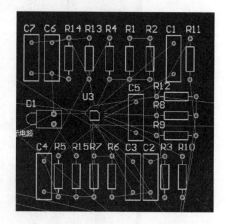

图 11.16　滤波放大电路的布局

接插口尽量放置在板子边缘,使用"排列工具"等命令,使元件对齐或等距排列,调整元件整体布局,调整后如图 11.17 所示。

布局完毕后,切换到 Top Overlay 层,执行"放置"→"走线"命令,绘制出矩形框,如图 11.18 所示。

选择绘制出的矩形框,执行"设计"→"板子形状"→"按照选择对象定义"命令,结果如图 11.19 所示。

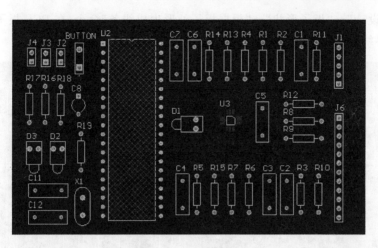

图 11.17　整体布局

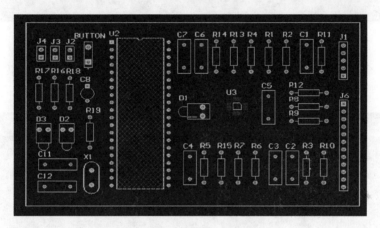

图 11.18　矩形框绘制完毕

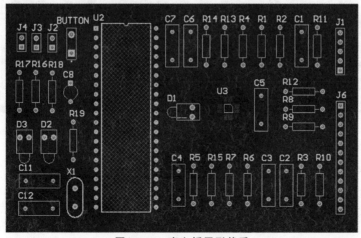

图 11.19　定义板子形状后

执行"设计"→"板子形状"→"根据板子外形生成线条"命令,在 PCB 板子外轮廓自动生成边界线,如图 11.20 所示。

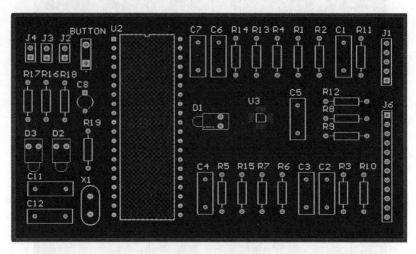

图 11.20 生成边界线后

放置 4 个直径为 3 mm 的定位通孔,执行"放置"→"过孔"命令,结果如图 11.21 所示。

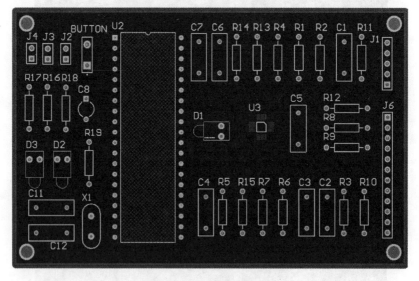

图 11.21 放置过孔后

2. 布 线

进行布线操作,执行"自动布线"→"全部"命令,弹出"Situs 布线策略"对话框,如图 11.22 所示。

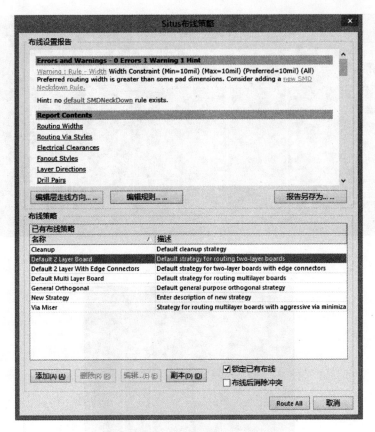

图 11.22　"Situs 布线策略"对话框

单击"编辑规则"按钮,进入"PCB 规则及约束编辑器"对话框,对布线规则进行设定,GND、VCC 和 Width 的线宽分别设为 10 mil、20 mil 和 30 mil。其他电气规则与 1.3.3 小节中的电气规则一致。

设置完基本规则后,单击"PCB 规则及约束编辑器"对话框中"确定"按钮,返回到 "Situs 布线策略"对话框,单击 Route All 按钮,即可完成自动布线,如图 11.23 所示。

可见自动布线的结果并不理想,元件 U3 的左侧引脚未布线,存在飞线。这里采用手动布线的方式将这些飞线连接,如图 11.24 所示。

调整板子右下方元件(C4～R20)的布线,减少布线转弯次数,缩短布线长度,调整后如图 11.25 所示。

调整板子右上方元件(C7～R11)的布线,减少布线转弯次数,缩短布线长度,调整后如图 11.26 所示。

调整单片机右侧电路布线,元件 J2、元件 R16 和元件 BUTTON 之间的布线出现了锐角,元件 R16 与元件 D2 之间的布线转弯次数太多,调整后,如图 11.27 所示。

采用"绕"或"打孔"的方式,调整其他不合理的布线,整体布线调整后如图 11.28 所示。

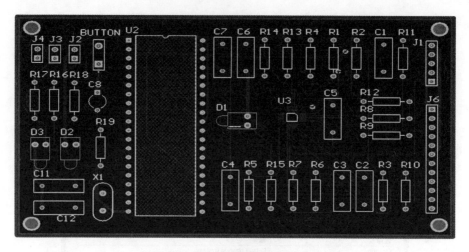

图 11.23　完成自动布线后

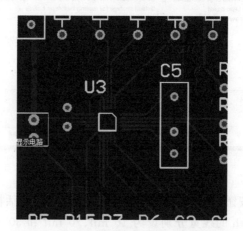

图 11.24　消除元件 U3 的飞线

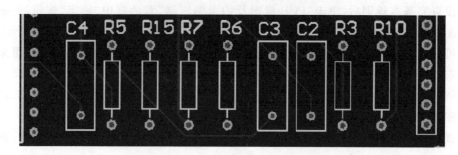

图 11.25　右下方元件(C4～R20)的布线

完成布线后,执行"放置"→"多边形敷铜"命令或单击命令栏中的"敷铜"图标,为 PCB 敷铜。

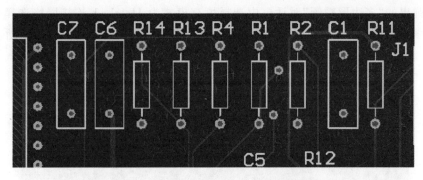

图 11.26　右上方元件(C7～R11)的布线

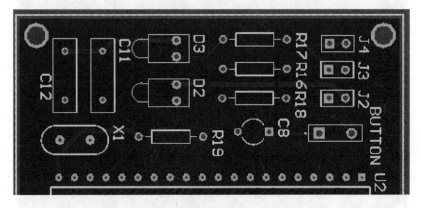

图 11.27　单片机右侧电路布线

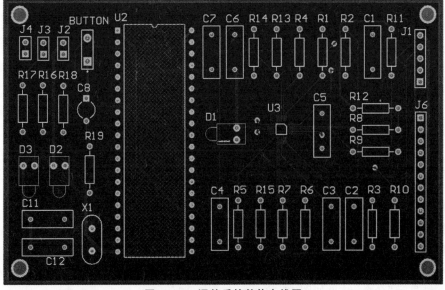

图 11.28　调整后的整体布线图

在弹出的"多边形敷铜"对话框中选择填充模式为 Hatched,连接网络选择 GND。设置好参数后,分别对 PCB 板顶层和底层敷铜,完成后如图 11.29 和图 11.30 所示。

图 11.29 顶层敷铜之后

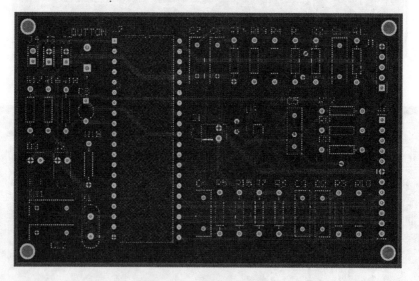

图 11.30 底层敷铜之后

敷铜之后,进行电气规制检查。执行"工具"→"设计规则检查"命令,弹出"设计规则检测"对话框,如图 11.31 所示。

单击"运行 DRC"按钮,Messages 窗口显示无错误,如图 11.32 所示。

心电检测与显示 PCB 实例基本绘制完毕,下面查看 3 维视图。执行"查看"→"切换到 3 维显示"命令,结果如图 11.33 所示。

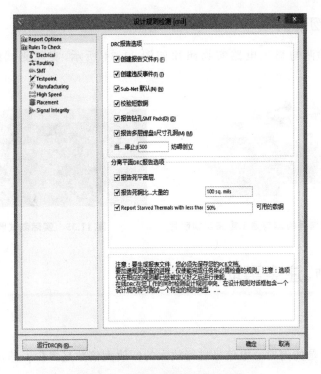

图 11.31　"设计规则检测"对话框

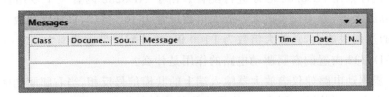

图 11.32　Messages 窗口

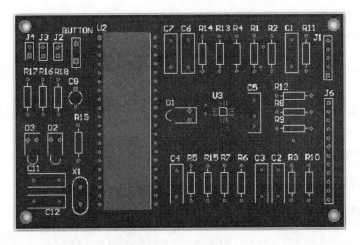

图 11.33　3 维显示

11.3.3　实物照片

　　心电信号检测与显示电路实物照片如图 11.34 所示，实际测试照片如图 11.35 所示。

图 11.34　心电信号检测与显示电路实物照片　　　　　**图 11.35　实际测试照片**

11.4　习题、注意事项及程序代码

1. 习　题

　　（1）本设计是如何对心电信号进行放大的？放大倍数是多少？滤波配置带通范围是多少？

　　答：本设计采用 AD8232 芯片进行配置。由于 AD8232 内置一个专用仪表放大器和一个运算放大器，专用仪表放大器放大倍数设置为 100 倍，运算放大器放大倍数设置为 11 倍，通过两级放大，总放大倍数为 1 100 倍，滤波配置带通范围为 0.5～40 Hz。

　　（2）AD8232 内置的右腿驱动电路的作用是什么？

　　答：右腿驱动电路使仪表放大器输入端上的共模信号反相，当右腿驱动输出电流注入对象时，它会抵消共模电压变化，从而改善系统的共模抑制性能。

　　（3）用万用表测试电源时应注意什么？

　　答：万用表量程和挡位要设置正确。

2. 注意事项

　　（1）本系统设计顺序为：① 制作 PCB 板；② 接上电极片，调试示波器显示出心电波形。

　　（2）测试人体心电信号时，双手和手臂要先湿润后再贴上电极片，人最好平躺着测试。电源正、负极千万不要接反。

3. 程序代码

　　主函数程序代码如下：

```
//模拟信号测量、显示系统
//版本 VER1.0
/*******************************************************
```

框架说明:晶振选用 11.059 2 MHz

```
********************************************/
# include   "Config.h"
# include   "register_init.h"
# include   "delay.h"
# include   "ADC10.h"
# include   "suanfa.h"
//# include   "control.h"
# include   "LCD.h"
//数据采集处理
void   samp_deal(void)
{
    //如果是在采集数据,并且一次采集没有完成,也没有发送数据
    Pulse_count = ADC10_samp(0x00);        //通道 0,脉搏电压采集
    UART_IR_buf[RS232_cnt] = Pulse_count;
    //丢弃前 n 个数据
    if(diuqi>0)
    {
     diuqi -- ;
     RS232_cnt = 0;
    }
    else
    RS232_cnt ++ ;        //完成一次采集,如果采集间隔超过 10 ms,则认为超时
    if(RS232_cnt> = Snum)
    {
     onetimes_flag = 1;   //200 个数据采集完毕
     RS232_cnt = 0;
    }
}
/ ************************************************
函数名称:EX0
************************************************ /
void Pluse_in(void) interrupt 0 using 0
{
   EX0 = 0;
}
void T0_ISR(void) interrupt 1 using 1
{
TH0 = 0;
TL0 = 0;                   //T0 定时 1 ms
}
/ ************************************************
函数名称:EX1
************************************************ /
void Scan_INT1(void) interrupt 2 using 1
{
   EX1 = 0;
}
void Timer1_ISR(void) interrupt 3 using 2        //T1_ISR
{
TH1 = - (13824/256);        //10 ms,11.059 2/8 = 1.382 4
```

```
 TL1 = - (13824 % 256);
T10ms_flag = 1;
// = = = = = = = = = = = = = = = = = = = = = = = = = = =
if(T10s>0) T10s -- ;              //1 s 定时,用于显示更新
else T10s = 100,T10s_flag = 1;
}
//串口发数据
void UART_SendByte(uchar ch)
{
// ES = 0;                 //中断使能
TI = 0;
SBUF = ch;                //2011 - 3 - 26 补充,防止误发送
while(!TI);               //等待发送完成
TI = 0;                   //标志清 0
//ES = 1;                 //中断使能
}
void time_proc(void)
{
    if(T10ms_flag)
    {
    if(onetimes_flag == 0)   //调入数据采集子程序,10 ms 采集一次
    samp_deal();
    T10ms_flag = 0;
    }
    // - - - - - - - - - - -开机乱码清除 - - - - - - - - - - - - - -//
    if(T10s_flag)
    {
    WDT_init();
    LED:= !LED;             //指示灯
    T10s_flag = 0;
    }
}
//血氧检测
void    SPO2_check(void)
{
    //一次采集完成标志?
    if(onetimes_flag == 1)
    {
    cal_IRLED();                  //计算采集数据中的最大值、最小值
    cal_F_IRLED();                //计算频率
    Slide_filter();               //滑动滤波
    data_proc(MB);                //频率显示
    MB_buf[2] = bw;
    MB_buf[1] = sw;
    MB_buf[0] = gw;
    //采集的数据波形显示
    for(tt = 0;tt<200;tt ++ )
    {
    tttt = tt/2;
      wave_disp(UART_IR_buf[tt]/22,tttt);
    }
```

```
        LCD_XM();                      //数据显示
        /*
        UART_SendByte(0x68);           //串口发送血氧值
        UART_SendByte(0x01);           //串口发送血氧值
        UART_SendByte(XY);             //串口发送血氧值
        UART_SendByte(MB);             //串口发送脉搏数值
        UART_SendByte(0x16);           //串口发送血氧值
        */
        diuqi = 10;
        RS232_cnt = 0;
        onetimes_flag = 0;
    }
}
void  System_init(void)
{
Device_Init();
ADC_Power_On();                        //开 ADC 电源
initial_lcd2();                        //LCD 小屏
clear_screen();                        //刷屏
LCD_Ready();                           //显示开机界面
D_1ms(255);                            //短延迟
WDT_init();
D_1ms(255);
WDT_init();
D_1ms(255);                            //短延迟
WDT_init();
D_1ms(255);
WDT_init();
clear_screen();                        //刷屏
LCD_XM();                              //测量菜单
canshu_init();                         //参数初始化
Enable_timer();                        //定时器 0,1 开启
}
void main(void)
{
System_init();                         //系统初始化
while(1)
{
    time_proc();                       //时间片轮询
    SPO2_check();                      //数据定时采集
}
}
/ * * * * * * * * * * * * * * * * * * * * * *END* * * * * * * * * * * * * * * * * * * * * * * *
```

ADC 程序代码如下：

```
#ifndef _ADC10_H_
#define _ADC10_H_  1
#include<intrins.h>
// * * * * * * * * * * * * * * * * * * * * * * * * * * * * * * * * * * * * * * * * * * * * * * *
//A/D 转换电路
```

```
void ADC_Power_On(void)
{
ADC_CONTR = 0x80;                    //开 ADC 电源
P1ASF = 0x01;                        //选择 P1.0 作为 ADC
P1M0 = 0x01;                         //开漏模式 P10 接入 ADC 信号
P1M1 = 0x01;
ADC_CONTR = 0xe0;
}
// *******************************************************
//脉搏血氧使用通道 2
// ***************************************************
unsigned int   ADC10_samp(unsigned char channel)
{
unsigned int   i,q = 0;
unsigned int   advalue = 0;
char tp = 0;
for(i = 0;i<8;i ++ )                 //连续采 64 次
{
    tp = 0;
    ADC_RES = 0;
                    //高 8 位数据清 0,STC12C5A60S2 A/D 数据寄存名与 STC12C54× × 系列不同
    ADC_RESL = 0;                    //低 2 位清 0
    ADC_CONTR = 0xe0 + channel;      //启动 A/D 转换
    _nop_();                         //必要的延时
    _nop_();
    _nop_();
    _nop_();
    _nop_();
    ADC_CONTR| = 0x08;               //启动 A/D 转换
    while(!tp)                       //判断 A/D 转换是否完成
      {
         tp = 0x10;
         tp& = ADC_CONTR;
      }
   ADC_CONTR& = 0xe7;                //停止转换
   advalue = (ADC_RES<<2)|ADC_RESL;
   return   advalue;                 //返回采样值
}
}
/ ***********************END_ADC10 ***********************/
# endif
```

延时程序代码如下：

```
# ifndef _delay_H_
# define _delay_H_ 1
# define _Nop()   _nop_(),_nop_(),_nop_(),_nop_()          /* 定义空指令 */
void D_1us(unsigned int t)
{
  unsigned int i;
  for(i = 0;i<t;i ++ );
```

```
}
void D_1ms(uchar t)
{
unsigned int k;
for(;t! = 0;t -- )
for(k = 1120;k! = 0;k -- );
}
//长延迟
/ * void long_delay(unsigned int dly)
{
    for(;dly>0;dly -- )
    {
      D_1us(100);
    }
}
void delay1(uint z)          //延时为 1 ms
{
uchar x,x1;
for(;z>0;z -- )
{
for(x = 0;x<114;x ++ )
{
for(x1 = 0;x1<3;x1 ++ );    //1 改为 3
}
}
} * /
void delay()                 //5 us 延时
{
_nop_();
_nop_();
_nop_();
_nop_();
_nop_();
_nop_();
_nop_();
_nop_();
_nop_();
_nop_();
_nop_();
_nop_();
}
//EEPROM 延时子程序
/ * void nopX(void)
{
unsigned char j;
for(j = 0;j<8;j ++ )
{
_Nop();
_Nop();
_Nop();
_Nop();
```

```
_Nop();
_Nop();
_Nop();
_Nop();
_Nop();
}
} * /
// * * * * * * * * * * * * * * * * * * * * * * * *delay 结束
# endif
```

算法程序代码如下：

```
# define   cishu    8          //滤波的次数,8
# define   Snum     200        //存储的次数,200
# define   rogncuo 25          //容错的次数
unsigned char d_up = 0;
unsigned char d_dn = 0;
//对 200 个已知样本进行测试
//ADC_tab 红外光的
void   cal_IRLED(void)
{
unsigned char   i;
F_IRLED_max = F_IRLED_min = UART_IR_buf[0];  //获得初始值,舍弃第一个采样值
for(i = 1;i<Snum;i ++ )
{
  if(F_IRLED_max<UART_IR_buf[i])
  {
   F_IRLED_max = UART_IR_buf[i];
   //peak = i;
  }
  else if(F_IRLED_min>UART_IR_buf[i])
  {
   F_IRLED_min = UART_IR_buf[i];
   //valley = i;
  }
}
F_IRLED = F_IRLED_min + (F_IRLED_max - F_IRLED_min)/2;    //平均频率
F_IRLED_err = F_IRLED_max - F_IRLED_min;                  //误差
}
//对 160 个已知样本进行测试
//ADC_tab   LED
//通过 ADC 采样数据计算频率
void   cal_F_IRLED(void)
{
unsigned char      i;
unsigned int       samp;
unsigned char      count = 0;                            //计数
samp = F_IRLED_min + (F_IRLED_max - F_IRLED_min) * 7/10;  //70 % 数据
//峰 - 谷 = 551 - 483,适用于 1.5 Hz 以下脉搏,太高了测不准
d_up = (F_IRLED_max - F_IRLED_min)/7;                    //按标准 60 Hz 计算
d_dn = (F_IRLED_max - F_IRLED_min)/7;
```

```
//在这个范围的数据
for(i = 0;i<Snum ;i++)
{
    if((UART_IR_buf[i]< = (samp + d_up))&&((UART_IR_buf[i] + d_dn)> = samp))
                        //容错范围正负 2
    {
    store_buf[count] = i;        //0～49,记录当前对应的值
    count++;
    }
    if(count>99)
    break;                      //大于 99,跳出
}
//频率容错机制
for(i = 0;i<count;i++)
{
    cycle = store_buf[i] - store_buf[0];
    if(cycle>rogncuo)
    break;                      //跳出循环
}
time1 = i;                      //第一次的容错值
for(i = time1;i<count;i++)
{
    cycle = store_buf[i] - store_buf[time1];
    if(cycle>rogncuo)
    break;                      //第二次的容错值
}
time2 = i;
for(i = time2;i<count;i++)
{
    cycle = store_buf[i] - store_buf[time2];
    if(cycle>rogncuo)
    break;                      //第二次的容错值
}
time3 = i;
changdu = store_buf[time2] - store_buf[0];
changdu1 = store_buf[time3] - store_buf[time1];
changdu = (changdu + changdu1)>>1;          //计算脉搏周期
Freq = 7200/(unsigned int)changdu;          //计算 1 min 的脉搏数
}
//参数初始化
void  canshu_init(void)
{
unsigned char j = 0;
for(j = 0;j<cishu;j++)
filter_buf[j] = 75;
}
//滑动平均滤波
//滑动去极值求平均
void  Slide_filter(void)
{
    unsigned char i,j;
```

```
            sum = 0;
            for(j = 0;j<(cishu-1);j++)                      //采样值更新
            {
            i = j+1;
            filter_buf[j] = filter_buf[i];
            }
            filter_buf[cishu-1] = Freq;                     //当前频率值放在最后
            //以上完成滑动滤波作用
            MB_max = MB_min = filter_buf[0];
            for(i = 1;i<cishu;i++)
            {
            if(MB_max<filter_buf[i])
            {
             MB_max = filter_buf[i];
            }
            else if(MB_min>filter_buf[i])
            {
             MB_min = filter_buf[i];
            }
            }
            for(j = 0;j<cishu;j++)                           //求和
            {
             sum + = filter_buf[j];
            }
            sum = sum - MB_max;
            sum = sum - MB_min;
            //以上完成去极值作用
            MB = sum/6;
            if(MB>160)                                       //对脉搏进行限制
            MB = 160;
}
```

LCD 显示程序代码如下：

```
# define LCD_STARTLINE0        0xc0     //设置显示起始行,可以加 0~31
# define LCD_PAGE0             0xb8     //页地址设置,     可以加 0~3
# define LCD_COLUMNADDR0       0x00     //列地址设置,     可以加 0~60
//LCD1
sbit   lcd_sclk = P2^4;    //
sbit   lcd_sid = P2^3;     //
sbit   lcd_cs1 = P2^0;     //
sbit   lcd_reset = P2^1;   //
sbit   lcd_rs = P2^2;      //
/ *
//LCD3
sbit   lcd_sclk = P2^0;    //
sbit   lcd_sid = P2^1;     //
sbit   lcd_cs1 = P2^4;     //
sbit   lcd_reset = P2^3;   //
sbit   lcd_rs = P2^2;      //
* /
```

```
//开机LOGO
/* - - - - - - - - - - - - - -Z轴描点坐标- - - - - - - - - - - - - */
uchar code Z_TAB[] = {0x80,0xc0,0xe0,0xf0,0xf8,0xfc,0xfe,0xff};        //由下到上
/*纵向取模,字节倒叙*/
uchar code LOGO_init[42][32] = {
{/*--文字:  智  0--*/
/*--宋体12;  此字体下对应的点阵为:宽×高=16×16    --*/
0x10,0x14,0x13,0x92,0x7E,0x32,0x52,0x92,0x00,0x7C,0x44,0x44,0x44,0x7C,0x00,0x00,
0x00,0x01,0x01,0x00,0xFF,0x49,0x49,0x49,0x49,0x49,0x49,0xFF,0x00,0x00,0x00,0x00},
{/*--文字:  能  1--*/
/*--宋体12;   此字体下对应的点阵为:宽×高=16×16    --*/
0x10,0xB8,0x97,0x92,0x90,0x94,0xB8,0x10,0x00,0x7F,0x48,0x48,0x44,0x74,0x20,0x00,
0x00,0xFF,0x0A,0x0A,0x4A,0x8A,0x7F,0x00,0x00,0x3F,0x44,0x44,0x42,0x72,0x20,0x00},
{/* "心",2 */
0x00,0x80,0x00,0x00,0xF0,0x00,0x01,0x02,0x1C,0x08,0x00,0x40,0x80,0x00,0x00,0x00,
0x04,0x03,0x00,0x00,0x3F,0x40,0x40,0x40,0x40,0x40,0x40,0x78,0x00,0x07,0x02,0x00},
{/* "率",3 */
0x00,0x0C,0x14,0xA4,0x04,0x64,0x35,0xAE,0x64,0x24,0x14,0xA4,0x14,0x04,0x04,0x00,
0x08,0x0A,0x09,0x08,0x08,0x0A,0x0B,0xFE,0x0A,0x0B,0x0C,0x08,0x09,0x0A,0x08,0x00},
//{/* "血",2 */
//0x00,0x00,0xF0,0x10,0x10,0xF8,0x17,0x12,0xF0,0x10,0x10,0x10,0xF0,0x00,0x00,0x00,
//0x20,0x20,0x3F,0x20,0x20,0x3F,0x20,0x20,0x3F,0x20,0x20,0x20,0x3F,0x20,0x20,0x00},
//{/* "氧",3 */
// 0x00,0x28,0x24,0x6B,0xAA,0x2A,0x2A,0xAA,0x6A,0x2A,0x2A,0xEA,0x02,0x02,0x00,0x00,
//0x00,0x10,0x15,0x15,0x15,0x15,0xFF,0x15,0x15,0x15,0x10,0x0F,0x30,0x40,0xF0,0x00},
{/*--文字:  监  4--*/
0x00,0x00,0x7E,0x00,0x00,0xFF,0x20,0x10,0x0F,0x1A,0x68,0xC8,0x08,0x08,0x08,0x00,
0x40,0x40,0x7E,0x42,0x42,0x7E,0x42,0x42,0x7E,0x42,0x42,0x42,0x7E,0x40,0x40,0x00},
{/* "测",5 */
0x08,0x31,0x86,0x60,0x00,0xFE,0x02,0xF2,0x02,0xFE,0x00,0xF8,0x00,0x00,0xFF,0x00,
0x04,0xFC,0x03,0x00,0x80,0x47,0x30,0x0F,0x10,0x67,0x00,0x07,0x40,0x80,0x7F,0x00},
{/* 仪 6 -- */
0x40,0x20,0xF0,0x0C,0x03,0x00,0x38,0xC0,0x01,0x0E,0x04,0xE0,0x1C,0x00,0x00,0x00,
0x00,0x00,0xFF,0x00,0x40,0x40,0x20,0x10,0x0B,0x04,0x0B,0x10,0x20,0x60,0x20,0x00},
{/* "心",7 */
0x00,0x80,0x00,0x00,0xF0,0x00,0x01,0x02,0x1C,0x08,0x00,0x40,0x80,0x00,0x00,0x00,
0x04,0x03,0x00,0x00,0x3F,0x40,0x40,0x40,0x40,0x40,0x40,0x78,0x00,0x07,0x02,0x00},
{/* "率",8 */
0x00,0x0C,0x14,0xA4,0x04,0x64,0x35,0xAE,0x64,0x24,0x14,0xA4,0x14,0x04,0x04,0x00,
0x08,0x0A,0x09,0x08,0x08,0x0A,0x0B,0xFE,0x0A,0x0B,0x0C,0x08,0x09,0x0A,0x08,0x00},
{/*--宋体12;   此字体下对应的点阵为:宽×高=16×16    9--*/
0x08,0x08,0x88,0xFF,0x48,0x28,0x00,0xFF,0xC1,0x41,0x41,0x49,0x51,0xCF,0x00,0x00,
0x01,0x41,0x80,0x7F,0x00,0x00,0x00,0xFF,0x40,0x23,0x14,0x1C,0x33,0x60,0x20,0x00},
{/*--文字:  警  --*/
/*--宋体12;  此字体下对应的点阵为:宽×高=16×16    10--*/
0x20,0x1A,0xFA,0xAF,0xAA,0xEF,0x0A,0xFA,0x10,0x8F,0x54,0x24,0x5C,0x84,0x04,0x00,
0x02,0x02,0x02,0xEA,0xAA,0xAA,0xAB,0xAA,0xAB,0xAA,0xAA,0xEA,0x02,0x02,0x03,0x00},
{/* "频",11 */
0x20,0x3C,0x20,0x20,0xBF,0x24,0x24,0x00,0xF2,0x1A,0xD6,0x12,0x12,0xF2,0x02,0x00,
0x44,0x43,0x20,0x10,0x0B,0x04,0x43,0x40,0x27,0x18,0x07,0x08,0x10,0x27,0x60,0x00
},
```

```
{/*"率",12*/
0x00,0x0C,0x14,0xA4,0x04,0x64,0x35,0xAE,0x64,0x24,0x14,0xA4,0x14,0x04,0x04,0x00,
0x08,0x0A,0x09,0x08,0x08,0x0A,0x0B,0xFE,0x0A,0x0B,0x0C,0x08,0x09,0x0A,0x08,0x00
},
{/*"脉",13*/
0x00,0xFE,0x12,0x12,0xFE,0x00,0x48,0xC8,0x09,0xFE,0x82,0x40,0x38,0x10,0x00,0x00,
0x60,0x1F,0x41,0x81,0x7F,0x10,0x08,0x47,0x80,0x7F,0x00,0x01,0x06,0x1C,0x08,0x00
},
{/*"宽",14*/
0x10,0x0C,0x14,0x94,0x94,0xBC,0x95,0x96,0x94,0xBC,0x94,0x94,0x14,0x0C,0x04,0x00,
0x00,0x80,0x80,0x4F,0x40,0x20,0x18,0x07,0x38,0x40,0x40,0x4F,0x40,0x70,0x00,0x00
},
{/*"周",15*/
0x00,0x00,0x00,0xFE,0x02,0x42,0x4A,0x4A,0x7E,0x4A,0x4A,0x42,0x02,0xFE,0x00,0x00,
0x80,0x40,0x30,0x0F,0x00,0x00,0x1F,0x09,0x09,0x09,0x1F,0x40,0x80,0x7F,0x00,0x00
},
{/*"期",16*/
0x00,0x04,0xFF,0x54,0x54,0x54,0xFF,0x04,0x00,0xFE,0x22,0x22,0x22,0xFE,0x00,0x00,
0x42,0x22,0x1B,0x02,0x02,0x0A,0x33,0x62,0x18,0x07,0x02,0x22,0x42,0x3F,0x00,0x00
},
{/*"变",17*/
0x00,0x84,0x44,0x34,0x24,0x04,0xFD,0x06,0x06,0xFC,0x04,0x14,0x24,0xE4,0x44,0x00,
0x81,0x80,0x80,0x41,0x41,0x27,0x29,0x11,0x11,0x29,0x27,0x41,0xC0,0x40,0x40,0x00
},
{/*"化",18*/
0x80,0x40,0x20,0xF8,0x07,0x02,0x00,0x00,0xFF,0xC0,0x60,0x30,0x1C,0x08,0x00,0x00,
0x00,0x00,0x00,0x7F,0x00,0x04,0x02,0x01,0x3F,0x40,0x40,0x40,0x40,0x78,0x00,0x00
},
{/*"噪",19*/
0xFE,0x02,0x02,0xFE,0x00,0xF0,0x90,0x9F,0xF9,0x09,0xF9,0x9F,0x90,0xF0,0x00,0x00,
0x03,0x01,0x01,0x43,0x42,0x22,0x12,0x0A,0x06,0xFF,0x06,0x0A,0x32,0x62,0x22,0x00
},
{/*"声",20*/
0x02,0x12,0xD2,0x52,0x52,0x52,0x52,0xDF,0x52,0x52,0x52,0x52,0xD2,0x12,0x02,0x00,
0x40,0x30,0x0F,0x02,0x02,0x02,0x02,0x03,0x02,0x02,0x02,0x02,0x07,0x00,0x00,0x00
},
{/*"占",21*/
0x00,0x00,0x80,0x80,0x80,0x80,0xFF,0x88,0x88,0x88,0x88,0x88,0x08,0x08,0x00,0x00,
0x00,0x00,0x7F,0x20,0x20,0x20,0x20,0x20,0x20,0x20,0x20,0x7F,0x00,0x00,0x00,0x00
},
{/*"空",22*/
0x10,0x0C,0x84,0x44,0x24,0x14,0x05,0x06,0x04,0x14,0x24,0x44,0x84,0x14,0x0C,0x00,
0x00,0x40,0x40,0x41,0x41,0x41,0x41,0x7F,0x41,0x41,0x41,0x41,0x40,0x40,0x00,0x00
},
{/*"比",23*/
0x00,0x00,0xFF,0x20,0x20,0x20,0x20,0x00,0xFF,0x40,0x40,0x40,0x20,0x20,0x20,0x00,
0x00,0x00,0x7F,0x20,0x10,0x08,0x00,0x00,0x3F,0x40,0x40,0x40,0x40,0x40,0x78,0x00
},
{/*"数",24*/
0x10,0x92,0x54,0x38,0xFF,0x38,0x54,0x52,0x80,0xF0,0x1F,0x12,0x10,0xF0,0x10,0x00,
0x42,0x42,0x2A,0x2E,0x13,0x1A,0x26,0x02,0x40,0x20,0x13,0x0C,0x33,0x60,0x20,0x00
```

},
{/ * "值",25 * /
0x80,0x40,0xF0,0x2F,0x02,0x04,0xE4,0xA4,0xB4,0xAF,0xA6,0xA4,0xE4,0x04,0x00,0x00,
0x00,0x00,0xFF,0x00,0x40,0x40,0x7F,0x4A,0x4A,0x4A,0x4A,0x4A,0x7F,0x40,0x40,0x00
},
{/ * "最",26 * /
0x40,0x40,0xC0,0x5F,0x55,0x55,0xD5,0x55,0x55,0x55,0x55,0x5F,0x40,0x40,0x40,0x00,
0x20,0x20,0x3F,0x15,0x15,0x15,0xFF,0x48,0x23,0x15,0x09,0x15,0x23,0x61,0x20,0x00},
{/ * "大",27 * /
0x20,0x20,0x20,0x20,0x20,0x20,0xA0,0x7F,0xA0,0x20,0x20,0x20,0x20,0x20,0x20,0x00,
0x00,0x80,0x40,0x20,0x10,0x0C,0x03,0x00,0x01,0x06,0x08,0x30,0x60,0xC0,0x40,0x00},
{/ * "小",28 * /
0x00,0x00,0x00,0xC0,0x70,0x20,0x00,0xFF,0x00,0x10,0x20,0xC0,0x80,0x00,0x00,0x00,
0x04,0x02,0x01,0x00,0x00,0x40,0x80,0x7F,0x00,0x00,0x00,0x00,0x01,0x07,0x02,0x00},
{/ * "背",29 * /
0x20,0x64,0x24,0x94,0x94,0xBF,0x80,0x80,0x9F,0xA4,0xA4,0xA2,0x22,0x38,0x00,0x00,
0x00,0x00,0x00,0xFF,0x12,0x12,0x12,0x12,0x12,0x52,0x92,0x7F,0x00,0x00,0x00,0x00},
{/ * "景",30 * /
0x40,0x40,0x40,0x5F,0x55,0x55,0x55,0x75,0x55,0x55,0x55,0x5F,0x40,0x40,0x40,0x00,
0x00,0x20,0x20,0x17,0x1D,0x45,0x85,0x7D,0x05,0x05,0x0D,0x17,0x70,0x20,0x00,0x00},
{/ * "红",31 * /
0x20,0x30,0x2C,0xA3,0x60,0x18,0x00,0x08,0x08,0x08,0xF8,0x08,0x08,0x0C,0x08,0x00,
0x22,0x66,0x23,0x12,0x12,0x52,0x40,0x40,0x40,0x40,0x7F,0x40,0x40,0x60,0x40,0x00},
{/ * "外",32 * /
0x80,0x40,0x20,0x58,0x87,0x04,0xC4,0x3C,0x00,0x00,0xFF,0x20,0x40,0x80,0x00,0x00,
0x40,0x20,0x10,0x08,0x05,0x03,0x00,0x00,0x00,0x00,0xFF,0x00,0x00,0x00,0x03,0x00},
{/ * "光",33 * /
0x00,0x40,0x42,0x44,0x5C,0xC8,0x40,0x7F,0x40,0xC0,0x50,0x4E,0x44,0x60,0x40,0x00,
0x00,0x80,0x40,0x20,0x18,0x07,0x00,0x00,0x00,0x3F,0x40,0x40,0x40,0x40,0x78,0x00},
{/ * "血",34 * /
0x00,0x00,0xF0,0x10,0x10,0xF8,0x17,0x12,0xF0,0x10,0x10,0x10,0xF0,0x00,0x00,0x00,
0x20,0x20,0x3F,0x20,0x20,0x3F,0x20,0x20,0x3F,0x20,0x20,0x20,0x3F,0x20,0x20,0x00},
{/ * "氧",35 * /
0x00,0x28,0x24,0x6B,0xAA,0x2A,0x2A,0xAA,0x6A,0x2A,0x2A,0xEA,0x02,0x02,0x00,0x00,
0x00,0x10,0x15,0x15,0x15,0x15,0xFF,0x15,0x15,0x15,0x10,0x0F,0x30,0x40,0xF0,0x00},
{/ * "脉",36 * /
0x00,0xFE,0x12,0x12,0xFE,0x00,0x48,0xC8,0x09,0xFE,0x82,0x40,0x38,0x10,0x00,0x00,
0x60,0x1F,0x41,0x81,0x7F,0x10,0x08,0x47,0x80,0x7F,0x00,0x01,0x06,0x1C,0x08,0x00},
{/ * "搏",37 * /
0x08,0x08,0x88,0xFF,0x48,0x22,0xFA,0xAA,0xAA,0xFF,0xAA,0xAA,0xAB,0xFA,0x02,0x00,
0x01,0x41,0x80,0x7F,0x00,0x04,0x05,0x0C,0x14,0x05,0x44,0x84,0x7E,0x05,0x04,0x00},
{/ * "心",38 * /
0x00,0x80,0x00,0x00,0xF0,0x00,0x01,0x02,0x1C,0x08,0x00,0x40,0x80,0x00,0x00,0x00,
0x04,0x03,0x00,0x00,0x3F,0x40,0x40,0x40,0x40,0x40,0x40,0x78,0x00,0x07,0x02,0x00},
{/ * "电",39 * /
0x00,0x00,0xF8,0x48,0x48,0x48,0x48,0xFF,0x48,0x48,0x48,0x48,0xF8,0x00,0x00,0x00,
0x00,0x00,0x0F,0x04,0x04,0x04,0x04,0x3F,0x44,0x44,0x44,0x44,0x4F,0x40,0x70,0x00},
{/ * "次",40 * /
0x00,0x02,0x1C,0xC0,0x30,0x4C,0x30,0x0F,0x08,0xF8,0x08,0x08,0x28,0x18,0x08,0x00,
0x02,0x5E,0x43,0x20,0x20,0x10,0x08,0x04,0x03,0x01,0x06,0x08,0x30,0x60,0x20,0x00},
{/ * "分",41 * /

```
0x80,0x40,0x20,0x98,0x87,0x82,0x80,0x80,0x83,0x84,0x98,0x30,0x60,0xC0,0x40,0x00,
0x00,0x80,0x40,0x20,0x10,0x0F,0x00,0x00,0x20,0x40,0x3F,0x00,0x00,0x00,0x00,0x00}
};
//显示数字
uchar code   LOGO_num[11][16] = {
{/*--文字: 0  --*/
0x00,0xE0,0x10,0x08,0x08,0x10,0xE0,0x00,0x00,0x0F,0x10,0x20,0x20,0x10,0x0F,0x00},
{/*--文字: 1  --*/
0x00,0x10,0x10,0xF8,0x00,0x00,0x00,0x00,0x00,0x20,0x20,0x3F,0x20,0x20,0x00,0x00},
{/*--文字: 2  --*/
0x00,0x70,0x08,0x08,0x08,0x88,0x70,0x00,0x00,0x30,0x28,0x24,0x22,0x21,0x30,0x00},
{/*--文字: 3  --*/
0x00,0x30,0x08,0x88,0x88,0x48,0x30,0x00,0x00,0x18,0x20,0x20,0x20,0x11,0x0E,0x00},
{/*--文字: 4  --*/
0x00,0x00,0xC0,0x20,0x10,0xF8,0x00,0x00,0x00,0x07,0x04,0x24,0x24,0x3F,0x24,0x00},
{/*--  文字: 5  --*/
0x00,0xF8,0x08,0x88,0x88,0x08,0x08,0x00,0x00,0x19,0x21,0x20,0x20,0x11,0x0E,0x00},
{/*--文字: 6  --*/
0x00,0xE0,0x10,0x88,0x88,0x18,0x00,0x00,0x00,0x0F,0x11,0x20,0x20,0x11,0x0E,0x00},
{/*--文字: 7  --*/
0x00,0x38,0x08,0x08,0xC8,0x38,0x08,0x00,0x00,0x00,0x00,0x3F,0x00,0x00,0x00,0x00},
{/*--文字: 8  --*/
0x00,0x70,0x88,0x08,0x08,0x88,0x70,0x00,0x00,0x1C,0x22,0x21,0x21,0x22,0x1C,0x00},
{/*--文字: 9  --*/
0x00,0xE0,0x10,0x08,0x08,0x10,0xE0,0x00,0x00,0x00,0x31,0x22,0x22,0x11,0x0F,0x00},
{/*--  文字:    --*/
0x00,0x00,0x00,0x00,0x00,0x00,0x00,0x00,0x00,0x00,0x00,0x00,0x00,0x00,0x00,0x00}
};
/*单位 宽*高:8*16*/
uchar code   LOGO_UNIT[25][16] = {
{/*--文字: m  0--*/
0x80,0x80,0x80,0x80,0x80,0x80,0x80,0x00,0x20,0x3F,0x20,0x00,0x3F,0x20,0x00,0x3F},
{/*--文字: g  1--*/
0x00,0x00,0x80,0x80,0x80,0x80,0x80,0x00,0x00,0x6B,0x94,0x94,0x94,0x93,0x60,0x00},
/*--文字: /  2--*/
{0x00,0x00,0x00,0x00,0x80,0x60,0x18,0x04,0x00,0x60,0x18,0x06,0x01,0x00,0x00,0x00},
/*--文字: L  3--*/
{0x08,0xF8,0x08,0x00,0x00,0x00,0x00,0x00,0x20,0x3F,0x20,0x20,0x20,0x20,0x30,0x00},
{/*"u",4*/
0x80,0x80,0x00,0x00,0x00,0x80,0x80,0x00,0x00,0x1F,0x20,0x20,0x20,0x10,0x3F,0x20},
{/*"n",5*/
0x80,0x80,0x00,0x80,0x80,0x80,0x00,0x00,0x20,0x3F,0x21,0x00,0x00,0x20,0x3F,0x20},
{/*"H",6*/
0x08,0xF8,0x08,0x00,0x00,0x08,0xF8,0x08,0x20,0x3F,0x21,0x01,0x01,0x21,0x3F,0x20},
{/*"A",7*/
0x00,0x00,0xC0,0x38,0xE0,0x00,0x00,0x00,0x20,0x3C,0x23,0x02,0x02,0x27,0x38,0x20},
{/*"D",8*/
0x08,0xF8,0x08,0x08,0x08,0x10,0xE0,0x00,0x20,0x3F,0x20,0x20,0x20,0x10,0x0F,0x00},
{/*"O",9*/
0xE0,0x10,0x08,0x08,0x08,0x10,0xE0,0x00,0x0F,0x10,0x20,0x20,0x20,0x10,0x0F,0x00},
{/*--文字: :  10--*/
```

```
0x00,0x00,0x00,0xC0,0xC0,0x00,0x00,0x00,0x00,0x00,0x00,0x30,0x30,0x00,0x00,0x00},
{ /* - - 文字: .  11 - - */
0x00,0x00,0x00,0x00,0x00,0x00,0x00,0x00,0x00,0x30,0x30,0x00,0x00,0x00,0x00,0x00},
{ /* "、",12 */
0x00,0x00,0x00,0x00,0x00,0x00,0x00,0x00,0x00,0x08,0x30,0x00,0x00,0x00,0x00,0x00},
{ /* "p",13 */
0x80,0x80,0x00,0x80,0x80,0x00,0x00,0x00,0x80,0xFF,0xA1,0x20,0x20,0x11,0x0E,0x00},
{ /* "t",14 */
0x00,0x80,0x80,0xE0,0x80,0x80,0x00,0x00,0x00,0x00,0x00,0x1F,0x20,0x20,0x00,0x00},
{ /* "e",15 */
0x00,0x00,0x80,0x80,0x80,0x80,0x00,0x00,0x00,0x1F,0x22,0x22,0x22,0x22,0x13,0x00},
{ /* "r",16 */
0x80,0x80,0x80,0x00,0x80,0x80,0x80,0x00,0x20,0x20,0x3F,0x21,0x20,0x00,0x01,0x00},
{ /* " - ",17 */
0x00,0x00,0x00,0x00,0x00,0x00,0x00,0x00,0x00,0x01,0x01,0x01,0x01,0x01,0x01,0x01},
{ /* "u",18 */
0x80,0x80,0x00,0x00,0x00,0x80,0x80,0x00,0x00,0x1F,0x20,0x20,0x20,0x10,0x3F,0x20},
{ /* "m",19 */
0x80,0x80,0x80,0x80,0x80,0x80,0x80,0x00,0x20,0x3F,0x20,0x00,0x3F,0x20,0x00,0x3F},
{ /* "s",20 */
0x00,0x00,0x80,0x80,0x80,0x80,0x80,0x00,0x00,0x33,0x24,0x24,0x24,0x24,0x19,0x00},
{ /* "H",21 */
0x08,0xF8,0x08,0x00,0x00,0x08,0xF8,0x08,0x20,0x3F,0x21,0x01,0x01,0x21,0x3F,0x20},
{ /* "Z",22 */
0x10,0x08,0x08,0x08,0xC8,0x38,0x08,0x00,0x20,0x38,0x26,0x21,0x20,0x20,0x18,0x00},
{ /* "K",23 */
0x08,0xF8,0x88,0xC0,0x28,0x18,0x08,0x00,0x20,0x3F,0x20,0x01,0x26,0x38,0x20,0x00},
{ /* " % ",24 */
0xF0,0x08,0xF0,0x00,0xE0,0x18,0x00,0x00,0x00,0x21,0x1C,0x03,0x1E,0x21,0x1E,0x00}
};
/* 延时 */
void delay_short(int i)
{
int j,k;
for(j = 0;j<i;j ++ )
for(k = 0;k<500;k ++ );
}
/**************************************************
函数名称:data_proc
函数功能:数据处理
入口参数:dat
出口参数:无
**************************************************/
void   data_proc(unsigned int temp)
{
unsigned int x;
x = temp;
qw = bw = sw = gw = 0;
if(x> = 1000)do{qw ++ ;x = x - 1000;}while(x>999);
if(x> = 100)do{bw ++ ;x = x - 100;}while(x>99);
if(x> = 10)do{sw ++ ;x = x - 10;}while(x>9);
```

```
  if(x>=1)do{gw++;x=x-1;}while(x>0);
}
/*写指令到 LCD 模块*/
void LCD_Command(unsigned char  data1)
{
  char i;
  lcd_cs1 = 0;            //片选
  lcd_rs = 0;            //复位
  for(i=0;i<8;i++)
  {
  lcd_sclk = 0;          //复位
  if(data1&0x80)
  lcd_sid = 1;          //复位引脚为高电平
  else
  lcd_sid = 0;          //复位
   _nop_();            //必要的延时
   _nop_();
   _nop_();
   _nop_();
   _nop_();
  lcd_sclk = 1;          //复位引脚为高电平
   _nop_();            //必要的延时
   _nop_();
   _nop_();
   _nop_();
   _nop_();
  data1 = data1<<1;
  }
  lcd_cs1 = 1;            //复位引脚为高电平
}
/*写数据到 LCD 模块*/
void transfer_data_lcd(unsigned char  data1)
{
    char i;
    lcd_cs1 = 0;          //片选
    lcd_rs = 1;          //复位引脚为高电平
    for(i=0;i<8;i++)
    {
    lcd_sclk = 0;        //复位
    if(data1&0x80)
    lcd_sid = 1;        //复位引脚为高电平
    else
    lcd_sid = 0;        //复位
    lcd_sclk = 1;        //复位引脚为高电平
    data1 = data1<<1;
    }
    lcd_cs1 = 1;          //复位引脚为高电平
}
/*显示 8×16 点阵图像*/
void LCD_DispZF(unsigned char page,unsigned char row,const unsigned char * Dbuf)
{
```

```
    unsigned char column,x;
    uchar page_address;
    uchar column_address_L,column_address_H;
    lcd_cs1 = 0;//片选
    if(page< = 1)
    page_address = 0xb0;
    else
    page_address = 0xb0 + page - 1;
    for(x = 0;x<8;x ++ )
    {
        column = row + x;
        column_address_L = column&0x0f;
        column_address_H = ((column>>4)&0x0f) + 0x10;
        LCD_Command(page_address);          //设置页地址
        LCD_Command(column_address_H);      //设置列地址的高 4 位
        LCD_Command(column_address_L);      //设置列地址的低 4 位
        transfer_data_lcd(Dbuf[x]);         //写数据到 LCD,每写完一个 8 位的数据,
                                            //列地址自动加 1

        LCD_Command(page_address + 1);      //设置页地址
        LCD_Command(column_address_H);      //设置列地址的高 4 位
        LCD_Command(column_address_L);      //设置列地址的低 4 位
        transfer_data_lcd(Dbuf[x + 8]);     //写数据到 LCD,每写完一个 8 位的数据,
                                            //列地址自动加 1

    }
    lcd_cs1 = 1;                            //复位引脚为高电平

}
/* 显示 16×16 点阵图像、汉字、生僻字或 16×16 点阵的其他图标 */
void LCD_DispHZ(unsigned char page,unsigned char   row,const unsigned char * Dbuf)
{
    uchar page_address;
    uchar column_address_L,column_address_H;
    unsigned char column,x;
    if(page< = 1)
    page_address = 0xb0;
    else
    page_address = 0xb0 + page - 1;
    lcd_cs1 = 0;                            //片选
    for(x = 0;x<16;x ++ )
    {
        column = row + x;
        column_address_L = column&0x0f;
        column_address_H = ((column>>4)&0x0f) + 0x10;
        LCD_Command(page_address);          //设置页地址
        LCD_Command(column_address_H);      //设置列地址的高 4 位
        LCD_Command(column_address_L);      //设置列地址的低 4 位
        transfer_data_lcd(Dbuf[x]);         //写数据到 LCD,每写完一个 8 位的数据,
                                            //列地址自动加 1

        LCD_Command(page_address + 1);      //设置页地址
        LCD_Command(column_address_H);      //设置列地址的高 4 位
        LCD_Command(column_address_L);      //设置列地址的低 4 位
        transfer_data_lcd(Dbuf[x + 16]);    //写数据到 LCD,每写完一个 8 位的数据,
                                            //列地址自动加 1
```

```
        }
        lcd_cs1 = 1;                    //复位引脚为高电平
}
/ * LCD 模块初始化 * /
void initial_lcd(void)
{
        lcd_reset = 0;             / * 低电平复位 * /
        delay_short(10);
        lcd_reset = 1;             / * 复位完毕 * /
        LCD_Command(0xe2);         / * 软复位 * /
        delay_short(5);
        LCD_Command(0x2c);         / * 升压步聚 1 * /
        delay_short(5);
        LCD_Command(0x2e);         / * 升压步聚 2 * /
        delay_short(5);
        LCD_Command(0x2f);         / * 升压步聚 3 * /
        delay_short(5);
        LCD_Command(0x20);         / * 粗调对比度,可设置范围 0x20~0x27 * /
        LCD_Command(0x81);         / * 微调对比度 * /
        LCD_Command(0x1f);         / * 0x1a,微调对比度的值,可设置范围 0x00~0x3f * /
        LCD_Command(0xa2);         / * 1/9 偏压比(bias) * /
        LCD_Command(0xc8);         / * 行扫描顺序:从上到下 * /
        LCD_Command(0xa0);         / * 列扫描顺序:从左到右 * /
        LCD_Command(0x60);         / * 起始行:第一行开始 * /
        LCD_Command(0xaf);         / * 开显示 * /
}
/ * LCD 模块初始化 * /
void initial_lcd2(void)
{
        lcd_reset = 0;                / * 低电平复位 * /
        delay_short(10);
        lcd_reset = 1;                / * 复位完毕 * /
        LCD_Command(0xe2);            / * 软复位 * /
        delay_short(5);
        LCD_Command(0x2c);            / * 升压步聚 1 * /
        delay_short(5);
        LCD_Command(0x2e);            / * 升压步聚 2 * /
        delay_short(5);
        LCD_Command(0x2f);            / * 升压步聚 3 * /
        delay_short(5);
        //LCD_Command(0x23);         / * 粗调对比度,可设置范围 0x20~0x27,小液晶 1016 * /
        LCD_Command(0x24);           / * 粗调对比度,可设置范围 0x20~0x27,小液晶 1353 * /
        LCD_Command(0x81);           / * 微调对比度 * /
        LCD_Command(0x1f);           / * 0x1a,微调对比度的值,可设置范围 0x00~0x3f * /
        LCD_Command(0xa1);           / * 1/9 偏压比(bias) * /
        LCD_Command(0xc8);           / * 行扫描顺序:从上到下 * /
        LCD_Command(0xa0);           / * 列扫描顺序:从左到右 * /
        LCD_Command(0x40);           / * 起始行:第一行开始 * /
        LCD_Command(0xaf);           / * 开显示 * /
```

```
}
// ================================================
//波形部分后添加  2012 - 12 - 30
//用于显示信号波形
// ================================================
/* 显示 8×16 点阵图像、ASCII，或 8×16 点阵的自造字符、其他图标 */
void LCD_DispPoint(unsigned char line,unsigned char row,uchar dat)
{
    unsigned char column;
    uchar page_address;
    uchar column_address_L,column_address_H;
    lcd_cs1 = 0;                              //片选
    if(line< = 1)
    page_address = 0xb0;
    else
    page_address = 0xb0 + line - 1;
        column = row;
        column_address_L = column&0x0f;
        column_address_H = ((column>>4)&0x0f) + 0x10;
        LCD_Command(page_address);            //设置页地址
        LCD_Command(column_address_H);        //设置列地址的高 4 位
        LCD_Command(column_address_L);        //设置列地址的低 4 位
        transfer_data_lcd(dat);               //写数据到 LCD，每写完一个 8 位的数据，
                                              //列地址自动加 1
    lcd_cs1 = 1;                              //复位引脚为高电平
}
// ==============================
// = = = = =数据，通道 = = = = = = = = = = = = = = = =

void  wave_disp(unsigned char dat,unsigned char channel)
{
  unsigned char t = 0;
  LCD_DispPoint(3,channel,0x00);
  LCD_DispPoint(4,channel,0x00);
  LCD_DispPoint(5,channel,0x00);
  LCD_DispPoint(6,channel,0x00);
  LCD_DispPoint(7,channel,0x00);
  LCD_DispPoint(8,channel,0x00);
  if(dat<8)
  {
   t = dat;
   LCD_DispPoint(8,channel,Z_TAB[t]);
  }
  else if(dat<16&&dat> = 8)
  {
   t = dat - 8;
   LCD_DispPoint(8,channel,0xff);
   LCD_DispPoint(7,channel,Z_TAB[t]);
  }
  else if(dat<24&&dat> = 16)
  {
```

```
        t = dat − 16;
        LCD_DispPoint(8,channel,0xff);
        LCD_DispPoint(7,channel,0xff);
        LCD_DispPoint(6,channel,Z_TAB[t]);
        }
        else if(dat<32&&dat> = 24)
        {
        t = dat − 24;
        LCD_DispPoint(8,channel,0xff);
        LCD_DispPoint(7,channel,0xff);
        LCD_DispPoint(6,channel,0xff);
        LCD_DispPoint(5,channel,Z_TAB[t]);
        }
        else if(dat<40&&dat> = 32)
        {
        t = dat − 32;
        LCD_DispPoint(8,channel,0xff);
        LCD_DispPoint(7,channel,0xff);
        LCD_DispPoint(6,channel,0xff);
        LCD_DispPoint(5,channel,0xff);
        LCD_DispPoint(4,channel,Z_TAB[t]);
        }
        else if(dat<48&&dat> = 40)
        {
        t = dat − 40;
        LCD_DispPoint(8,channel,0xff);
        LCD_DispPoint(7,channel,0xff);
        LCD_DispPoint(6,channel,0xff);
        LCD_DispPoint(5,channel,0xff);
        LCD_DispPoint(4,channel,0xff);
        LCD_DispPoint(3,channel,Z_TAB[t]);
        }
}
// ====================================================
//后添加结束
// ====================================================
/* 全屏清屏 */
void clear_screen(void)
{
    unsigned char i,j;
    for(i = 0;i<8;i ++ )
        {
        lcd_cs1 = 0;             //片选
        LCD_Command(0xb0 + i);
        LCD_Command(0x10);
        LCD_Command(0x00);
        for(j = 1;j< = 128;j ++ )
        {
            transfer_data_lcd(0x00);
        _nop_();                 //必要的延时
        _nop_();
```

```
        _nop_();
        _nop_();
        _nop_();
        }
        }
    lcd_cs1 = 1;                 //复位引脚为高电平
}
/*************************************************
* 函数名称:
* 功能描述:  开机 LOGO,智能血氧监测仪
**********************************************/
void LCD_Ready(void)
{
    unsigned char  k = 0;
    for(k = 0;k<7;k ++)
    {
    LCD_DispHZ(4,8 + k * 16,LOGO_init[k]);
                            /*在第 7 页,第 65 列显示单个自编生僻汉字"智"*/

    }
}
//参数显示:心率
void  LCD_XM(void)
{
/*
    //第一行,
    LCD_DispHZ(1,0,LOGO_init[7]);           //心
    LCD_DispHZ(1,16,LOGO_init[8]);          //率
    LCD_DispZF(1,30,LOGO_UNIT[10]);         //:
    LCD_DispZF(1,38,LOGO_num[MB_buf[2]]);
    LCD_DispZF(1,46,LOGO_num[MB_buf[1]]);
    LCD_DispZF(1,54,LOGO_num[MB_buf[0]]);
    LCD_DispHZ(1,62,LOGO_init[40]);         //次
    LCD_DispZF(1,78,LOGO_UNIT[2]);          ///
    LCD_DispHZ(1,86,LOGO_init[41]);         //分
    */}
```

第 12 章
基于模糊控制的温度控制电路

12.1　设计题目与设计任务

设计题目:基于模糊控制的温度控制电路。

设计任务:利用单片机设计一个温度控制电路系统,实现对被测环境温度的检测与控制,系统能够显示当前温度值,并且可以通过按键设定标准温度值。

当检测到当前温度时,单片机通过与预设温度值的比较,计算出误差和误差变化率,再通过查询根据模糊控制规则得出的控制表,找出正确、有效的控制代码,触发相应的二极管发光,报警提示外界采取加温或降温措施。

基本要求:

➤ 利用 STC89C52 单片机实现对固定温度的控制,控制红色发光二极管和绿色发光二极管,报警提示外界采取加温或降温措施,从而控制系统温度稳定在预设温度值附近;

➤ 利用 3 个独立按键,能够控制预设温度值,并能够通过按键增大或减小预设温度值,且显示在数码管上;

➤ 系统采用模糊控制规则,根据实际温度与预设温度的差值及差值变化率,找到最佳的控制量,触发红灯(高温报警灯)亮或绿灯亮,提示外界采取升温或降温措施对系统进行温度调节。

12.2　设计方案

12.2.1　电路设计的总体思路

通过 DS18B20 温度传感器采集被测环境温度值并输入到单片机,单片机结合预设标准温度,分析处理后输出控制量,若温度高于预设温度值,红色发光二极管亮,从而提示采取降温措施;若低于预设温度值,则绿色发光二极管亮,外界对系统进行升温处理,使系统温度接近预设的标准温度。

12.2.2　系统组成

整个基于模糊控制的温度控制系统主要分为以下八部分:

第一部分:电源接口电路,该部分为整个电路提供＋5 V 的稳定直流电压。

第二部分:温度采集电路,通过 DS18B20 温度传感器采集被测环境的温度。

第三部分:单片机控制电路,由 STC89C52 芯片在程序控制和外围简单组合电路作用下运行,分别在两个数码管上显示出被测系统的温度值和预设标准温度值,并根据与预设标准值的对比,采用模糊算法控制的程序,触发不同的发光二极管,提示外界采取升温措施或降温措施。

第四部分:警示灯电路,当检测温度高于预设温度值时,红色发光二极管亮,从而提示采取降温措施;当低于预设温度值时,绿色发光二极管亮,外界对系统进行升温处理。

第五部分:数码管显示电路,用来显示被测系统当前的温度值和系统预设的标准温度值。

第六部分:功能按键电路,用来调节预设标准温度值。

第七部分:复位电路,使单片机复位。

第八部分:晶振控制电路。

整个温度控制系统的结构框图如图 12.1 所示。

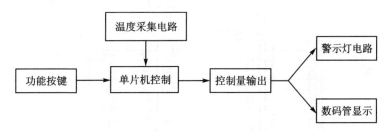

图 12.1　温度控制系统的结构框图

12.2.3　电路详解

1. 电源接口电路

电源接口电路为该温度控制电路系统提供＋5 V 稳定直流电。直流稳压电源接口电路原理图如图 12.2 所示。

通过 J2 端子为整个电路提供＋5 V 的稳定直流,在输出端同时接入二极管 D1,起到保护电路的作用。

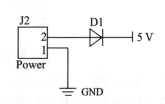

图 12.2　直流稳压电源接口电路原理图

2. 温度采集电路

温度采集电路通过 DS18B20 温度传感器将被测环境的温度值采集并输入到 STC89C52 单片机中。

温度采集电路原理图如图 12.3 所示。

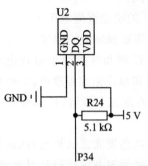

电路中的 R24 起到限流保护温度传感器的作用,P34 与单片机的 P34 相连接,使温度传感器采集到的值传入单片机中等待单片机分析处理。

3. 单片机控制电路

本系统是基于 STC89C52 单片机的温度控制电路系统。用单片机实现的具体过程为:单片机通过 DS18B20 温度传感器采样获得被测量系统的精确值,然后将其与预设的标准温度值比较,得到系统误差,根据处理后的模糊量及模糊控制规则,单片机通过查表找出合适的模糊控制量,驱动红色

图 12.3 温度采集电路原理图

发光二极管或绿色发光二极管点亮,提醒外界采取升温或降温措施,从而达到控制系统温度的目的。单片机控制电路原理图如图 12.4 所示。

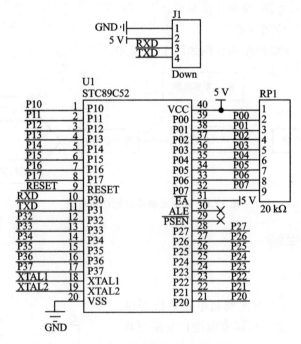

图 12.4 单片机控制电路原理图

单片机驱动警示灯亮或灭,采用的是模糊控制的方法,具体实现过程如下:

① 确定系统给定值与反馈值的误差 e:单片机通过温度传感器采样获得被测系统温度的精确值,然后将其与系统给定的标准预设温度值比较,得到系统误差。

② 计算误差变化率 e_c（即 de/dt）：在此对误差求微分，指的是在一个采样周期内求误差的变化量 Δe。

③ 输入量的模糊化：将 e 和 e_c 模糊化，变成模糊量 E、E_c。同时，把模糊变量 E、E_c 的语言值化为某适当论域上的模糊子集。

④ 控制规则：它是模糊控制方法的核心，控制规则的条数可能有很多，需要求出总的控制规则 R，作为模糊控制推理的依据。

⑤ 模糊推理：将输入量模糊化后的语言量 E、E_c 作为模糊推理部分的输入，再由 E、E_c 和总的控制规则 R，根据推理合成规则进行模糊推理，得到模糊控制量 U。

⑥ 逆模糊化：为了对被控制对象施加精确的控制，必须将模糊控制量 U 转化为精确量 u，即逆模糊化。

⑦ 建立模糊控制查询表：以便单片机查表快速控制。在程序设计中，根据相应控制规则制成一个适用于该系统程序查询的模糊控制表，单片机只需根据程序计算出 E 和 E_c 即可查表找出控制量 U。最后，根据规定好的控制量 U 驱动警示灯亮或灭。

程序设计的整体流程图如图 12.5 所示。

4. 警示灯电路

警示灯电路在单片机的控制下工作。当检测到环境温度高于预设标准温度值时，单片机根据得出的合适控制量驱动红色发光二极管点亮，从而提示采取降温措施；当低于预设温度值时，绿色发光二极管在单片机的驱动下点亮，提示外界对系统进行升温处理。警示灯电路原理图如图 12.6 所示。

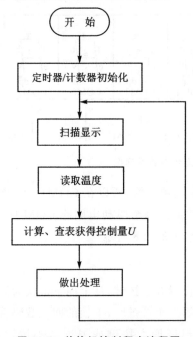

图 12.5　单片机控制程序流程图

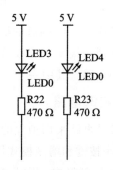

图 12.6　警示灯电路原理图

在警示灯电路的原理图中可以看到,采用的是低电平驱动,由两个发光二极管和470 Ω 电阻的串联电路组成,又分别通过 P36、P37 引脚与单片机相连,其中两个 470 Ω 的电阻分别与 LED3、LED4 串联,起到限流保护发光二极管的作用。

5. 数码管显示电路

考虑到本系统的显示内容比较简单,而且对亮度的要求比较高,对显示器件的耐用性要求也比较高,所以采用四位七段共阳数码管来完成显示功能。其中数码管通过 P0～P7 与单片机 RP1 口实现动态显示的段选功能。通过单片机程序设计使上面的四位数码管显示经 DS18B20 温度传感器检测到的温度值,下面的四位数码管显示系统预设的标准温度值。

数码管显示电路原理图如图 12.7 所示。

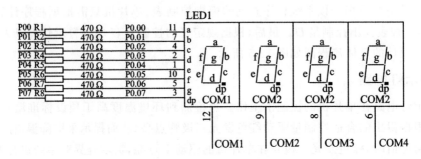

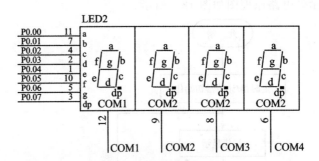

图 12.7 数码管显示电路原理图

由于单片机 I/O 端口的输出电流难以点亮数码管,所以在 COM1～COM8 这 8 个端口需要分别串接 8 个三极管来增加驱动功能。每个驱动电路除 COM 标号不同外,其余部分都相同。其中一个三极管驱动电路如图 12.8 所示。

6. 功能按键电路

功能按键电路采用独立的按键模块,共设置 3 个按键,从上向下依次为温度增大按键、温度减小按键和增减模式按键。当按下第三个按键时,下面的四位数码管的左侧第一位小数点会亮起来,此时可以通过按下温度增大按键或温度减小按键来以每次 1.0 ℃ 的精度改变预设的标准温度值,再次按下第三个按键,第一位小数点熄灭。温度增大按键和温度减小按键的精度为 0.1 ℃。

功能按键电路如图 12.9 所示。

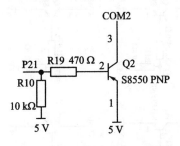

图 12.8　三极管驱动电路原理图

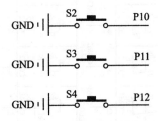

图 12.9　功能按键电路原理图

7. 复位电路

复位电路采用了人工复位的方式,当按下复位按键时,是单片机直接复位,所以按键开关的另一端直接与单片机的 REST 引脚连接。

复位电路如图 12.10 所示。

8. 晶振控制电路

该系统采用的是 12 MHz 的标准晶振,接入单片机的 XTAL1 和 XTAL2 端。晶振控制电路如图 12.11 所示。

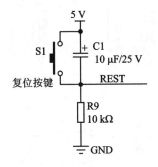

图 12.10　复位电路原理图

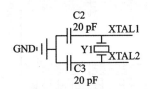

图 12.11　晶振控制电路原理图

9. 整体电路

整体电路如图 12.12 所示。

构成本电路的元器件清单如表 12.1 所列。

由于 Altium Designer 16 中未提供 51 系列单片机等元件,故绘制 PCB 时需自己创建原理图元件库和 PCB 元件库。

本设计所需要的自建元件库包括 51 单片机元件库、晶振元件库以及四位数码管元件库。

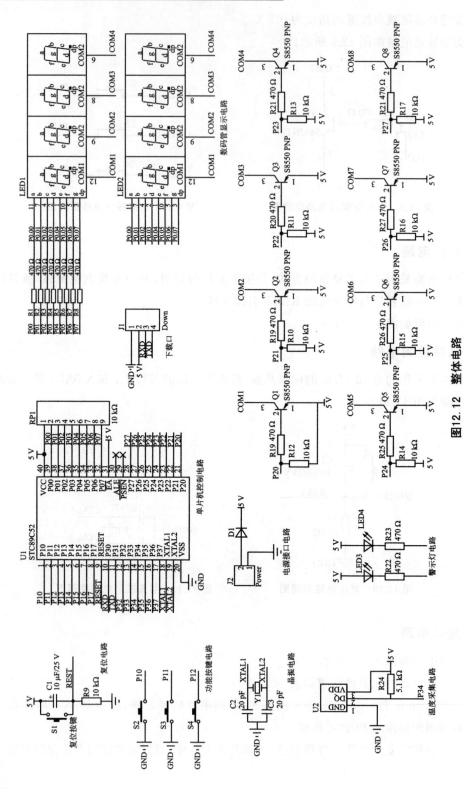

图12.12 整体电路

表 12.1　元器件清单

Comment	Description	Designator	Footprint	LibRef	Quantity	Value
Cap2	Capacitor	C1	CAPR5 - 4X5	Cap2	1	10 μF
Cap	Capacitor	C2，C3	RAD - 0.3	Cap	2	20 pF
LED1	Typical RED GaAs LED	D1，D2	LED - 1	LED1	2	
Diode	Default Diode	D3	SMC	Diode	1	
Dpy Red - CA	7.62 mm Black Surface HER 7-Segment Display：CA，RH DP	DS1，DS2	DISPLAY	Dpy Red - CA	2	
Header 4	Header，4-Pin	J1	HDR1X4	Header 4	1	
Header 2	Header，2-Pin	J2	HDR1X2	Header 2	1	
2N3906	PNP General Purpose Amplifier	Q1，Q2，Q3，Q4，Q5，Q6，Q7，Q8	TO - 92A	2N3906	8	
Res2	Resistor	R1，R2，R3，R4，R5，R6，R7，R8，R9，R10，R11，R12，R13，R14，R15，R16，R17，R18，R19，R20，R21，R22，R23，R24，R25，R26，R27，R28	AXIAL - 0.4	Res2	28	470 Ω，470 Ω，470 Ω，470 Ω，10 kΩ，470 Ω，470 Ω，470 Ω，470 Ω，470 Ω，470 Ω，470 Ω，10 kΩ，10 kΩ，470 Ω，470 Ω，10 kΩ，10 kΩ，470 Ω，470 Ω，10 kΩ，5.1 kΩ，10 kΩ，10 kΩ，470 Ω，470 Ω，10 kΩ，470 Ω
Header 9	Header，9-Pin	RP1	HDR1X9	Header 9	1	
SW - PB	Switch	S1，S2，S3，S4	SPST - 2	SW - PB	4	
89C51		U1	89C51	Component_1	1	
Header 3	Header，3-Pin	U2	HDR1X3	Header 3	1	
Component_1		Y1	LC - HC - 49S	Component_1	1	

12.3　电路板布线图、实物照片

12.3.1　新建项目工程文件

　　首先，执行"文件"→"新建"→Project 命令，将新工程项目命名为"基于模糊控制的温度控制电路"，并向其中添加原理图文件和 PCB 文件。然后，执行"文件"→"新建"→"库"→"原理图库"命令，在"基于模糊控制的温度控制电路"项目中添加 3 个原理图库文件。最后，执行"文件"→"新建"→"库"→"PCB 库"命令，在"基于模糊控制的温度控制电路"项目中添加 3 个 PCB 库文件。将所有文件重命名，如图 12.13 所示。

图 12.13 新建"基于模糊控制的温度控制电路"项目工程文件

12.3.2 元件布局与布线

由于前面部分实例已经完成了 51 单片机元件库、晶振元件库和四位数码管元件库的绘制，本设计不需要再自建元件库，可以将已绘制好的 51 单片机元件库、晶振元件库以及四位数码管元件库加入项目工程或者根据相同的方法绘制元件库。

1. 元件布局

可在绘制原理图环境中绘制如图 12.12 所示的整体电路。整体电路绘制完成后，执行"工程"→"Compile Document 基于模糊控制的温度控制电路.SchDoc"命令，查看 Messages 窗口（如图 12.14 所示），显示 10 条错误信息。

双击错误信息，查看详细错误信息，可知错误类型均为 Net xxx has only one pin。可以通过修改原理图编译报告规则或者删除相关网络标号来修改错误。本设计采用删除网络标号的方式，在原理图中删除 P13～P17 和 P33～P37 这 10 个网络标号。再次执行"工程"→"Compile Document 基于模糊控制的温度控制电路.SchDoc"命令，查看 Messages 窗口（如图 12.15 所示），显示无错误信息。

执行"设计"→"Update PCB Document 基于模糊控制的温度控制电路.PcbDoc"命令，弹出"工程更改顺序"对话框，如图 12.16 所示。

单击"生效更改"按钮，完成状态检测，如图 12.17 所示。

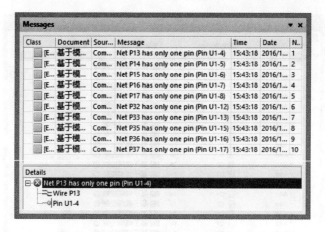

图 12.14　Messages 窗口中显示错误信息

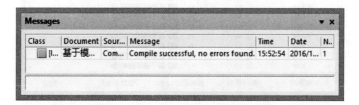

图 12.15　Messages 窗口中无错误信息

图 12.16　"工程更改顺序"对话框

图 12.17　状态检测完成

检测全部通过后，单击"执行更改"按钮，即可完成更改（如图 12.18 所示），并在 PCB 编辑环境下，自动生成 PCB 图（如图 12.19 所示）。

图 12.18　更改完成

图 12.19　自动生成的 PCB 图

将 Room 和所有元件移动到 PCB 板上，并调整 Room 尺寸，如图 12.20 所示。

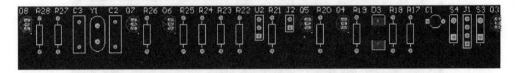

图 12.20　调整 Room 尺寸后

元件布局采用手动布局的方式。元件布局采用手动布局的方式。复位电路与晶振电路应尽量紧靠 51 单片机，排阻元件 RP11 尽量在 51 单片机 P0 端口附近。51 单片机最小系统布局如图 12.21 所示。

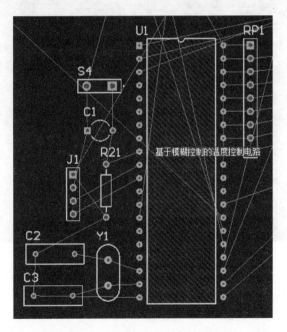

图 12.21　51 单片机最小系统布局

数码显示电路放置在单片机最小系统的右侧，相关元件布局如图 12.22 所示。

调整数码管驱动电路，可见数码管的布局位置不太合理，再次调整数码管与三极管布局，如图 12.23 所示。

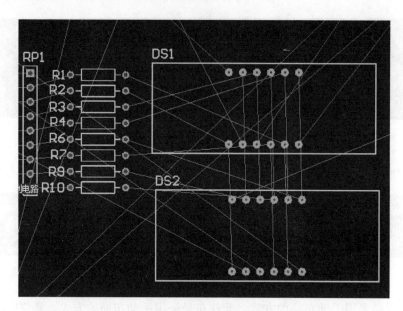

图 12.22　数码显示电路布局

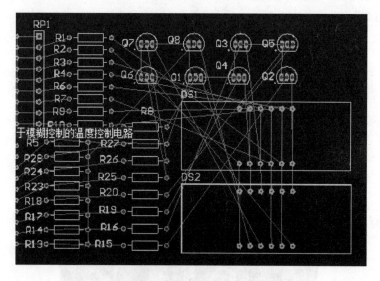

图 12.23　数码管与三极管布局

　　使用"排列工具"等命令,调整元件间距和对齐方向。所有元件布局完毕后如图 12.24 所示。

　　布局完毕后,切换到 Top Overlay 层,执行"放置"→"走线"命令,绘制出矩形框,如图 12.25 所示。

　　选择绘制出的矩形框,执行"设计"→"板子形状"→"按照选择对象定义"命令,结果如图 12.26 所示。

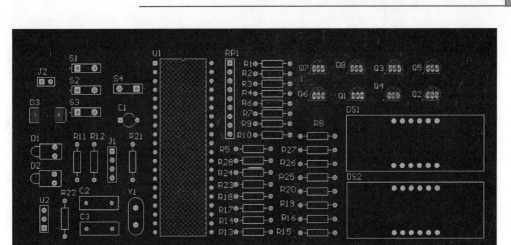

图 12.24 整体布局

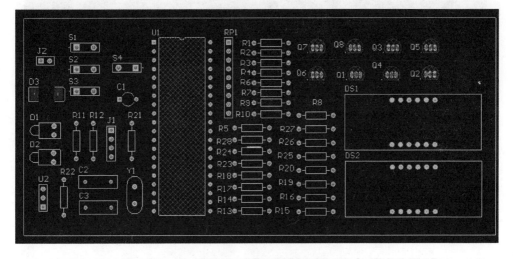

图 12.25 矩形框绘制完毕

执行"设计"→"板子形状"→"根据板子外形生成线条"命令,在 PCB 板子外轮廓自动生成边界线条,如图 12.27 所示。

放置 4 个直径为 3 mm 的定位通孔,执行"放置"→"过孔"命令,执行结果如图 12.28 所示。

至此,元件布局已经完成。需要注意的是元件布局并非越密越好,元件与元件之间至少应留出 100 mil 的空隙。

2. 布　线

进行布线操作,执行"自动布线"→"全部"命令,弹出"Situs 布线策略"对话框,如图 12.29 所示。

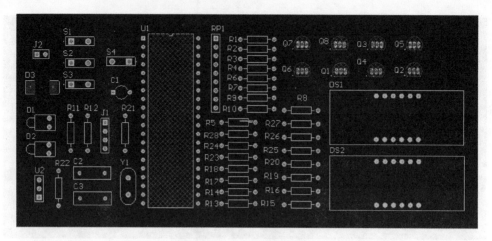

图 12.26 定义板子形状后

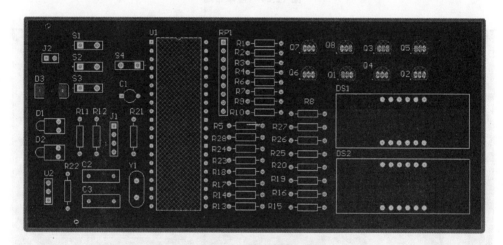

图 12.27 生成边界线后

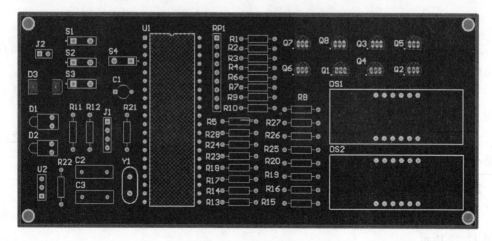

图 12.28 放置过孔后

图 12.29 "Situs 布线策略"对话框

单击"编辑规则"按钮,进入"PCB 规则及约束编辑器"对话框,对布线规则进行设定,GND、VCC 和 Width 的线宽分别设为 10 mil、20 mil 和 30 mil。其他电气规则与 1.3.3 小节中的电气规则一致。

设置完基本规则后,单击"PCB 规则及约束编辑器"对话框中的"确定"按钮,返回 "Situs 布线策略"对话框,单击 Route All 按钮,即可完成自动布线,如图 12.30 所示。

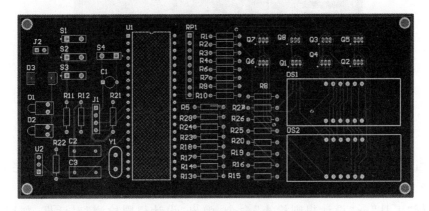

图 12.30 自动布线完成

调整 51 单片机最小系统的左侧元件布线,调整后如图 12.31 所示。

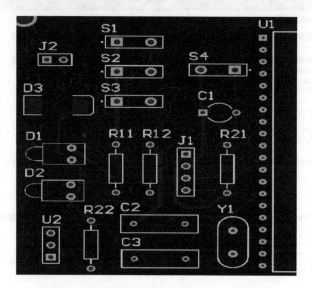

图 12.31　51 单片机最小系统的左侧元件布线

三极管与数码管之间的布线太过杂乱,采用"绕"或"打孔"的方式调整相应的不合理布线,调整后如图 12.32 所示。

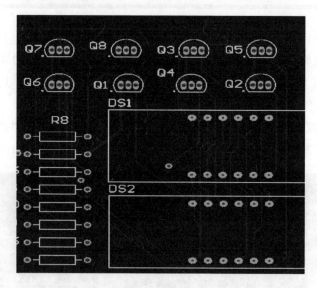

图 12.32　三极管与数码管之间的布线

适当调整个别元件的布局和元件间距,再次调整整体布线图,调整完毕后如图 12.33 所示。

执行"工具"→"设计规则检查"命令,弹出"设计规则检测"对话框,如图 12.34 所示。

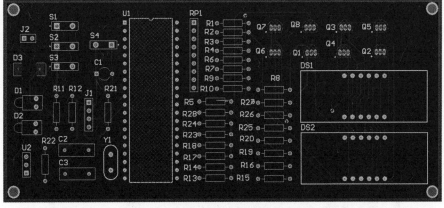

图 12.33　整体布线图

图 12.34　"设计规则检测"对话框

单击"运行 DRC"按钮，Messages 窗口显示 17 条错误信息，如图 12.35 所示。

双击错误信息，查看错误详细说明，错误类型为 Minimum Solder Mask Sliver Constraint，可见三极管引脚的阻焊层间距小于 10 mil，如图 12.36 所示。

排除此类错误只需将规则修改即可。执行"设计"→"规则"命令，将 Minimum

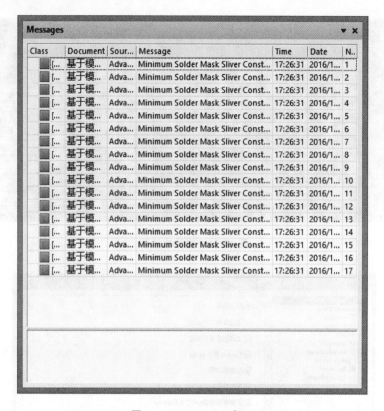

图 12.35　Messages 窗口

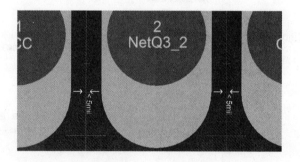

图 12.36　错误类型

Solder Mask Sliver 中间距设为 2 mil，如图 12.37 所示。

退出规则设置窗口，再次执行"工具"→"设计规则检查"命令，运行 DRC，Messages 窗口显示 0 条错误信息，如图 12.38 所示。

完成布线后，执行"放置"→"多边形敷铜"命令或单击命令栏中的"敷铜"图标为 PCB 敷铜。在弹出"多边形敷铜"对话框中选择填充模式为 Hatched，连接网络选择 GND。设置好参数后，分别对 PCB 板顶层和底层敷铜，完成后如图 12.39 和图 12.40 所示。

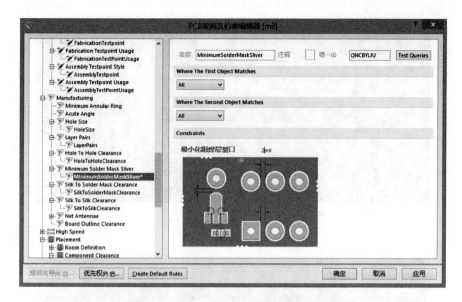

图 12.37 "PCB 规则及约束编辑器"对话框

图 12.38 Messages 窗口

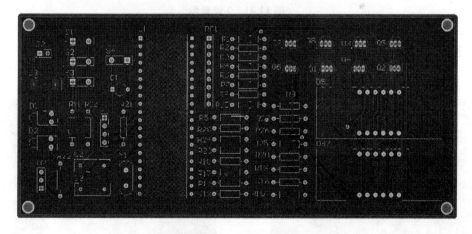

图 12.39 顶层敷铜之后

基于模糊控制的温度控制电路 PCB 实例基本绘制完毕,下面查看 3 维视图。执行 "查看"→"切换到 3 维显示"命令,结果如图 12.41 所示。

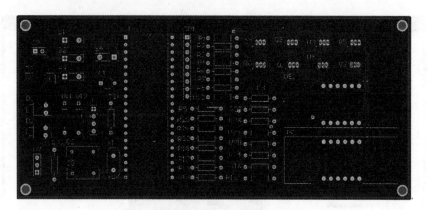

图 12.40　底层敷铜之后

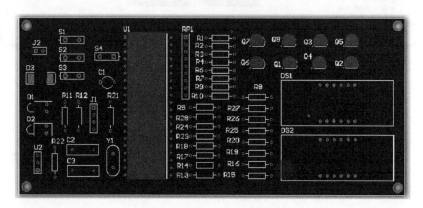

图 12.41　3 维显示

12.3.3　实物照片

温度控制系统实物照片如图 12.42 所示,测试照片如图 12.43 所示。

图 12.42　温度控制系统实物照片

图 12.43　温度控制系统测试照片

12.4　习题、注意事项及程序代码

1. 习　题

（1）为什么原理图中的数码管显示部分需要三极管驱动电路？

答：由于单片机 I/O 端口的输出电流很小，难以点亮数码管，所以在 COM1～COM8 这 8 个端口需要分别串接 8 个三极管来增加电路的驱动能力。

（2）对比分析采用 DS18B20 数字式温度传感器与直接用测温电路的优劣之处。

答：采用数字式温度传感器 DS18B20，它能够将温度值直接转换成数字量，可以通过一根数据线直接与单片机进行通信，而且不需要外部电路，也就不需要 A/D 转换器，完全满足设计要求，且极大提高了系统的精确度，也能够大幅度节省单片机的系统资源。利用热敏电阻之类的传感器件其感温效应的测温电路（如：电阻随温度的变化有一个变化的曲线，即利用它的变化特性曲线），温度的变化使得电阻发生了变化，根据欧姆定律，电阻的变化会带来电流或者电压的变化。将随被测温度变化的电压或电流采集起来，然后进行模拟信号到数字信号的转换，虽然实现了既定功能，但由于器件较多，电路复杂，比较容易出错，而且精度低，所以采用数字式温度传感器更具优势。

（3）设计完成后，请对该温度控制电路系统进行总结。

答：此系统可广泛用于温度在 DS18B20 测温范围之内的场合，有良好的应用前景。由于单片机所具有的各种优越特性，使得它的经济效益更加突出，有很好的实用性。可以应用于仓库温度、大棚温度、机房温度、水池温度等的监控。另外，如果把本设计方案扩展为多点温度控制，加上上位机，则可以实现远程温度监控系统，这样一来将具有更高的应用价值。

2. 注意事项

（1）当电路各部分设计完毕后，需对各部分进行适当的连接，并考虑器件间相互的影响。电源一定要用 5 V 稳压源来提供，并注意连接时正负极问题。

（2）调节预设标准温度时，应注意数码管第一位的小数点是否点亮，以确定改变量的精度是 1.0 ℃还是 0.1 ℃。

（3）设计完成后，要对电路进行数码管显示分析、单片机控制分析等测试。

3. 程序代码

```
# include  <reg52.h>
                //包含头文件,一般情况下不需要改动,头文件包含特殊功能寄存器的定义
# include  <stdio.h>
# include  "18b20.h"
void Init_Timer0(void);      //定时器初始化
```

```
void Init_Timer1(void);        //定时器初始化
//LED
sbit RELAY_0   = P1^0;
sbit RELAY_1   = P1^1;
sbit RELAY_2   = P1^2;
sbit RELAY_3   = P1^3;
sbit LED_0 = P3^6;
sbit LED_1 = P3^7;
unsigned int uiWarry_Val = 300,uiTemp_New = 803;
                                //设定的报警值为 100.0,大于这个值会报警
unsigned int uiTemp_Val = 0,TempH = 0,TempL = 0;      //温度得到的值
unsigned char ucDis_High = 0,ucDis_Low = 0;          //A/D 得到的值
//显示
unsigned char ucDECTen_Flag = 0;
#define SMG_PORT    P0
unsigned char code Dofly_table[17] = {0xc0,0xf9,0xa4,0xb0,0x99,0x92,0x82,0xf8,0x80,
0x90,0x77,0x7c,0x39,0x5e,0x79,0x71,0xc6};
unsigned char ucStart_Flag = 0;                       //运行开始的标志位
#define  SMG_DUSN_OUTPUT    P0
#define SMG_WEI_OUTPUT    P2
//共阳数码管
void  Dis_Play_NEW(unsigned int uiDis_NumHigh,unsigned int uiDis_NumLow)
{
static char cI = 0;
static unsigned char ucADDR = 0x80;
char cDia_Pos = 0;
unsigned char ucC_Dis = 0;
if(uiDis_NumHigh >9999)                              //最大数据判断
{
  uiDis_NumHigh = 0;
}
if(uiDis_NumHigh > = 1000)
{
// uiDis_NumHigh * = 10;
  ucC_Dis| = 0x01;
}
else
    ucC_Dis & = ~0x01;
///////////////////
if(uiDis_NumLow >9999)                               //最大数据判断
{
  uiDis_NumLow = 0;
}
  if(uiDis_NumLow < 1000)
{
  uiDis_NumLow * = 10;
  ucC_Dis| = 0x02;
}
else
    ucC_Dis & = ~0x02;
switch(cI)
```

```
{
    case 4：
        if((ucC_Dis&0x01) == 0x01)
            cDia_Pos = 16；
        else if((ucC_Dis&0x01) == 0x00)
            cDia_Pos = uiDis_NumHigh%10 ；
    break；
    case 5：cDia_Pos = uiDis_NumHigh%100/10 ；break；
    case 6：cDia_Pos = uiDis_NumHigh%1000/100 ；break；
    case 7：cDia_Pos = uiDis_NumHigh/1000 ；break；
    case 0：
    if((ucC_Dis&0x02) == 0x02)
        cDia_Pos = 16；
    else if((ucC_Dis&0x02) == 0x00)
        cDia_Pos = uiDis_NumLow%10 ；
    break；
    case 1：cDia_Pos = uiDis_NumLow%100/10 ；break；
    case 2：cDia_Pos = uiDis_NumLow%1000/100 ；break；
    case 3：cDia_Pos = uiDis_NumLow/1000 ；break；
}
SMG_DUSN_OUTPUT = 0xff；
SMG_WEI_OUTPUT = 0xff；                //不点亮
switch(cI)
{
    case 1：
    if((ucC_Dis&0x02) == 0)
    {
        SMG_DUSN_OUTPUT = (Dofly_table[cDia_Pos])&0x7f；
    }
    else
        SMG_DUSN_OUTPUT =  Dofly_table[cDia_Pos]；
        break；
    case 2：
    if((ucC_Dis&0x02) == 0x02)
    {
        SMG_DUSN_OUTPUT = ( Dofly_table[cDia_Pos])&0x7f；
    }
    else
        SMG_DUSN_OUTPUT =  Dofly_table[cDia_Pos]；
        break；
    case 3：
    if(ucDECTen_Flag == 1)
    {
    SMG_DUSN_OUTPUT = ( Dofly_table[cDia_Pos])&0x7f；
    }
    else
        SMG_DUSN_OUTPUT =  Dofly_table[cDia_Pos]；
        break；
    case 5：
    if((ucC_Dis&0x01) == 0x00)
    {
```

```
         SMG_DUSN_OUTPUT = ( Dofly_table[cDia_Pos])&0x7f;
     }
     else
        SMG_DUSN_OUTPUT =  Dofly_table[cDia_Pos];
        break;
     case 6:
     if((ucC_Dis&0x01) == 0x01)
     {
         SMG_DUSN_OUTPUT = (Dofly_table[cDia_Pos])&0x7f;
     }
     else
        SMG_DUSN_OUTPUT = Dofly_table[cDia_Pos];break;
     default:
        SMG_DUSN_OUTPUT = Dofly_table[cDia_Pos];break;
   }
   ///////////////////////////
   SMG_WEI_OUTPUT = ~ucADDR;
   ucADDR>>=1;
   cI++;
   if( cI > 7)
   {
   cI = 0;
   ucADDR = 0x80;
   }
}
// 255
// 5 000                              //19.6
unsigned char ucKey_Flag = 0x00;
unsigned char ucKey_Time[3] = {0};
void KeyScan_Do(void)                 //分时读取传感器数据
{
   if((ucKey_Flag&0x80) == 0x00)      //没有按键按下
   {
   if(RELAY_0 == 0)
   {
     if((ucKey_Flag&0x01) != 0x01)
     {
       ucKey_Flag = 0x01;
       ucKey_Time[0] = 0;
     }
       ucKey_Time[0]++;
       if(ucKey_Time[0] > 10)
       {
       /////
         if(ucDECTen_Flag == 0)
         {
         if(uiWarry_Val < 1250)
         {
            uiWarry_Val++;
         }
       }
```

```
            else if(ucDECTen_Flag == 1)
            {
                if(uiWarry_Val < 1230)
                {
                 uiWarry_Val += 10;
                }
                else if((uiWarry_Val >= 1230)&&(uiWarry_Val < 1249))
                {
                    uiWarry_Val++;
                }
            }
        ucKey_Flag |= 0x80;
        ucKey_Time[0] = 0;
        }
}
else
{
ucKey_Time[0] = 0;
}
    if(RELAY_1 == 0)
{
    if((ucKey_Flag&0x02) != 0x02)
    {
    ucKey_Flag = 0x02;
    ucKey_Time[1] = 0;
    }
    ucKey_Time[1]++;
    if(ucKey_Time[1] > 10)
    {
    if(ucDECTen_Flag == 0)
    {
    if(uiWarry_Val > 0)
    {
        uiWarry_Val--;
    }
}
else if(ucDECTen_Flag == 1)
{
    if(uiWarry_Val > 11)
    {
    uiWarry_Val -= 10;
    }
    else if((uiWarry_Val <= 11)&&(uiWarry_Val > 0))
    {
        uiWarry_Val--;
    }
}
    ucKey_Time[1]  = 0;
    ucKey_Flag |= 0x80;
}
}
```

```
      else
   {
   ucKey_Time[1] = 0;
   }
    if(RELAY_2 == 0)              //最后一个按键 ucDECTen_Flag == 可以增加 10
   {
    if((ucKey_Flag&0x04) ! = 0x04)
    {
    ucKey_Flag = 0x04;
    ucKey_Time[2] = 0;
    }
    ucKey_Time[2]++ ;
   if((ucKey_Flag&0x10) == 0x00)
   {
    if(ucKey_Time[2] > 10)
    {
    ucKey_Time[2] = 0;
    ucKey_Flag | = 0x10;
//   ucKey_Flag | = 0x80;
    }
   }
   else if((ucKey_Flag&0x10) == 0x10)
   {
    if(ucKey_Time[2] > 30)
    {
        if(ucDECTen_Flag == 0)
        {
        ucDECTen_Flag = 1;
        }
        else
          ucDECTen_Flag = 0;

        ucKey_Flag | = 0x80;}
    }
   }
    else
     {
      if((ucKey_Flag &0x10) == 0x10)
       {
       ucKey_Flag = 0;
       uiWarry_Val = 450;}
       ucKey_Time[2] = 0;
     }
 }
else  if((ucKey_Flag&0x80) == 0x80)      //没有按键按下
    {
     if((ucKey_Flag&0x01) == 0x01)
      {
        if(RELAY_0 == 1)
         {
           ucKey_Flag = 0;
```

```
        }
      }
      if((ucKey_Flag&0x02) == 0x02)
      {
        if(RELAY_1 == 1)
         {
          ucKey_Flag = 0;
      }
        }
       if((ucKey_Flag&0x04) == 0x04)
       {
        if(RELAY_2 == 1)
          {
            ucKey_Flag = 0;
          }
        }
      }
}
/* ---------------------------------------------
主函数
---------------------------------------------*/
unsigned char Time_Use = 0;
void Init_Timer0(void)
{
    TMOD |= 0x01;              //使用模式 1,16 位定时器,使用"|"符号可以在使用多个定时器时
                              //不受影响
    TH0 = (65536 - 2000)/256;          //重新赋值 2 ms
    TL0 = (65536 - 2000) % 256;
    EA = 1;                            //总中断打开
    ET0 = 1;                           //定时器中断打开
    TR0 = 1;                           //定时器开关打开
    PT1 = 1;
}
bit DSL8B20_ok = 0;                    //DS18B20 存在的标志
char cTEMP_Again = 0;                  //DS18B20 开始转化标志,定时 1.5 s 一次
void main (void)
{
//P0 = 0X00;
//P2 = 0X00;
//while(1);
    DSL8B20_ok = Init_DS18B20();
    DSL8B20_ok = 1;
    Init_Timer0();                     //定时器 0 初始化
while (1)                              //主循环
    {
        if((DSL8B20_ok == 1) &&(cTEMP_Again == 1))     //温度采集
        {
        cTEMP_Again  = 0;
        uiTemp_Val  = ReadTemperature1();
          if(uiTemp_Val  != 0)
            {
```

```
                    if(uiTemp_Val &0x8000)
                       {
                       uiTemp_Val = ~uiTemp_Val;            // 取反加 1
                       uiTemp_Val + = 1;
                       }
//          else
//             ；
                    TempH = uiTemp_Val >>4;
                    TempL = uiTemp_Val &0x0F;
                    TempL = uiTemp_Val * 6/10;              //小数近似处理
                    uiTemp_New = TempH * 10 + TempL;
                    uiTemp_New/ = 2;
                    if(uiTemp_New > uiWarry_Val)
                  {
                    LED_1 = 0;
                    LED_0 = 1;
                  }
                  else
                     {
                     LED_1 = 1;
                     LED_0 = 0;
                     }
                  ///////////////////
                  if(uiTemp_New < 1000)
                  {
                       uiTemp_New * = 10;
                  }} }}}
/ * -----------------------------------------------------
                    定时器初始化子程序
---------------------------------------------------------* /
/ * -----------------------------------------------------
                    定时器中断子程序
---------------------------------------------------------* /
int iDSTime = 0;
void Timer0_isr(void) interrupt 1
{
TH0 = (65536 - 2000)/256；            //重新赋值 2 ms
TL0 = (65536 - 2000) % 256；
Dis_Play_NEW(uiTemp_New,uiWarry_Val);
  KeyScan_Do();
  if( ++ iDSTime > 200 )
  {
  cTEMP_Again = 1;
  iDSTime = 0; }}
```

延时程序代码如下：

```
 # include "delay.h"
/ * -----------------------------------------------------
us 延时函数,含有输入参数 unsigned char t,无返回值
unsigned char 是定义无符号字符变量,其值的范围是 0～255
```

```
  这里使用晶振 12 MHz,精确延时请使用汇编语言,大致延时
长度为 T = tx2 + 5 us
------------------------------------------------------*/
void DelayUs2x(unsigned char t)
{
while( -- t);}
/* ----------------------------------------------------
ms 延时函数,含有输入参数 unsigned char t,无返回值
unsigned char 是定义无符号字符变量,其值的范围是 0~255
这里使用 12 MHz 晶振,精确延时请使用汇编语言
------------------------------------------------------*/
void DelayMs(unsigned char t)
{
while(t -- )
{
    //大致延时 1 ms
    DelayUs2x(245);
    DelayUs2x(245); }
}
```

按键输入程序代码如下:

```
# include   <reg52.h>
# include   "keyscan.h"
//char   Key_Scan_Get_Val( void)
// {
//static char cKEY_PRESS = 0 ,ckey_FOR = 0;
//unsigned char   z,hang,lie;
//if(cKEY_PRESS == 0)
//{
//    KEY_PORT = 0xf0;                     //高 4 位输入,低 4 位输出
//    z = KEY_PORT;                        //读取 P1 口的状态
//    z &= 0xf0;                           //将第 4 位清 0
//    switch(z)
//    {
//    case  0xf0: return(0xff);  break;
//    case  0xe0: hang = 0; cKEY_PRESS = 1;break;
//    case  0xd0: hang = 1; cKEY_PRESS = 1;break;
//    case  0xb0: hang = 2; cKEY_PRESS = 1;break;
//    case  0x70: hang = 3; cKEY_PRESS = 1;break;
//    default:return(0xff) ; }
//}
// if( ++ cKEY_PRESS < 3)
// {
//     return(0xff) ;
// }
// else
// {cKEY_PRESS = 0;
// }
//    DelayMs(5);
//    KEY_PORT = 0x0f;
```

```
//z = KEY_PORT;
//z &= 0x0f;
//switch(z)
//{case  0x0f:ckey_FOR = 20; return(0xff);  break;
// case  0x0e: lie = 0;break;
// case  0x0d: lie = 1;break;
// case  0x0b: lie = 2;break;
// case  0x07: lie = 3;break;
// default:   return(0xff) ;
// }
//     KEY_PORT = 0x0f;
//     while ((KEY_PORT&0x0f)! = 0x0f)
// {
//     if( ++ cKEY_PRESS >3)
//     {
//     break; } };                      //等待按键释放
//        z = hang * 4 + lie;
//        if(z == ckey_FOR)
//        {
//           return(0xff);
//        }
//        ckey_FOR = z;
//        return(z);
//}
char Key_Scan_Get_Val(void)
{
    static char cScan_Step = 0;
    static char cMode_Change = 0;
    char column = 0;              //列
    char row = 0;                 //行
    char ucTemp = 0;             //临时的存储变量
    char Key_Num = 25;
    KEY_PORT = 0x0f;
    ucTemp    = KEY_PORT;
    ucTemp = ucTemp&0x0F;
    if(ucTemp ! = 0X0F)          //有按键按下
    {
       if(cScan_Step < = 4)
        {
        cScan_Step ++ ;
        } }
    else                         //没有按键按下
    {
    cScan_Step = 0;
    }
    //连续按下两次
    if(cScan_Step == 2)
    {
    cMode_Change = 0;
    cScan_Step = 3;          //为了防止再次进入 再次进入的时候由前面按键状态清 0
    column = (ucTemp&0x0f);      //保存了中间为 0 的状态
```

```
        KEY_PORT = 0xF0;
        ucTemp = KEY_PORT;
        for(row = 0;row < 5;row++);//等待电路稳定
        row = (ucTemp&0xF0);
          switch(column|row)
           {
            case 0XE7: Key_Num = 11;break;
            case 0XEB: Key_Num = 7;break;
            case 0XED: Key_Num = 4;break;
            case 0XEE: Key_Num = 1;break;
            case 0XD7: Key_Num = 0;break;
            case 0XDB: Key_Num = 8;break;
            case 0XDD: Key_Num = 5;break;
            case 0XDE: Key_Num = 2;break;
            case 0XB7: Key_Num = 10;break;
            case 0XBB: Key_Num = 9;break;
            case 0XBD: Key_Num = 6;break;
            case 0XBE: Key_Num = 3;break;
            case 0X77: Key_Num = 12;break;
            case 0X7B: Key_Num = 13;break;
            case 0X7D: Key_Num = 14;break;
            case 0X7E: Key_Num = 15;break;
            default: break;       }          }
    return Key_Num;
}
```

DS18B20 程序代码如下：

```
/* -------------------------------------------------
名称:DS18B20 温度传感器
网站:www.doflye.net
编写:shifang
日期:2009.5
修改:无
内容:DS18B20 单线温度检测的应用样例程序
------------------------------------------------- */
# include"delay.h"
# include"18b20.h"
/* -------------------------------------------------
                  DS18B20 初始化
------------------------------------------------- */
bit Init_DS18B20(void)
{ bit dat = 0;
  DQ = 1;                //DQ 复位
  DelayUs2x(5);          //稍作延时
  DQ = 0;                //单片机将 DQ 拉低
  DelayUs2x(200);        //精确延时大于 480 us 小于 960 us
  DelayUs2x(200);
  DQ = 1;                //拉高总线
  DelayUs2x(50);         //15～60 us 后 接收 60～240 us 的存在脉冲
  dat = DQ;              //如果 x = 0 则初始化成功,如果 x = 1 则初始化失败
```

```
DelayUs2x(25);              //稍作延时返回
return dat;}


/* -------------------------------------------------
                    读取一个字节
 ---------------------------------------------------*/
unsigned char ReadOneChar(void)
{
unsigned char i = 0;
unsigned char dat = 0;
for (i = 8;i>0;i--)
{
  DQ = 0;           //给脉冲信号
  dat>> = 1;
  DQ = 1;           //给脉冲信号
  if(DQ)
   dat| = 0x80;
  DelayUs2x(25); }
return(dat);
}
/* -------------------------------------------------
                    写入一个字节
 ---------------------------------------------------*/
void WriteOneChar(unsigned char dat)
{
unsigned char i = 0;
for (i = 8; i>0; i--)
{
  DQ = 0;
  DQ = dat&0x01;
  DelayUs2x(25);
  DQ = 1;
  dat>> = 1; }
DelayUs2x(25);}
/* -------------------------------------------------
                    读取温度
 ---------------------------------------------------*/
unsigned int ReadTemperature(void)
{
unsigned char a = 0;
unsigned int b = 0;
unsigned int t = 0;
Init_DS18B20();
WriteOneChar(0xCC);         //跳过读序号列号的操作
WriteOneChar(0x44);         //启动温度转换
DelayMs(10);
Init_DS18B20();
WriteOneChar(0xCC);         //跳过读序号列号的操作
WriteOneChar(0xBE);         //读取温度寄存器等(共可读9个寄存器),前2个即为温度
a = ReadOneChar();          //低位
b = ReadOneChar();          //高位
```

```
b<< = 8;
t = a + b;
return(t);}
unsigned int ReadTemperature1(void)
{
static char cStep = 0;
unsigned char a = 0;
unsigned int b = 0;
unsigned int t = 0;
cStep ++ ;
if(cStep == 1)
{
Init_DS18B20();
WriteOneChar(0xCC);//跳过读序号列号的操作
WriteOneChar(0x44);//启动温度转换
}
else if(cStep == 2)
{
    Init_DS18B20();
    WriteOneChar(0xCC);//跳过读序号列号的操作
    WriteOneChar(0xBE);//读取温度寄存器等(共可读 9 个寄存器),前 2 个即为温度
    a = ReadOneChar();//低位
    b = ReadOneChar();//高位
    cStep = 0;
    b<< = 8;
    t = a + b;
}
return(t);
}
```

第**13**章

基于 **AT89C51** 的智能型稳压电源电路

13.1　设计题目与设计任务

设计题目：基于 AT89C51 的智能型稳压电源电路。

设计任务：本次设计为一种基于单片机的智能稳压电源，原理是通过单片机控制数/模转换，再经过模拟电路电压调整实现后面的稳压模块的输出。具体要求如下：

➢ 系统输出电压在 8～12 V 之间步进可调，步进值为 0.1 V；

➢ 初始化显示电压为常用电压 10 V；

➢ 电压调整采用独立式按键调整，按一次增加键，电压增加 0.1 V，按一次减少键，电压减少 0.1 V。

13.2　设计方案

13.2.1　总体设计思路

整个电路采用整流滤波初步稳压电路为后面的处理电路提供稳定电压，采用核心控制器件单片机 AT89C51 控制输出一定的数字量，通过数/模转换电路将数字量转换为模拟电压，后续为电压调整电路，包括反相放大电路和反相求和运算电路，将模拟电压调整到单片机控制的数码管显示的电压值。最后为输出稳压电路，设计一个输出可调的稳压电路，使其输出跟随调整后的电压变化，达到稳压电源的设计要求。

13.2.2　系统组成

智能稳压电源电路分为以下七部分：

第一部分：整流滤波初步稳压电源电路，为后续各模块电路供电。

第二部分：单片机控制电路，控制数码管显示电压以及通过按键电路调整输出的数字量以及输出电压的显示。

第三部分:数码显示电路,显示和最终输出端的模拟电压相等的电压值。

第四部分:数/模转换电路,将单片机输出的数字量转换为模拟量,便于后续电压调整电路调整电压。

第五部分:反相放大电路,将模拟电压放大 2 倍。

第六部分:反相求和运算电路,进一步调整电压值,使输出模拟电压为数码管显示的值。

第七部分:输出稳压电路,使电路的输出随着调整后的电压变化,并且达到了输出稳压的效果。

整个系统方案的模块框图如图 13.1 所示。

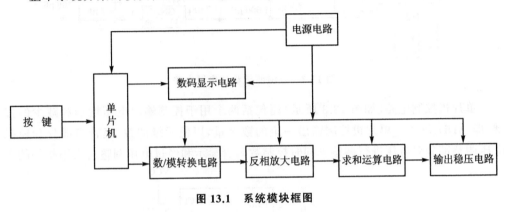

图 13.1　系统模块框图

13.2.3　电路详解

1. 整流滤波初步稳压电源电路

整流滤波初步稳压电源电路(见图 13.2)由带中心抽头的变压器、桥式整流电路、电容滤波电路、三端稳压器 7818、7918、7809、7909、7805 以及滤波电容组成。变压器将市电降压,利用两个半桥轮流导通,形成信号的正半周和负半周。电路在三端稳压器的输入端接入电解电容 $1\,000\,\mu\mathrm{F}$,用于电源滤波,其后并入电解电容 $4.7\,\mu\mathrm{F}$ 用于进一步滤波。在三端稳压器输出端接入电解电容 $4.7\,\mu\mathrm{F}$ 用于减小电压纹波,而并入陶瓷电容 $0.1\,\mu\mathrm{F}$ 用于改善负载的瞬态响应并抑制高频干扰。经过滤波后,三端稳压器 7818 输出端的电压为 $+18\,\mathrm{V}$,7918 输出端的电压为 $-18\,\mathrm{V}$,7809 输出端的电压为 $+9\,\mathrm{V}$,7909 输出端的电压为 $-9\,\mathrm{V}$,7805 输出端的电压为 $+5\,\mathrm{V}$,分别为后续电压控制部分和电压调整部分提供稳定的供电电压。

2. 单片机控制电路

单片机最小系统包括晶振电路和复位电路。复位电路采用上拉电解电容上电复位电路。本设计采用的是 HMOS 型 MCS - 51 的振荡电路,当外接晶振时,C1 和 C2 的值通常选择 30 pF。单片机晶振采用 12 MHz。

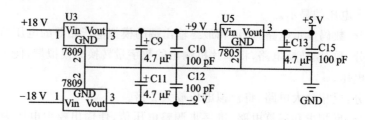

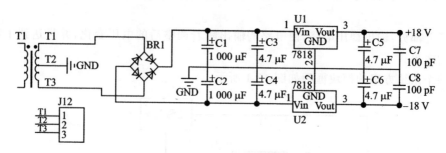

图 13.2 整流滤波稳压电源电路

单片机控制电路(如图 13.3 所示)还包括两个用于控制输出电压增加和减少的按键,即 ADD、DEC。单片机控制输出一定的数字量,以便后续的数/模转换部分和模拟电压调整部分对电压进行调整。同时控制数码管显示和经过电压调整后大小相等的电

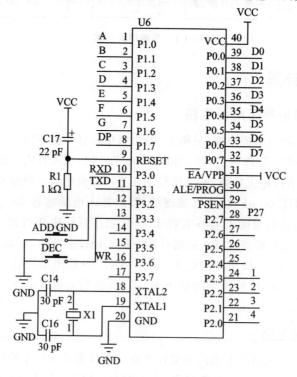

图 13.3 单片机控制电路

压值。

当按键部分有输入时,片内计算输出增加或减小的数字量,并且控制数码管显示的电压值增加 0.1 V,或者减小 0.1 V。单片机流程图如图 13.4 所示。

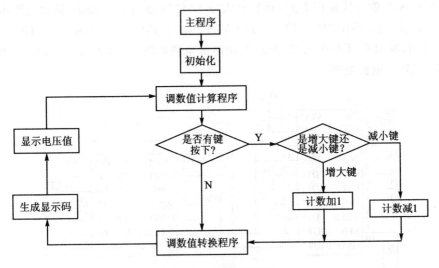

图 13.4　程序流程图

3. 数码显示电路

数码显示电路(见图 13.5)由 4 位一体的共阴数码管和 8 个 10 kΩ 的上拉电阻组成。数码管的段选信号由单片机的 P1 口驱动,位选信号由单片机的 P2.1～P2.4 口驱动。上拉电阻使单片机的 P1 口输出稳定的高电平并给 P1 口一个灌电流,保证 LED 数码管的正常点亮。本设计中数码管显示的是电压设定值。

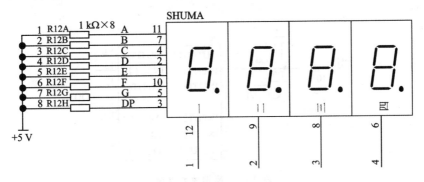

图 13.5　数码管显示电路

4. 数/模转换电路

DAC 模块是整个系统的纽带,将控制部分的数字量转化成电压调整部分的模拟量。这部分电路由数/模转换芯片 DAC0832 和运算放大器 LM324 组成。

DAC0832 主要由 8 位输入寄存器、8 位 DAC 寄存器、8 位 D/A 转换器以及输入控制电路四部分组成。8 位 D/A 转换器输出与数字量成正比的模拟电流。本设计中，$\overline{WR}$ 和 $\overline{XFER}$ 同时为有效低电平，8 位 DAC 寄存器端为高电平"1"，此时 DAC 寄存器的输出端 Q 跟随输入端 D 也就是输入寄存器 Q 端的电平变化。该数/模转换电路采用的是 DAC0832 单极性输出方式，运算放大器 LM324 使得 DAC0832 输出的模拟电流量转化为电压量。输出 $VOUT1 = -B * VREF/256$，其中 B 的值为 DI0～DI7 组成的 8 位二进制，取值范围为 0～255，VREF 由电源电路提供 -9 V 的 DAC0832 的参考电压。数/模转换电路见图 13.6。

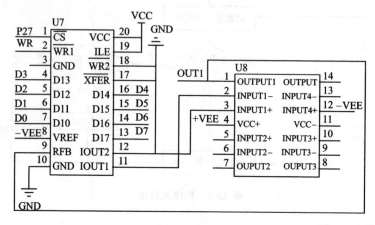

图 13.6　数/模转换电路

5. 反相放大电路

反相放大电路（见图 13.7）由运算放大器 TL084 和相应的电阻组成。由于前一级数/模转换电路的模拟电压较小，故这一级电路选择放大倍数为 2，将前一级模拟电压初步放大。

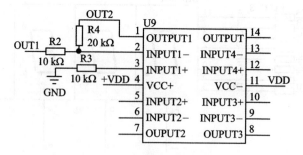

图 13.7　反相放大电路

6. 反相求和运算电路

反相求和运算电路（见图 13.8）由运算放大器 TL084 和相应的电阻组成。由于前一级放大电路将模拟量放大后会比设定值稍微大点，所以我们采用反相求和运算电路将输出电压进一步调整到设定值。R7、R8、RV2 用来调整求和电路的另一路输入电压值，RV1 用来调整放大增益，输出电压为 $VOUT = -(VOUT2 + V')\dfrac{RV1}{R5}$，其中 V' 为 R6 左端电压。

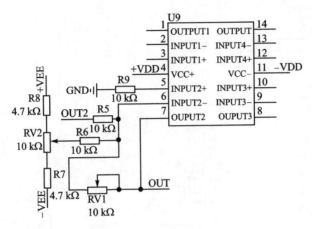

图 13.8　反相求和运算电路

7. 输出稳压电路

输出稳压电路（见图 13.9）用于使未经稳压的电源电路输出稳定可调的电压。我们期望输出稳定电压跟随前一级电压调整后的电压可调。

采用三端稳压器 7805 和运算放大器 NE5532 使得输出电压稳定并且从 0 可调。最终输出电压为 $VOUTPUT = \left(1 + \dfrac{R10}{R11}\right)VOUT$，其中 R10 选 $100\ \Omega$，R11 选 $100\ k\Omega$，这样最终输出为调整后的模拟电压的 1.001 倍，能很好地跟随未经稳压的电压输出。

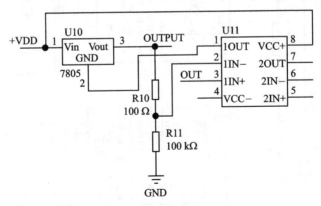

图 13.9　输出稳压电路

8. 整体电路原理图

整体电路原理图如图 13.10 所示。

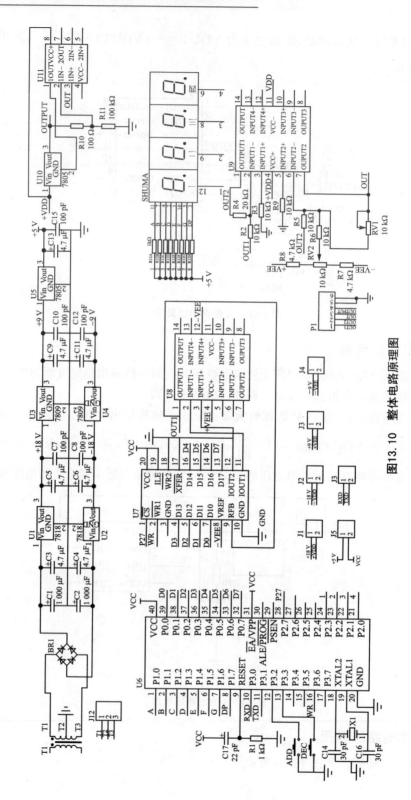

图13.10 整体电路原理图

电路实际测量结果分析:我们用万用表测得几组电源电路实际输出值,与设定值对比得出电路输出的误差。部分实际测量值如表 13.1 所列。通过数据测试可以得出,本设计中电源输出 10～12 V 时,比较精确。我们将电源电路的输出限定在 0.5 V 范围内的话,此电源电路的量程设定为 8～12.2 V 较为合适,误差较小。

表 13.1　电路测试数据

设定值/V	实测值/V	误差/V
10.0	10.02	0.02
10.1	10.1	0.02
10.2	10.21	0.01
9.9	9.94	0.04
9.8	9.89	0.09
8	8.47	0.47
12.2	11.79	0.41

构成本电路的元器件清单如表 13.2 所列。由于 Altium Designer 16 中未提供 51 系列单片机等元件,绘制 PCB 时需自己创建原理图元件库和 PCB 元件库。本设计所需要的自建元件库包括 51 单片机元件库、晶振元件库、四位数码管元件库、DAC0832 元件库、LM324 元件库、TL084 元件库、NE5532 元件库以及稳压芯片元件库。

表 13.2　元器件清单

Comment	Description	Designator	Footprint	LibRef	Quantity	Value
SW – PB	Switch	ADD, DEC	SPST – 2	SW – PB	2	
Bridge1	Full Wave Diode Bridge	BR1	LC – KBP	Bridge1	1	
Cap Poll	Polarized Capacitor (Radial)	C1, C2, C3, C4, C5, C6, C9, C11, C13	RB7.6 – 15	Cap Poll	9	1 000 μF, 1 000 μF, 4.7 μF, 4.7 μF, 4.7 μF, 4.7 μF, 4.7 μF, 4.7 μF, 4.7 μF
Cap	Capacitor	C7, C8, C10, C12, C14, C15, C16	RAD – 0.3	Cap	7	100 pF, 100 pF, 100 pF, 100 pF, 30 pF, 100 pF, 30 pF
Cap2	Capacitor	C17	CAPR5 – 4X5	Cap2	1	22 pF
Header 2	Header, 2-Pin	J1, J2, J3, J4, J5, J13	HDR1X2	Header 2	6	
Header 3	Header, 3-Pin	J12	HDR1X3	Header 3	1	
Header 6	Header, 6-Pin	P1	HDR1X6	Header 6	1	
Res2	Resistor	R1, R2, R3, R4, R5, R6, R7, R8, R9, R10, R11	AXIAL – 0.4	Res2	11	1 kΩ, 10 kΩ, 10 kΩ, 20 kΩ, 10 kΩ, 10 kΩ, 4.7 kΩ, 4.7 kΩ, 10 kΩ, 100 Ω, 100 kΩ

Comment	Description	Designator	Footprint	LibRef	Quantity	Value
Res Pack2	Isolated Resistor Network – Parts	R12	DIP – 16	Res Pack2	1	1 kΩ
RPot	Potentiometer	RV1，RV2	VR5	RPot	2	10 kΩ
Dpy Red – CA	7.62 mm Black Surface HER 7 – Segment Display: CA，RH DP	SHUM	DISOPLAY	Dpy Red – CA	1	
Trans CT	Center-Tapped Transformer (Coupled Inductor Model)	T1	TRF_5	Trans CT	1	
7818	Voltage Regulator	U1，U2	7805	Volt Reg	2	
7809	Voltage Regulator	U3，U4	7805	Volt Reg	2	
7805	Voltage Regulator	U5，U10	7805	Volt Reg	2	
89C51		U6	89C51	Component_1	1	
Component_1		U7	DAC0832	Component_1	1	
Component_1		U8	LM324	Component_1	1	
Component_1		U9	TL084	Component_1	1	
		U11	NE5532	Component_1	1	
Component_1		X1	LC – HC – 49S	Component_1	1	

13.3　电路板布线图、实物照片

13.3.1　新建项目工程文件

首先,执行"文件"→"新建"→Project 命令,将新工程项目命名为"智能稳压电源",

并向其中添加原理图文件和 PCB 文件。然后，执行"文件"→"新建"→"库"→"原理图库"命令，在"智能稳压电源"项目中添加 8 个原理图库文件。最后，执行"文件"→"新建"→"库"→"PCB 库"命令，在"数字电压表"项目中添加 8 个 PCB 库文件。将所有文件重命名，如图 13.11 所示。

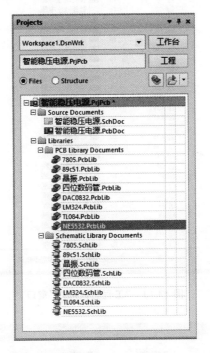

图 13.11　新建"智能稳压电源"项目工程文件

13.3.2　元件布局和布线

1. 元件布局

智能稳压电源整体电路绘制后，执行"工程"→"Compile Document 智能稳压电源.SchDoc"命令，查看 Messages 窗口（如图 13.12 所示），显示原理图编译无错误。

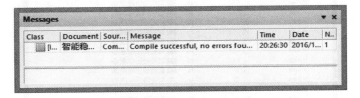

图 13.12　原理图编译后的 Messages 窗口

执行"设计"→"Update PCB Document 智能稳压电源.PcbDoc"命令，弹出"工程更改顺序"窗口，如图 13.13 所示。

单击"生效更改"按钮，完成状态检测，如图 13.14 所示。

图 13.13 "工程更改顺序"窗口

图 13.14 状态检测完成

检测全部通过后，单击"执行更改"按钮，即可完成更改（如图 13.15 所示），并在 PCB 编辑环境下，自动生成 PCB 图（如图 13.16 所示）。

将 Room 和所有元件移动到 PCB 板上，并调整 Room 尺寸，如图 13.17 所示。

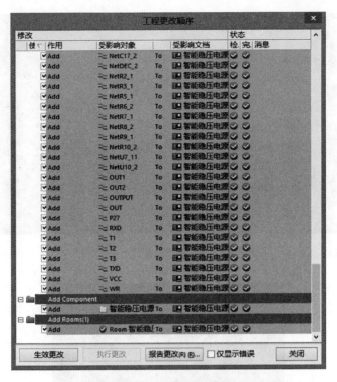

图 13.15　更改完成

图 13.16　自动生成的 PCB 图

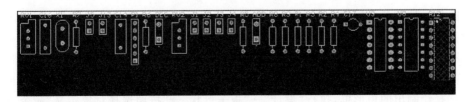

图 13.17　调整 Room 尺寸后

元件布局采用手动布局的方式。将电源电路相关元件放置在板子的左上角,滤波电容尽量靠近稳压元件,电源电路各元件布局如图 13.18 所示。

晶振电路和复位电路尽量靠近单片机,单片机电路元件布局如图 13.19 所示。

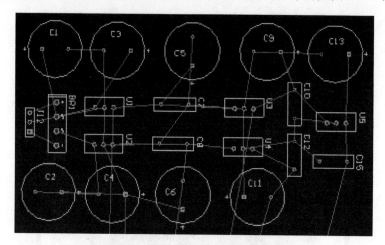

图 13.18 电源电路元件布局

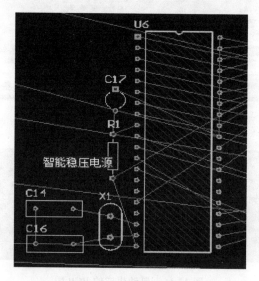

图 13.19 单片机电路

接口元件和开关按键放置在板子边缘,放大电路、数/模转化电路和显示电路分别放置在单片机周围。整体电路布局如图 13.20 所示。

布局完毕后,切换到 Top Overlay 层,执行"放置"→"走线"命令,绘制出矩形框,如图 13.21 所示。

选择绘制出的矩形框,执行"设计"→"板子形状"→"按照选择对象定义"命令,执行结果如图 13.22 所示。

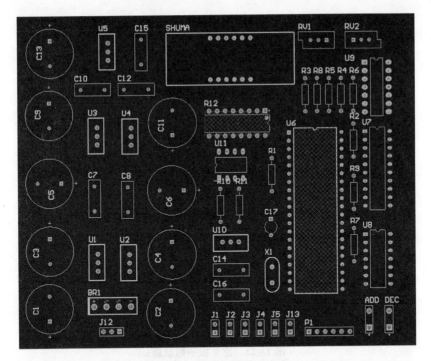

图 13.20　整体电路粗略布局

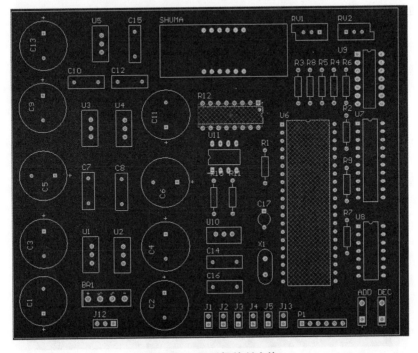

图 13.21　矩形框绘制完毕

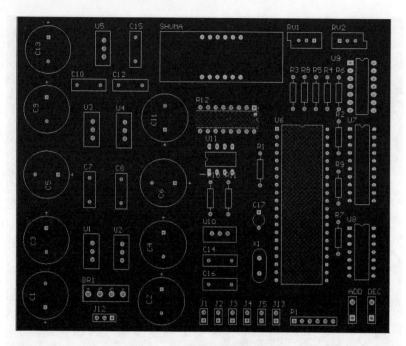

图 13.22　定义板子形状后

执行"设计"→"板子形状"→"根据板子外形生成线条"命令,在 PCB 板子外轮廓自动生成边界线,如图 13.23 所示。

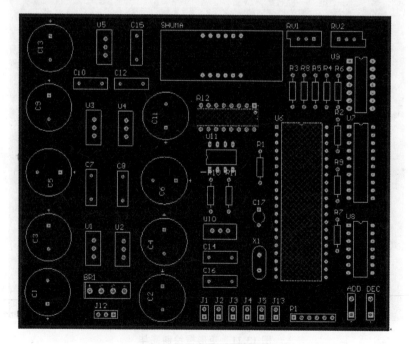

图 13.23　生成边界线后

放置 4 个直径为 3 mm 的定位通孔,执行"放置"→"过孔"命令,执行结果如图 13.24 所示。

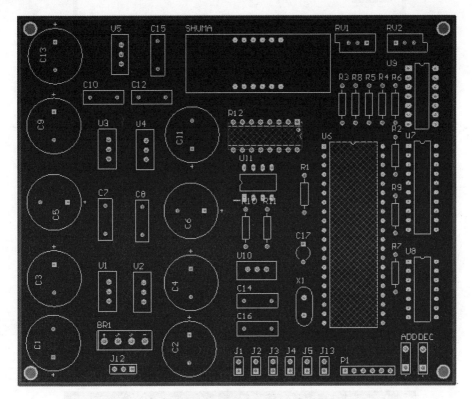

图 13.24　放置过孔后

至此,元件布局已经完成。需要注意的是元件布局并非越密越好,元件与元件之间至少应留出 100 mil 的空隙。

2. 布　线

进行布线操作,执行"自动布线"→"全部"命令,弹出"Situs 布线策略"对话框,如图 13.25 所示。

单击"编辑规则"按钮,进入"PCB 规则及约束编辑器"对话框,对布线规则进行设定,GND、VCC 和 Width 的线宽分别设为 10 mil、20 mil 和 30 mil。其他电气规则与 1.3.3 小节中的电气规则一致。

设置完基本规则后,单击"PCB 规则及约束编辑器"对话框中的"确定"按钮,返回到"Situs 布线策略"对话框,单击 Route All 按钮,即可完成自动布线,如图 13.26 所示。

可见自动布线的结果并不理想,调整电源电路的布线,减少布线转弯次数,缩短布线长度。调整完毕后,如图 13.27 所示。

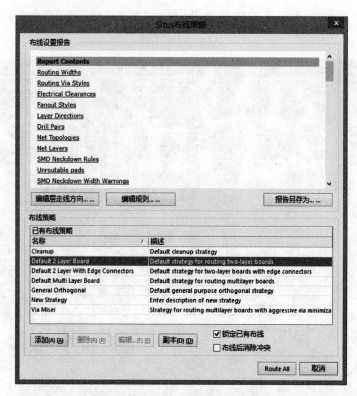

图 13.25 "Situs 布线策略"对话框

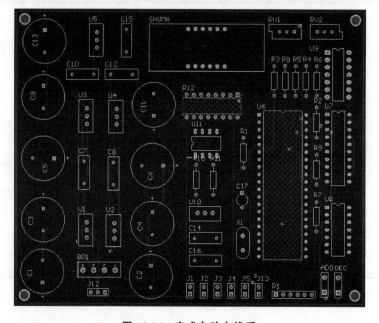

图 13.26 完成自动布线后

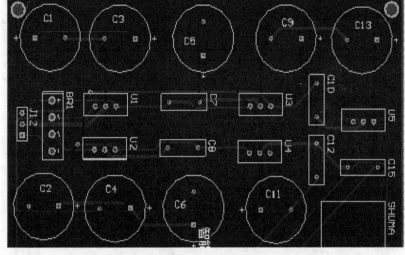

图 13.27　电源电路布线调整完毕后

元件 R12 与元件 U6 之间的布线转弯次数太多，需要手动调整，调整后的布线如图 13.28 所示。

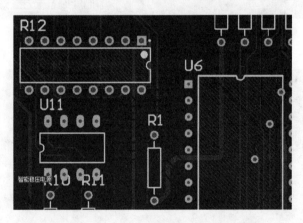

图 13.28　元件 R12 与元件 U6 之间的布线

采用"绕"或"打孔"的方式，调整其他不合理的布线，整体布线调整后如图 13.29 所示。

完成布线后，执行"放置"→"多边形敷铜"命令或单击命令栏中的"敷铜"图标为 PCB 敷铜。在弹出的"多边形敷铜"对话框中选择填充模式为 Hatched，连接网络选择 GND。

设置好参数后，分别对 PCB 板顶层和底层敷铜，完成后如图 13.30 和图 13.31 所示。

敷铜之后，进行电气规制检查。执行"工具"→"设计规则检查"命令，弹出"设计规则检测"对话框，如图 13.32 所示。

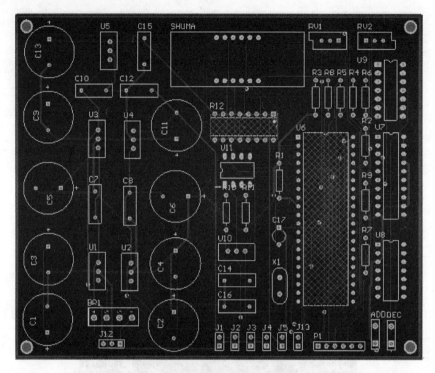

图 13.29　调整后的整体布线图

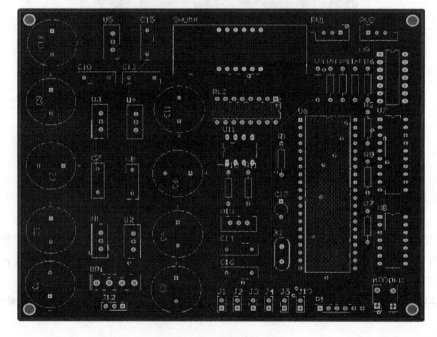

图 13.30　顶层敷铜之后

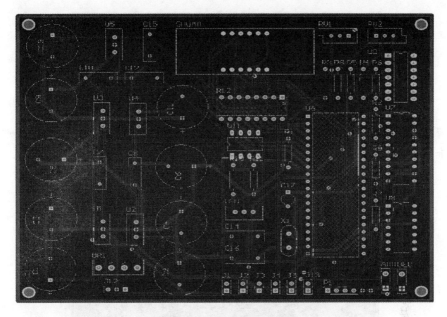

图 13.31 底层敷铜之后

图 13.32 "设计规则检测"对话框

单击"设计规则检测"窗口中"运行 DRC"按钮,Messages 窗口显示无错误,如图 13.33 所示。

图 13.33　Messages 窗口

　　智能稳压电源 PCB 实例基本绘制完毕,下面查看 3 维视图。执行"查看"→"切换到 3 维显示"命令,执行结果如图 13.34 所示。

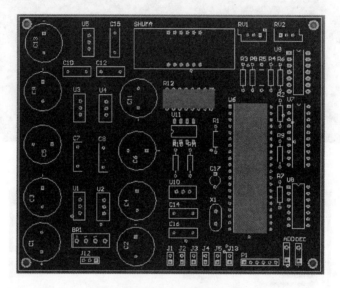

图 13.34　3 维显示

13.3.3　实物照片

　　基于 AT89C51 智能型稳压电源电路实物照片如图 13.35 所示。

图 13.35　实物照片

13.4　习题、注意事项及程序代码

1. 习　题

（1）反相放大电路中，为什么放大倍数为 2？

答：反相放大电路输出 VOUT2＝－VOUT1×（R4/R2），其中 R4 为 20 kΩ，R2 为 10 kΩ，故放大倍数为 2。

（2）输出稳压电路中，为什么 R10 选 100 Ω 的阻值，R11 选 100 kΩ 的阻值？

答：由公式 $\mathrm{VOUTPUT}=\left(1+\dfrac{R10}{R11}\right)\mathrm{VOUT}$ 可得，当 R10 选择较小而 R11 选择较大时，稳压输出可以只跟随调整后的电压变化，前者为后者的 1.001 倍。倍数越小，输出误差也越小。

（3）怎样提高本设计中直流电源的精度？

答：本设计采用了 8 位的 D/A。若采用 12 位或 16 位的 D/A 转换器进行相应的闭环调整，则直流电源的精度会进一步提高。

2. 注意事项

（1）将电路焊接好后，需要先调节电位器 RV2，使其接入电路部分阻值最小，再调节 RV1，使输出电压和初始化电压设定值 10 V 相等。

（2）由于本电路器件较多，可以选择分模块焊接，例如焊接好电源电路，测试工作正常后再进行下一步焊接。

3. 程序代码

```
;>>>>>>>>>>>>>>>>>>>>>>>>>>>>>>>>>>>>>>>>>>
set1      equ     40h
set2      equ     41h
set3      equ     42h
set4      equ     43h
set0      equ     44h
dabuf     equ     45h
;>>>>>>>>>>>>>>>>>>>>>>>>>>>>>>>>>>>>>>>>>>
    org0000h
    ljmpstart
        org     0003h
        ljmp    ext0
    org0013h
        ljmp    ext1
        org     0100h
;>>>>>>>>>>>>>>>>>>>>>>>>>>>>>>>>>>>>>>>>>>
;主程序
;>>>>>>>>>>>>>>>>>>>>>>>>>>>>>>>>>>>>>>>>>>
start:
```

```
        movset1,#1
        movset2,#0
        movset3,#0
        movset4,#0
            mov     set0,#0
            mov     dabuf,#0
            setb    ea
            setb    ex0
            setb    ex1
            setb    it0
            setb    it1
;************************************************
            acall   change
            ajmp    next
loop:   acall   disup
            mov   dptr,#7fffh
            mov   a,dabuf
            movx    @dptr,a
            ;ajmp   $
next:   mov     a,set0
            mov     b,#17
            mul     ab
            mov     r6,a
            mov     r7,b
            mov     r5,#10
            acall   div_16_8
            clr     c
            cjne    r4,#4,sad
sad:   jc      ss
            mov     a,r6
            add     a,#1
            mov     r6,a
ss:     mov     dabuf,r6
        sjm    ploop
;>>>>>>>>>>>>>>>>>>>>>>>>>>>>>>>>>>>>>>>>>>>>>
;除法子程序 DIV_16_8 R7R6/R5 = R7R6......R4
;>>>>>>>>>>>>>>>>>>>>>>>>>>>>>>>>>>>>>>>>>>>>>
DIV_16_8:
        MOV R4, #0
        MOV R2, #16              ;循环计数
;************************************************
        CLR C
        DIV_LOOP:
        CALL SL_R7_R6
        CALL SL_R4
        MOV F0, C
;************************************************
        CLR C
        MOV A, R4
        SUBB A, R5
        JNC DIV_2
```

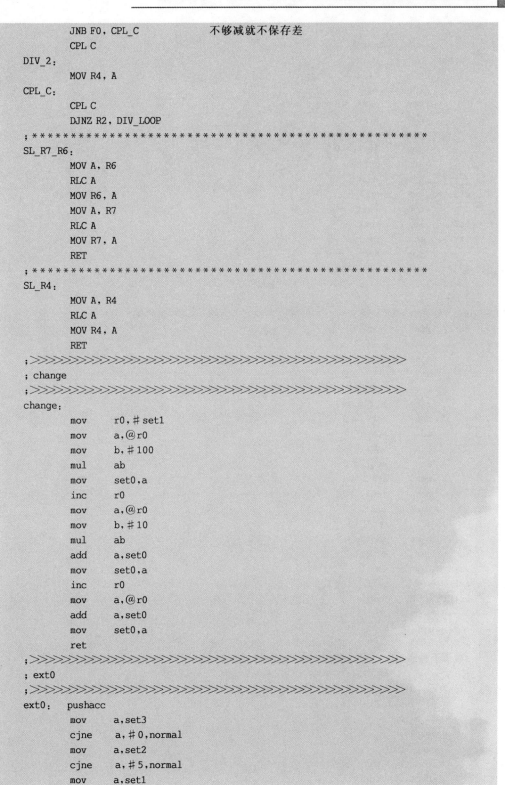

```
        JNB F0，CPL_C          不够减就不保存差
        CPL C
DIV_2：
        MOV R4，A
CPL_C：
        CPL C
        DJNZ R2，DIV_LOOP
;*******************************************************
SL_R7_R6：
        MOV A，R6
        RLC A
        MOV R6，A
        MOV A，R7
        RLC A
        MOV R7，A
        RET
;*******************************************************
SL_R4：
        MOV A，R4
        RLC A
        MOV R4，A
        RET
;>>>>>>>>>>>>>>>>>>>>>>>>>>>>>>>>>>>>>>>>>>>>
; change
;>>>>>>>>>>>>>>>>>>>>>>>>>>>>>>>>>>>>>>>>>>>>
change：
        mov     r0,#set1
        mov     a,@r0
        mov     b,#100
        mul     ab
        mov     set0,a
        inc     r0
        mov     a,@r0
        mov     b,#10
        mul     ab
        add     a,set0
        mov     set0,a
        inc     r0
        mov     a,@r0
        add     a,set0
        mov     set0,a
        ret
;>>>>>>>>>>>>>>>>>>>>>>>>>>>>>>>>>>>>>>>>>>>>
; ext0
;>>>>>>>>>>>>>>>>>>>>>>>>>>>>>>>>>>>>>>>>>>>>
ext0：  pushacc
        mov     a,set3
        cjne    a,#0,normal
        mov     a,set2
        cjne    a,#5,normal
        mov     a,set1
```

```
            cjne    a,#1,normal
            ajmp    exit1
normal:
            mov     a,set3
            cjne    a,#9,ex
            mov     set3,#0
            mov     a,set2
            cjne    a,#9,ex2
            mov     set2,#0
            inc     set1
            ajmp    exit1
ex:     inc     set3
            ajmp    exit1
ex2:    inc     set2
exit1:  acall   change
            pop     acc
            reti
;>>>>>>>>>>>>>>>>>>>>>>>>>>>>>>>>>>>>>>>>>>>>>>>>>>
; ext1
;>>>>>>>>>>>>>>>>>>>>>>>>>>>>>>>>>>>>>>>>>>>>>>>>>>
ext1:   push    acc
            mov     a,set3
            cjne    a,#0,ex3
            mov     set3,#9
            mov     a,set2
            cjne    a,#0,ex4
            mov     set2,#9
            mov     a,set1
            cjne    a,#0,ex5
            mov     set1,#0
            mov     set2,#0
            mov     set3,#0
            ajmp    exit2
ex3:    dec     set3
            ajmp    exit2
ex4:    dec     set2
            ajmp    exit2
ex5:    dec     set1
exit2:  acall   change
            pop     acc
            reti
;>>>>>>>>>>>>>>>>>>>>>>>>>>>>>>>>>>>>>>>>>>>>>>>>>>
;显示子程序:disup
;>>>>>>>>>>>>>>>>>>>>>>>>>>>>>>>>>>>>>>>>>>>>>>>>>>
disup:movr0,#set1
        movr2,#11110111b
        mova,r2
lp:     movp2,a
        mova,@r0
        movdptr,#tab
        movca,@a+dptr
```

```
        cjne    r2,＃0fbh,addp
        add     a,＃80h
addp：movp1,a
; **************************************************
        mov     r7,＃02h
dl1：mov     r6,＃040h
dl2：djnz    r6,dl2
        djnz    r7,dl1
; **************************************************
        inc     r0
        mov     a,r2
        jnb     acc.1,exit
        rr      a
        mov     r2,a
        ajmp    lp
exit：ret
; **************************************************
tab：db   3fh,06h,5bh,4fh,66h ; 0 1 2 3 4
    db   6dh,7dh,07h,7fh,6fh；5 6 7 8 9
;>>>>>>>>>>>>>>>>>>>>>>>>>>>>>>>>>>>>>>>>>>>>>>>>
    end
```

第14章

基于无线传感网的脉搏感测系统

14.1 设计题目与设计任务

设计题目:基于无线传感网的脉搏感测系统。

设计任务:脉搏测量仪的设计,必须是通过采集人体脉搏变化引起的一些生物信号,然后把生物信号转化为物理信号,使得这些变化的物理信号能够体现人体的脉搏变化,最后通过显示模块显示出每分钟的脉搏次数。

14.2 设计方案

14.2.1 电路设计的总体思路

光电脉搏测量是利用光电传感器作为变换元件,把采集到的用于检测脉搏跳动的红外光转换成电信号,再经过信号处理电路、主控电路、LCD1602 显示电路等来实现脉搏次数的显示。系统设计包括硬件设计和软件设计,其中:硬件设计主要包括脉搏检测电路、信号处理电路、主控电路、LCD1602 显示电路等;软件设计包括定时器中断程序、外部中断服务程序、LCD1602 显示程序等。

14.2.2 系统组成

本设计采用单片机 STC89C52 作为控制核心来实现脉搏的基本测量功能。系统结构框图如图 14.1 所示。

当手指放在红外线发射二极管和接收二极管中间时,随着心脏的跳动,人体中的流体(如血液)的流量将发生变换。由于手指放在光的传递路径中,人体中血液的饱和程度的变化会导致光强产生改变,所以说和脉搏跳动节奏相对应,接收三极管中的电流信号也必随之变化,这就使得接收三极管输出脉冲信号。该信号经放大、滤波、整形后

图 14.1　系统结构框图

将信号输出,输出的脉冲信号作为单片机的外部中断信号。经过单片机处理后,最终在 LCD1602 上对采集到的脉搏数进行实时显示。

14.2.3　电路各组成部分详解

系统原理图如图 14.2 和图 14.3 所示。经过实物测试,电路能够捕获到随着心脏跳动而引起的血管中血液流量的电压变化,再经过调理电路和单片机处理,最终通过液晶实时显示了脉搏测量的结果,测得的脉搏为 71 次/分左右,符合实际情况,设计的电路基本完成了设计要求。

1. 脉搏检测电路

图 14.4 所示为脉搏信号的采集电路。D4、D5 是红外发射和接收装置,由于红外发射二极管中的电流越大,发射角度越小,产生的发射强度就越大,所以对 R8 阻值的选取要求较高。R8 选择 200 Ω 也是基于红外接收二极管感应红外光灵敏度考虑的。R8 过大,通过红外发射二极管的电流偏小,红外接收三极管无法区别有脉搏和无脉搏时的信号。反之,R8 过小,通过的电流偏大,红外接收二极管也不能准确地辨别有脉搏和无脉搏时的信号。当手指离开传感器或检测到较强的干扰光线时,输入端的直流电压会出现很大变化,为了使它不致泄漏到下一级电路输入端而造成错误指示,用 C12 耦合电容把它隔断。

当手指处于测量位置时,分为无脉期和无脉期。人体组织遮挡了一部分红外发射二极管发射的光,但是由于二极管中存在暗电流,会造成输出电压略低。有脉期即是当脉搏跳动时,血脉使手指透光性变差,在二极管里的暗电流越来越小,输出电压上升。但该传感器输出信号的频率很低,如当脉搏为 50 次/min 时只有 0.78 Hz,200 次/min 时也只有 3.33 Hz,因此信号首先经 C11 滤波以滤除高频干扰。

2. 放大电路

以人体脉搏在运动后跳动次数达 150 次/min 的情况为例来设计低通放大电路,如图 14.5 所示。R6、C9 组成低通滤波器以进一步滤除残留的干扰,截止频率由 R6、C9 决定,运放 U3B 将信号放大,放大倍数由 R6 和 R10 的比值决定。

3. 波形整形电路

波形整形电路如图 14.6 所示。LM358 是一个电压比较器,在电压比较器的负向电压输入端通过 RV1 分压得到基准电压,放大后的信号通过电容 C10 耦合进入比较器。当输入电压低于基准电压时,LM358 的第 7 个引脚输出高电平,并且输入单片机参与运算处理;反之,当输入电压高于基准电压时,LM358 的第 7 个引脚输出低电平。

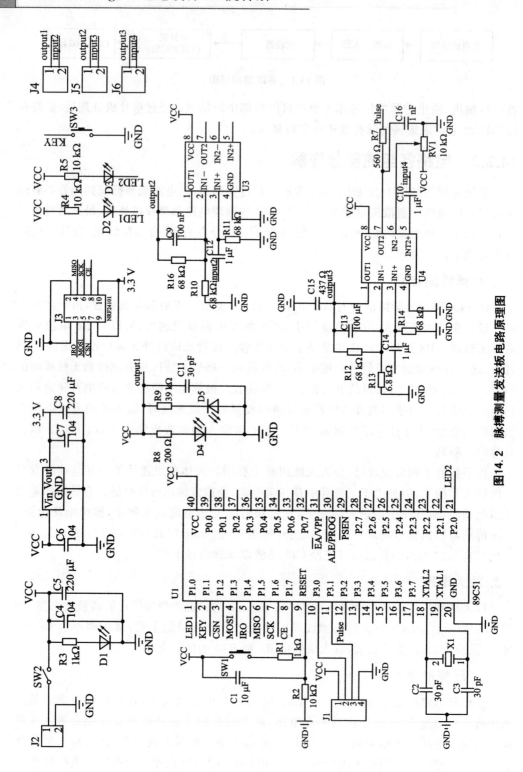

图14.2 脉搏测量发送板电路原理图

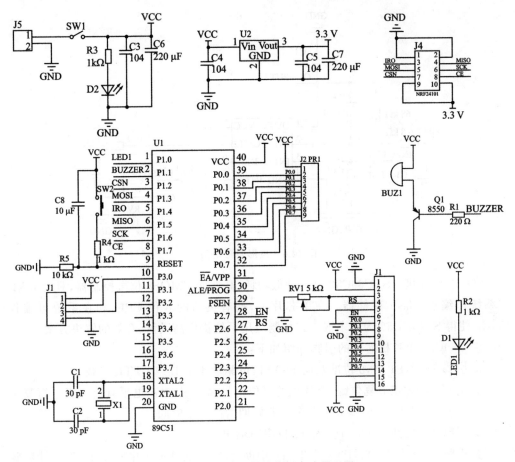

图 14.3　脉搏测量接收板电路原理图

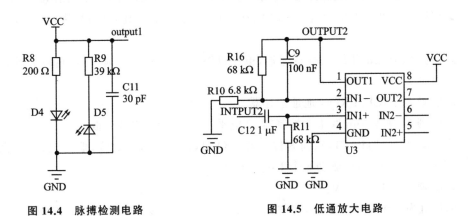

图 14.4　脉搏检测电路

图 14.5　低通放大电路

4. 主控电路

在本设计中,从价格、熟悉程度以及满足系统的需求等方面考虑,采用了 51 系列

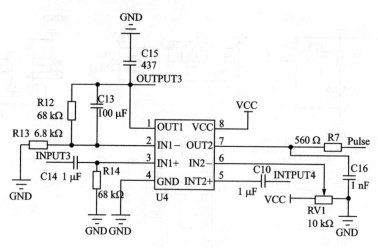

图 14.6   波形整形电路

STC89C52 单片机。STC89C52 是一种低功耗、高性能 CMOS8 位微控制器,具有 8 kΩ 在系统可编程 Flash 存储器。在单芯片上,拥有灵巧的 8 位 CPU 和在系统可编程 Flash,使得 STC89C52 为众多嵌入式控制应用系统提供高灵活、有效的解决方案。

STC89C52 单片机芯片的引脚介绍如下:

> 引脚 1~8:P1 口,8 位准双向 I/O 口,可驱动 4 个 LS 型 TTL 负载。
> 引脚 9:RESET 复位键,单片机的复位信号输入端,对高电平有效。当进行复位时,要保持 RST 引脚大于两个机器周期的高电平时间。
> 引脚 10,11:RXD 串口输入 TXD 串口输出。
> 引脚 12~19:P3 口,P3.2 为 INT0 中断 0,P3.3 为 INT1 中断 1,P3.4 为计数脉冲 T0,P3.5 为计数脉冲 T1,P3.6 为 WR 写控制,P3.7 为 RD 读控制输出端。
> 引脚 21~28:P2 口,8 位准双向 I/O 口,与地址总线(高 8 位)复用,可驱动 4 个 LS 型 TTL 负载。
> 引脚 29:psen 片外 rom 选通端,单片机对片外 rom 操作时 29 脚(psen)输出低电平。
> 引脚 30:ALE/PROG 地址锁存器。
> 引脚 31:EA rom 取指令控制器 高电平片内取 低电平片外取。
> 引脚 32~39:P0 口,双向 8 位三态 I/O 口,此口为地址总线(低 8 位)及数据总线分时复用口,可驱动 8 个 LS 型 TTL 负载。
> 引脚 40:电源+5 V。

单片机为整个系统的核心,控制整个系统的运行,其接口电路如图 14.7 所示。

5. nRF24L01 无线模块

nRF24L01 接口电路如图 14.8 所示。nRF24L01 是一款工作在 2.4~2.5 GHz 世界通用 ISM 频段的单元无线收发器芯片。无线收发器包括频率发生器、增强型 Schock

Burst 模式控制器、功率放大器、晶体振荡器、调制器、解调器。输出功率、频道选择和协议的设置可通过 SPI 接口进行设置。

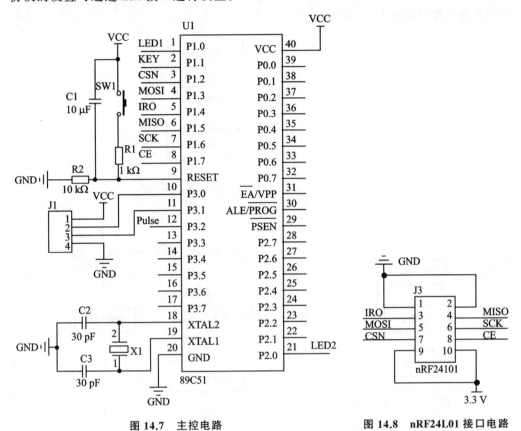

图 14.7　主控电路　　　　　　　图 14.8　nRF24L01 接口电路

极低的电流消耗：发射模式下功率为 -6 dBm 时电流消耗为 9 mA，接收模式下为 12.3 mA。掉电模式和待机模式下的电流消耗更低。

14.2.4　程序流程图

1. 主程序流程图

系统主程序控制单片机系统按预定的操作方式运行，它是单片机系统程序的框架。系统上电后，对系统进行初始化。初始化程序主要完成对单片机内专用寄存器、定时器工作方式及各端口的工作状态的设定。系统初始化之后，进行定时器中断、外部中断、显示等工作，不同的外部硬件控制不同的子程序。

主程序流程图如图 14.9 所示。

2. 定时器中断程序流程

定时器中断服务程序由 1 min 计时、按键检测、有无测试信号判断等部分组成。定时器中断开始执行后，对 1 min 开始计时，1 s 计时到之后继续检测下一个 1 s，直到 60 s

到了再停止并保存测得的脉搏次数。同时可以对按键进行检测,只要复位测试值就可以重新开始测试。该程序主要完成 1 min 的定时功能和保存测得的脉搏次数。定时器中断程序流程图如图 14.10 所示。

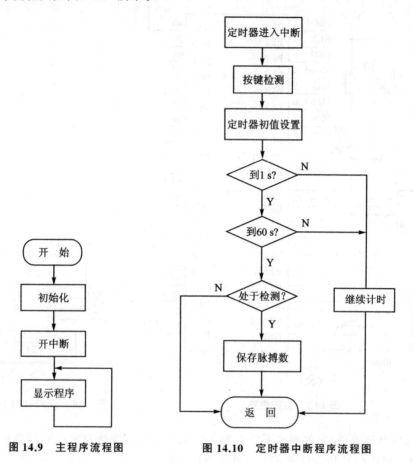

图 14.9　主程序流程图　　　　图 14.10　定时器中断程序流程图

3. INT 中断程序流程

外部中断服务程序完成对外部信号的测量和计算。外部中断采用边沿触发的方式,当处于测量状态的时候,每来一个脉冲,脉搏次数就加 1,由单片机内部定时器控制 1 min,累加得出 1 min 内的脉搏次数。流程图如图 14.11 所示。

4. 显示程序流程

LCD1602 显示程序流程图如图 14.12 所示。

构成本电路的元器件清单如表 14.1 和表 14.2 所列。

由于 Altium Designer 16 中未提供 51 系列单片机等元件,绘制 PCB 时需自己创建原理图元件库和 PCB 元件库。

本设计所需要的自建元件库包括 51 单片机元件库、晶振元件库、自锁开关元件库、

1117 元件库和 LM358 元件库。

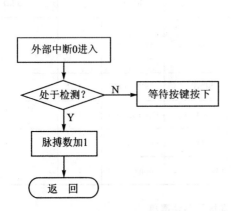

图 14.11　INT 中断程序流程

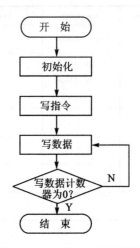

图 14.12　LCD1602 显示程序

表 14.1　接收板元器件清单

Comment	Description	Designator	Footprint	LibRef	Quantity	Value
Bell	Electrical Bell	BUZ1	PIN2	Bell	1	
Cap	Capacitor	C1, C2, C3, C4, C5	RAD − 0.3	Cap	5	30 pF, 30 pF, 104, 104, 104
Cap2	Capacitor	C6, C7, C8	CAPR5 − 4X5	Cap2	3	220 μF, 220 μF, 10 μF
LED1	Typical RED GaAs LED	D1, D2	LED − 1	LED1	2	
MHDR1X16	Header, 16-Pin	J1	MHDR1X16	MHDR1X16	1	
Header 9	Header, 9-Pin	J2 PR1	HDR1X9	Header 9	1	
Header 4	Header, 4-Pin	J3	HDR1X4	Header 4	1	
NRF24101	Header, 5-Pin, Dual row	J4	MHDR2X5	MHDR2X5	1	
Header 2	Header, 2-Pin	J5	HDR1X2	Header 2	1	
8550	PNP General Purpose Amplifier	Q1	TO − 92A	2N3906	1	
Res2	Resistor	R1, R2, R3, R4, R5	AXIAL − 0.4	Res2	5	220 Ω, 1 kΩ, 1 kΩ, 1 kΩ, 10 kΩ

续表 14.1

Comment	Description	Designator	Footprint	LibRef	Quantity	Value
RPot	Potentiometer	RV1	VR5	RPot	1	5 kΩ
SW – SPST	Single -Pole, Single -Throw Switch	SW1	SPST – 2	SW – SPST	1	
SW – PB	Switch	SW2	SPST – 2	SW – PB	1	
89C51		U1	89C51	Component_1	1	
Component_1		U2	1117	Component_1	1	
Component_1		X1	LC – HC – 49S	Component_1	1	

表 14.2 发送板元器件清单

Comment	Description	Designator	Footprint	LibRef	Quantity	Value
Cap2	Capacitor	C1、C5、C8、C10	CAPR5 – 4X5	Cap2	4	10 μF、220 μF、220 μF、1 μF
Cap	Capacitor	C2、C3、C4、C6、C7、C9、C11、C12、C13、C14、C15、C16	RAD – 0.3	Cap	12	30 pF、30 pF、104、104、104、100 nF、30 pF、1 μF、100 nF、1 μF、437、1 nF
LED1	Typical RED GaAs LED	D1、D2、D3、D4、D5	LED – 1	LED1	5	
Header 4	Header, 4-Pin	J1	HDR1X4	Header 4	1	
Header 2	Header, 2-Pin	J2、J4、J5、J6	HDR1X2	Header 2	4	
NRF24101	Header, 5-Pin, Dual row	J3	MHDR2X5	MHDR2X5	1	
Res2	Resistor	R1、R2、R3、R4、R5、R6、R7、R8、R9、R10、R11、R12、R13、R14	AXIAL – 0.4	Res2	14	1 kΩ、10 kΩ、1 kΩ、1 kΩ、1 kΩ、68 kΩ、560 Ω、200 Ω、39 kΩ、6.8 kΩ、68 kΩ、68 kΩ、6.8 kΩ、68 kΩ
RPot	Potentiometer	RV1	VR5	RPot	1	10 kΩ
SW – PB	Switch	SW1、SW3	SPST – 2	SW – PB	2	

续表 14.2

Comment	Description	Designator	Footprint	LibRef	Quantity	Value
SW – SPST	Single-Pole，Single-Throw Switch	SW2	SPST – 2	SW – SPST	1	
89C51		U1	89C51	Component_1	1	
Component_1		U2	1117	Component_1	1	
Component_1		U3，U4	LM358	Component_1	2	
Component_1		X1	LC – HC – 49S	Component_1	1	

14.3　电路板布线图、实物照片

14.3.1　新建项目工程文件

　　首先，执行"文件"→"新建"→Project 命令，将新工程项目命名为"脉搏感测系统"，并向其中添加 2 个原理图文件和 2 个 PCB 文件。然后，执行"文件"→"新建"→"库"→"原理图库"命令，在"脉搏感测系统"项目中添加 5 个原理图库文件。最后，执行"文件"→"新建"→"库"→"PCB 库"命令，在"脉搏感测系统"项目中添加 5 个 PCB 库文件。将所有文件重命名，如图 14.13 所示。

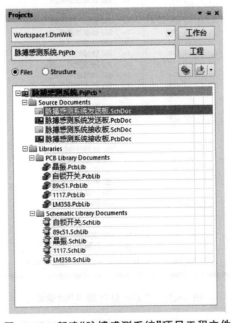

图 14.13　新建"脉搏感测系统"项目工程文件

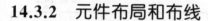

14.3.2 元件布局和布线

1. 脉搏感测系统发送板元件布局

脉搏感测系统发送板电路绘制后,执行"工程"→"Compile Document 脉搏感测系统发送板.SchDoc"命令,查看 Messages 窗口(如图 14.14 所示),显示原理图编译无错误。

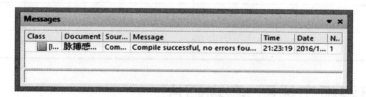

图 14.14 原理图编译后的 Messages 窗口

执行"设计"→"Update PCB Document 脉搏感测系统发送板.PcbDoc"命令,弹出"工程更改顺序"对话框,如图 14.15 所示。

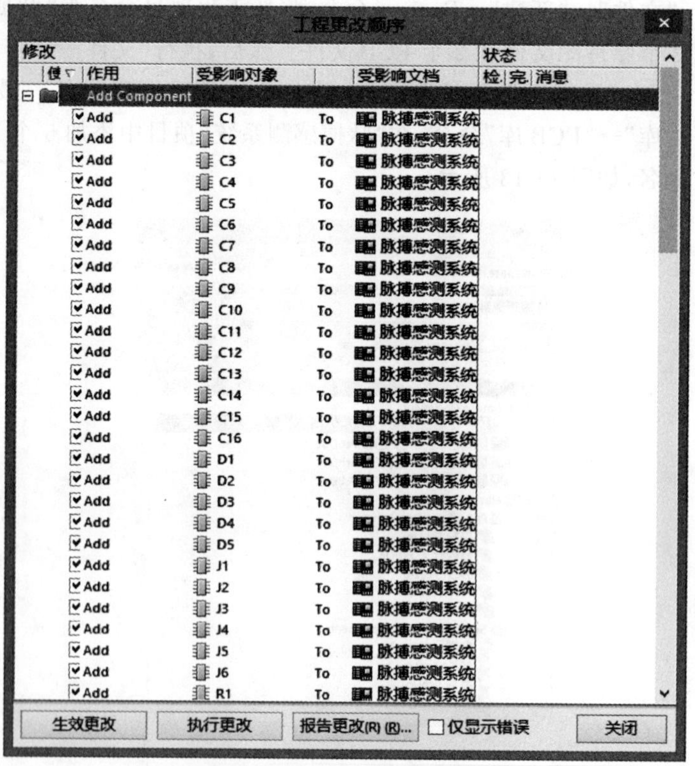

图 14.15 "工程更改顺序"对话框

单击"生效更改"按钮,完成状态检测,如图 14.16 所示。

图 14.16　状态检测完成

检测全部通过后,单击"执行更改"按钮,即可完成更改(如图 14.17 所示),并在 PCB 编辑环境下,自动生成 PCB 图(如图 14.18 所示)。

图 14.17　更改完成

图 14.18　自动生成的 PCB 图

将 Room 和所有元件移动到 PCB 板上，并调整 Room 尺寸，如图 14.19 所示。

图 14.19　调整 Room 尺寸后

元件布局采用手动布局的方式。电源接口尽量放在板子边缘，方便插拔；晶振尽量靠近 51 单片机；电源尽量远离晶振，防止干扰。元件粗略布局如图 14.20 所示。

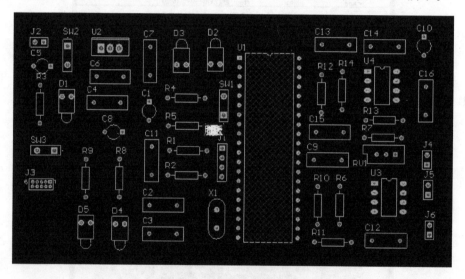

图 14.20　部分元件排列后

使用"排列工具"中的命令，选中 C13 等元件，执行"以左边边缘对齐器件"和"以右边边缘对齐器件"命令，执行结果如图 14.21 所示。

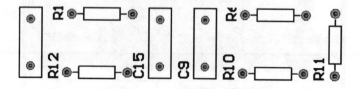

图 14.21　C13 等元件排列完毕后

选中 C10 等元件，执行"以右边边缘对齐器件"命令，执行结果如图 14.22 所示。

图 14.22　C10 等元件排列完毕后

单片机右侧元件同样分组使用"排列工具"命令，在同一列的元件尽量靠一侧对齐，单片机右侧部分元件调整完毕后，如图 14.23 所示。

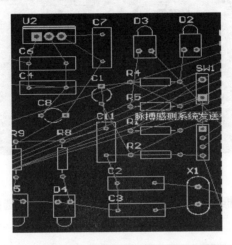

图 14.23　单片机右侧部分元件

对整体布局再次进行调整，调整元件间间距。全体元件布局完毕后如图 14.24 所示。

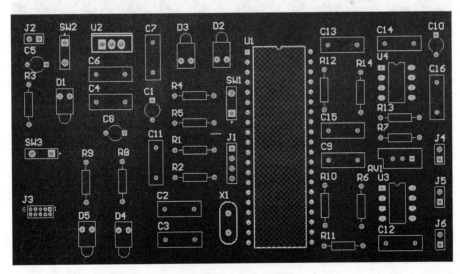

图 14.24　布局完毕后

布局完毕后，切换到 Top Overlay 层，执行"放置"→"走线"命令，绘制出矩形框，如

图 14.25 所示。

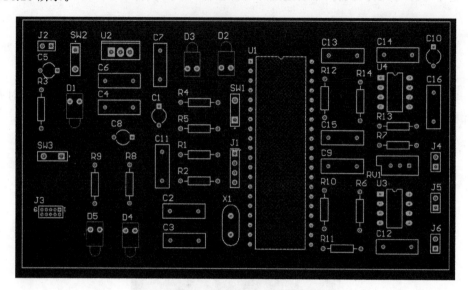

图 14.25　矩形框绘制完毕

　　选择绘制出的矩形框,执行"设计"→"板子形状"→"按照选择对象定义"命令,结果如图 14.26 所示。

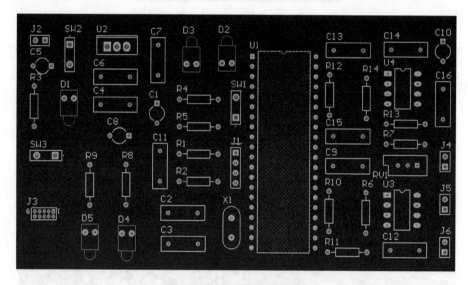

图 14.26　定义板子形状后

　　执行"设计"→"板子形状"→"根据板子外形生成线条"命令,在 PCB 板子外轮廓自动生成边界线,如图 14.27 所示。

　　放置 4 个直径为 3 mm 的定位通孔,执行"放置"→"过孔"命令,结果如图 14.28 所示。

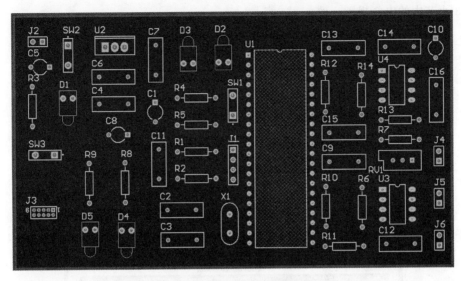

图 14.27　生成边界线后

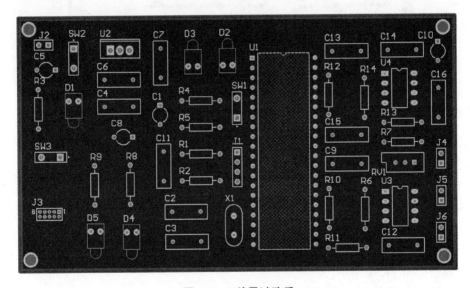

图 14.28　放置过孔后

　　至此,元件布局已经完成。需要注意的是元件布局并非越密越好,元件与元件之间间距至少应留出 100 mil 的空隙。

2. 脉搏感测系统发送板布线

　　进行布线操作,执行"自动布线"→"全部"命令,弹出"Situs 布线策略"对话框,如图 14.29 所示。

　　单击"编辑规则"按钮,进入"PCB 规则及约束编辑器"对话框,对布线规则进行设定,GND、VCC 和 Width 的线宽分别设为 10 mil、20 mil 和 30 mil。其他电气规则与

1.3.3 小节中的电气规则一致。

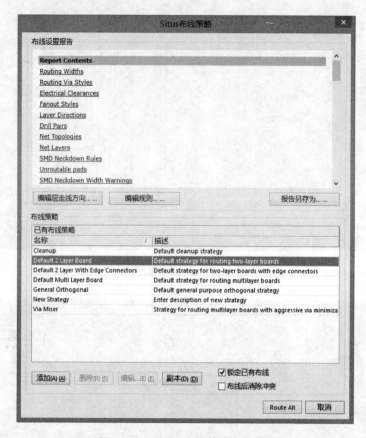

图 14.29 "Situs 布线策略"对话框

设置完基本规则后,单击"PCB 规则及约束编辑器"对话框中"确定"按钮,返回到"Situs 布线策略"对话框,单击 Route All 按钮,即可完成自动布线,如图 14.30 所示。

可见自动布线的结果并不理想,元件 J3 与元件 D5 未布线。手动将两元件连接起来,完成后如图 14.31 所示。

元件 R1 与元件 R2 之间布线转弯次数较多,需要手动调整。两元件之间布线调整后如图 14.32 所示。

调整其他布线,尽量减小线条的长度。采用"绕"和"打孔"的方式调整布线,全部线条调整完毕后如图 14.33 所示。

完成布线后,执行"放置"→"多边形敷铜"命令或单击命令栏中的"敷铜"图标为 PCB 敷铜。在弹出"多边形敷铜"对话框中选择填充模式为 Hatched,连接网络选择 GND。

设置好参数后,分别对 PCB 板顶层和底层敷铜,完成后如图 14.34 和图 14.35 所示。

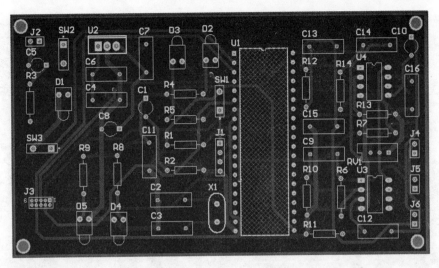

图 14.30　完成自动布线后

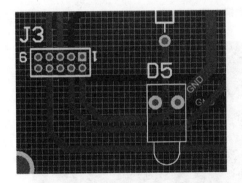

图 14.31　元件 J3 与元件 D5 之间的布线

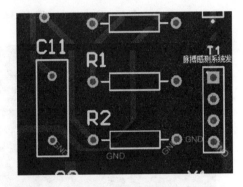

图 14.32　元件 R1 与元件 R2 之间的布线

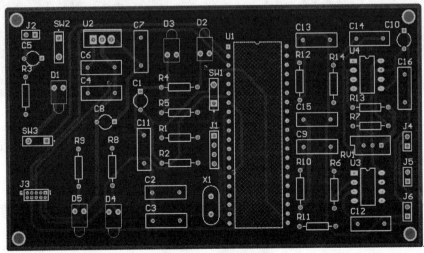

图 14.33　整体布线图

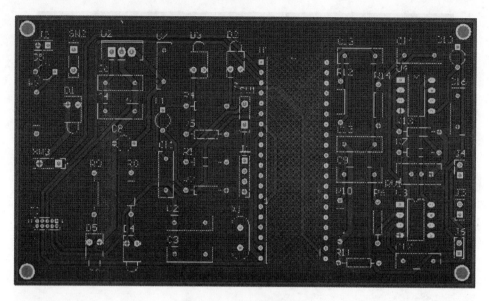

图 14.34　顶层敷铜之后

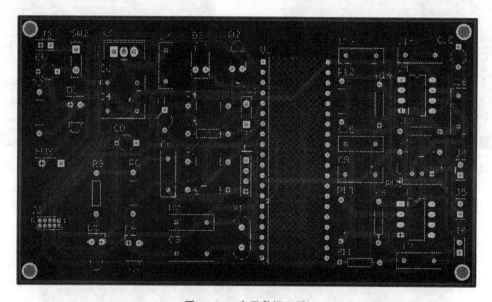

图 14.35　底层敷铜之后

敷铜之后，进行电气规制检查。执行"工具"→"设计规则检查"命令，弹出"设计规则检测"对话框，如图 14.36 所示。

单击"运行 DRC"按钮，Messages 窗口显示无错误，如图 14.37 所示。

脉搏感测系统发送板 PCB 实例基本绘制完毕，下面查看 3 维视图。执行"查看"→"切换到 3 维显示"命令，结果如图 14.38 所示。

图 14.36　"设计规则检测"对话框

图 14.37　Messages 窗口

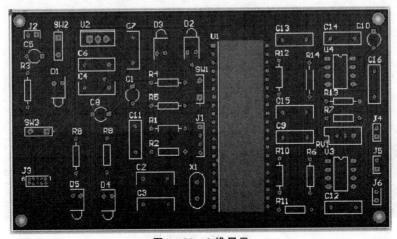

图 14.38　3 维显示

3. 脉搏感测系统接收板布局和布线

脉搏感测系统接收板 PCB 绘制与发送板的绘制方法基本一致,但布局和布线有所差异。

脉搏感测系统接收板绘制后,执行"工程"→"Compile Document 脉搏感测系统接收板.SchDoc"命令,查看 Messages 窗口,显示原理图编译无错误,即可执行"设计"→"Update PCB Document 脉搏感测系统接收板.PcbDoc"命令,进入"工程更改顺序"对话框,全部通过检测后,单击"执行更改"按钮,在 PCB 编辑环境下自动生成 PCB 图,如图 14.39 所示。

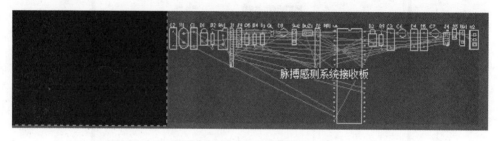

图 14.39　自动生成的 PCB 图

将 Room 和所有元件移动到 PCB 板上,并调整 Room 尺寸。元件布局采用手动布局的方式。单片机尽量放置在板子中间,复位电路与晶振电路也应该紧靠单片机,接口端子尽量放置在板子的边缘。

元件布局如图 14.40 所示。

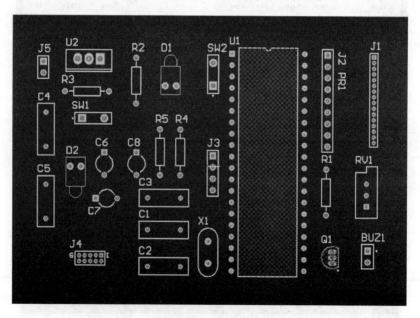

图 14.40　元件布局

布局完毕后,定义板子形状,并放置 4 个直径为 3 mm 的定位通孔,执行结果如图 14.41 所示。

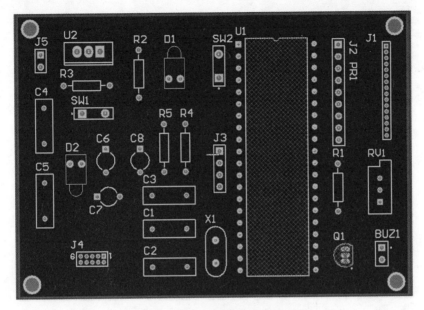

图 14.41　板子形状定义完毕后

　　板子形状定义完成后,进行布线操作,执行"自动布线"→"全部"命令,进入"Situs 布线策略"对话框,单击"编辑规则"命令,编辑相应规则。自动布线完成后如图 14.42 所示。

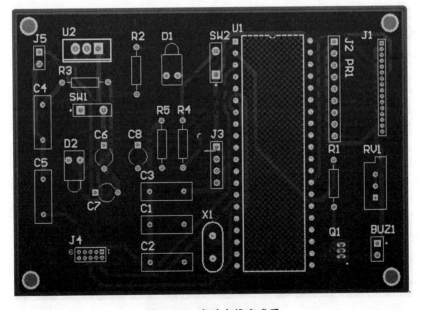

图 14.42　自动布线完成后

手动调整布线,尽量减小线条的长度。采用"绕"和"打孔"的方式调整布线,全部线条调整完毕后,如图 14.43 所示。

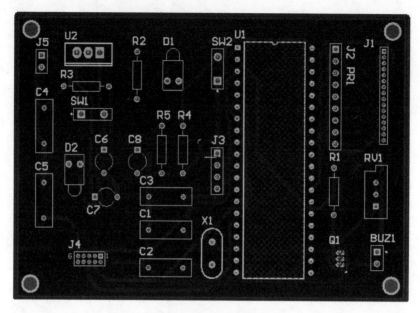

图 14.43　调整布线后

完成布线后,执行"放置"→"多边形敷铜"命令或单击命令栏中的"敷铜"图标为 PCB 敷铜。在弹出的"多边形敷铜"对话框中选择填充模式为 Hatched。顶层和底层敷铜完毕后分别如图 14.44 和图 14.45 所示。

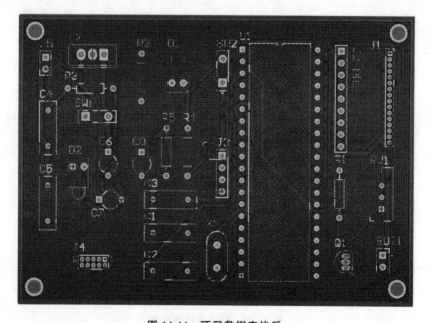

图 14.44　顶层敷铜完毕后

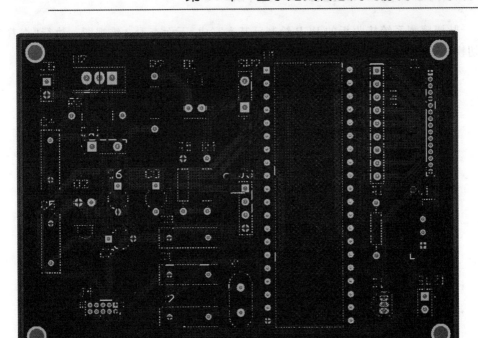

图 14.45　底层敷铜完毕后

　　敷铜之后，进行电气规制检查。执行"工具"→"设计规则检查"命令，弹出"设计规则检测"对话框，单击"运行 DRC"按钮，在 Designer Rule Verification Report 窗口显示无错误，如图 14.46 所示。

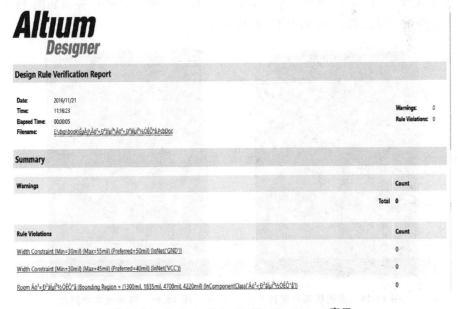

图 14.46　Designer Rule Verification Report 窗口

脉搏感测系统接收板的 PCB 绘制已基本完成,下面查看 3 维视图。执行"查看"→"切换到 3 维显示"命令,执行结果如图 14.47 所示。

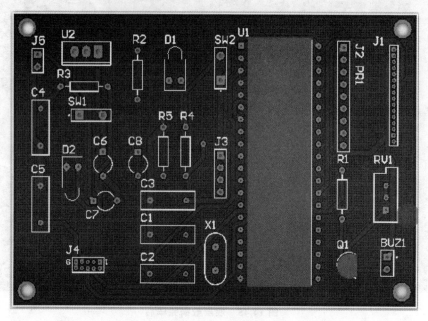

图 14.47　3 维显示

14.3.3　实物照片

基于无线传感网的脉搏感测系统发送板和接收板的实物照片分别如图 14.48 和图 14.49 所示,实际测试照片如图 14.50 所示。

图 14.48　发送板实物照片

图 14.49　接收板实物照片

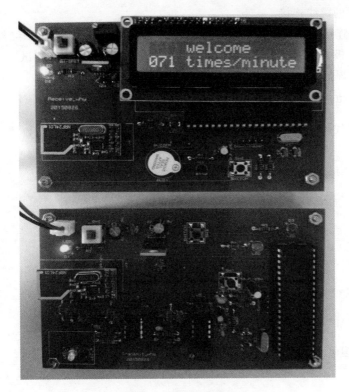

图 14.50　实际测试照片

14.4　习题、注意事项及程序代码

1. 习　题

（1）脉搏采集电路中，选取 R5 的阻值时，应该考虑哪些因素？

答：R6 选择 200 Ω，是基于红外接收三极管感应红外光灵敏度考虑的。R8 过大，通过红外发射二极管的电流偏小，红外接收二极管无法区别有脉搏和无脉搏时的信号。反之，R8 过小，通过的电流偏大，红外接收二极管也不能准确地辨别有脉搏和无脉搏时的信号。

（2）如何通过检测脉搏信号来计算并显示心率？

答：通过波形整形电路将脉搏信号转换为计算心率的脉冲。波形整形电路中 LM358 是一个电压比较器，在电压比较器的负向电压输入端通过 RV1 分压得到基准电压，放大后的信号通过电容耦合进入比较器。当输入的电压低于基准电压时，LM358 的第 7 引脚输出高电平，并且输入单片机进行参与运算处理；反之输出低电平。

2. 注意事项

（1）电路各部分设计完毕后，需对各部分进行适当的连接，并考虑器件间的相互影

响。注意顶层的跳线连接。

(2) 电路连接完成后,进行实测时,注意手指放置的位置,应位于红外发光二极管和红外接收二极管之间。如果检测结果不对,则应进行调整,重新测试。

(3) 电路焊接时,注意排阻 PR1 的正确安装。

3. 程序代码

发送程序代码如下:

```c
# include "coon.h"
# include "IndepKey.h"
# include "keys.h"
# include "NRF24L01.h"
# include <reg52.h>
# include <stdio.h>
# include <stdlib.h>
# include <string.h>
sbit LED_R = P1^0;          //低电平亮
sbit LED_G = P2^1;          //低电平亮
sbit PULSE = P3^2;          //脉搏
int  g_iStep = 0;
int  g_iMS = 0;
int  g_iPulse = 0;
void interrupt_time0() interrupt 1
{
    g_iMS ++ ;
    if( g_iMS == 1200 )          //计满 1 min,停止检测
    {
        g_iStep = 2;             //停止
        EA = 0;
        return;
    }
    ET0 = 1;
    TR0 = 1;
}
void main()
{
    int   key = 0;
    char s[50] = {0};
    bool bl = false;
    LED_R = 1;
    LED_G = 1;
    init_NRF24L01();
    init_IndepKey();
    delay_ms( 1000 );
    TxPacket_NRF24L01("A4", 2);          //等待信号
    g_iStep = 0;
    while( 1 )
    {
        if( g_iStep == 1 )
        {
```

```
            if(PULSE == 1)
            {
                delay_ms(10);
                if(PULSE == 1)
                {
                    LED_R = 0;
                    while(PULSE == 1) ;
                    sprintf(s, "A2");
                    TxPacket_NRF24L01(s, 7);        //一次脉搏信号
                    delay_ms(50);
                    g_iPulse++ ;
                }
            }
            LED_R = 1;
        }
        if( g_iStep == 2 )
        {
            //发送数据
            LED_G = 1;
            TxPacket_NRF24L01("A3", 2);            //结束信号
            g_iStep = 3;
        }
        key = getkey_IndepKey();
        if( key == STD_KEY_IDX_1 )                 //启动检测
        {
            if( g_iStep == 0 )
            {
                TxPacket_NRF24L01("A1", 2);        //启动信号
                g_iStep   = 1;                     //开始
                g_iPulse  = 0;
                g_iMS     = 0;
                LED_G     = 0;
                TMOD = (TMOD & 0xF0) | 0x01;
                TH0 = 0x3C; TL0 = 0xB0;            //每 50 ms 执行一次
                ET0 = 1;      TR0 = 1;
                EA  = 1;
            }
            else if( g_iStep == 3 )
            {
                TxPacket_NRF24L01("A4", 2);        //等待信号
                g_iStep = 0;
                LED_R = 1;
                LED_G = 1;
            }
        }
    }
}
```

接收程序代码如下：

```
# include "coon.h"
```

```
# include "NRF24L01.h"
# include "LCD1602.h"
# include "serial.h"
# include <reg52.h>
# include <stdio.h>
# include <stdlib.h>
# include <string.h>
sbit LED_R = P1^0;
sbit BEEP = P1^1;
int   g_iPulse = 0;
void main()
{
    int   iTimes = 0;
    char buf[20] = {0};
    bool bl1 = false, bl2 = false;
    BEEP = 1;
    init_serial();
    init_LCD1602();
    init_NRF24L01();
    EA = 1;
    delay_ms(1000);
    show_str_LCD1602("    welcome     ", 0, 0);
    while( 1 )
    {
        memset(buf, 0, sizeof(buf));
        bl1 = RxPacket_NRF24L01(buf);
        buf[2] = '\n';
        write_serial(buf, -1);
        if( bl1 == true )
        {
            if( memcmp(buf, "A1", 2) == 0 )            //启动信号
            {
                show_str_LCD1602("    scaning...   ", 0, 0);
                show_str_LCD1602("", 1, 0);
                g_iPulse = 0;
                LED_R = 1;
                BEEP = 1;
                bl2 = false;
            }
            if( memcmp(buf, "A2", 2) == 0 )            //一次脉搏信号
            {
                g_iPulse ++ ;
                sprintf(buf, " %03d times/minute", g_iPulse);
                show_str_LCD1602(buf, 1, 0);
            }
            if( memcmp(buf, "A3", 2) == 0 )            //结束信号
            {
                show_str_LCD1602("your pulse rate ", 0, 0);
                sprintf(buf, " %03d times/minute", g_iPulse);
                show_str_LCD1602(buf, 1, 0);
                bl2 = true;
```

```
        }
        if( memcmp(buf, "A4", 2) == 0 )                //等待信号
        {
            show_str_LCD1602("   waiting...   ", 0, 0);
            show_str_LCD1602("", 1, 0);
            bl2 = false;
            iTimes = 0;
            BEEP = 1;
            LED_R = 1;
        }
    }
    if( bl2 == true && 100 <= g_iPulse )
    {
        LED_R = ~LED_R;
        BEEP = ~BEEP;
    }
  }
}
```

第15章

血压测量电路

15.1 设计题目与设计任务

设计题目:血压测量电路。

设计任务:与传统血压脉搏检测相比,该设计无水银,避免了因水银泄漏而造成的环境污染问题,而且操作简单易行,适合家庭使用。该血压脉搏检测电路通过压力传感器测得血压值,再将血压数据通过 V/F 转换器将血压对应的电压信号转换为与之对应的频率信号,传入单片机,然后由单片机控制,经主程序处理数据之后,在液晶显示器上把血压值显示出来。

15.2 设计方案

15.2.1 电路设计的总体思路

本设计是一种基于 ATmega16 单片机的电子血压脉搏实时检测电路。

该电子血压脉搏实时检测硬件电路可分为以下五大模块:控制模块、人机交互模块、压力传感器模块、报警电路模块以及袖带气囊驱动模块。其中:控制模块采用 ATmega16 单片机作为主控制器;压力传感器模块用新型的医用专用电容式压力传感器 Sensor101;人机交互模块采用 LCD1602 液晶对显示血压和脉搏,通过按键电子血压脉搏实时检测仪进行设置。系统将袖带气囊包在待测者的手臂上,通过向气囊增压和减压的过程采集压力传感器的输出值,通过数据处理计算出血压,并显示在 LCD 显示屏上。

15.2.2 系统组成

系统结构框图如图 15.1 所示。

本设计中硬件电路设计包括:传感器电路设计、ATmega16 单片机系统电路、人机交互电路、报警电路、电机/排气阀驱动电路电源电路。

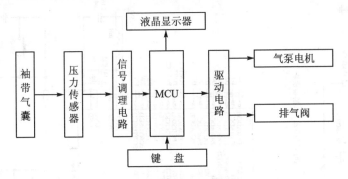

图 15.1　系统结构框图

15.2.3　电路各组成部分详解

系统原理图如图 15.2 所示。经过实物测试,电路能测量出被测试者的血压,并通过 LCD 显示测试结果,测试结果与实际结果保持良好的一致性。实测时,被测试者为 24 岁无高血压史女性,结果显示收缩压(Systolic Blood Pressure,SBP)为 96 mmHg,舒张压(Diastolic Blood Pressure,DBP)为 63 mmHg。由于我国青壮年的平均血压为 110/70 mmHg,一般在(90~120)/(60~80)mmHg 的范围内,因此符合实际情况,设计的电路基本满足了设计要求。

1. 压力传感器模块电路

本设计采用静电容式压力传感器配合袖带气囊采集血压信号。传感器模块电路如图 15.3 所示。

传感器将压力信号变换为同比例的频率信号。通过查询官方数据手册得气压对应的信号频率,如表 15.1 所列。

表 15.1　静电容压力传感器 p_{in}/f_{out} 表

Pressure Input p_{in}		Frequency Output f_{out}/kHz			Typical Offset/Hz
kPa	mmHg	Min	Typical	Max	
0	0		1 200		0
8	60		1 080		120 000
16	120		960		240 000
24	180		840		360 000
32	240		720		480 000
40	300		600		600 000

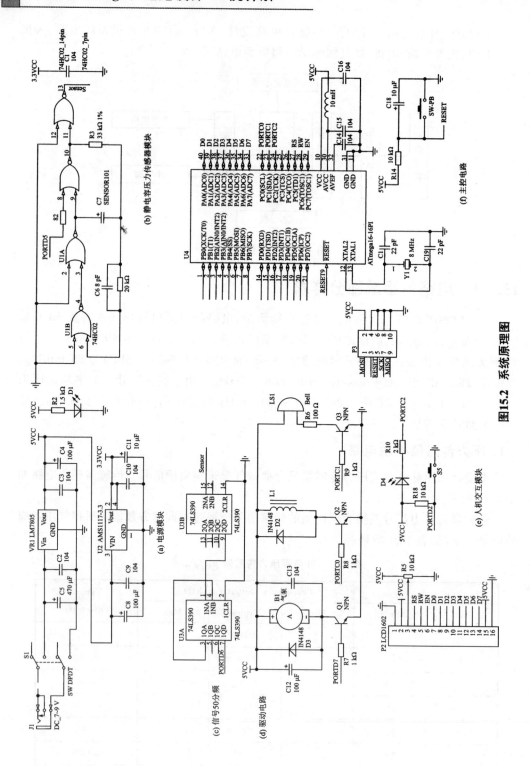

图15.2 系统原理图

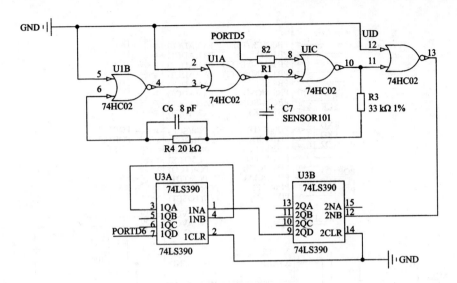

图 15.3　传感器模块电路

由于人体的血压范围为 40~140 mmHg(1 mmHg＝133.32 Pa),传感器对应的输出频率范围为 1 120~920 kHz。该频率范围对单片机的处理速度要求较高,所以需要对传感器信号进行分频处理。

本设计采用的 AVR 单片机其外部时钟为 8 MHz,利用两片 74LS390 计数器串联组成 50 倍分频电路,将传感器输出频率控制在 22.4~18.4 kHz 范围内,利用单片机的 ICP 模块即能很好地捕捉测频。

2. 控制单元模块

图 15.4 所示为控制单元模块电路,其中控制器采用 ATmega16,按键 S1 为复位按键,Y1 为晶振。为了计时方便,电路中晶振选用 8 MHz 无源外部晶振,配合两个起振电容 C2 和 C3,形成晶体谐振电路为单片机提供一个 8 MHz 的稳定时钟源。为了方便起振,起振电容选为 22 pF。

3. 人机交互模块

人机交互模块包括预警声音提示电路、按键设定电路和 LCD1602 显示电路。

1) 报警电路

本设计中采用蜂鸣器作为血压脉搏检测仪测量时的报警提示器,当测量结束时,蜂鸣器发出蜂鸣声提示用户测量完成。报警提示电路如图 15.5 所示。

蜂鸣器的发声原理是通过线圈带动鼓膜振动而发出蜂鸣声,驱动线圈振动需要的驱动电流较大,而 51 单片机的端口驱动能力有限,不能直接驱动蜂鸣器,需要增加额外的驱动电路。

本设计的蜂鸣器采用一个 PNP 三极管驱动,此时三极管只作开关管使用,工作在饱和区。为防止三极管过电流击穿,在其基极需要增加一个限流电阻。

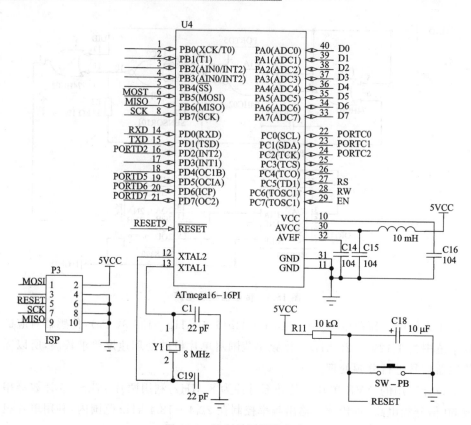

图 15.4　控制单元模块电路

2）按键设定电路

图 15.6 所示为按键设定电路，其中电阻 R3～R5 为上拉电阻，大小为 10 kΩ。本设计中，每个按键一端接地，另一端通过一个上拉电阻接到 VCC 上。通过读出按键的电平信号而执行相应的程序，实现人机交互的目的。

由于 LED 的导通电流为 5 mA 左右，所以需在电路上加上限流电阻。因电源电压为 5 V，所以在此为保证灯的亮度，选择 2 kΩ 的电阻限流。

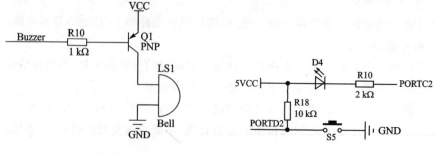

图 15.5　报警提示电路　　　　**图 15.6　按键设定电路**

3) LCD1602 显示电路

图 15.7 所示为 LCD1602 液晶,此液晶属于工业字符型液晶,能够同时显示 16×02 即 32 个字符。1602 液晶也叫 1602 字符型液晶,它是一种专门用来显示字母、数字、符号等的点阵型液晶模块。它由若干个 5×7 或者 5×11 等点阵字符位组成,每个点阵字符位都可以显示一个字符,各位之间有一个点距的间隔,各行之间也有间隔,起到了字符间距和行间距的作用,也正因为如此,它不能很好地显示图形(用自定义 CGRAM,显示效果也不好)。

1602LCD 是指显示的内容为 16×2,即可以显示 2 行,每行 16 个字符液晶模块(显示字符和数字)。目前市面上字符液晶绝大多数是基于 HD44780 液晶芯片的,控制原理是完全相同的,因此基于 HD44780 写的控制程序可以很方便地应用于市面上大部分的字符型液晶。

图 15.8 所示为 LCD1602 液晶显示电路,因控制器单元 ATmega16 的 P0 端口带载比较差,需要外接上拉电阻。其中,电位器 R1 用来调节 LCD1602 的背光亮度,输入到 LCD1602 V0 端的电压越大,LCD1602 的背光越亮。

本设计中,液晶主要用于显示系统设置信息,方便用户录入感应器的感应类别,以及报警指示是何种指标超标。由于液晶显示以及程序设计灵活,可以省去数码管显示的繁琐操作。同时液晶显示更加人性化,且现在液晶成本低廉,在本设计中是一个很好的选择。图 15.8 中单片机的 P0 口作为液晶显示的数据端口。由于 AVR 单片机设计者为了满足多电平的兼容性。当 P0 口作输出时,设计为集电极开路输出,因此本设计作为液晶的数据端口,P0 口输出增加上拉电阻 R2 将 P0 口输出上拉至 VCC,以保证单片机输出 1 时,液晶数据口接收到的信号为高电平。

图 15.7　LCD1602 液晶

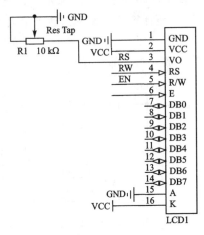

图 15.8　LCD1602 液晶显示电路

4. 电源电路

本系统控制电源为直流 5 V 以及 3.3 V 两个电压等级,系统供电采用线性电源,系统电源电路如图 15.9 所示。所接电源为 220 V 交流电。通过工频变压器将电压降到 9 V 后,整流滤波为直流电,然后再经过 5 V 的三端稳压器 LT7805 将电压稳定为 5 V 的直流电压输出为控制电路、人机交互电路以及传感器电路等提供电源。另外,再通过 5 V 的三端稳压器 LM7805,最后通过 3.3 V 三端稳压器 L1117 为 ADC 电路供电。

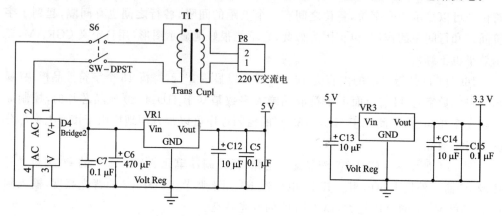

图 15.9　系统电源电路

5. 驱动电路

充放气电路也是影响测量准确度的一个重要因素。因此,怎样控制充气阀和放气阀,才能得到最好的测量结果是关键。在测量过程中,采用单片机控制充放气速率,根据压力大小进行控制充气阀和放气阀的动作,这样不但能够准确控制充放气的速率,而且能很好地监测整个系统的运行情况,此外,还可以避免意外的人身伤害。

驱动电路如图 15.10 所示。在充气过程中,可以稍微快点充气,并估计收缩压和舒张压,以便计算放气速率。达到最大值后停止充气,开始慢慢匀速放气。放气过程中,时刻观察血压袖套 CUFF 的压力情况,保持匀速放气。最后当压力小于 20 mmHg 时,立即把放气阀全部打开。

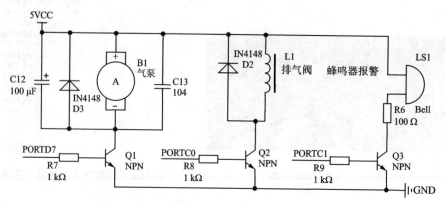

图 15.10　驱动电路

排气阀的控制原理与继电器控制原理相同,其排气阀内部实际为一个电磁线圈,通过向线圈通入 5 V 的电压,即可使线圈产生磁场吸合排气阀门从而实现排气阀打开。由于控制器端口输出为 TTL 电平,所以对排气阀需要增设驱动电路。本设计采用 NPN 三极管 8050 作为继电器的驱动电路,利用三极管工作于开关状态的特性,对三极管基极施加一定的电流即能实现集电极和发射极之间的接通和断开的功能。当工作于开关状态时,由于三极管的导通电阻很小,相当于线圈两端直接施加一个 5 V 的电压,排气阀打开;当控制器输出低电平时线圈失电,排气阀关闭。

　　空气泵电机驱动采用大功率三极管驱动,与排气阀相同,此时三极管工作于开关状态。通过控制三极管基极的电流即能控制电机的开启和关断,通过对三极管基极施加 PWM 信号还可以实现电机的 PWM 调速,即实现对充气泵充气速度的控制。

　　构成本电路的元器件清单如表 15.2 所列。由于 Altium Designer 16 中未提供 ATmega16 单片机等元件,绘制 PCB 时需自己创建原理图元件库和 PCB 元件库。本设计所需要的自建元件库包括 ATmega16 单片机元件库、晶振元件库、74HC02 元件库、LM1117 件库和 74LS390 元件库。

表 15.2　元器件清单

Comment	Description	Designator	Footprint	LibRef	Quantity	Value
Motor	Servo Motor	B1	RAD − 0.4	Motor Servo	1	
Cap	Capacitor	C1、C2、C3、C6、C9、C10、C13、C14、C15、C16、C17、C19	RAD − 0.3	Cap	12	104、104、104、8 pF、104、104、104、104、104、104、22 pF、22 pF
Cap2	Capacitor	C4、C5、C7、C8、C11、C12、C18	CAPR5 − 4X5	Cap2	7	100 μF、470 μF、100 μF、100 μF、10 μF、100 μF、10 μF
LED1	Typical RED GaAs LED	D1、D4	LED − 1	LED1	2	
1N4148	High Conductance Fast Diode	D2、D3	DO − 35	Diode 1N4148	2	
Header 2	Header, 2-Pin	J1	HDR1X2	Header 2	1	
Air	Magnetic − Core Inductor	L1	AXIAL − 0.9	Inductor Iron	1	10 mH
Inductor Iron	Magnetic − Core Inductor	L2	AXIAL − 0.9	Inductor Iron	1	10 mH
Bell	Electrical Bell	LS1	PIN2	Bell	1	
LCD1602	Header, 16-Pin	P2	HDR1X16	Header 16	1	

Comment	Description	Designator	Footprint	LibRef	Quantity	Value
Header 5×2	Header，5-Pin，Dual row	P3	HDR2X5	Header 5X2	1	
2N3904	NPN General Purpose Amplifier	Q1，Q2，Q3	TO－92A	2N3904	3	
Res2	Resistor	R1，R2，R3，R6，R7，R8，R9，R11，R18，R20，R41	AXIAL－0.4	Res2	11	82 Ω，1.2 kΩ，33 kΩ，100 Ω，1 kΩ，1 kΩ，1 kΩ，10 kΩ，10 kΩ，2 kΩ，20 kΩ
RPot	Potentiometer	R5	VR5	RPot	1	10 kΩ
SW－DPDT	Double-Pole，Double-Throw Switch	S1	DPDT－6	SW－DPDT	1	
SW PB	Switch	S2，S5	SPST－2	SW－PB	2	
Component_1		U1，U3	74LS390－duplicate	Component_1	2	
LM1117		U2	1117	Component_1	1	
Component_1		U4	ATmega16	Component_1	1	
7805		VR1	1117	Component_1	1	
Component_1		Y1	LC－HC－49S	Component_1	1	

15.3　电路板布线图、实物照片

15.3.1　新建项目工程文件

　　首先，执行"文件"→"新建"→Project 命令，将新工程项目命名为"血压测量电路"，并向其中添加原理图文件和 PCB 文件。然后，执行"文件"→"新建"→"库"→"原理图库"命令，在"血压测量电路"项目中添加 5 个原理图库文件。最后，执行"文件"→"新建"→"库"→"PCB 库"命令，在"血压测量电路"项目中添加 5 个 PCB 库文件。将所有文件重命名，如图 15.11 所示。

图 15.11　项目工程

15.3.2　绘制元件库

由于前面部分实例已经完成了晶振元件库和 LM1117 元件库的绘制，因此这里只需绘制 ATmega16 元件库、74HC02 元件库和 74LS390 元件库。

15.3.3　元件布局和布线

1. 元件布局

整体电路绘制后，执行"工程"→"Compile Document 血压测量电路.SchDoc"命令，查看 Messages 窗口（如图 15.12 所示），显示 2 条错误信息和 1 条警告信息。

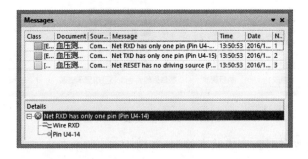

图 15.12　原理图编译后的 Messages 窗口（一）

双击错误信息,显示错误类型为 Net xxx has only one pin。删除血压测量电路原理图中多余的网络标号,即可完成修改,再次执行"工程"→"Compile Document 血压测量电路.SchDoc"命令,查看 Messages 窗口(如图 15.13 所示),无错误信息。

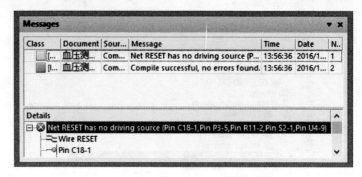

图 15.13   原理图编译后的 Messages 窗口(二)

执行"设计"→"Update PCB Document 血压测量电路.PcbDoc"命令,弹出"工程更改顺序"对话框,如图 15.14 所示。

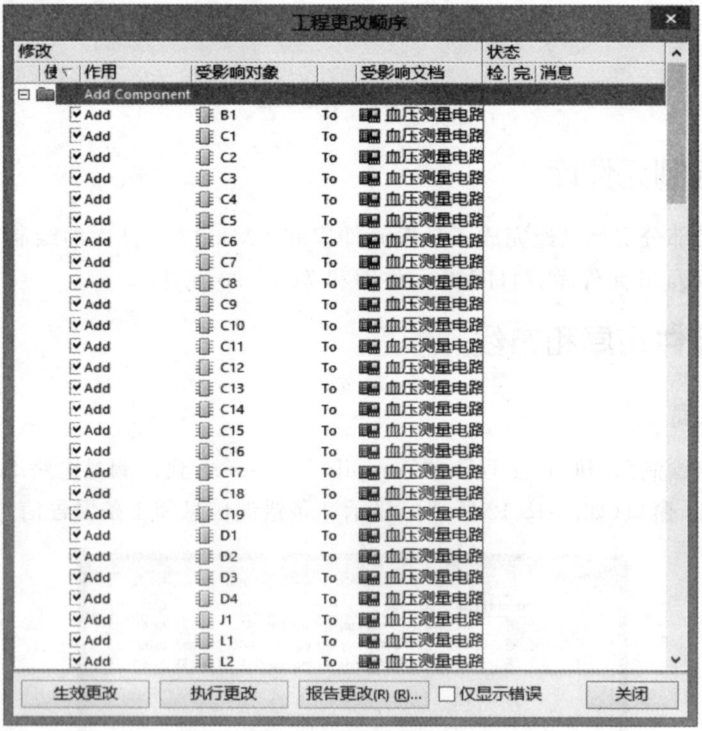

图 15.14   "工程更改顺序"对话框

单击"生效更改"按钮,完成状态检测,如图 15.15 所示。

检测全部通过后,单击"执行更改"按钮,即可完成更改(如图 15.16 所示),并在 PCB 编辑环境下,自动生成 PCB 图(如图 15.17 所示)。

图 15.15 状态检测完成

图 15.16 更改完成

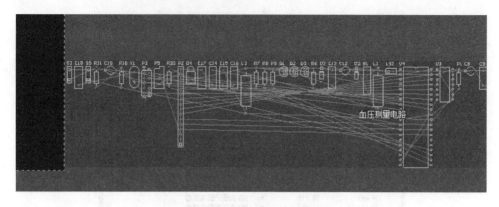

图 15.17　自动生成的 PCB 图

将 Room 和所有元件移动到 PCB 板上,并调整 Room 尺寸,如图 15.18 所示。

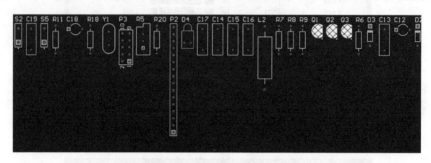

图 15.18　调整 Room 尺寸后

元件布局采用手动布局的方式。复位电路与晶振电路应尽量紧靠 ATmega16 单片机。ATmega16 单片机最小系统布局如图 15.19 所示。

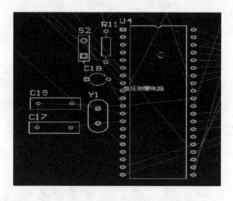

图 15.19　ATmega16 单片机最小系统布局

将电源电路放置在板子的左侧,输出端滤波电容尽量靠近稳压元件的输出引脚,输入端滤波电容尽量靠近稳压元件的输入引脚。

电源电路元件布局如图 15.20 所示。

显示电路和电机驱动电路放置在 ATmega16 单片机最小系统的右侧,相关元件布局如图 15.21 所示。

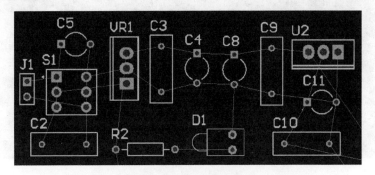

图 15.20 电源电路布局

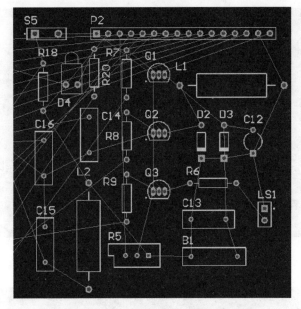

图 15.21 显示电路和电机驱动电路布局

使用"排列工具"等命令,适当调整元件间距和对齐方向,所有元件布局完毕后如图 15.22 所示。

布局完毕后,切换到 Top Overlay 层,执行"放置"→"走线"命令,绘制出矩形框,如图 15.23 所示。

选择绘制出的矩形框,执行"设计"→"板子形状"→"按照选择对象定义"命令,结果如图 15.24 所示。

执行"设计"→"板子形状"→"根据板子外形生成线条"命令,在 PCB 板子外轮廓自动生成边界线,如图 15.25 所示。

放置 4 个直径为 3 mm 的定位通孔,执行"放置"→"过孔"命令,结果如图 15.26 所示。

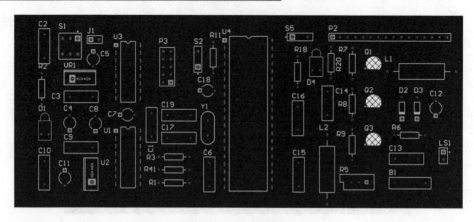

图 15.22   整体布局

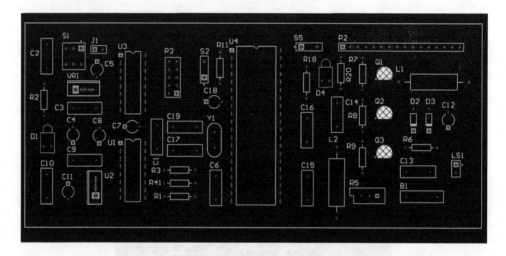

图 15.23   矩形框绘制完毕

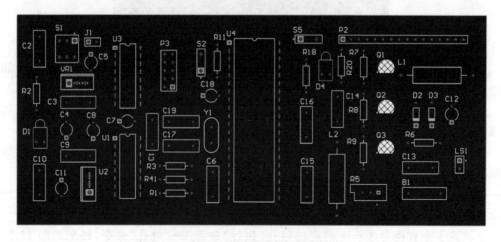

图 15.24   板子形状定义完成

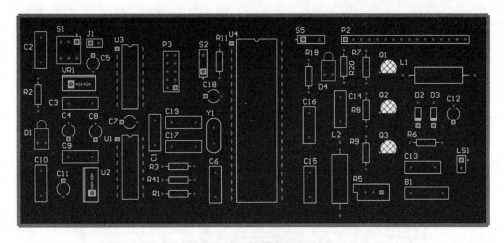

图 15.25 生成边界线完成

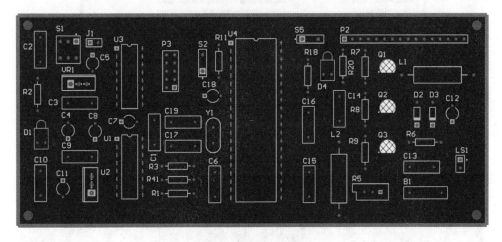

图 15.26 过孔放置完成

至此,元件布局已经完成。需要注意的是元件布局并非越密越好,元件与元件之间最好应留出 100 mil 的空隙。

2. 布　线

进行布线操作,执行"自动布线"→"全部"命令,弹出"Situs 布线策略"对话框,如图 15.27 所示。

单击"编辑规则"按钮,进入"PCB 规则及约束编辑器"对话框,对布线规则进行设定,GND、VCC 和 Width 的线宽分别设为 10 mil、20 mil 和 30 mil,其他电气规则与 1.3.3 小节中的电气规则一致。

设置完基本规则后,单击"PCB 规则及约束编辑器"对话框中的"确定"按钮,返回到"Situs 布线策略"对话框,单击 Route All 按钮,即可完成自动布线,效果如图 15.28 所示。

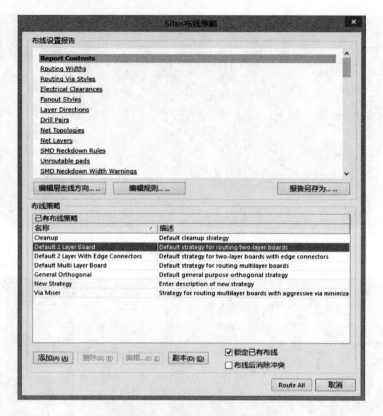

图 15.27　"Situs 布线策略"对话框

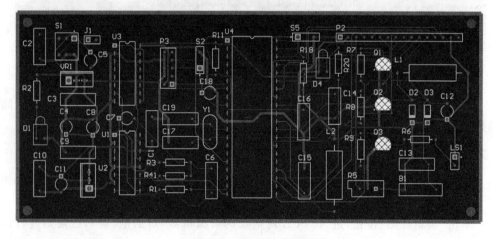

图 15.28　自动布线完成后

可见自动布线的结果并不理想, 调整单片机右侧的布线, 调整完毕后如图 15.29 所示。

调整电源电路的布线, 尽量减少转弯次数。电源路布线完毕后如图 15.30 所示。

采用"绕"或"打孔"的方式, 调整其他不合理的布线。

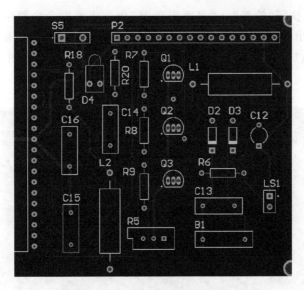

图 15.29　单片机右侧布线调整后

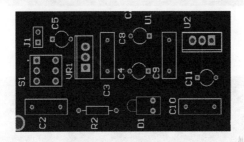

图 15.30　电源电路布线

整体布线调整后如图 15.31 所示。

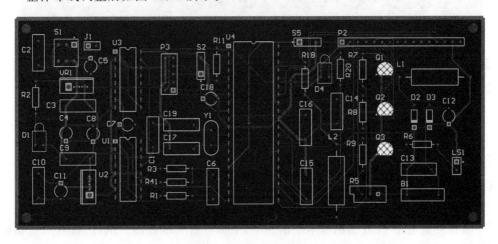

图 15.31　整体布线图

完成布线后,执行"放置"→"多边形敷铜"命令或单击命令栏中的"敷铜"图标为 PCB 敷铜。在弹出的"多边形敷铜"对话框中选择填充模式为 Hatched,连接网络选择 GND,设置好参数后,分别对 PCB 板顶层和底层敷铜,完成后如图 15.32 和图 15.33 所示。

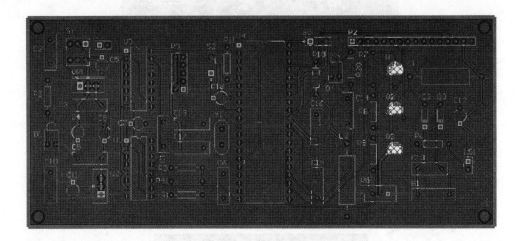

图 15.32　顶层敷铜之后

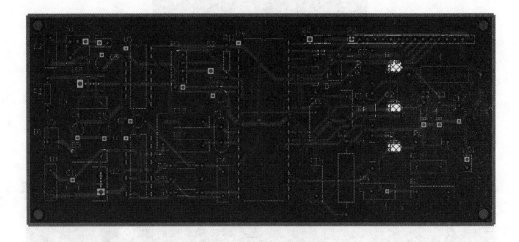

图 15.33　底层敷铜之后

执行"工具"→"设计规则检查"命令,弹出"设计规则检测"对话框,如图 15.34 所示。

单击"运行 DRC"按钮,Messages 窗口显示无错误,如图 15.35 所示。

血压测量电路 PCB 实例基本绘制完毕,下面查看 3 维视图。执行"查看"→"切换到 3 维显示"命令,结果如图 15.36 所示。

图 15.34　"设计规则检测"对话框

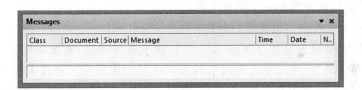

图 15.35　Messages 窗口

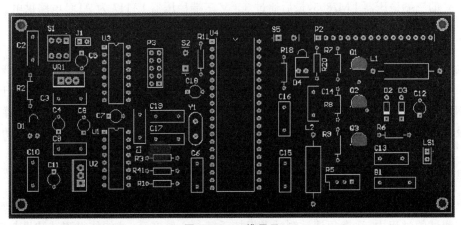

图 15.36　3 维显示

15.3.4 实物照片

血压测量电路系统实物照片如图 15.37 所示,实际测试照片如图 15.38 所示。

图 15.37 血压测量电路系统实物照片

图 15.38 实际测试照片

15.4 习题、注意事项及程序代码

1. 习 题

(1) 报警提示电路中,为防止三极管过电流击穿,应采取什么措施?

答:在其基极需要增加一个限流电阻。

(2) 请对本设计中的电源进行分析。

答:系统中电源为直流 5 V 以及 3.3 V 两个电压等级,系统供电采用线性电源。系统电源电路如图 15.9 所示。所接电源为 220 V 交流市电。通过工频变压器将电压降到 9 V 后,整流滤波为直流电,然后再经过 5 V 的三端稳压器 LT7805 将电压稳定为 5 V 的直流电压输出为控制电路、人机交互电路以及传感器电路等提供电源。另外,再通过 5 V 的三端稳压器 LM7805,最后通过 3.3 V 三端稳压器 L1117 为 ADC 电路供电。

(3) 请简述排气阀的控制原理。

答:排气阀的控制原理与继电器控制原理相同,其排气阀内部实际为一个电磁线圈,通过向线圈通入 5 V 的电压,即可使线圈产生磁场吸合排气阀门从而实现排气阀打开。由于控制器端口输出为 TTL 电平,所以对排气阀需要增设驱动电路。本设计采用 NPN 三极管 8050 作为继电器的驱动电路,利用三极管工作于开关状态的特性,对三极管基极施加一定的电流即能实现实现集电极和发射极之间的接通和断开的功能。当工作于开关状态时,由于三极管的导通电阻很小,相当于线圈两端直接施加一个 5 V 的电压,排气阀打开;当控制器输出低电平时,线圈失电,排气阀关闭。

2. 注意事项

测试的过程中,注意须请被测试者保持手臂与心脏齐高,才能使得测试结果与实际更具一致性。

3. 程序代码

```
# include<iom16v.h>
# include<macros.h>
# include "LCD1602.c"
# include "usart.c"
# define uint unsigned int
# define uchar unsigned char
# pragma interrupt_handler time1_over:9
# pragma interrupt_handler time1_capt:6
# pragma interrupt_handler time0_over:20
uint   time_1 = 0,time_2 = 0,time_begin,time_over;
uint   full = 0;
uinttime_mul = 0;
uinticp_num,max_icp;
ucharicp_ok;
uchar Mode = 0;
/ * * * * * * * * * * * * * * * * * * * *延时 - ms * * * * * * * * * * * * * * * * /
voiddelay_ms(uint z)
{ uintx,y;
   for(x = z;x>0;x-- )
   for(y = 1140;y>0;y-- );
   }
/ * * * * * * * * * * * * * * * * * * * *延时 - us * * * * * * * * * * * * * * * /
voiddelay_us(uint z)
{ uintx,y;
   for(x = z;x>0;x-- )
   for(y = 114;y>0;y-- );
   }
/ * * * * * * * * * * * * * * * * * * *溢出中断服务 * * * * * * * * * * * * * * * * * * * * /
void time1_over(void)
   { full ++ ; }
   void time0_over(void)
   { time_mul ++ ; }
/ * * * * * * * * * * * * * * * * * * *捕获中断服务 * * * * * * * * * * * * * * * * * * * * /
void time1_capt(void)
   {
   if(icp_num> = max_icp)
   {
      time_2 = ICR1;
      icp_ok = 1;
      SREG& = ~BIT(7);
      TIMSK = 0x00;      }
else
{
if(icp_num == 0)
{time_1 = ICR1;}
}
icp_num ++ ;
}
/ * * * * * * * * * * * * * * * * * * * *初始化 * * * * * * * * * * * * * * * * * * * * * /
```

```
voidTIME_init(void)
{
  DDRD& = ~BIT(6);
  PORTD| = BIT(6);
  TCCR1B = 0x42;                   //T/C1 控制寄存器被设置为上升沿触发,8 分频
  TIMSK = 0x24;                    //开捕获和溢出中断
  TCCR2 = 0X4B;                    //不输出 0x4A,输出 0x7A
  TCNT2 = 0X00;
  OCR2 = 0X40;                     //>0X80 - - - -<50% ...<80 - - - - ->50%
  DDRD| = BIT(7);
  PORTD& = ~BIT(7);
  DDRD& = ~BIT(2);
  PORTD| = BIT(2);
  SREG| = BIT(7);
}
/ ********************排序********************/
uintError_Correct(uint * DATA)
{
  unsigned char i = 0;
  unsigned char j = 0;
  unsignedint  Temp = 0;
  float  Value = 0;               //排序从大到小排列
  for(i = 0;i<19;i++)
    {
    for(j = i + 1;j<20;j++)
    {
    if(DATA[i]<DATA[j])
        {
            Temp = DATA[i];
            DATA[i] = DATA[j];
            DATA[j] = Temp;
        }
    }
    }
    Value = 0.0;                  //去除误差,求均值
for(i = 5;i<15;i++)
    {
    Value += (DATA[i]/10.0);
    }
    Temp = (uint)Value;
    return Temp;
}
/ ********************主程序********************/
void main(void)
  {
  floatT,Ratio;
  uintFreq,Freq_basic;
  uint  pressure;
  uintFreq_last,Freq_min,Freq_max,Freq_DV;
  uintSBP,DBP,Pulse;
  uchar index,num,num2;
```

```
uchar Error = 0;
ucharTemp,i,k;
uintDATA_Buff[20] = {0};
uint   DATA[100] = {0};
uchar DATA_DV[100] = {0};
uchar change = 0,Pulse_begin,Pulse_OK;
ucharpulse_ON;
ucharmeasure_over = 0;
delay_ms(1000);
//系统初始化
port_init();
init_devices();
LCD1602_init();
usart_Init ();
delay_ms(10);
//系统参数初始化
icp_num = 0;
max_icp = 32;
icp_ok = 0;
Mode = 0;
num = 0;
Freq_basic = 22200;
com_lcd(0x01);
delay_ms(100);
    LCD1602_goxy(4,0);
    LCD1602_print("Welcome");
delay_ms(1000);
  //外设工作状态初始化
  DDRD| = BIT(5);
  DDRC| = BIT(2);
  DDRC| = BIT(1);
  DDRC| = BIT(0);
  PORTD& = ~BIT(5);//开启频率输出!
  PORTC| = BIT(2);
  PORTC& = ~BIT(1);
  PORTC& = ~BIT(0);
  com_lcd(0x01);
  delay_ms(2);
  TIME_init();
  pulse_ON = 0;
while(1)
{
    if(icp_ok == 1)
      {   if(pulse_ON == 1)
        {
          TIMSK = 0x02;//开启计时;输出比较匹配中断使能
          SREG| = BIT(7);
        }

        //按键检测处理
        Temp = (PIND&BIT(2));
```

```
        if(Temp == 0)
            {
                PORTC& = ~BIT(2);                    //开启 led!
    while(Temp == 0)
                {Temp = (PIND&BIT(2));}
                PORTC| = BIT(2);
    if((Mode == 0))
                {
                    Mode = 1;
                    TCCR2 = 0X4B;                    //快速 pwm,32 分频
                    com_lcd(0x01);                   //清屏
                delay_ms(2);                         //change = 1;
    num = 0;
                    num2 = 0;
                    Pulse_begin = 0;
                    Pulse_OK = 0;
                }
else
                {
    if((Mode == 1)||(Mode == 2)||(Mode == 3)||(Mode == 4))
                    {
                    Mode = 0;
                    TCCR2 = 0X4B;
                    com_lcd(0x01);                   //清屏
                delay_ms(2);                         //change = 1;
                    }
                }
        }
        T = time_2 + 65536 * full - time_1;          //频率计算
        T = ((1000 * max_icp)/T) * 1000;
        if(T>30000)                                  //不在测量范围内,增加抽样点数
    max_icp = 100;
    else
    max_icp = 50;
        Freq = (uint)T;
        if(Mode> = 2)                                //压力系数校正
            {
            if(Freq>Freq_basic)
        Freq = Freq_basic;
                Ratio = 0.0454556;                   //压力/频率系数,机械表校准的 Ratio
            }
    switch(Mode)
        {
        case 0:
                {
                        LCD1602_goxy(0,0);
LCD1602_print("Ready:");
                        delay_ms(2);
                        LCD1602_goxy(10,1);
LCD1602_print("000mmHg");
                        PORTC& = ~BIT(0);            //排气阀打开,排气
```

```
                                num = 0;
        break;
                                }
        case 1:
                                {
                            PORTC| = BIT(0);//关闭泄气阀!
                            LCD1602_goxy(0,0);
                        LCD1602_print("Begin:");
                        delay_ms(2);
                            LCD1602_goxy(10,1);
                        LCD1602_print("000mmHg");
                        DATA_Buff[num ++ ] = Freq;
                        if(num> = 20)
                            {
                        num = 0;
                            Freq_basic = Error_Correct(DATA_Buff);
                            LCD1602_goxy(0,1);
    LCD1602_printF(Freq_basic);
            delay_ms(2);
                            LCD1602_goxy(6,1);
                            LCD1602_print("Hz");
                            delay_ms(1000);
                            Mode = 2;
            com_lcd(0x01);      //清屏
            delay_ms(2);//change = 1;
                            TCCR2 = 0X7B; //不输出 0x4A,输出 0x7A;
                            TCNT2 = 0X00;
                            OCR2 = 0XDC;
                            measure_over = 0;
                            }
                        break;
                        }//测量 20 次平均启动时频率
        case 2:
                    {
                            LCD1602_goxy(0,0);
                            LCD1602_print("Inflating:");
                            delay_ms(2);
                            LCD1602_goxy(13,1);
                        LCD1602_print("mmHg");
                        T = ((Freq_basic - Freq) * Ratio);
    pressure = (uint)T;
                        LCD1602_goxy(10,1);
                         LCD1602_printD(pressure);
                    if(pressure<30)
                        OCR2 = 220;
                        else
                    if(pressure<100)
                                OCR2 = 210;
                        else
OCR2 = 200;
                        if((pressure> = 180)&&(pressure<190))
```

```
                        {delay_ms(100);
                          TCCR2 = 0X4B;            //此时 oc2 口未连接
                    delay_ms(100);
                    Freq_last = Freq;
                       Mode = 3;
                    num = 0;
                       num2 = 0;
                    com_lcd(0x01);                //清屏
        delay_ms(2);                              //change = 1;
                    change = 0;
                    Pulse_begin = 0;
                    Pulse_OK = 0;
                    pulse_ON = 0;
                       }
                  break;
                 }                                //分段加压到达 180mmHg
      case 3:
                    {
                      LCD1602_goxy(0,0);
LCD1602_print("Measure:");
                    delay_ms(2);
                      LCD1602_goxy(13,1);
                    LCD1602_print("mmHg");
                      T = ((Freq_basic - Freq) * Ratio);
    pressure = (uint)T;
                      LCD1602_goxy(10,1);
                     LCD1602_printD(pressure);
                     if(change == 0)              //找峰值点 --
                     {
                    if(Freq> = Freq_last)
                    Freq_last = Freq;
                    else
                        if(Freq>11000)
                         {
                        Freq_max = Freq_last;
                        Freq_last = Freq;
                          change = 1;             //一个风波的峰值点找到
                          PORTC| = BIT(2);
                         }
                     }
                  else
                    {
                        if(change == 1)           //找峰值点 --
                         {
                    if((Freq< = Freq_last)&&(Freq>11000))
                    Freq_last = Freq;
                    else
                         {
                        Freq_min = Freq_last;
                        Freq_last = Freq;
                        Freq_DV = Freq_max - Freq_min;
```

```
                    if(Freq_DV>= 15)              //
                        {
                            PORTC& = ~BIT(2);      //开启 led!
                DATA[num] = Freq_max;
                DATA[num + 1] = Freq_min;
                num += 2;
                    Pulse_begin = 1;
                    if((Pulse_begin == 1)&&(Pulse_OK == 0))
                        {
                if(num2 == 5)
                        {
                time_mul = 0;
                        TCCR0 = 0x0A;          //250 μs
                TCNT0 = 0x00;
                OCR0 = 0XF9;                   //250 个计数单元
                        TIMSK = 0x02;          //输出匹配中断使能
                        SREG| = BIT(7);
                    pulse_ON = 1;
                        }
                    num2 ++ ;
                if(num2 == 11)
                        {
                        SREG& = ~BIT(7);
                        TIMSK = 0x00;
                        T = time_mul * 0.00025;
                        T = 330.0/T;           //原本应该是 360
        Pulse = (uint)T;
                    Pulse_OK = 1;
                        pulse_ON = 0;
                        }
                    }// if((Pulse_begin == 1)&&(Pulse_OK == 0))
                        //
                    }//if(Freq_DV>= 20)//
                change = 0;
                    }//else
                    }
                }
            if((pressure<= 45)||(num>= 100))
            {
                PORTC& = ~BIT(0);              //排气阀打开,排气
                Mode = 4;
                SBP = 0;
                DBP = 0;
            com_lcd(0x01);                     //清屏
delay_ms(2);                                   //change = 1;
                PORTC| = BIT(1);               //开启蜂鸣器;
                PORTC& = ~BIT(2);
            delay_ms(1000);
            k = 0;
            for(i = 0;i<= (num - 2);i ++ )
                {
```

```
                    DATA_DV[k] = DATA[i] - DATA[i + 1];
                    i ++ ;
                    k ++ ;
                    }
            Freq_DV = DATA_DV[1];
            index = 1;
            for( i = 2 ; i < k ; i ++ )
                {
            if(Freq_DV < DATA_DV[i])
                    {
                Freq_DV = DATA_DV[i];
                index = i;
                    }
                }
                T = DATA_DV[index] * 0.45 ; //0.40
            Freq_DV = (uint)T;
                Error = 1;
                for( i = index - 1 ; i > = 1 ; i -- )
                    {
                if(DATA_DV[i] < Freq_DV)
                        {
                            T = ((Freq_basic - DATA[i * 2]) * Ratio);
        Freq_max = (uint)T;
                            T = ((Freq_basic - DATA[i * 2 + 1]) * Ratio);
    Freq_min = (uint)T;
                        SBP = (Freq_max + Freq_min)/2;
                        Error = 0;
                    break;
                        }
                    }
                //////////////////////////////////////////////
            if(Error == 1)
                {
                    T = DATA_DV[index] * 0.5;
            Freq_DV = (uint)T;
            for( i = index - 1 ; i > = 1 ; i -- )
                {
            if(DATA_DV[i] < Freq_DV)
                    {
                        T = ((Freq_basic - DATA[i * 2]) * Ratio);
        Freq_max = (uint)T;
                        T = ((Freq_basic - DATA[i * 2 + 1]) * Ratio);
    Freq_min = (uint)T;
                        SBP = (Freq_max + Freq_min)/2;
                        Error = 0;
                    break;
                        }
                    }
                }
            if(Error == 1)
                {
```

```
                    T = DATA_DV[index] * 0.6;
            Freq_DV = (uint)T;
            for(i = index - 1;i > = 1;i -- )
              {
            if(DATA_DV[i] < Freq_DV)
                {
                    T = ((Freq_basic - DATA[i * 2]) * Ratio);
      Freq_max = (uint)T;
                    T = ((Freq_basic - DATA[i * 2 + 1]) * Ratio);
Freq_min = (uint)T;
                    SBP = (Freq_max + Freq_min)/2;
                    Error = 0;
                  break;
                  }
                }
                }
            if(SBP > = 170)    Error = 1;
            if(Error == 0)
              {
              T = DATA_DV[index] * 0.75;//0.75
            Freq_DV = (uint)T;
                Error = 1;
            for(i = ((num - 2)/2);i > = (index + 1);i -- )
                {
            if(DATA_DV[i] > Freq_DV)
                {
                    T = ((Freq_basic - DATA[i * 2]) * Ratio);
      Freq_max = (uint)T;
                    T = ((Freq_basic - DATA[i * 2 + 1]) * Ratio);
Freq_min = (uint)T;
                    DBP = (Freq_max + Freq_min)/2;
                  Error = 0;
                  break;
                  }
                }
            if(Error == 1)
                {
                T = DATA_DV[index] * 0.60;
            Freq_DV = (uint)T;
                for(i = ((num - 2)/2);i > = (index + 1);i -- )
                  {
            if(DATA_DV[i] > Freq_DV)
                {
                    T = ((Freq_basic - DATA[i * 2]) * Ratio);
      Freq_max = (uint)T;
                    T = ((Freq_basic - DATA[i * 2 + 1]) * Ratio);
Freq_min = (uint)T;
                    DBP = (Freq_max + Freq_min)/2;
                  Error = 0;
                  break;
                  }
```

```
                    }
                 }
              }
           }
                 }
         break;
              }                              //测量血压
      case 4: {
                    ////////////////
                    //Error = 1;
                    PORTC& = ~BIT(1);
                    PORTC& = ~BIT(2);
                 delay_ms(100);
                 if(Error == 0)
                    {
                 LCD1602_goxy(0,0);
                 LCD1602_print("SBP:");
                 delay_ms(2);
                    LCD1602_goxy(4,0);
                  LCD1602_printD(SBP);
                 delay_ms(2);
                    LCD1602_goxy(0,1);
LCD1602_print("DBP:");

                 delay_ms(2);
                    LCD1602_goxy(5,1);
                 LCD1602_printD(DBP);
                 delay_ms(2);
                    LCD1602_goxy(8,1);
                 LCD1602_print("mmHg");
                 delay_ms(2);
                    LCD1602_goxy(11,0);
LCD1602_print("Pulse");

                 delay_ms(2);
                    LCD1602_goxy(13,1);
                  LCD1602_printD(Pulse);
                 if(measure_over == 0)
                    {
                 USART_Print(SBP, DBP, Pulse);
                 measure_over = 1;
                    }
                    }
                 else
                    {
                       LCD1602_goxy(0,0);
                 LCD1602_print("Error!!");
                 delay_ms(10);
                 USART_String(" Error!");
                    }
                    PORTC| = BIT(2);
                 delay_ms(100);
      break;
              }                              //显示
```

```
            default:{   Mode = 0; com_lcd(0x01);delay_ms(2);   break;}
              }
      icp_num = 0;
 icp_ok = 0;
      full = 0;
          SREG& = ～BIT(7);
          TIFR = 0XFF;
          TIMSK = 0x24;
 SREG| = BIT(7);
          }
      }
 }
```

第 **16** 章

遥控小车电路

16.1　设计题目与设计任务

设计题目：遥控小车电路。

设计任务：设计一个简单的电路，能实现使用遥控器控制小车的功能，即可以用遥控器控制小车实现前进、后退、停止、左拐、右拐等动作。

基本要求：

➢ 打开开关后，电源指示灯亮，遥控指示灯闪烁；

➢ 按下遥控器的前进键，小车向前行驶，车前的两灯亮；

➢ 按下遥控器的停止键，小车停止前进，车灯保持上一状态；

➢ 按下遥控器的后退键，小车向后倒退，车前的两灯灭；

➢ 按下遥控器的左转键，小车向左转，同时车左前灯亮，右前灯灭；

➢ 按下遥控器的右转键，小车向右转，同时车右前灯亮，左前灯灭。

16.2　设计方案

16.2.1　电路设计的总体思路

利用红外接收器接收 M50462 遥控器发出的红外信号，并用单片机进行解码，实现遥控器控制小车；小车前方置发光二极管，模拟汽车车前灯的功能；使用电机驱动芯片 L293D 控制电机，线路简单，功能稳定，操作便捷。

16.2.2　系统组成

遥控小车整个系统主要分为以下五部分：

第一部分：单片机主控部分；

第二部分:红外接收部分;

第三部分:模拟车灯部分;

第四部分:电源部分;

第五部分:电机驱动部分。

整个系统方案的系统模块框图如图 16.1 所示。

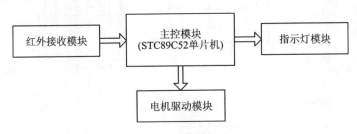

图 16.1　系统模块框图

16.2.3　电路各组成部分模块详解

本系统主要由 STC89C52 芯片、红外接收器、L293D 驱动芯片等构成控制电路。系统原理图如图 16.2 所示。

经过实物测试,小车在按下遥控器前进键时前进,车前灯全部亮;按下遥控器后退键时后退,车前灯全部灭;按下停止键时,小车停止运行;按下左拐键时小车左拐,左前灯亮;按下右拐键时,小车右拐,右前灯亮。所设计的电路基本完成了设计要求。

1. 单片机主控部分

主控芯片采用 STC89C52 单片机。STC89C52 是 STC 公司生产的一种低功耗、高性能的微控制器,具有 8 KB 在系统可编程 FLASH 存储器。STC89C52 使用经典的 MCS-51 内核,但具有传统 51 单片机不具备的功能。STC89C52 具有以下标准功能:8 KB FLASH,512 B RAM,32 位 I/O 口线,看门狗定时器,内置 4 KB EEPROM,MAX810 复位电路,3 个 16 位定时器/计数器,4 个外部中断,1 个 7 向量 4 级中断结构,全双工串行口。单片机主控电路包含晶振电路和复位电路,如图 16.3 所示。

2. 红外接收部分

本电路采用红外遥控接收器,接收到遥控器发出的红外信号,将信号通过 P3.3 送入主芯片,主芯片对其解密后以不同的方式对遥控小车进行控制,同时将小车状态通过 P0.7 和 P2.0 上的 LED 显示出来。

红外接收电路如图 16.4 所示。

3. 模拟车灯部分

本电路采用两个 LED 灯模拟汽车车灯,置于车头处,以单片机引脚 P0.7 和 P2.0 控制其状态。单片机根据遥控信息,点亮相应方向的 LED。

模拟车灯电路如图 16.5 所示。

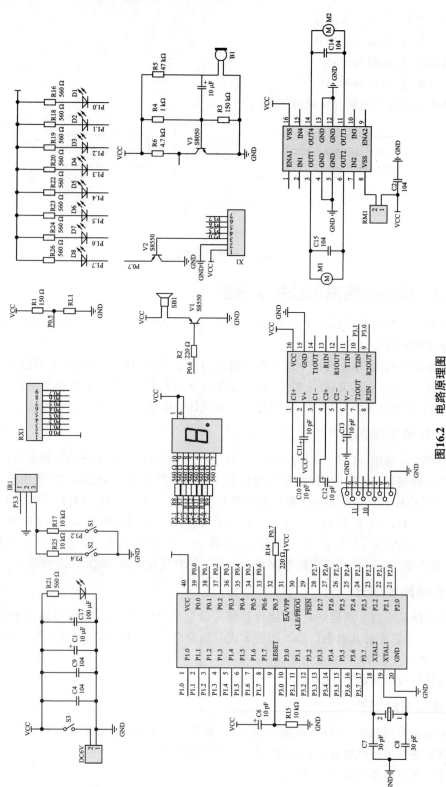

图16.2 电路原理图

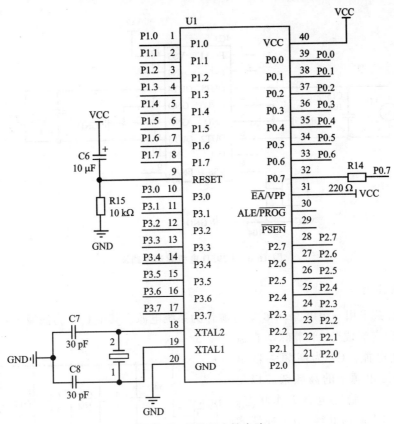

图 16.3　单片机主控电路

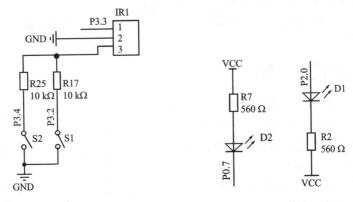

图 16.4　红外接收电路　　　图 16.5　模拟车灯电路

4. 电机驱动部分

电机驱动电路采用的是驱动芯片 L293D,其内部的驱动电路实际为"H 桥驱动电路"。

L293D 驱动电路如图 16.6 所示。

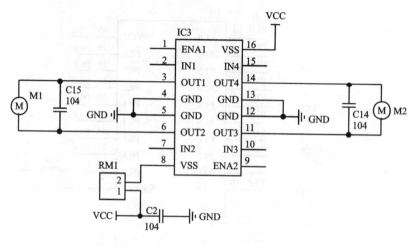

图 16.6　L293D 电机驱动电路图

5. 电源部分

本设计共采用一组电源，+6 V 电源作为系统电源。其中 C17 为滤波电容，滤除电源的杂波和交流成分，平滑脉动直流电压，存储电能。C1 为高频去耦电容，用来滤除电源中的高频杂波以免电路产生自激，稳定电路工作状态。而 C4、C9 作为退耦电容，用于补偿滤波电容的高频损耗，同时降低电源的高频内阻，使电源的线性更好。电源电路如图 16.7 所示。

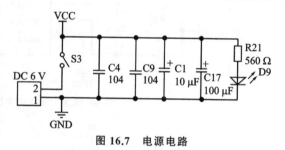

图 16.7　电源电路

16.2.4　软件设计详解

软件程序主要包含主程序、延时子程序以及中断子程序，其流程图如图 16.8 所示。

遥控小车主板电路和模拟车灯电路分别如图 16.9、图 16.10 所示。

经实测，此电路满足遥控小车基本功能。使用遥控器可以对小车进行简单控制。

构成本电路的元器件清单如表 16.1 所列。由于 Altium Designer 16 中未提供 51 系列单片机等元件，绘制 PCB 时需自己创建原理图元件库和 PCB 元件库。本设计需要的自建元件库包括 51 单片机元件库、晶振元件库、MAX232 元件库、L293D 元件库以及 LM393 元件库。

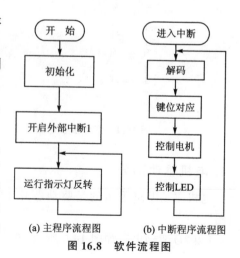

(a) 主程序流程图　　(b) 中断程序流程图

图 16.8　软件流程图

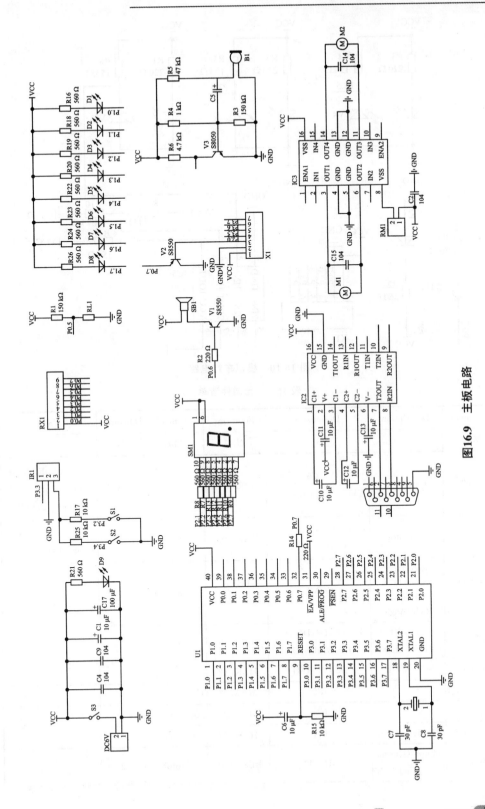

图16.9 主板电路

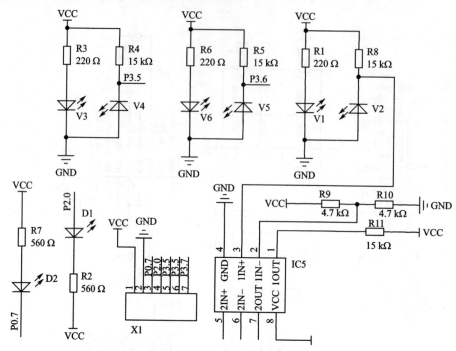

图 16.10　模拟车灯电路

表 16.1　元器件清单

Comment	Description	Designator	Footprint	LibRef	Quantity	Value
Mic2	Microphone	B1	PIN2	Mic2	1	
Cap2	Capacitor	C1, C5, C6, C10, C11, C12, C13, C17	CAPR5－4X5	Cap2	8	10 μF，10 μF，10 μF，10 μF，10 μF，10 μF，10 μF，100 μF
Cap	Capacitor	C2,C4,C7,C8, C9,C14,C15	RAD－0.3	Cap	7	104，104，30 pF，30 pF，104,104，104
D Connector 9	Receptacle Assembly, 9 Position, Right Angle	COML	DSUB 1.385－2H9	D Connector 9	1	
LED1	Typical RED GaAs LED	D1,D2,D3,D4,D5, D6,D7,D8,D9	LED－1	LED1	9	
Header 2	Header，2-Pin	DC6V，RM1	HDR1X2	Header 2	2	
Component_1		IC2	MAX232	Component_1	1	
Component_1		IC3	L293D	Component_1	1	
Header 3	Header，3-Pin	IR1	HDR1X3	Header 3	1	
Motor	Motor,General Kind	M1,M2	RB5－10.5	Motor	2	

续表 16.1

Comment	Description	Designator	Footprint	LibRef	Quantity	Value
Res2	Resistor	R1,R2,R3,R4,R5, R6,R7,R8,R9,R10, R11,R12,R13,R14, R15,R16,R17,R18, R19,R20,R21,R22, R23,R24,R25,R26	AXIAL – 0.4	Res2	26	150 kΩ,220 Ω, 150 kΩ,1 MΩ, 47 kΩ,4.7 kΩ, 560 Ω,560 Ω, 560 Ω,560 Ω, 560 Ω,560 Ω, 560 Ω,220 Ω, 10 kΩ,560 Ω, 10 kΩ,560 Ω, 560 Ω,560 Ω, 560 Ω,220 Ω, 560 Ω,560 Ω, 10 kΩ,560 Ω
Res Semi	Semiconductor Resistor	RL1	AXIAL – 0.5	Res Semi	1	
Header 9	Header,9-Pin	RX1	HDR1X9	Header 9	1	
SW – SPST	Single – Pole, Single – Throw Switch	S1,S2,S3	SPST – 2	SW – SPST	3	
Speaker	Loudspeaker	SB1	PIN2	Speaker	1	
Dpy Red – CA	7.62 mm Black Surface HER 7-Segment Display：CA, RH DP	SM1	A	Dpy Red – CA	1	
89C51		U1	89C51	Component_1	1	
S8550	PNP General Purpose Amplifier	V1,V2	TO – 92A	2N3906	2	
S8050	NPN General Purpose Amplifier	V3	TO – 92A	2N3904	1	
Header 7	Header,7-Pin	X1	HDR1X7	Header 7	1	
Component_1		Z1	LC – HC – 49S	Component_1	1	

续表 16.1

Comment	Description	Designator	Footprint	LibRef	Quantity	Value
LED1	Typical RED GaAs LED	D1,D2,V1,V2, V3,V4,V5,V6	LED – 1	LED1	8	
Component_1		IC5	LM393	Component_1	1	
Res2	Resistor	R1,R2,R3,R4,R5, R6,R7,R8,R9, R10,R11	AXIAL – 0.4	Res2	11	220 Ω,560 Ω,220 Ω, 15 kΩ,15 kΩ,220 Ω, 560 Ω,15 kΩ,4.7 kΩ, 4.7 kΩ,15 kΩ
Header 7	Header,7-Pin	X1	HDR1X7	Header 7	1	

16.3 电路板布线图、实物照片

16.3.1 新建项目工程文件

　　首先,执行"文件"→"新建"→Project 命令,将新工程项目命名为"遥控小车",并向其中添加 2 个原理图文件和 2 个 PCB 文件。然后,执行"文件"→"新建"→"库"→"原理图库"命令,在"遥控小车"项目中添加 5 个原理图库文件。最后,执行"文件"→"新建"→"库"→"PCB 库"命令,在"遥控小车"项目中添加 5 个 PCB 库文件。将所有文件重命名,如图 16.11 所示。

图 16.11　新建"遥控小车"项目工程文件

16.3.2　布局和布线

1. 遥控小车主控电路布局

遥控小车主控电路绘制后,执行"工程"→"Compile Document 遥控小车.SchDoc"命令,查看 Messages 窗口(如图 16.12 所示),显示原理图编译无错误。

执行"设计"→"Update PCB Document 遥控小车.PcbDoc"命令,弹出"工程更改顺序"对话框,如图 16.13 所示。

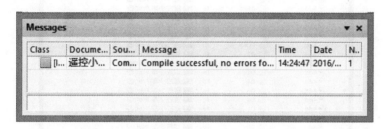

图 16.12　原理图编译后的 Messages 窗口

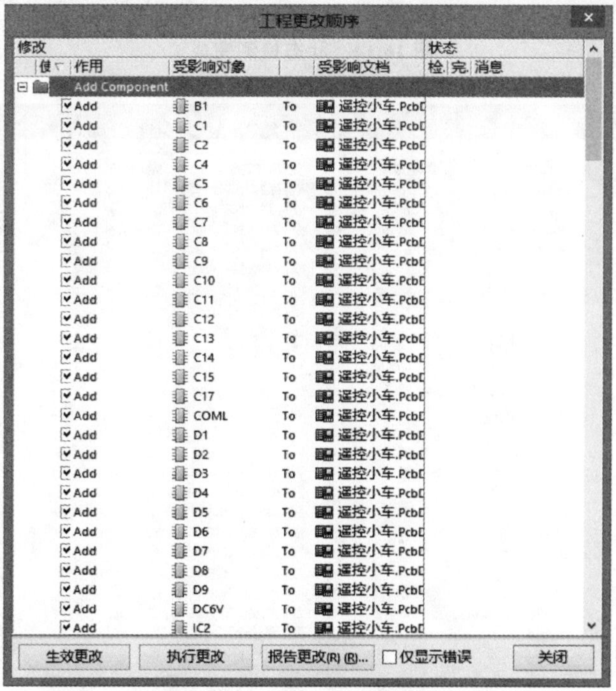

图 16.13　"工程更改顺序"对话框

单击"生效更改"按钮,完成状态检测,如图 16.14 所示。

检测全部通过后,单击"执行更改"按钮即可完成更改(如图 16.15 所示),并在 PCB 编辑环境下,自动生成 PCB 图(如图 16.16 所示)。

图 16.14　状态检测完成

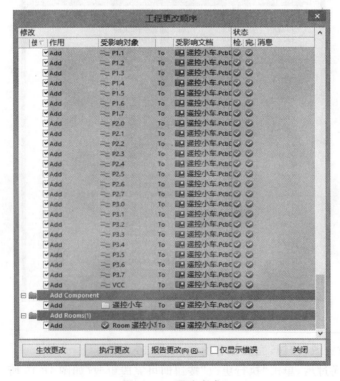

图 16.15　更改完成

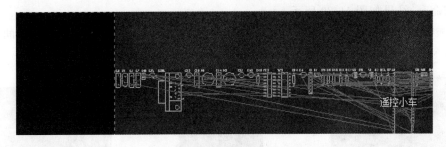

图 16.16　自动生成的 PCB 图

将 Room 和所有元件移动到 PCB 板上,并调整 Room 尺寸,如图 16.17 所示。

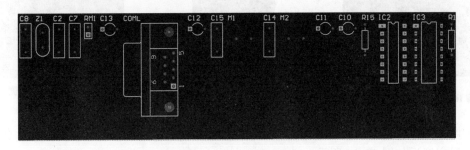

图 16.17　调整 Room 尺寸后

元件布局采用手动布局的方式。九针串行数据接口需要放置在板子边缘,MAX232 尽量靠近九针串行数据接口,单片机尽量放置在板子中间,复位电路与晶振电路也应该紧靠单片机。元件粗略布局如图 16.18 所示。

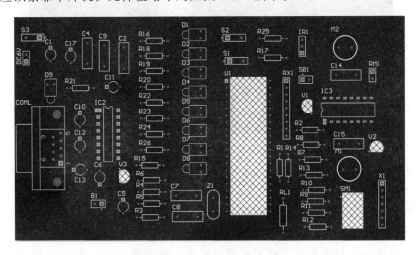

图 16.18　部分元件排列后

使用“排列工具”中的命令,选中 D1～D8 共 8 个 LED,执行“以左边边缘对齐器件”和“使器件的垂直间距相等”命令,结果如图 16.19 所示。

选中单片机左侧的 13 个电阻,执行"以左侧边缘对齐器件"和"使器件的垂直间距相等"命令,结果如图 16.20 所示。

选中单片机左侧的 8 个电阻,执行"以左侧边缘对齐器件"和"使器件的垂直间距相等"命令,结果如图 16.21 所示。

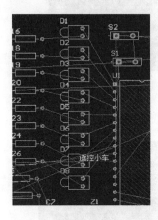

图 16.19   D1～D8 排列完毕

图 16.20   单片机左侧
电阻排列完毕

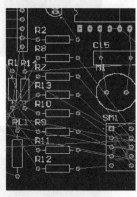

图 16.21   单片机右侧
电阻排列完毕

调整剩余元件布局,将边缘元件分别以一侧对齐,使整体元件布局更整齐。所有元件布局完毕后如图 16.22 所示。

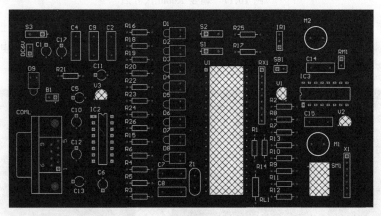

图 16.22   布局完毕后

布局完毕后,切换到 Top Overlay 层,执行"放置"→"走线"命令,绘制出矩形框,如图 16.23 所示。

选择绘制出的矩形框,执行"设计"→"板子形状"→"按照选择对象定义"命令,结果如图 16.24 所示。

执行"设计"→"板子形状"→"根据板子外形生成线条"命令,在 PCB 板子外轮廓自动生成边界线,如图 16.25 所示。

放置 4 个直径为 3 mm 的定位通孔,执行"放置"→"过孔"命令,结果如图 16.26 所示。

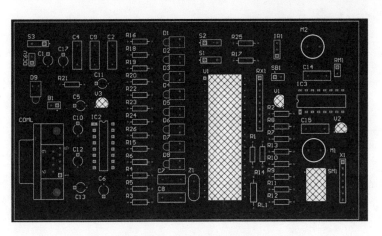

图 16.23　矩形框绘制完毕

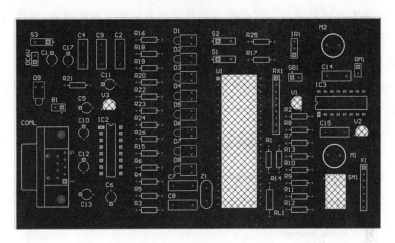

图 16.24　板子形状定义完成

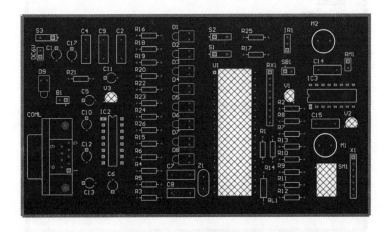

图 16.25　生成边界线完成

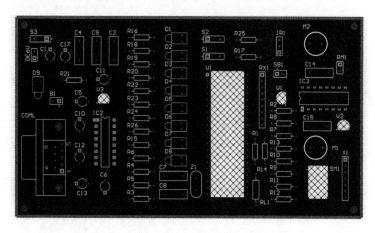

图 16.26　放置过孔后

至此,元件布局已经完成。需要注意的是元件布局并非越密越好,元件与元件之间至少应留出 100 mil 的空隙。

2. 遥控小车主控电路布线

进行布线操作,执行"自动布线"→"全部"命令,弹出"Situs 布线策略"对话框,如图 16.27 所示。

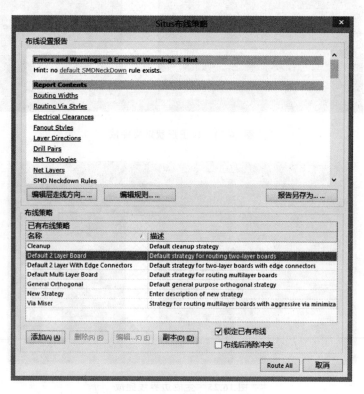

图 16.27　"Situs 布线策略"对话框

单击"编辑规则"按钮,进入"PCB 规则及约束编辑器"对话框,对布线规则进行设定,GND、VCC 和 Width 的线宽分别设为 10 mil、20 mil 和 30 mil,其他电气规则与1.3.3 小节中的电气规则一致。

设置完基本规则后,单击"PCB 规则及约束编辑器"对话框中的"确定"按钮,返回到"Situs 布线策略"对话框,单击 Route All 按钮,即可完成自动布线,如图 16.28 所示。

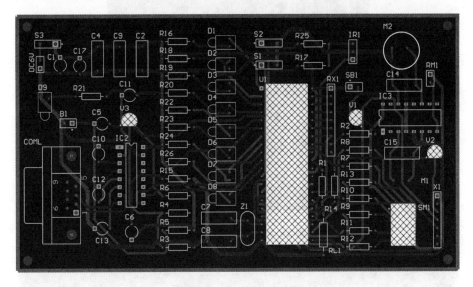

图 16.28　完成自动布线后

可见自动布线的结果并不理想,例如 V3 与 IC2 未布线,V1 与 IC3 未布线,V2 与IC3 未布线。手动完成 V3 与 IC2 的连线,由于 B1 引脚与 IC2 的引脚相连,V3 引脚与B1 引脚相连即可,完成后如图 16.29 所示。

元件 V1 和元件 V2 分别与元件 IC3 相连,直接相连即可,完成后如图 16.30 所示。

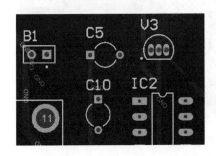

图 16.29　V3 与 IC2 的连线

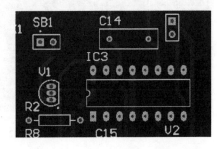

图 16.30　V1、V2 与 IC3 的连线

调整单片机右侧布线,尽量减少线条长度和转弯次数,调整完毕后如图 16.31所示。

调整单片机的左侧布线,调整完毕后,整体布线图如图 16.32 所示。

完成布线后,执行"放置"→"多边形敷铜"命令或单击命令栏中的"敷铜"图标为

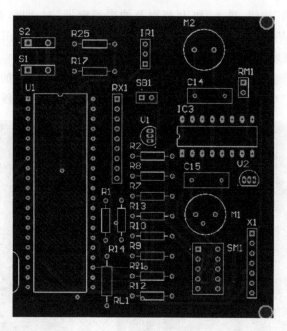

图 16.31　单片机右侧布线

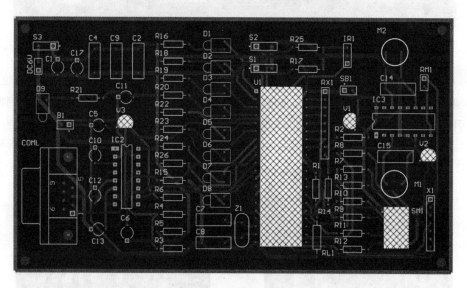

图 16.32　整体布线图

PCB 敷铜。在弹出的"多边形敷铜"对话框中选择填充模式为 Hatched，连接网络选择 GND。设置好参数后分别对 PCB 板顶层和底层敷铜，完成后如图 16.33 和图 16.34 所示。

敷铜之后，进行电气规制检查。执行"工具"→"设计规则检查"命令，弹出"设计规则检测"对话框，如图 16.35 所示。

单击"运行 DRC"按钮，Messages 窗口中显示无错误，如图 16.36 所示。

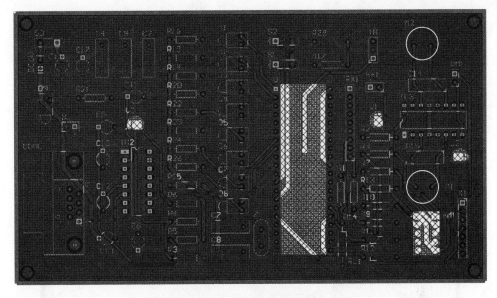

图 16.33　顶层敷铜之后

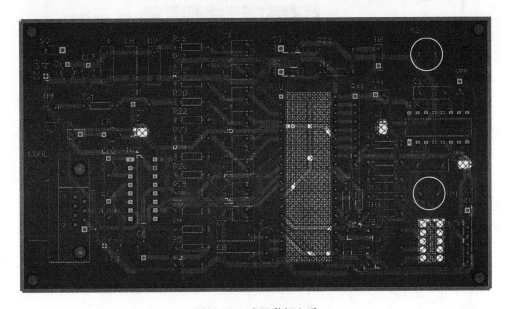

图 16.34　底层敷铜之后

　　遥控小车主控电路 PCB 实例基本绘制完毕,下面查看 3 维视图。执行"查看"→
"切换到 3 维显示"命令,执行结果如图 16.37 所示。

3. 遥控小车模拟车灯电路布局和布线

　　遥控小车的模拟车灯电路的 PCB 绘制与主控电路的 PCB 绘制流程一致,但需要
注意的是车灯的位置和板子形状。

图 16.35　"设计规则检测"对话框

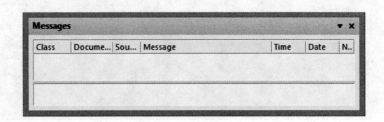

图 16.36　Messages 窗口

　　LED 尽量放在前端,数据线接口放在后端,模拟车灯电路的元件布局如图 16.38 所示。

　　布局完毕后,切换到 Top Overlay 层,执行"放置"→"走线"命令,绘制出矩形框,选择绘制出的模拟车灯电路 PCB 板外形。选择绘制出的图形,执行"设计"→"板子形状"→"按照选择对象定义"命令,裁剪出 PCB 板的形状。执行"设计"→"板子形状"→"根据板子外形生成线条"命令,在 PCB 板子外轮廓自动生成边界线。

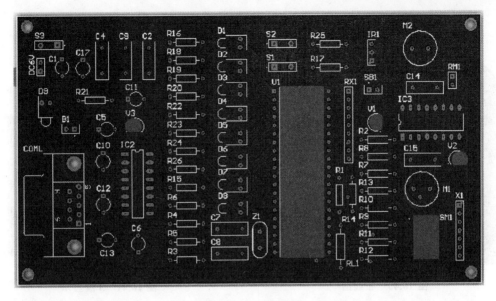

图 16.37　3 维显示

放置 4 个直径为 3 mm 的定位通孔,执行"放置"→"过孔"命令,执行结果如图 16.39 所示。

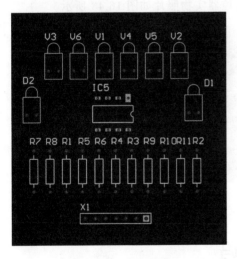

图 16.38　元件布局

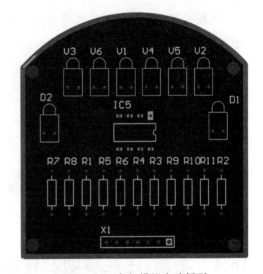

图 16.39　车灯模拟电路板型

定义板子形状完成后,进行布线操作,执行"自动布线"→"全部"命令,进入"Situs 布线策略"对话框,单击"编辑规则"命令,编辑相应规则。

自动布线后,调整不合理的线条,布线完成后如图 16.40 所示。

遥控小车模拟车灯电路 PCB 实例基本绘制完毕,下面查看 3 维视图。执行"查看"→"切换到 3 维显示"命令,执行结果如图 16.41 所示。

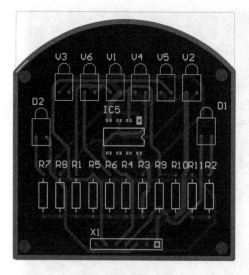

图 16.40　布线图

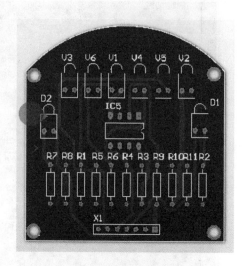

图 16.41　3 维显示

至此,遥控小车全部电路的 PCB 绘制已全部完成。

16.3.3　实物照片

遥控小车电路实物照片如图 16.42 所示,遥控器实物照片如图 16.43 所示。

图 16.42　遥控小车电路实物照片

图 16.43　遥控器实物照片

16.4　习题、注意事项及程序代码

1. 习　题

(1)本设计是利用什么来实现遥控功能的?

答:利用常用的 M50462 遥控器进行遥控,利用 STC89C52 单片机作为主控芯片,对红外遥控接收器接收到的信息进行解码,从而识别遥控信息,进行电机和指示灯的控制。其难点在于软件解码。

（2）本设计是如何实现模拟车灯的？

答：单片机采集遥控信息并进行分析后发出电机控制指令，同时相应地点亮由P0.7 和P2.0 控制的左、右两车灯，实现前进时两灯亮，后退时两灯灭，左拐时左灯亮，右拐时右灯亮。再复杂点还可以设置为后退时两灯闪烁，左拐时左灯闪烁，右拐时右灯闪烁，实现更高程度的模拟汽车车灯。

2. 注意事项

小车组装较麻烦，需精密调整，仔细拼装。

3. 程序代码

```c
# include ＜reg52.h＞                          //包含 51 单片机相关的头文件
# include ＜intrins.h＞
# define uint     unsigned int                //重定义无符号整数类型
# define uchar    unsigned char               //重定义无符号字符类型
uchar code   LedShowData[] = {0x03,0x9F,0x25,0x0D,0x99,  //定义数码管显示数据
                    0x49,0x41,0x1F,0x01,0x19};   //0,1,2,3,4,5,6,7,8,9
uchar code   RecvData[] = {0x19,0x46,0x15,0x44,0x43,0x40,0x0D,0x0E,0x00,0x0F};
uchar IRCOM[7];
static unsigned int LedFlash;                 //定义闪动频率计数变量
unsigned char RunFlag = 0;                     //定义运行标志位
bit EnableLight = 0;                           //定义指示灯使能位
/*******************完成基本数据变量定义******************/
sbit S1State = P1^0;                           //定义 S1 状态标志位
sbit S2State = P1^1;                           //定义 S2 状态标志位
sbit B1State = P1^2;                           //定义 B1 状态标志位
sbit IRState = P1^3;                           //定义 IR 状态标志位
sbit RunStopState = P1^4;                      //定义运行停止标志位
sbit FontIRState = P1^5;                       //定义 FontIR 状态标志位
sbit LeftIRState = P1^6;                       //定义 LeftIR 状态标志位
sbit RightIRState = P1^7;                      //定义 RightIRState 状态标志位
/*******************完成状态指示灯定义*******************/
sbit S1 = P3^2;                                //定义 S1 按键端口
sbit S2 = P3^4;                                //定义 S2 按键端口
/*******************完成按键端口的定义*******************/
sbit LeftLed = P2^0;                           //定义前方左侧指示灯端口
sbit RightLed = P0^7;                          //定义前方右侧指示灯端口
/*******************完成前方指示灯端口定义******* */
sbit LeftIR = P3^5;                            //定义前方左侧红外探头
sbit RightIR = P3^6;                           //定义前主右侧红外探头
sbit FontIR = P3^7;                            //定义正前方红外探头
/*******************完成红外探头端口定义*******************/
sbit M1A = P0^0;                               //定义电机 1 正向端口
sbit M1B = P0^1;                               //定义电机 1 反向端口
sbit M2A = P0^2;                               //定义电机 2 正向端口
sbit M2B = P0^3;                               //定义电机 2 反向端口
/*******************完成电机端口定义*******************/
sbit B1 = P0^4;                                //定义话筒传感器端口
sbit RL1 = P0^5;                               //定义光敏电阻端口
```

```
sbit SB1 = P0^6;                                //定义蜂鸣器端口
/* * * * * * * * * 完成话筒,光敏电阻,蜂鸣器端口定义 * * /
sbit IRIN = P3^3;                               //定义红外接收端口
/***********************完成红外接收端口的定义*********************/
#define ShowPort P2                             //定义数码管显示端口
extern void ControlCar(uchar CarType);          //声明小车控制子程序
void delayms(unsigned char x)                   //0.14 ms 延时程序
{
    unsigned char i;                            //定义临时变量
    while(x--)                                  //延时时间循环
    {
        for (i = 0; i<13; i++) {}               //14 ms 延时
    }
}
void Delay1ms(unsigned int i)
{
unsigned char j,k;
do{
    j = 10;
    do{
    k = 50;
    do{
     _nop_();
    }while(--k);
    }while(--j);
}while(--i);
}
void Delay()                                    //定义延时子程序
{ uint DelayTime = 30000;                       //定义延时时间变量
    while(DelayTime--);                         //开始进行延时循环
    return;                                     //子程序返回
}
void tingzhi()
{
    M1A = 0;                                     //将 M1 电机 A 端初始化为 0
    M1B = 0;                                     //将 M1 电机 B 端初始化为 0
    M2A = 0;                                     //将 M2 电机 A 端初始化为 0
    M2B = 0;
}
void qianjin()
{
    M1A = 1;
    M1B = 0;
    M2A = 1;
    M2B = 0;
}
void houtui()
{
    M1A = 0;
    M1B = 1;
    M2A = 0;
```

```
   M2B = 1;
}
void youzhuan()
{
   M1A = 0;
   M1B = 1;
   M2A = 1;
   M2B = 0;
}
void zuozhuan()
{
   M1A = 1;
   M1B = 0;
   M2A = 0;
   M2B = 1;
}
void ControlCar(unsigned char ConType)          //定义电机控制子程序
{
   tingzhi();                                    //判断用户设定电机形式
switch(ConType)
{
   case 1:          //前进                       //判断用户是否选择形式1
   {
tingzhi();   //进入前进之前,先停止一段时间,防止电机反向电压冲击主板而导致系统复位
Delay1ms(240);
LeftLed = 0 ;
RightLed = 0;
qianjin();
      break;
   }
   case 2:          //后退                       //判断用户是否选择形式2
   {
      tingzhi(); //进入后退之前,先停止一段时间,防止电机反向电压冲击主板而导致系统复位
   Delay1ms(240);
LeftLed = 1 ;
RightLed = 1;
houtui();                                     //M2 电机反转
      break;
   }
   case 3:          //左转                       //判断用户是否选择形式3
   {
      tingzhi(); //进入左转之前,先停止一段时间,防止电机反向电压冲击主板而导致系统复位
Delay1ms(240);
LeftLed = 0;
RightLed = 1;
zuozhuan();                                   //M2 电机正转
break;
   }
   case 4:          //右转                       //判断用户是否选择形式4
   {
tingzhi();   //进入右转之前,先停止一段时间,防止电机反向电压冲击主板而导致系统复位
```

```
    Delay1ms(240);
    LeftLed = 1;                      //
    RightLed = 0;                     //
youzhuan();                           //M1 电机正转,M2 电机反转
break;
    }
    case 5:          //停止           //判断用户是否选择形式 8
    {
      tingzhi();
break;                                //退出当前选择
    } }}
void IR_IN() interrupt 2 using 0      //定义 INT1 外部中断函数
{
    unsigned char j,k,N = 0;          //定义临时接收变量
    EX1 = 0;                          //关闭外部中断,防止再有信号到达
    delayms(15);                      //延时时间,进行红外消抖
    if (IRIN == 1)                    //判断红外信号是否消失
    {
       EX1 = 1;                       //外部中断开
return;                               //返回
    }
    while (!IRIN)                     //等 IR 变为高电平,跳过 9 ms 的前导低电平信号
    {
       delayms(1);                    //延时等待
    }

    for (j = 0;j<4;j ++)              //采集红外遥控器数据
    {
      for (k = 0;k<8;k ++)            //分次采集 8 位数据
      {
        while (IRIN)                  //等 IR 变为低电平,跳过 4.5 ms 的前导高电平信号
        {
          delayms(1);                 //延时等待
    }
        while (!IRIN)                 //等 IR 变为高电平
        {
          delayms(1);                 //延时等待
        }
        while (IRIN)                  //计算 IR 高电平时长
        {
          delayms(1);                 //延时等待
          N ++ ;                      //计数器加加
          if (N> = 30)                //判断计数器累加值
    {
           EX1 = 1;                   //打开外部中断功能
         return;                      //返回
         }
        }
      IRCOM[j] = IRCOM[j] >> 1;       //进行数据位移操作并自动补零
```

```
        if (N>=8)                                    //判断数据长度
        {
            IRCOM[j] = IRCOM[j] | 0x80;              //数据最高位补1
        }
        N = 0;                                       //清0位数计数器
    } }
    if (IRCOM[2]!= ~IRCOM[3])                        //判断地址码是否相同
    {   EX1 = 1;                                     //打开外部中断
    return;   }
    for(j=0;j<10;j++)                                //循环进行键码解析
    {
        if(IRCOM[2] == RecvData[j])                  //进行键位对应
        {
            ControlCar(j);                           //数码管显示相应数码
        }
    }
    EX1 = 1;                                         //外部中断开
}
void main(void)                                      //主程序入口
{
bit ExeFlag = 0;                                     //定义可执行位变量
LedFlash = 3000;                                     //对闪灯数据进行初始化
EX1 = 1;                                             //同意开启外部中断1
IT1 = 1;                                             //设定外部中断1为低边缘触发类型
EA = 1;                                              //总中断开启
ShowPort = LedShowData[0];                           //数码管显示数字0
while(1)                                             //程序主循环
{
    Delay();                                         //延时
    RunStopState = ~RunStopState;                    //运行指示灯状态转变
}
}
```

第**17**章

无刷直流电机驱动电路

17.1　设计题目与设计任务

设计题目:无刷直流电机驱动电路。

设计任务:设计一个简单的电路来驱动无刷直流电机的运行,可以控制电机的运行、停止以及电机的转速。

基本要求:

➢ 能够驱动无刷直流电机转动;

➢ 能够实现电机正反转;

➢ 能够调节电机转速。

17.2　设计方案

17.2.1　电路设计的总方案

针对无刷直流电机,要驱动其转动并能够控制它的正反转与转速,首先要设计电源电路以及稳压电路,给整个系统进行供电,还需要运用驱动电路驱动电机转动并运用主控芯片控制电机转速与正反转,这里采用 IR2101 构成全桥驱动电路,并运用 JY01A 作为主控芯片,要使电机能够正常工作,这里加入了反电动势检测电路以及滤波电路,起到稳定电路的作用。

17.2.2　系统组成

本系统(模块框图如图 17.1 所示)主要分为以下五部分:

第一部分:电源与稳压电路,用来供电以及将电源电压进行稳压再对电路进行供电;

第二部分:驱动电路,用来驱动电机转动;

第三部分:主控电路,用来控制电机转速与电机正反转;

第四部分:反电动势检测电路,使电机能够正常工作;

第五部分:滤波模块,滤除周围的干扰,使电路工作稳定。

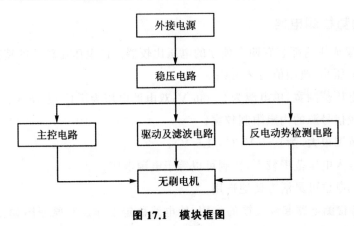

图 17.1 模块框图

17.2.3 电路各组成部分模块详解

1. 电源与稳压电路

7805 是一种固定电压(5 V)三端集成稳压器,适用于很多应用场合。它们可以和其他功率转移器件一起构成大电流的稳压电源,如可驱动输出电流高达 100 mA 的稳压器。LM317 是应用最为广泛的电源集成电路之一,它不仅具有固定式三端稳压电路的最简单形式,还具备输出电压可调的特点。稳压模块如图 17.2 所示,其中 LM317 将

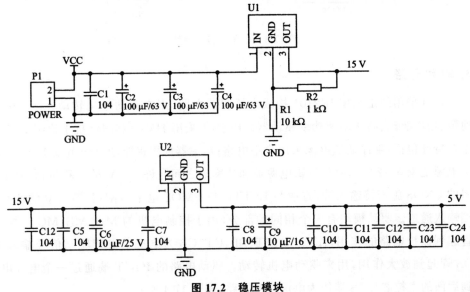

图 17.2 稳压模块

电源电压装换成 15 V 给后面的驱动模块 IR2101 供电,电容 C1～C4 起到滤波的作用,电阻 R1 与 R2 起到限流的作用,而 7805 模块将 15 V 电压装换成 5 V 给后面的 LM339 芯片以及主控芯片 JY01A 供电,7805 稳压模块中的电容起到滤波的作用,使电路工作稳定。

2. 反电动势检测电路

LM339 集成块内部装有四个独立的电压比较器。该电压比较器的特点如下:

➤ 失调电压小,典型值为 2 mV;

➤ 电源电压范围宽,单电源为 2～36 V,双电源电压为 ±1～±18 V;

➤ 对比较信号源的内阻限制较宽;

➤ 共模范围很大,为 0～(VCC−1.5 V);

➤ 差动输入电压范围较大,大到可以等于电源电压;

➤ 输出端电位可灵活方便地选用。

反电动势检测电路起到反馈的作用,使电路稳定工作。其原理图如图 17.3 所示。LM339 的引脚 4、6、8、10 为电压比较器反相输入端,接参考电压,而引脚 5、7、9、11 为同相输入端,然后进行电压对比反馈,来保证电机正常工作。

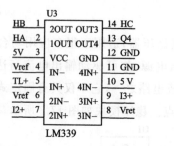
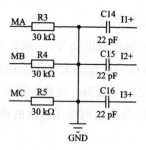

图 17.3　电压比较器模块

3. 驱动电路

本设计采用的是利用 IR2101 构成全桥驱动电路,用来驱动电机转动。IR2101 是双通道、栅极驱动、高压高速功率驱动器。IR2101 采用 HVIC 和闩锁抗干扰制造工艺。其主要特性包括:悬浮通道电源采用自举电路;功率器件栅极驱动电压范围 10～20 V;逻辑电源范围 5～20 V,而且逻辑电源地和功率地之间允许 +5 V 的偏移量;带有下拉电阻的 CNOS 施密特输入端,方便与 LSTTL 和 CMOS 电平匹配;具有独立的低端和高端输入通道。驱动模块有三个相同的部分,用于控制电机的 MA、MB、MC 三相,二极管起到保护电路的作用,AT、AB、BT、BB、CT、CB 为电机上下臂驱动信号输入端,MOS 管起到放大作用,用来驱动电机转动。驱动电路的 IOUT 端通过一个电容电阻接到后面的主控芯片 IS 端作为电流检测电路,如图 17.4 所示。

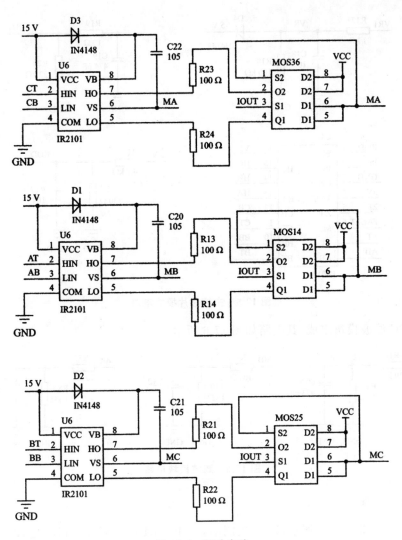

图 17.4　驱动电路

4. 主控芯片模块

JY01A 是一款多功能的无刷直流电机驱动 IC,可用于有霍尔(或无霍尔)无刷电机驱动电路,具有调速、正反转、过流保护、短路保护、欠压保护、工作稳定、防干扰能力强等特点。主控芯片模块如图 17.5 所示,主要用来控制电机的正反转以及调节电机的转速。JY01A 的 5 号引脚用来控制电机正反转,图 17.5 中 VR1 用来控制电机转速,调节输入电压,从而调节电机转速,输入电压在 2.5~5 V 之间可调,电压越大,转速越快。Is 端为电流检测端,用来检测驱动电路的电流,使电机稳定工作。

5. 电机滤波模块

电机滤波模块主要用来在接电机前滤除其他干扰,使电机能够正常、稳定地工作,

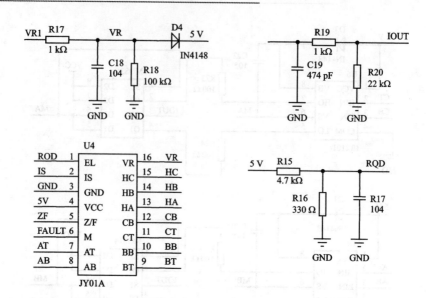

图 17.5 主控芯片模块电路

主要由 RC 滤波模块组成,其电路如图 17.6 所示。

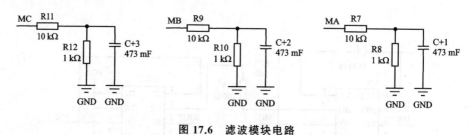

图 17.6 滤波模块电路

6. 接口电路

接口电路如图 17.7 所示,J2 为控制端,其中 VRI 用于调节电机转速,Z/F 用于正反转控制,FAULT 为转速输出端,J1 为功率端 OUT,用来连接电机,其中 MA 接电机相线 U,MB 接电机相线 V,MC 接电机相线 W。J3 为电机霍尔线,为预留接口,用来控制带霍尔传感器的。本设计只控制了无霍尔电机,这里不作进一步研究。

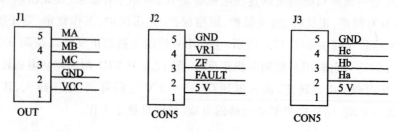

图 17.7 接口电路

7. 电路整体原理图

无刷直流电机驱动电路如图 17.8 所示。

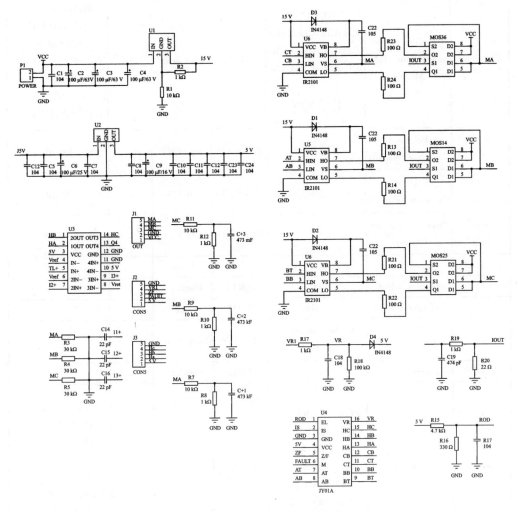

图 17.8　无刷直流电机驱动电路

经过实测,本设计能够驱动无刷直流电机转动,并且可以调速以及具有控制电机正反转的功能,达到设计目的,符合设计要求。

构成本电路的元器件清单如表 17.1 所列。

由于 Altium Designer 16 中未提供本设计中使用的所有元件,绘制 PCB 时需自己创建原理图元件库和 PCB 元件库。

本设计所需要的自建元件库包括 LM317 元件库、7805 元件库、LM339 元件库、IR2101 元件库、JY01A 元件库和 MOS6990 元件库。

表 17.1　元器件清单

Comment	Description	Designator	Footprint	LibRef	Quantity	Value
Cap Semi	Capacitor (Semiconductor SIM Model)	C1,C5,C7,C8,C10, C11,C12,C13,C14, C15,C16,C17,C18, C19,C20,C21,C22, C23,C24,C+1, C+2,C+3	C1206	Cap Semi	22	104,104,104,104, 104,104,104,104, 224 pF,224 pF,224 pF, 104 pF,104,474 pF, 105,105,105,104, 104,473 mF, 473 mF,473 mF
100 μF/ 63 V	Polarized Capacitor (Radial)	C2,C3,C4	RB7.6 − 15	Cap Pol1	3	100 μF
100 μF/ 25 V	Polarized Capacitor (Radial)	C6	RB7.6 − 15	Cap Pol1	1	100 μF
100 μF/ 16 V	Polarized Capacitor (Radial)	C9	RB7.6 − 15	Cap Pol1	1	100 μF
1N4148	Default Diode	D1,D2,D3,D4	SMC	Diode	4	
OUT	Header,5-Pin	J1	HDR1X5	Header 5	1	
CON5	Header,5-Pin	J2,J3	HDR1X5	Header 5	2	
Component_1		MOS14,MOS25, MOS36	MOS6990	Component_1	3	
POWER	Header,2-Pin	P1	HDR1X2	Header 2	1	
Res3	Resistor	R1,R2,R3,R4,R5, R7,R8,R9,R10, R11,R12,R13, R14,R15,R16, R17,R18,R19, R20,R21,R22, R23,R24	J1 − 0603	Res3	23	10 kΩ,1 kΩ,30 kΩ, 30 kΩ,30 kΩ,10 kΩ, 1 kΩ,10 kΩ,1 kΩ, 10 kΩ,1 kΩ,100 Ω, 100 Ω,4.7 kΩ,330 Ω, 1 kΩ,100 kΩ,1 kΩ, 22 Ω,100 Ω,100 Ω, 100 Ω,100 Ω
Component_1		U1	LM317	Component_1	1	
7805		U2	7805	Component_1	1	
LM339		U3	LM339	Component_1	1	
JY01A		U4	JY01A	Component_1	1	
IR2101		U5,U6,U7	IR2101	Component_1	3	

17.3　电路板布线图、实物照片

17.3.1　新建项目工程文件

首先，执行"文件"→"新建"→Project 命令，将新工程项目命名为"无刷直流电机驱动电路"，并向其中添加原理图文件和 PCB 文件。然后，执行"文件"→"新建"→"库"→"原理图库"命令，在"无刷直流电机驱动电路"项目中添加 6 个原理图库文件。最后，执行"文件"→"新建"→"库"→"PCB 库"命令，在"无刷直流电机驱动电路"项目中添加 6 个 PCB 库文件。将所有文件重命名，如图 17.9 所示。

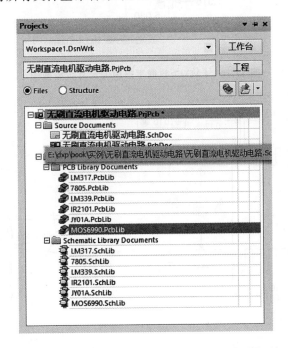

图 17.9　新建"无刷直流电机驱动电路"项目工程文件

17.3.2　绘制元件库

1. 建立 LM317 元件库

查看线性稳压模块 LM317 数据手册，各引脚尺寸数据如图 17.10 所示。

2. 建立 LM339 元件库

查看 LM339 的数据手册，各尺寸数据如图 17.11 所示。

进入 LM339.PcbLib 绘制环境中，执行"工具"→"元器件向导"命令，弹出 Component Wizard，选择封装形式为 SOP，选择单位为 mm，由封装尺寸图可知 LM339 引脚

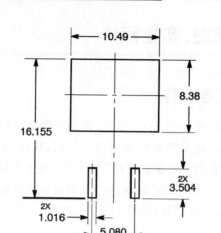

图 17.10　LM317 数据手册中的尺寸数据截图

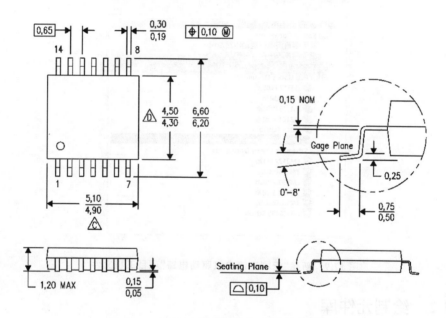

图 17.11　LM339 数据手册中的尺寸数据截图

最大尺寸为 0.51 mm×0.6 mm，焊盘应略大于引脚尺寸，参数设置为 0.7 mm×1.6 mm，纵向引脚间距为 1.27 mm，横向引脚间距为 6.2 mm，引脚数量设为 14 个。LM339 的 PCB 封装完成后如图 17.12 所示。

　　进入 LM339.SchLib 绘制环境中，执行"放置"→"矩形"命令，绘制矩形（X1＝0，Y1＝0，X2＝80，Y2＝140）；矩形绘制完毕后，执行"放置"→"引脚"命令，引脚同样依照此方法设置；14 个引脚放置完成后，如图 17.13 所示。

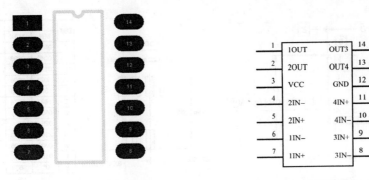

图 17.12 LM339 PCB 元件库   图 17.13 引脚放置完成后

　　打开 SCH Library 对话框,将 LM339 PCB 元件库加载到 LM339 原理图元件库,在"选择封装"栏中出现封装模型,表示封装模型已经成功加载,如图 17.14 所示。

图 17.14 封装模型成功加载后

3. 建立 IR2101 元件库

　　查看 IR2101 的数据手册,具体尺寸数据如图 17.15 所示。

　　进入 IR2101.PcbLib 绘制环境中,执行"工具"→"元器件向导"命令,弹出 Component Wizard 对话框,选择封装形式为 SOP,选择单位为 mm,由封装尺寸图可知 IR2101 引脚最大尺寸为 0.51 mm×0.6 mm,焊盘应略大于引脚尺寸,参数设置为 0.8 mm×2 mm,纵向引脚间距为 1.27 mm,横向引脚间距为 6.2 mil,引脚数量设为 8 个,IR2101 的 PCB 封装完成后,如图 17.16 所示。

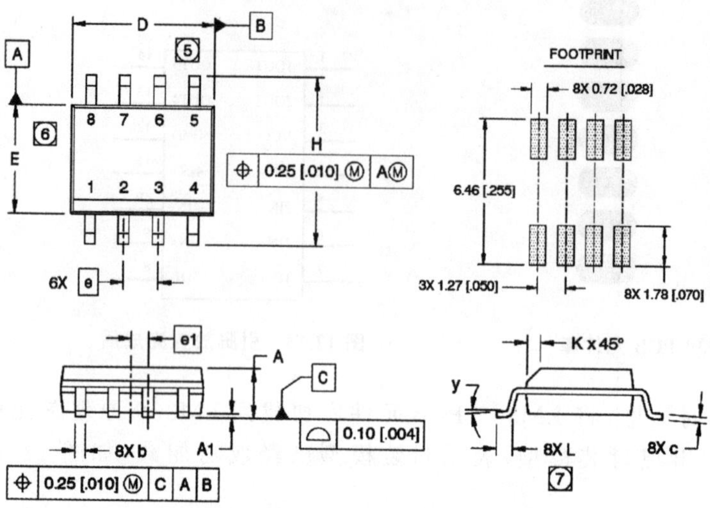

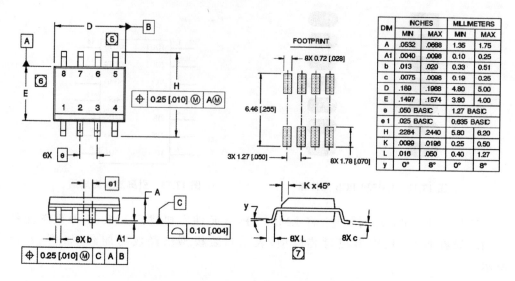

DIM	INCHES		MILLIMETERS	
	MIN	MAX	MIN	MAX
A	.0532	.0688	1.35	1.75
A1	.0040	.0098	0.10	0.25
b	.013	.020	0.33	0.51
c	.0075	.0098	0.19	0.25
D	.189	.1968	4.80	5.00
E	.1497	.1574	3.80	4.00
e	.050 BASIC		1.27 BASIC	
e1	.025 BASIC		0.635 BASIC	
H	.2284	.2440	5.80	6.20
K	.0099	.0196	0.25	0.50
L	.016	.050	0.40	1.27
y	0°	8°	0°	8°

图 17.15　IR2101 数据手册中的尺寸数据截图

进入 IR2101.SchLib 绘制环境中，执行“放置”→“矩形”命令，绘制矩形（X1＝0，Y1＝0，X2＝60，Y2＝80）；矩形绘制完毕后，执行“放置”→“引脚”命令，引脚依照此方法设置；8 个引脚放置完成后，如图 17.17 所示。

图 17.16　IR2101 的 PCB 封装

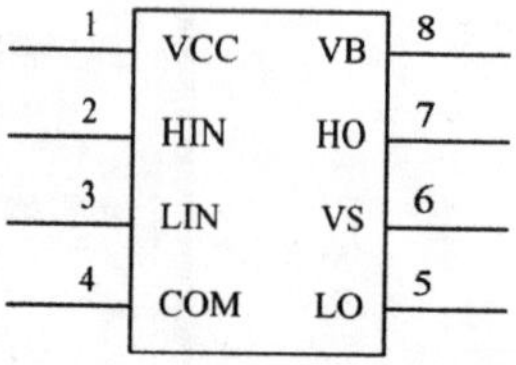

图 17.17　引脚放置完成后

打开 SCH Library 对话框，将 IR2101PCB 元件库加载到 IR2101 原理图元件库，在“选择封装”栏中出现封装模型，表示封装模型已经成功加载，如图 17.18 所示。

单击“PCB 模型”对话框中的 in Map 按钮，进入“模型图”对话框，查看原理图元件库的引脚标识与 PCB 元件库的引脚标识是否对应，若不对则应手动修改，如图 17.19 所示。

返回到原理图元件库绘制界面，再次打开 SCH Library 对话框，同样显示模型已加载，如图 17.20 所示。

4. 建立 JY01A 元件库

查看 JY01A 的数据手册，具体尺寸数据如图 17.21 所示。

进入 JY01A.PcbLib 绘制环境中，执行“工具”→“元器件向导”命令，弹出 Component

图 17.18　封装模型加载成功

图 17.19　"模型图"对话框

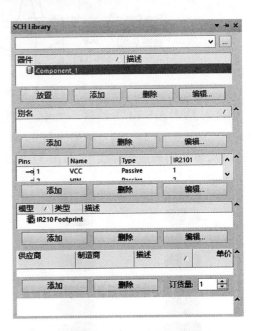

图 17.20　SCH Library 对话框

Wizard 对话框,选择封装形式为 SOP,选择单位为 mm,由封装尺寸图可知 LM339 引脚最大尺寸为 0.51 mm × 0.6 mm,焊盘应略大于引脚尺寸,参数设置为

0.8 mm×2 mm,纵向引脚间距为 1.27 mm,横向引脚间距为 6.2 mm,引脚数量设为 16 个,JY01A 的 PCB 封装完成后,如图 17.22 所示。

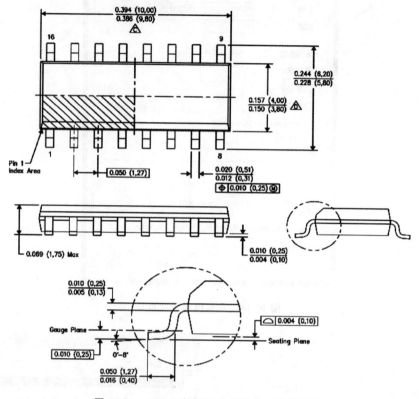

图 17.21　JY01A 数据手册中的尺寸数据截图

进入 JY01A.SchLib 绘制环境中,执行"放置"→"矩形"命令,绘制矩形(X1＝0, Y1＝0,X2＝80,Y2＝160);矩形绘制完毕后,执行"放置"→"引脚"命令,引脚依照此方法设置;16 个引脚放置完成后,如图 17.23 所示。

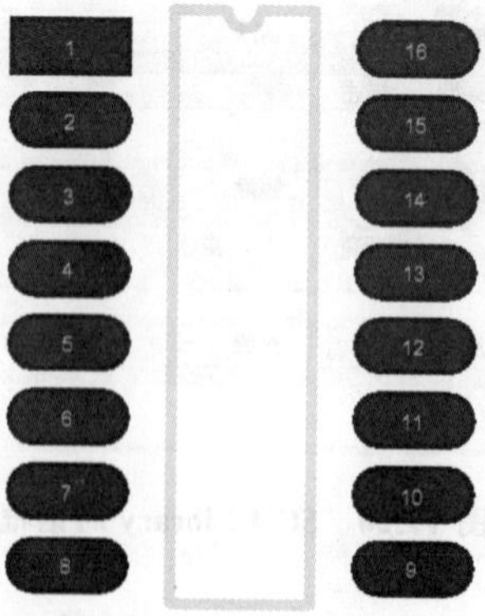

图 17.22　JY01A 的 PCB 封装

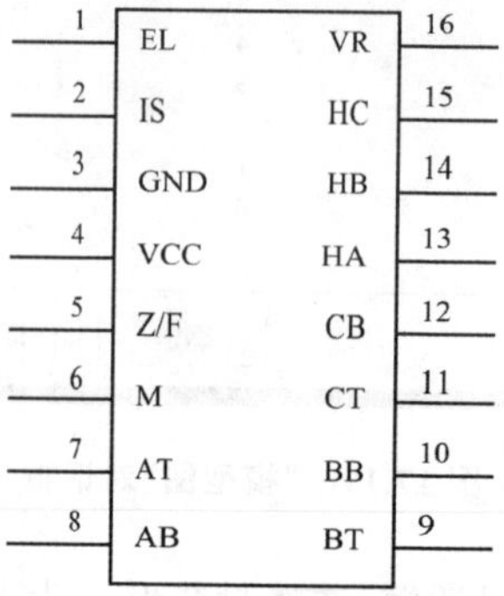

图 17.23　引脚放置完成后

打开 SCH Library 对话框,将 JY01APCB 元件库加载到 JY01A 原理图元件库,在
"选择封装"栏中出现封装模型,表示封装模型已经成功加载,如图 17.24 所示。

图 17.24　封装模型成功加载后

5. 建立 MOS6990 元件库

　　查看 MOS6990 的数据手册,封装类型为 SO - 8,具体尺寸数据如图 17.25 所示。

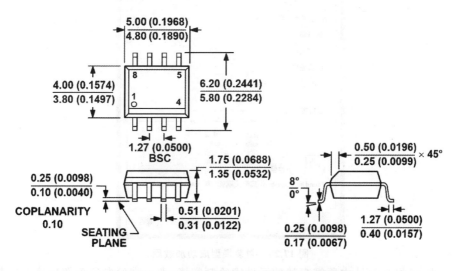

图 17.25　MOS6990 数据手册中的尺寸数据截图

进入 MOS6990.PcbLib 绘制环境中,执行"工具"→"元器件向导"命令,弹出 Component Wizard 对话框,选择封装形式为 SOP,选择单位为 mm,由封装尺寸图可知 MOS6990 引脚最大尺寸为 0.51 mm×0.6 mm,焊盘应略大于引脚尺寸,参数设置为 0.8 mm×2 mm,纵向引脚间距为 1.27 mm,横向引脚间距为 6.2 mil,引脚数量设为 8 个,MOS6990 的 PCB 封装完成后,如图 17.26 所示。

进入 MOS6990.SchLib 绘制环境中,执行"放置"→"矩形"命令,绘制矩形(X1＝0, Y1＝0,X2＝60,Y2＝80);矩形绘制完毕后,执行"放置"→"引脚"命令,引脚依照此方法设置;8 个引脚放置完成后,如图 17.27 所示。

图 17.26　MOS6990 的 PCB 封装　　　　　　图 17.27　引脚放置完成后

打开 SCH Library 对话框,将 MOS6990PCB 元件库加载到 MOS6990 原理图元件库,在"选择封装"栏中出现封装模型,表示封装模型已经成功加载,如图 17.28 所示。

图 17.28　封装模型成功加载后

至此,已将本设计中所需自建的元件库绘制完毕,即可在绘制原理图环境中绘制如图 17.8 所示的整体电路。

17.3.3　元件布局和布线

1. 元件布局

整体电路绘制完成后,执行"工程"→"Compile Document 无刷直流电机驱动电路.SchDoc"命令,查看 Messages 窗口(如图 17.29 所示),显示原理图编译无错误。

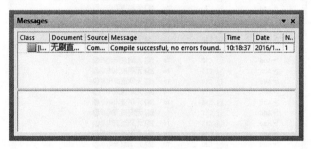

图 17.29　原理图编译后的 Messages 窗口

执行"设计"→"Update PCB Document 无刷直流电机驱动电路.PcbDoc"命令,弹出"工程更改顺序"对话框,如图 17.30 所示。

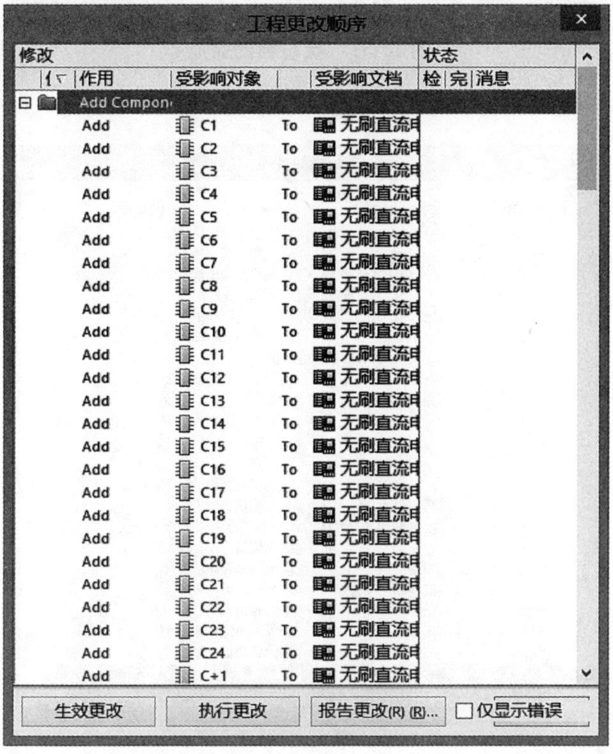

图 17.30　"工程更改顺序"对话框

单击"生效更改"按钮,完成状态检测,如图 17.31 所示。

图 17.31 状态检测完成

检测全部通过后，单击"执行更改"按钮，即可完成更改（如图 17.32 所示），并在 PCB 编

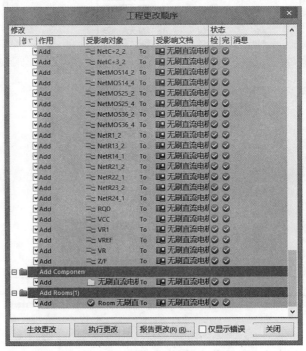

图 17.32 更改完成

辑环境下,自动生成 PCB 图(如图 17.33 所示)。

图 17.33　自动生成的 PCB 图

将 Room 和所有元件移动到 PCB 板上,并调整 Room 尺寸,如图 17.34 所示。

图 17.34　调整 Room 尺寸后

元件布局采用手动布局的方式,接插口尽量放在板子边缘,相关元器件尽量集结在同一个区域。元件粗略布局如图 17.35 所示。

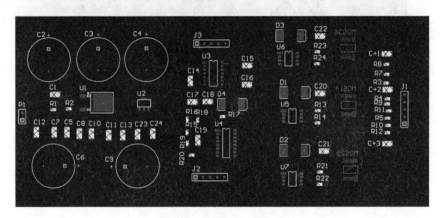

图 17.35　元件粗略布局

使用"排列工具"等命令,调整元件间距和对齐方向,所有元件布局完毕后如图 17.36 所示。

布局完毕后,切换到 Top Overlay 层,执行"放置"→"走线"命令,绘制出矩形框,选择绘制出的矩形框,如图 17.37 所示。

选择绘制出的矩形框,执行"设计"→"板子形状"→"按照选择对象定义"命令,结果如图 17.38 所示。

执行"设计"→"板子形状"→"根据板子外形生成线条"命令,在 PCB 板子外轮廓自动生成边界线,如图 17.39 所示。

放置 4 个直径为 3 mm 的定位通孔,执行"放置"→"过孔"命令,结果如图 17.40 所示。

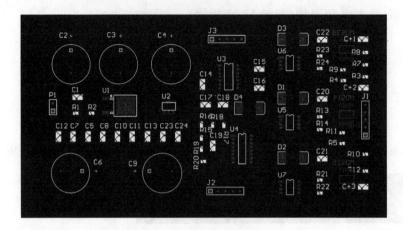

图 17.36　布局完毕后

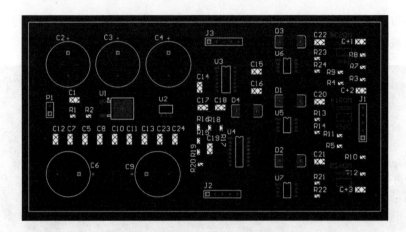

图 17.37　矩形框绘制完毕

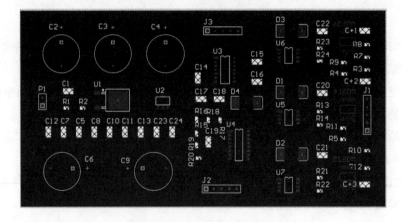

图 17.38　板子形状定义完成

至此,元件布局已经完成。需要注意的是元件布局并非越密越好,元件与元件之间至少应留出 100 mil 的空隙。

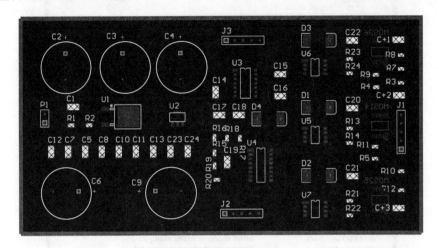

图 17.39　生成边界线后

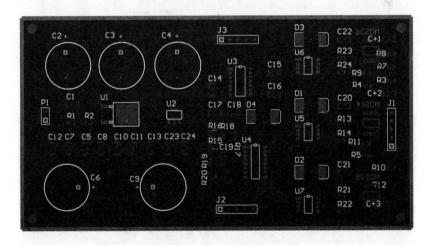

图 17.40　过孔放置完成

2. 布　线

　　进行布线操作,执行"自动布线"→"全部"命令,弹出"Situs 布线策略"对话框,如图 17.41 所示。

　　单击"编辑规则"按钮,进入"PCB 规则及约束编辑器"对话框,对布线规则进行设定,与 1.3.3 小节中的电气规则一致。

　　设置完基本规则后,单击"PCB 规则及约束编辑器"对话框中的"确定"按钮,返回到"Situs 布线策略"对话框,单击 Route All 按钮,即可完成自动布线,如图 17.42 所示。

　　可见自动布线的结果并不理想,某些连接线并未布上。线条需要手动调整,尽量减

图 17.41 "Situs 布线策略"对话框

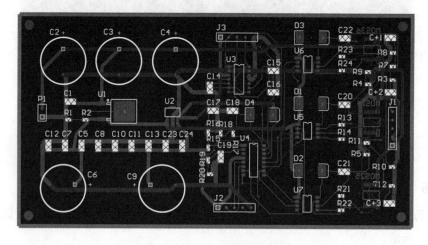

图 17.42 完成自动布线后

少线条的长度和弯曲。手动调整 U6 与"GND"网络的连接线,如图 17.43 所示。

手动调整 U5 与 GND 网络的连接线,如图 17.44 所示。

手动调整 U7 与 GND 网络的连接线,如图 17.45 所示。

修改部分线条的线宽,调整布线后,整体布线图如图 17.46 所示。

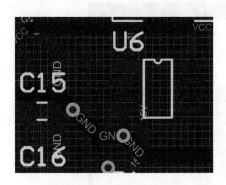

图 17.43 手动调整 U6 与 GND 网络的连接线

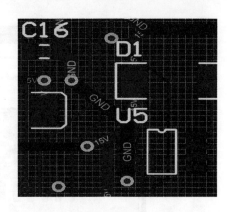

图 17.44 手动调整 U5 与 GND 网络的连接线

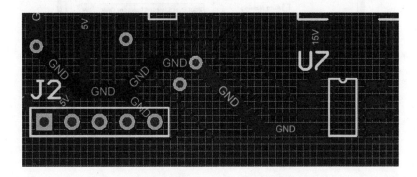

图 17.45 手动调整 U7 与 GND 网络的连接线

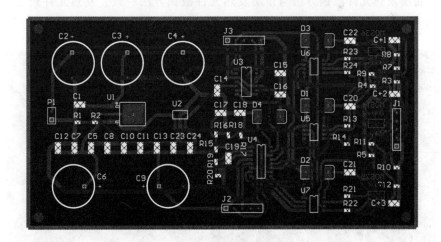

图 17.46 整体布线图

由于 7805、LM317 和 MOS6990 均属于发热元件,故需要在这些元件的焊接处敷铜,以增加散热面积。执行"放置"→"多边形敷铜"命令,选择填充模式为 Solid,如图 17.47 所示。

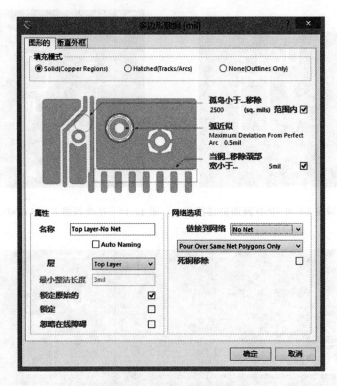

图 17.47　"多边形敷铜"对话框

设置好参数后,单击"确定"按钮,选择四点,使所画矩形覆盖整个发热元件,右键单击退出,底层发热元件敷铜方法与顶层发热元件敷铜方法一致。发热元件敷铜之后如图 17.48 所示。

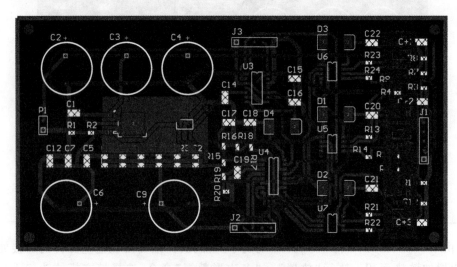

图 17.48　顶层发热元件敷铜后

　　完成布线后,执行"放置"→"多边形敷铜"命令或单击命令栏中的"敷铜"图标为
PCB 敷铜。在弹出"多边形敷铜"对话框中选择填充模式为 Hatched,连接网络选择
GND,设置好参数后,分别对 PCB 板顶层和底层敷铜,完成后如图 17.49 和图 17.50
所示。

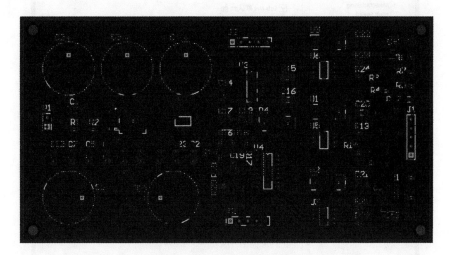

图 17.49　顶层敷铜之后

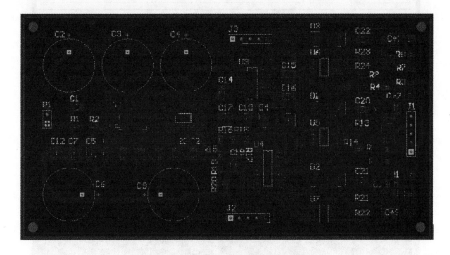

图 17.50　底层敷铜之后

　　执行"工具"→"设计规则检查"命令,弹出"设计规则检测"对话框,如图 17.51
所示。

　　单击"运行 DRC"按钮,打开 Messages 窗口,显示无错误,如图 17.52 所示。

　　无刷直流电机驱动电路 PCB 实例基本绘制完毕,下面查看 3 维视图。执行"查看"→
"切换到 3 维显示"命令,执行结果如图 17.53 所示。

图 17.51 "设计规则检测"对话框

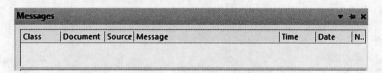

图 17.52 Messages 窗口

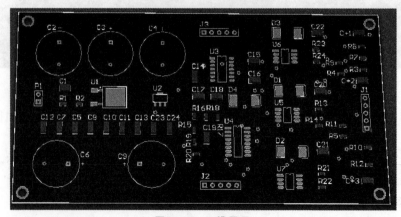

图 17.53 3 维显示

17.3.4　实物照片

无刷直流电机驱动电路实物照片如图 17.54 所示。

图 17.54　无刷直流电机驱动电路实物照片

17.4　习题、注意事项

1. 习　题

(1) 电路中 MOS 管的作用是什么？

答：MOS 管起到放大电流信号的作用，用来驱动电机转动。

(2) 在设计驱动电路时，怎样降低电源对电机的损坏？

答：增加滤波电容，选择合适的滤波电容来降低电源对电机的损坏。

(3) 本设计中主控芯片 JY01A 的作用是什么？

答：控制电机正反转以及电机的转速。

2. 注意事项

(1) 焊接 PCB 板之前，首先要测试 PCB 板有无短路。

(2) 接入电源时，千万不要把电源的正、负极接反，否则会烧毁元器件。

(3) 如果使用在 60 W 以内不用加散热片，超过 60 W 一定要加散热片，不加散热片驱动效率降低，温度过高会造成永久损坏；散热片的面积视工作坏境而定（建议散热表面积大于 200 cm²）；安装散热片的时候一定要注意背面 6 只 MOS 管的绝缘问题，不绝缘的话会造成驱动板永久损坏；建议加绝缘片的时候，在绝缘片的两面加上导热硅脂。

第**18**章

舞蹈机器人电路

18.1　设计题目与设计任务

设计题目:舞蹈机器人电路。

设计任务:设计一个电路,实现能驱动多路舵机以实现机器人舞蹈动作。

基本要求:所设计电路必须能实现程序的下载和运行,并且能驱动多路舵机。

18.2　设计方案

18.2.1　电路设计的总体思路

利用舵机代替机器人的各个关节,由舵机驱动电路以及程序指令来控制舵机以实现各种舞蹈动作,稳压电路为整个电路提供所需的电压。

18.2.2　系统组成

舞蹈机器人整个系统主要分为以下五部分:

第一部分:稳压电路,稳压电路为整个电路提供 5 V 的稳定电压;

第二部分:RS232 电路,下载及通信电路;

第三部分:指示电路,由两个 LED 灯、一个蜂鸣器组成,用来调试和指示程序运行状态;

第四部分:舵机驱动电路;

第五部分:单片机及外围电路,单片机运行用户程序,外围电路用以保证单片机正常运行。

18.2.3　电路各组成部分详解

1. 稳压电路

单片机采用 5 V 电源供电,因此采用 LM1117 稳压芯片。LM1117 为低压差电压调节器。在其输入端接入极性钽电容 C16＝100 μF,C12＝200 μF 用于电源滤波。其后接入 C13＝C14＝C15＝100 μF 用于进一步滤波,如图 18.1 所示。

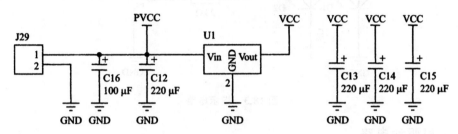

图 18.1　稳压电路

2. RS232 电路

RS232 电路用以实现电平的转换,将 TTL 电平转换为 232 电平以实现单片机与计算机之间通信。也用于为单片机下载程序使用。电路采用 MAX3232 芯片,其中 C6＝C7＝C8＝C9＝0.1 μF 为内部电荷泵所用,如图 18.2 所示。

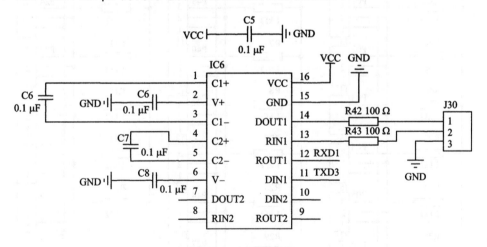

图 18.2　RS232 电路

3. 指示电路

指示电路为两个 LED 和一个蜂鸣器,其中一个 LED 为电源指示,另一个 LED 和蜂鸣器可供程序调试及指示程序运行,如图 18.3 所示。

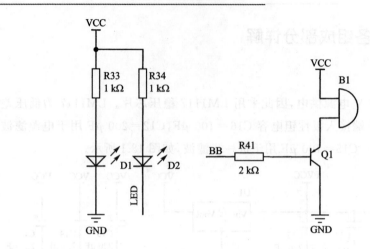

图 18.3　指示电路

4．舵机驱动电路

舵机驱动电路如图 18.4 所示。

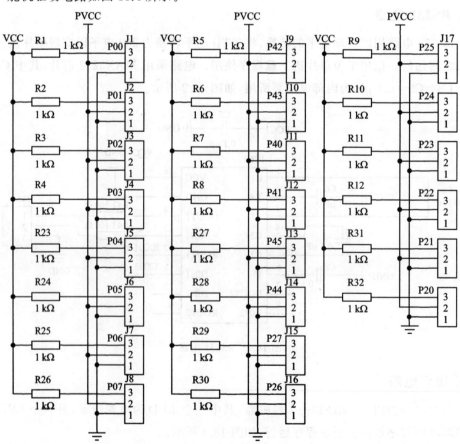

图 18.4　舵机驱动电路

5. 单片机及外围电路

其包括单片机及晶振电路和复位电路,如图 18.5 所示。

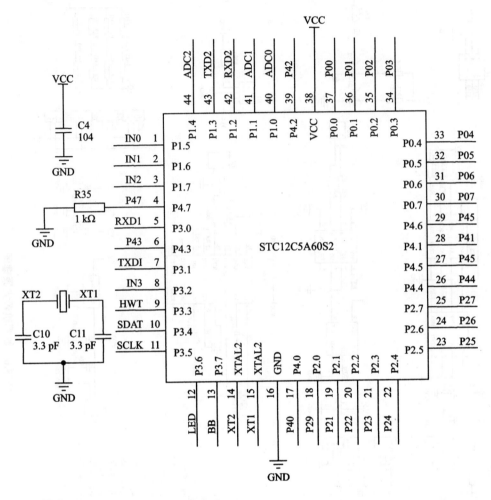

图 18.5　单片机及外围电路

整体电路图如图 18.6 所示。

经过电路实测,舞蹈机器人电路能够做出各种编排的舞蹈动作,达到了设计要求。

构成本电路的元器件清单如表 18.1 所列。

由于 Altium Designer 16 中未提供本设计中使用的所有元件,绘制 PCB 时需自己创建原理图元件库和 PCB 元件库。

本设计所需要的自建元件库包括 STC12C5A60S2 单片机元件库、晶振元件库、24C512 元件库、MAX3232 元件库、MAX485 元件库、SN74AHC1G04 元件库以及 LM1117 元件库。

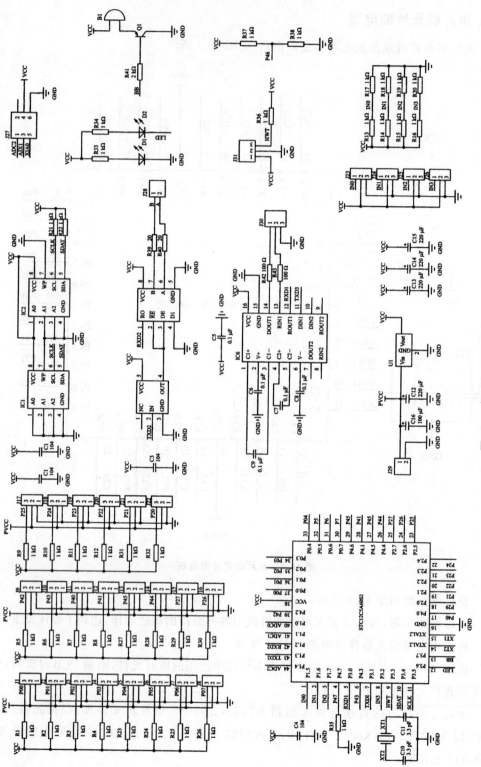

图18.6 舞蹈机器人原理图

表 18.1　元器件清单

Comment	Description	Designator	Footprint	LibRef	Quantity	Value
Bell	Electrical Bell	B1	PIN2	Bell	1	
Cap Semi	Capacitor (Semiconductor SIM Model)	C1,C2,C3,C4,C5,C6, C7,C8,C9,C10,C11	C1206	Cap Semi	11	104,104,104,104, 0.1 μF,0.1 μF, 0.1 μF,0.1 μF, 0.1 μF,33 pF,33 pF
Cap Pol3	Polarized Capacitor (Surface Mount)	C12,C13,C14,C15,C16	C0805	Cap Pol3	5	220 μF,220 μF,220 μF, 220 μF,100 μF
LED2	Typical RED, GREEN,YELLOW, AMBER GaAs LED	D1,D2	3.2X1.6X1.1	LED2	2	
Component_1		IC1,IC2	24C512	Component_1	2	
Component_1		IC3	SN74AHC1G04	Component_1	1	
Component_1		IC4	MAX485	Component_1	1	
Component_1		IC5	STC12C5A60S2	Component_1	1	
Component_1		IC6	MAX3232 − duplicate	Component_1	1	
	Connector	J1,J2,J3,J4,J5,J6,J7,J8, J9,J10,J11,J12,J13,J14, J15,J16,J17,J18,J19,J20, J21,J22,J23,J24,J25,J26	HDR1X3	CON3	26	
MHDR2X3	Header,3-Pin, Dual row	J27	MHDR2X3	MHDR2X3	1	
Header 2	Header,2-Pin	J28,J29	HDR1X2	Header 2	2	
Header 3	Header,3-Pin	J30	HDR1X3	Header 3	1	
MHDR1X3	Header,3-Pin	J31	MHDR1X3	MHDR1X3	1	
PNP	PNP Bipolar Transistor	Q1	SOT-23B_N	PNP	1	
Res3	Resistor	R1,R2,R3,R4,R5,R6, R7,R8,R9,R10,R11, R12,R13,R14,R15, R16,R17,R18,R19, R20,R21,R22,R23, R24,R25,R26,R27, R28,R29,R30,R31, R32,R33,R34,R35, R36,R37,R38,R39, R40,R41,R42,R43	J1 − 0603	Res3	43	1 kΩ,1 kΩ,1 kΩ,1 kΩ, 1 kΩ,1 kΩ,1 kΩ,1 kΩ, 1 kΩ,1 kΩ,1 kΩ,1 kΩ, 1 kΩ,1 kΩ,1 kΩ,1 kΩ, 1 kΩ,1 kΩ,1 kΩ,1 kΩ, 1 kΩ,1 kΩ,1 kΩ,1 kΩ, 1 kΩ,1 kΩ,1 kΩ,1 kΩ, 1 kΩ,1 kΩ,1 kΩ,1 kΩ, 1 kΩ,1 kΩ,1 kΩ,1 kΩ, 1 kΩ,1 kΩ,20 Ω,20 Ω, 2 kΩ,100 Ω,100 Ω
Component_1		T1	LC − HC − 49S	Component_1	1	
Component_1		U1	LM1117	Component_1	1	

18.3 电路板布线图、实物照片

18.3.1 新建项目工程文件

首先,执行"文件"→"新建"→Project 命令,将新工程项目命名为"舞蹈机器人",并向其中添加原理图文件和 PCB 文件。然后,执行"文件"→"新建"→"库"→"原理图库"命令,在"舞蹈机器人"项目中添加 7 个原理图库文件。最后,执行"文件"→"新建"→"库"→"PCB 库"命令,在"舞蹈机器人"项目中添加 7 个 PCB 库文件。将所有文件重命名,如图 18.7 所示。

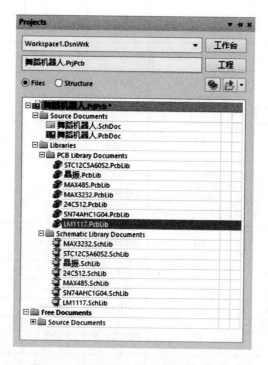

图 18.7 新建"舞蹈机器人"项目工程文件

18.3.2 绘制元件库

1. 建立 STC12C5A60S2 单片机元件库

查看 STC12C5A60S2 单片机的数据手册,封装类型为 LQFP-44,各尺寸数据如图 18.8 所示。

2. 建立 24C512 元件库

查看 24C512 的数据手册,封装类型为 SOIC-8,各尺寸数据如图 18.9 所示。

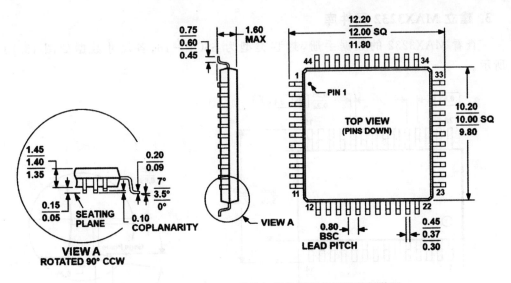

图 18.8 STC12C5A60S2 单片机的数据手册尺寸数据载图

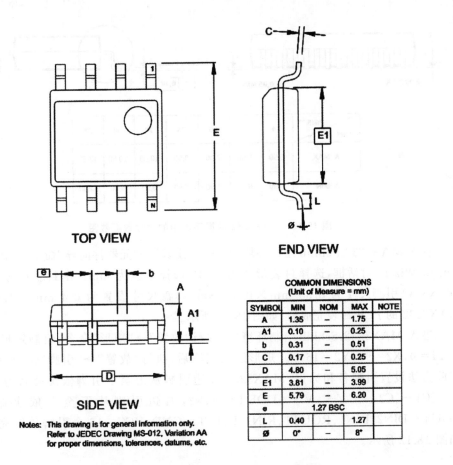

TOP VIEW

END VIEW

SIDE VIEW

COMMON DIMENSIONS
(Unit of Measure = mm)

SYMBOL	MIN	NOM	MAX	NOTE
A	1.35	–	1.75	
A1	0.10	–	0.25	
b	0.31	–	0.51	
C	0.17	–	0.25	
D	4.80	–	5.05	
E1	3.81	–	3.99	
E	5.79	–	6.20	
e		1.27 BSC		
L	0.40	–	1.27	
Ø	0°	–	8°	

Notes: This drawing is for general information only.
Refer to JEDEC Drawing MS-012, Variation AA
for proper dimensions, tolerances, datums, etc.

图 18.9 24C512 数据手册中的尺寸数据载图

3. 建立 MAX3232 元件库

查看 MAX3232 的数据手册,封装类型为 SSOP - 16,各尺寸数据如图 18.10 所示。

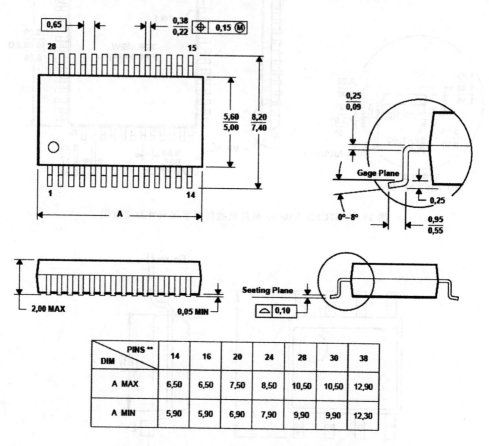

图 18.10　MAX3232 数据手册中的尺寸数据截图

进入 MAX3232.PcbLib 绘制环境中,执行"工具"→"元器件向导"命令,弹出 Component Wizard 对话框,选择封装形式为 SOP,选择单位为 mm。由封装尺寸图可知 MAX3232 引脚尺寸为 0.38 mm×0.95 mm,焊盘尺寸设置为 0.4 mm×1.5 mm, MAX3232 的 PCB 封装完成后,如图 18.11 所示。

进入 MAX3232.SchLib 绘制环境中,执行"放置"→"矩形"命令,绘制矩形(X1＝0,Y1＝0,X2＝90,Y2＝160)。矩形绘制完毕后,执行"放置"→"引脚"命令,引脚依照此方法设置引脚名和标识,MAX3232 左边引脚从上至下引脚依次命名为 C1＋、V＋、C1－、C2＋、C2－、V－、DOUT2、RIN2,右边引脚从下至上依次命名为 ROUT2、DIN2、DIN1、ROUT1、RIN1、DOUT1、GND、VCC。16 个引脚放置完成后,如图 18.12 所示。

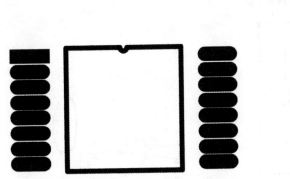

图 18.11　MAX3232 的 PCB 封装

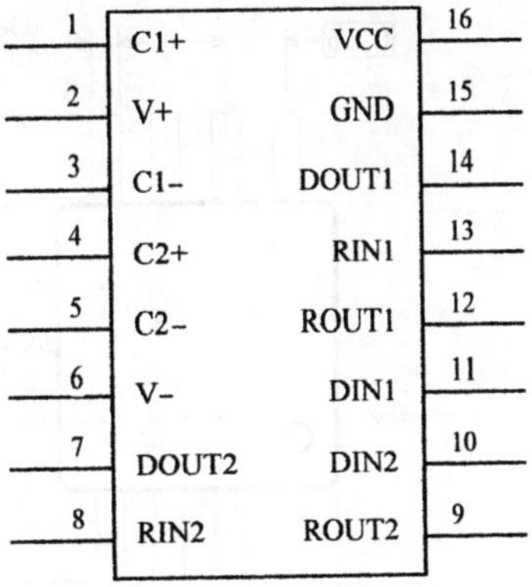

图 18.12　引脚放置完成后

打开 SCH Library 对话框，将 MAX3232PCB 元件库加载到 MAX3232 原理图库，在"选择封装"栏中出现封装模型，表示封装模型已经成功加载，如图 18.13 所示。

图 18.13　封装模型成功加载后

4. 建立 MAX485 元件库

查看 MAX485 的数据手册，封装类型为 SOIC–8，各个尺寸数据如图 18.14 所示。

进入 MAX485.PcbLib 绘制环境中，执行"工具"→"元器件向导"命令，弹出 Component Wizard 对话框，选择封装形式为 SOP，选择单位为 mm，由封装尺寸图可知

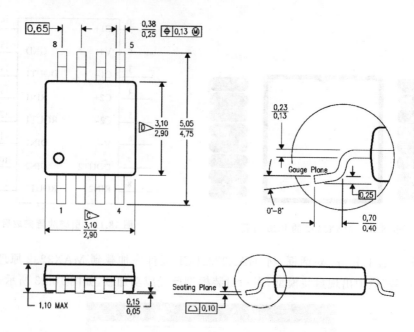

图 18.14 MAX485 数据手册中的尺寸数据截图

MAX485 引脚尺寸为 0.36 mm×0.66 mm,焊盘尺寸设置为 0.4 mm×1.5 mm,MAX485 纵向引脚间距为 0.65 mm,横向引脚间距为 5.03 mm。MAX485 的 PCB 封装完成后如图 18.15 所示。

图 18.15 MAX485 的 PCB 封装

进入"MAX485.SchLib"绘制环境中,执行"放置"→"矩形"命令,绘制矩形(X1=0,Y1=0,X2=60,Y2=80)。矩形绘制完毕后,执行"放置"→"引脚"命令,其他引脚同样依照此方法设置引脚名和标识,MAX485 各个引脚依次命名为 RO、$\overline{\text{RE}}$、DE、DI、GND、A、B、VCC。8 个引脚放置完成后如图 18.16 所示。

1	RO	VCC	8
2	$\overline{\text{RE}}$	B	7
3	DE	A	6
4	DI	GND	5

图 18.16 引脚放置完成后

打开 SCH Library 对话框,将 MAX485 PCB 元件库加载到 MAX485 原理图库,在"选择封装"栏中出现封装模型,表示封装模型已经成功加载,如图 18.17 所示。

图 18.17　封装模型成功加载后

5. 建立 SN74AHC1G04 元件库

查看 SN74AHC1G04 的数据手册，各尺寸数据如图 18.18 所示，可见其封装并不规则，可以利用元器件向导生成规则的元器件，然后再进行相应的修改。

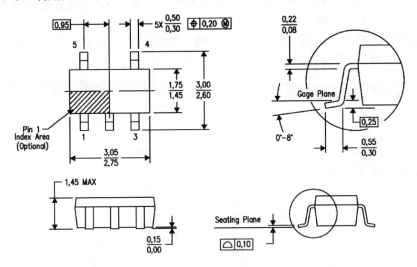

图 18.18　SN74AHC1G04 的数据手册中的尺寸数据截图

进入 SN74AHC1G04.PcbLib 绘制环境中，执行"工具"→"元器件向导"命令，弹出 Component Wizard 对话框，选择封装形式为 SOP，选择单位为 mm，由封装尺寸图可知 SN74AHC1G04 引脚尺寸为 0.5 mm×0.5 mm，焊盘尺寸设置为 0.6 mm×1.5 mm，纵向引脚间距为 0.95 mm,横向引脚间距为 3 mm,引脚数量设为 6 个,生成的 PCB 封装如图 18.19 所示。

修改已经生成的封装,删去焊盘 5,将焊盘 6 的标号更改为 5,调整焊盘中间的轮廓线。修改后的 SN74AHC1G04 元件封装如图 18.20 所示。

图 18.19　生成的 PCB 封装

图 18.20　SN74AHC1G04 元件封装

进入 SN74AHC1G04.SchLib 绘制环境中,执行"放置"→"矩形"命令,绘制矩形(X1=0,Y1=0,X2=60,Y2=60)。矩形绘制完毕后,执行"放置"→"引脚"命令,依照此方法设置引脚名和标识,SN74AHC1G04 各个引脚依次命名为 NC、IN、GND、OUT、VCC。5 个引脚放置完成后如图 18.21 所示。

打开 SCH Library 对话框,单击器件栏中的"编辑"按钮,弹出 Library Component Properties 对话框,单击右下角"Add"按钮,弹出"添加新模型"对话框,选择模型种类为 Footprint,单击"确定"按钮,弹出"PCB模型"对话框,单击"浏览"按钮,选择加载已经完成的SN74AHC1G04.PcbLib 文件,如图 18.22 所示。

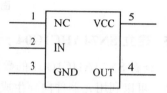

图 18.21　引脚放置完成后

单击"浏览库"对话框中的"确定"按钮,返回到"PCB 模型"对话框,在"选择封装"栏中出现封装模型,表示封装模型已经成功加载,如图 18.23 所示。

图 18.22　加载 SN74AHC1G04 的 PCB 元件库

图 18.23　封装模型成功加载后

单击"PCB模型"对话框中的 in Map 按钮,进入"模型图"对话框,查看原理图元件库的引脚标识与 PCB 元件库的引脚标识是否对应,若不对应则手动修改,如图 18.24 所示。

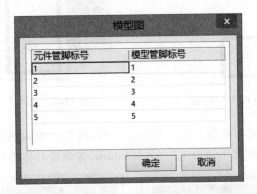

图 18.24　"模型图"对话框

6. 建立 LM1117 元件库

查看 LM1117 稳压元件的数据手册,封装类型为 SOT–3,各尺寸数据如图 18.25 所示。

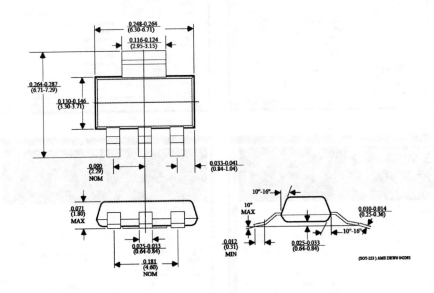

图 18.25　LM1117 数据手册中的尺寸数据截图

进入 LM1117.PcbLib 绘制环境中,切换到 Top Overlay 层,执行"放置"→"走线"命令,绘制晶振外形轮廓,长为 6 mm,宽为 2.8 mm,如图 18.26 所示。

执行"放置"→"焊盘"命令,在 LM1117 稳压元件外形轮廓外放置 4 个焊盘,如图 18.27 所示。

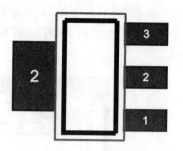

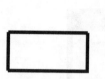

图 18.26　LM1117 外形轮廓　　　　　图 18.27　放置焊盘后

焊盘间距的取值应在在最大值与最小值之间,故焊盘纵向间距设为 2.3 mm,横向间距设为 6.3 mm,焊盘尺寸设为 1.5 mm×1 mm,各焊盘具体参数如图 18.28 所示。

(a) 焊盘(一)

(b) 焊盘(二)

(c) 焊盘(三)

(d) 焊盘(四)

图 18.28　各焊盘参数

打开 PCB Library 对话框,双击元件栏中的元件,将其重命名(如图 18.29 所示),单击"确定"按钮,即可完成命名。

进入 LM1117.SchLib 绘制环境中,执行"放置"→"矩形"命令,绘制矩形(X1＝0,Y1＝－30,X2＝60,Y2＝0),矩形绘制完毕后,执行"放置"→"引脚"命令,3 个引脚放置完成后,如图 18.30 所示。

图 18.29　重命名

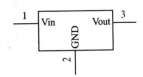

图 18.30　引脚放置完成后

打开 SCH Library 对话框,单击器件栏中的"编辑"按钮,弹出 Library Component Properties 对话框,单击右下角的 Add 按钮,弹出"添加新模型"对话框,选择模型种类为 Footprint,单击"确定"按钮,在随后弹出的"PCB 模型"对话框中单击"浏览"按钮,选择加载已经完成的 LM1117.PcbLib 文件,如图 18.31 所示。

单击"浏览库"对话框中的"确定"按钮,返回到"PCB 模型"对话框,在"选择封装"栏中出现封装模型,表示封装模型已经成功加载,如图 18.32 所示。

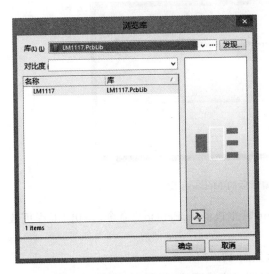

图 18.31　加载 LM1117 的 PCB 元件库

图 18.32　封装模型成功加载后

单击"PCB 模型"对话框中的 in Map 按钮，进入"模型图"对话框，查看原理图元件库的引脚标识与 PCB 元件库的引脚标识是否对应，若不对应则手动修改，如图 18.33 所示。

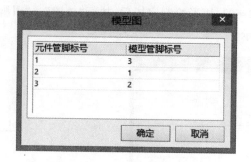

图 18.33 "模型图"对话框

至此，本设计中所需自建的元件库绘制完毕，即可在绘制原理图环境中绘制整体电路。

18.3.3 元件布局和布线

1. 元件布局

舞蹈机器人整体电路绘制后，执行"工程"→"Compile Document 舞蹈机器人.SchDoc"命令，查看 Messages 窗口（如图 18.34 所示），显示原理图编译无错误。

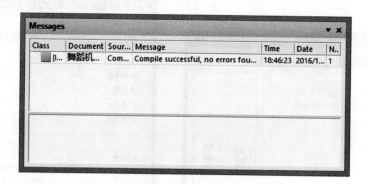

图 18.34 原理图编译后的 Messages 窗口

执行"设计"→"Update PCB Document 舞蹈机器人.PcbDoc"命令，弹出"工程更改顺序"对话框，如图 18.35 所示。

单击"生效更改"按钮，完成状态检测，如图 18.36 所示。

检测全部通过后，单击"执行更改"按钮即可完成更改（如图 18.37 所示），并在 PCB 编辑环境下，自动生成 PCB 图（如图 18.38 所示）。

图 18.35　"工程更改顺序"对话框

图 18.36　状态检测完成

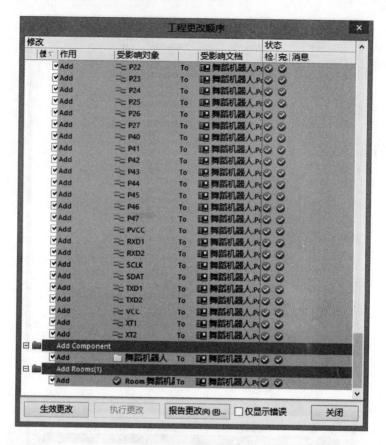

图 18.37 更改完成

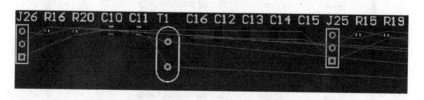

图 18.38 自动生成的 PCB 图

将 Room 和所有元件移动到 PCB 板上，并调整 Room 尺寸，如图 18.39 所示。

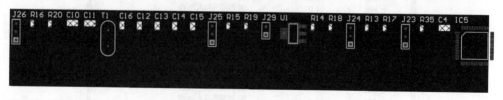

图 18.39 调整 Room 尺寸后

元件布局采用手动布局的方式。将电源电路相关元件放置在板子的左上角，各元件布局如图 18.40 所示。

将单片机最小系统电路放置在板子中央位置,晶振尽量靠近单片机,远离电源电路,防止产生干扰。单片机最小系统电路元件布局如图 18.41 所示。

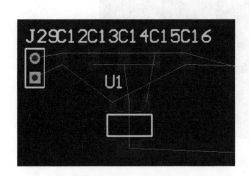

图 18.40　电源电路元件布局

图 18.41　单片机电路元件布局

通信电路放置在单片机最小系统电路的左面,接口端子靠近板子边缘。通信电路的相关元件布局如图 18.42 所示。

存储电路放置在单片机最小系统电路的右侧。存储电路的相关元件布局如图 18.43 所示。

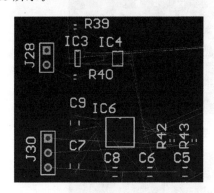

图 18.42　通信电路元件布局

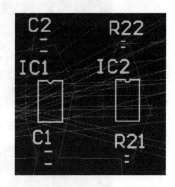

图 18.43　存储电路布局

舵机接口电路放置在上下两侧,传感器接口放置在板子右侧,指示电路放置在单片机最小系统电路的右下侧。整体电路粗略布局如图 18.44 所示。

进一步对整体电路进行调整,由于 LM1117 在工作时会产生一定的热量,因此 LM1117 尽量远离其他元件,以保证良好的散热性能。整体电路布局如图 18.45 所示。

布局完毕后,切换到 Top Overlay 层,执行"放置"→"走线"命令,绘制出矩形框,如图 18.46 所示。

选择绘制出的矩形框,执行"设计"→"板子形状"→"按照选择对象定义"命令,结果如图 18.47 所示。

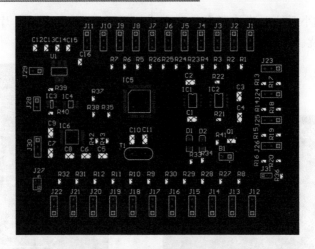

图 18.44　整体电路粗略布局

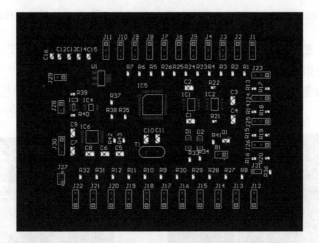

图 18.45　整体布局

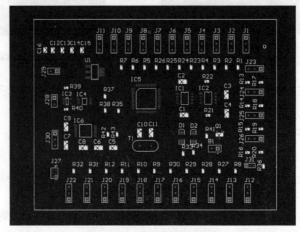

图 18.46　矩形框绘制完毕

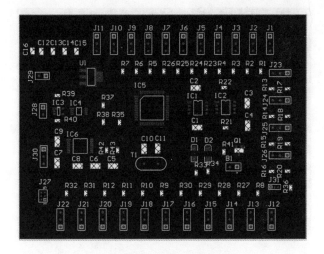

图 18.47　定义板子形状后

执行"设计"→"板子形状"→"根据板子外形生成线条"命令,在 PCB 板子外轮廓自动生成边界线,如图 18.48 所示。

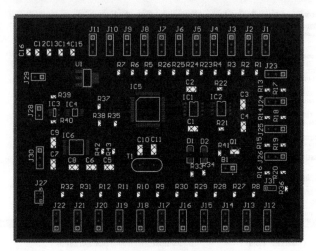

图 18.48　生成边界线后

放置 4 个直径为 3 mm 的定位通孔,执行"放置"→"过孔"命令,结果如图 18.49 所示。

至此,元件布局已经完成。需要注意的是元件布局并非越密越好,元件与元件之间至少应留出 100 mil 的空隙。

2. 布　　线

进行布线操作,执行"自动布线"→"全部"命令,弹出"Situs 布线策略"对话框,如图 18.50 所示。

单击"编辑规则"按钮,进入"PCB 规则及约束编辑器"对话框,对布线规则进行设

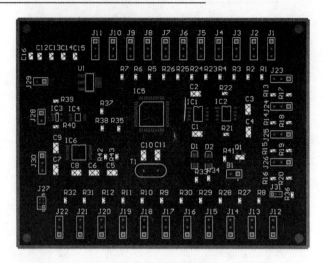

图 18.49　放置过孔后

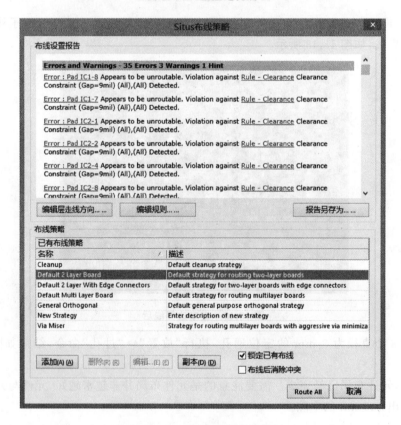

图 18.50　"Situs 布线策略"对话框

定,与 1.3.3 小节中的电气规则一致。设置完基本规则后,单击"PCB 规则及约束编辑器"对话框中的"确定"按钮,返回到"Situs 布线策略"对话框,单击 Route All 按钮,即可完成自动布线,如图 18.51 所示。

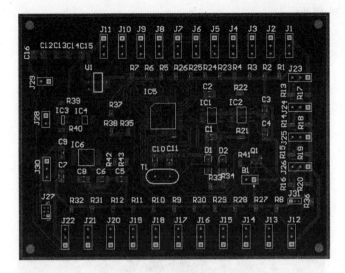

图 18.51　完成自动布线后

可见自动布线的结果并不理想,存在大量的飞线。采用手动布线的方式,将这些未布线的相关元件完成连接。PCB 中不允许有交叉电路,对于可能交叉的线条,可以采用"钻"和"绕"两种方式布线。全体元件布线完成后如图 18.52 所示。

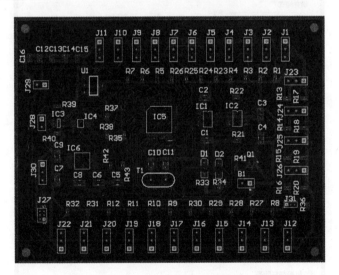

图 18.52　全体元件布线完毕后

调整整体布线,印制导线的布设尽量短,转弯次数尽量少,两面的导线应相互垂直、斜交,避免相互平行。调整完成后的布线如图 18.53 所示。

电路工作时,元件 LM1117 会产生一定的热量,因此需要在元件 LM1117 周围敷铜,扩大散热面积,保证电源电路正常工作。执行"放置"→"多边形敷铜"命令或单击命令栏中的"敷铜"图标为 PCB 敷铜。在弹出的"多边形敷铜"对话框中选择填充模式为

Solid,如图 18.54 所示。

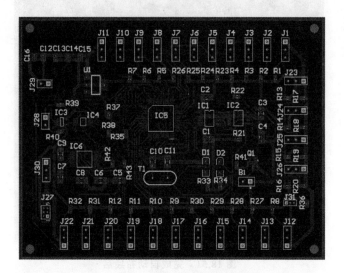

图 18.53　调整后的整体布线图

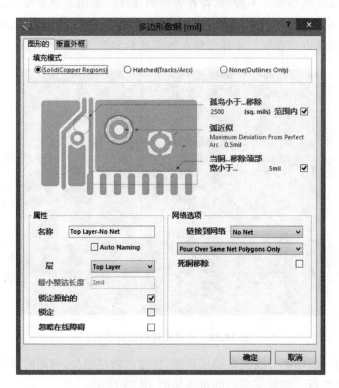

图 18.54　"多边形敷铜"对话框

　　设置好参数后,单击"确定"按钮,选择四点,使所画矩形覆盖元件 LM1117 所在区域,右键单击退出,敷铜之后如图 18.55 所示。

完成布线后，执行"放置"→"多边形敷铜"命令或单击命令栏中的"敷铜"图标为 PCB 敷铜。在弹出的"多边形敷铜"对话框中选择填充模式为 Hatched，连接网络选择 GND。设置好参数后，分别对 PCB 板顶层和底层敷铜，完成后如图 18.56 和图 18.57 所示。

敷铜之后，进行电气规制检查。执行"工具"→"设计规则检查"命令，随后弹出"设计规则检测"对话框，如图 18.58 所示。

单击"运行 DRC"按钮，Messages 窗口显示无错误，如图 18.59 所示。

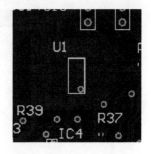

图 18.55　发热元件敷铜

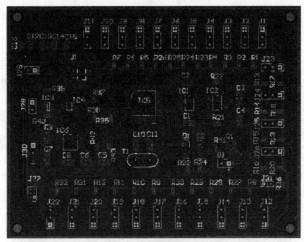

图 18.56　顶层敷铜之后

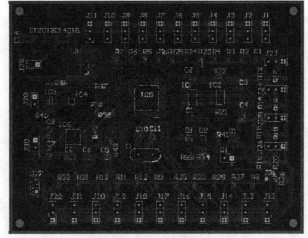

图 18.57　底层敷铜之后

舞蹈机器人 PCB 实例基本绘制完毕，下面查看 3 维视图。执行"查看"→"切换到 3 维显示"命令，执行结果如图 18.60 所示。

图 18.58 "设计规则检测"对话框

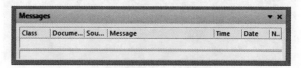

图 18.59 Messages 窗口

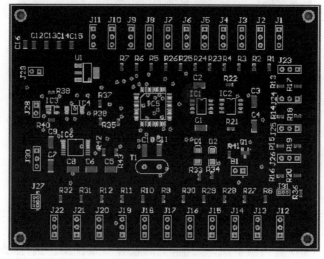

图 18.60 3 维显示

18.3.4 实物照片

舞蹈机器人实物照片如图 18.61 所示。

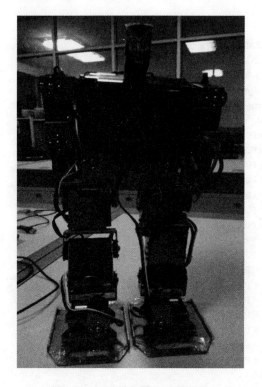

图 18.61 舞蹈机器人实物照片

18.4 习题、程序代码

1. 习 题

(1) 电路中舵机的供电为什么直接使用电源电压而不使用稳压芯片供电?

答:舵机的工作电流较大,如果采用稳压芯片供电,则会造成稳压芯片过热甚至烧坏。

(2) 舵机驱动的信号端使用了上拉电阻,试分析上拉电阻的作用?

答:上拉就是将不确定的信号通过一个电阻嵌位在高电平,电阻同时起限流作用。下拉同理。上拉是对器件注入电流,下拉是输出电流,弱强只是上拉电阻的阻值不同,没有什么严格区分,对于非集电极(或漏极)开路输出型电路(如普通门电路)提升电流和电压的能力是有限的,上拉电阻的功能主要是为集电极开路输出型电路输出电流通道。

(3) 通信电路中为什么同时使用 MAX485 芯片和 MAX3232 芯片？

答：提高信号的稳定性、抗干扰性以及增大传输距离。

2. 程序代码

```
# include<STC12C5A60S2.H>
# include<string.h>
# include<intrins.h>
# define uchar unsigned char
# define uintunsigned int
/ * sbit position[0] = P0~0;        //ZJ4,J1
sbit position[1] = P0~1;           //ZJ3,J2
sbit position[2] = P0~2;           //ZJ2,J3
sbit position[3] = P0~3;           //YJ4,J4
sbit position[4] = P0~4;           //YJ3,J5
sbit position[5] = P0~5;           //YJ2,J6
sbit position[6] = P0~6;           //
sbit position[7] = P0~7;           //YS3,J8
sbit position[8] = P2~0;           //ZJ5,J22
sbit position[9] = P2~1;           //ZJ1,J21
sbit position[10] = P2~2;          //YJ5,J20
sbit position[11] = P2~3;          //YJ1,J19
sbit position[12] = P2~4;          //ZS2,J18
sbit position[13] = P2~5;          //ZS1,J17
sbit position[14] = P2~6;          //YS2,J16
sbit position[15] = P2~7;          //YS1,J15
sbit position[16] = P4~0;          //HEAD,J11
 * /
uchar   position_initial[] = {158,87,134,107,99,135,250,8,121,119,189,82,193,122,56,
145,131};                                          //立正状态
uchar   position[] = {158,87,134,107,99,135,250,8,121,119,189,82,193,122,56,145,
131};
unsigned char arr[8] = {0,0,0,0,0,0,0,0};        //定义端口的 N 数值,由舵机状态决定无规律
unsigned char pick_up[8] = {0,0,0,0,0,0,0,0};//pick_up[8]内为固定的一组逻辑参数
unsigned char t0bit;
// ####################################################################
void r_cs_zu( int foot);
void lc_ru( int foot);
void rc_lu( intfoot);
void lf_rb( int foot);
void lc_ld( int foot);
void l_cs_zu( int foot);
void rf_lb( int foot);
void rc_rd( int foot);
void initial_position(void);
void sit_down( char foot);
void stand_up( char foot);
void qi_liwanzheng(void);
void pa_xia(void);
/ * * * * * * * * * * * * * * * * * * * * * *初始化定时器 0 * * * * * * * * * * * * * * * * * * * * * /
```

```
void Timer0_init(void)
{
TR0 = 0;                    //停止定时器 0
TMOD = 0x01;            //定时器 0 工作在方式 1,16 位不自动重装初值,需要在中断中重装初值
                           //注意:在串口初始化中,TMOD = 0x21,如果修改其他方式,需要
TH0 = 0xED;             //设置溢出一次为 50 ms
TL0 = 0xED;
EA = 1;                    //打开总中断
ET0 = 1;                   //打开定时器 0 中断
TR0 = 0;                   //关定时器 0
}
/ * * * * * * * * * * * * * * * * * * * *END * * * * * * * * * * * * * * * * * * * * */
/ * * * * * * * * * * * * * * * * * * *延时函数 * * * * * * * * * * * * * * * * * * * * */
void delay8us(unsigned int time)
{
unsigned char j;
for(;time>0;time-- )
{
j = 8;
while(j-- );
}
}
/ * * * * * * * * * * * * * * * * * * * *END * * * * * * * * * * * * * * * * * * * * */
/ * * * * * * * * * * * * * * * * * * *延时函数 * * * * * * * * * * * * * * * * * * * * */
void delay500us(unsigned int time)
{
unsigned int j;
for(;time>0;time-- )
{
j = 700;
while(j-- );
}
}
/ * * * * * * * * * * * * * * * * * * * *END * * * * * * * * * * * * * * * * * * * * */
//########################################################
//函数名称:low_level_t0(uchar TH,uchar TL)
//函数说明:同周期定时器 0 设置及启动程序,使每变化一个变化量的周期相同
//入口参数:THTL 定时器初值
//返 回 值:无
//########################################################
void low_level_t0(unsigned int THTL)
{
TH0 = THTL>>8;             //22.118 4 MHz,2.5 ms 定时 0xeded
TL0 = THTL;
t0bit = 0;
TR0 = 1;
}
//########################################################
//########################################################
//函数名称:void array( )
//函数说明:排序子程序,将各个口的 8 位根据时间的长短排序
```

```
//入口参数:无
//出口参数:无
// #############################################################
void array()
{
unsigned char i = 0,j = 0,x = 0;
pick_up[0] = 0xFE;
pick_up[1] = 0xFD;
pick_up[2] = 0xFB;
pick_up[3] = 0xF7;
pick_up[4] = 0xEF;
pick_up[5] = 0xDF;
pick_up[6] = 0xBF;
pick_up[7] = 0x7F;
//排序
for(i = 0;i< = 6;i ++ )
{ for(j = i + 1;j< = 7;j ++ )
{
if(arr[i]<arr[j])
{
x = arr[j];
arr[j] = arr[i];
arr[i] = x;
x = pick_up[j];
pick_up[j] = pick_up[i];
pick_up[i] = x;
}
}}
for(i = 0;i< = 6;i ++ )
{
arr[i] = arr[i] - arr[i + 1];
}
}
// #############################################################
// #############################################################
//函数名称:void PWM_24( )
//函数说明:24 路舵机输出子程序,实现 24 路舵机的 PWM 信号在最短时间内输出
//入口参数:无
//出口参数:无
// #############################################################
void PWM_24()
{ uchar i = 0,j;
for(i = 0;i< = 7;i ++ ) //取 P0 口舵机对应的值
{arr[i] = position[i];}
array( ); //排序计算
low_level_t0(0xed00); //定时器赋初始值,22.118 4 MHz,2.5 ms 定时 0xdc00
P0 = 0xff; //使口 P0 全部拉高
delay500us(1); //调用延时 500 us 函数
for(i = 0;i<8;i ++ ) //P0 口 8 路同时输出
{ for(j = 0;j<arr[7 - i];j ++ )
{delay8us(1);}
```

```
P0 = P0&pick_up[7 - i];
}
while(t0bit == 0);
//////////////////////////////////////////////////////////
for(i = 0;i<8;i++) //给排序数组赋值
{arr[i] = position[i + 8];}
array(); //调用排序子程序
low_level_t0(0xed00); //定时器赋初始值,22.118 4 MHz,2.5 ms 定时 0xdc00
P2 = 0xff; //使口 P2 全部拉高
delay500us(1); //调用延时 500us 函数
for(i = 0;i<8;i++) //P2 口 8 路同时输出
{ for(j = 0;j<arr[7 - i];j++)
{delay8us(1);}
P2 = P2&pick_up[7 - i];
}
while(t0bit == 0);
//////////////////////////////////////////////////////////
arr[0] = position[16];
P4 = 0x01; //使口 P40 拉高
low_level_t0(0xed00); //定时器赋初始值,22.118 4 MHz,2.5 ms 定时 0xdc00
delay500us(1); //调用延时 500us 函数
for(j = 0;j<arr[0];j++)
{delay8us(1);}
P4 = 0x00;
while(t0bit == 0);
TR0 = 0;
}
//##############################################################
//函数名称:void rc_lu_bb(uchar foot)
//功能:右侧身 + 抬左腿子程序 + 右侧身 + 落右腿子程序（半步）
//入口参数:foot,表示积分步数
//出口参数:无
//##############################################################
void rc_lu_bb(int foot)
{
r_cs_zu(5); //调用向右侧身子程序
rc_lu(15); //调用右侧身 + 抬左腿子程序
lf_rb(foot); //调用左前右后前进子程序
lc_ld(15); //调用左侧身 + 落左腿子程序
l_cs_zu(5); //调用向左侧身子程序
}
//##############################################################
//函数名称:void lc_ru(uchar foot,uchar pattern)
//功能:左侧身 + 抬右腿 + 左侧身 + 落左腿子程序（半步）
//入口参数:foot,表示积分步数。
//出口参数:无
//##############################################################
void lc_ru_bb(int foot)
{ uchar i;
l_cs_zu(5); //调用向左侧身第 2 族子程序
lc_ru(15); //调用左侧身抬右腿子程序
```

```
    rf_lb(foot);              //调用右前左后前进子程序
    rc_rd(15);                //调用右侧身 + 落右腿子程序
    r_cs_zu(5);               //调用向右侧身第 1 族子程序
    for(i = 0;i<30;i++)       //手臂的最后复位补偿
  { position[6] += 1;
    position[7] -= 1;
  PWM_24();
  delay500us(15);
  }
  }
  //####################################################################
  //函数名称:void l_cs_zu1(uchar foot)
  //功能:向左侧身子程序
  //入口参数:foot,表示积分步数
  //出口参数:无
  //####################################################################
  void l_cs_zu(int foot)
  { uchar i;
  for(i = 0;i<foot;i++)
  {
  position[8] += 1;
  position[9] += 1;
  position[10] += 1;
  position[11] += 1;
  PWM_24();
  delay500us(30);
  }
  }
  //####################################################################
  // 函数名称:void r_cs_zu2(uchar foot)
  //功能:向右侧身子程序
  //入口参数：foot,表示积分步数
  //出口参数：无
  //####################################################################
  void r_cs_zu(int foot)
  { uchar i;
  for(i = 0;i<foot;i++)
  {
  position[8] -= 1;
  position[9] -= 1;
  position[10] -= 1;
  position[11] -= 1;
  PWM_24();
  delay500us(30);
  }
  }
  //####################################################################
  //函数名称:void lc_ld(uchar foot)
  //功能:左侧身 + 落左腿子程序
  //入口参数:foot,表示积分步数
  //出口参数:无
```

```
// ################################################################
void lc_ld(int foot)
{ uchar i;
for(i = 0;i<foot;i ++ )
{
position[0] -= 2;
position[1] += 4;
position[2] += 2;
position[8] += 1;
position[9] += 1;
position[10] += 1;
position[11] += 1;
PWM_24();
delay500us(30);
}
}
// ################################################################
//函数名称:void rc_rd(uchar foot)
//功能:右侧身 + 落右腿子程序
//入口参数:foot,表示积分步数
//出口参数:无
// ################################################################
void rc_rd(int foot)
{ uchar i;
for(i = 0;i<foot;i ++ )
{
position[3] += 2;
position[4] -= 4;
position[5] -= 2;
position[8] -= 1;
position[9] -= 1;;
position[10] -= 1;
position[11] -= 1;;
PWM_24();
delay500us(30);
}
}
// ################################################################
// 函数名称:void lc_ru(uchar foot)
//功能:左侧身 + 抬右腿子程序
//入口参数:foot,表示积分步数
//出口参数:无
// ################################################################
void lc_ru(int foot)
{ uchar i;
for(i = 0;i<foot;i ++ )
{
position[3] -= 2;
position[4] += 4;
position[5] += 2;
position[8] += 1;
```

```
position[9] += 1;
position[10] += 1;
position[11] += 1;
PWM_24();
delay500us(30);
}
}
//############################################################
//函数名称:void rc_lu(uchar foot)
//功能:右侧身 + 抬左腿子程序
//入口参数:foot,表示积分步数
// 出口参数:无
//############################################################
void rc_lu(int foot)
{
uchar i;
for(i = 0;i<foot;i ++ )
{
position[0] += 2;
position[1] -= 4;
position[2] -= 2;
position[8] -= 1;
position[9] -= 1;
position[10] -= 1;
position[11] -= 1;
PWM_24();
delay500us(30);
}
}
//############################################################
//函数名称:void rf_lb(char foot,int end)
//功能:右前左后前进子程序
//功能:
//入口参数:foot,表示积分步数
//出口参数:无
//############################################################
void rf_lb(int foot)
{ uchar i;
for(i = 0;i<foot;i ++ )
{
position[0] -= 1;
position[2] -= 1;
position[3] -= 1;
position[5] -= 1;
if(position[6]! = position_initial[6])
{
position[6] += 3;
position[7] += 3;
}
else
position[7] += 3;
```

```
PWM_24();
delay500us(30);
}
}
//############################################################
//函数名称:void lf_rb(char foot)
//功能:左前右后前进子程序
//入口参数:foot,表示积分步数
//出口参数:无
//############################################################
void lf_rb(int foot)
{ uchar i;
for(i = 0;i<foot;i++)
{
position[0] += 1;
position[2] += 1;
position[3] += 1;
position[5] += 1;
if(position[7] == position_initial[7])
position[6] -= 3;
else
{
position[7] -= 3;
position[6] -= 3;
}
PWM_24();
delay500us(30);
}
}
//############################################################
//函数名称:void walking(uchar foot)
//功能:行走子程序
//入口参数:foot,表示行走步数
//出口参数:无
//############################################################
void walk(char foot)
{
uchar i;
initial_position();
delay500us(4000);
sit_down(18);              //下蹲 18
rc_lu_bb(10);              //调用右侧身抬左腿半步子程序,积分步数为 10,
                           //一般为右前左后前进子程序的积分步数的一半
for (i = 0;i<foot;i++)
{ l_cs_zu(5);              //调用向左侧身子程序
lc_ru(15);                 //调用左侧身抬右腿子程序
rf_lb(20);                 //调用右前左后前进子程序
rc_rd(15);                 //调用右侧身 + 落右腿子程序
r_cs_zu(5);                //调用向右侧身子程序
r_cs_zu(5);                //调用向右侧身子程序
rc_lu(15);                 //调用右侧身 + 抬左腿子程序
```

```
lf_rb(20);              //调用左前右后前进子程序
lc_ld(15);              //调用左侧身＋落左腿子程序
l_cs_zu(5);             //调用向左侧身子程序
}
lc_ru_bb(10);           //调用半步子程序,积分步数与前一个半步相同
stand_up(18);           //起立
initial_position();
}
// ##################################################################
//函数名称:void rf_lb_fuwocheng1(int foot)
//功能:俯卧撑子程序 1
//功能:手臂向下弯
//入口参数:foot,表示积分步数
//出口参数:无
// ##################################################################
void rf_lb_fuwocheng1(int foot)
{ uchar i;
for(i = 0;i<foot;i ++ )
{
position[12] += 2;
position[14] -= 2;
position[13] -= 2;
position[15] += 2;
PWM_24();
delay500us(30);
}
}
// ##################################################################
//函数名称:void lf_rb_fuwocheng2(int foot) 俯卧撑子程序 2
//功能:手臂向上弯
//入口参数:foot,表示积分步数
//出口参数:无
// ##################################################################
void lf_rb_fuwocheng2(int foot)
{ uchar i;
for(i = 0;i<foot;i ++ )
{
position[12] -= 2;
position[14] += 2;
position[13] += 2;
position[15] -= 2;
PWM_24();
delay500us(30);
}
}
// ##################################################################
//函数名称:void jvgebo0(void)
//功能:下卧前举胳膊
//出口参数:无
// ##################################################################
void jvgebo(void)//俯卧撑前
```

```
{
uchar i;
for(i = 0;i<76;i ++ )
{
position[6] -= 2;
position[7] += 2;
PWM_24();
delay500us(30);
}
}
//###################################################################
//函数名称:void jvgebo1(void)
//功能:俯卧撑前举胳膊
//出口参数:无
//###################################################################
void jvgebo1(void)                    //俯卧撑前
{
uchar i;
for(i = 0;i<16;i ++ )
{
position[6] += 2;
position[7] -= 2;
PWM_24();
delay500us(30);
}
}
//###################################################################
//函数名称:void jvgebo2(void)
//功能:俯卧撑前举胳膊
//出口参数:无
//###################################################################
void jvgebo2(uchar foot)              //俯卧撑前
{
uchar i;
for(i = 0;i<foot;i ++ )
{
position[6] -= 2;
position[7] += 2;
PWM_24();
delay500us(30);
}
}
void shen_gebo(uchar foot)            //俯卧撑前
{
uchar i;
for(i = 0;i<foot;i ++ )
{
position[6] += 2;
position[7] -= 2;
PWM_24();
delay500us(30);
```

```
}
}
void wangebo(uchar foot)
{
uchar i;
for(i = 0;i<foot;i ++ )
{
position[13] += 2;
position[15] -= 2;
PWM_24();
delay500us(30);
}
}
//#######################################################
//函数名称:void fuwocheng(int times)
//功能:俯卧撑
//入口参数:times,表示俯卧撑个数
//出口参数:无
//#######################################################
void fuwocheng(int times)
{uchar i;
initial_position();
delay500us(4000);
pa_xia();
wangebo(30);
for(i = 0;i<times;i ++ )
{
lf_rb_fuwocheng2(30);
rf_lb_fuwocheng1(30);
}
qi_liwanzheng();
initial_position();
}
//#######################################################
//下蹲程序
void sit_down(char foot)
{
uchar i;
for(i = 0;i<foot;i ++ )
{
position[0] -= 2;
position[1] += 4;
position[2] += 2;
position[3] += 2;
position[4] -= 4;
position[5] -= 2;
PWM_24();
delay500us(30);
}
}
//######## 站立 ################
```

```
void stand_up(char foot)
{
uchar i;
for(i = 0;i<foot;i ++ )
{
position[0] += 2;
position[1] -= 4;
position[2] -= 2;
position[3] -= 2;
position[4] += 4;
position[5] += 2;
PWM_24();
delay500us(30);
}
}
//######## 原地踏步 ###################
void ta_bu(char foot)
{
uchar i;
sit_down(18);              //下蹲 18
//rc_lu_bb(10);            //调用右侧身抬左腿半步子程序,积分步数为 10,
                           //一般为右前左后前进子程序的积分步数的一半
for (i = 0;i<foot;i ++ )
{ l_cs_zu(5);              //调用向左侧身子程序
lc_ru(15);                 //调用左侧身抬右腿子程序
rc_rd(15);                 //调用右侧身 + 落右腿子程序
r_cs_zu(5);                //调用向右侧身子程序
r_cs_zu(5);                //调用向右侧身子程序
rc_lu(15);                 //调用右侧身 + 抬左腿子程序
lc_ld(15);                 //调用左侧身 + 落左腿子程序
l_cs_zu(5);                //调用向左侧身子程序
}
stand_up(18);              //起立
}
//######## 胳膊拉直 ###################
void gebola_zhi(char foot)     //控制 ZS1.2 和 YS1.2 实现手臂向前伸直
{
uchar i;
for(i = 0;i<foot;i ++ )
{
position[13] -= 2;
position[15] += 2;
PWM_24();
delay500us(30);
}
}
//######## 脚踏下 ###################
void jiao_xia(char foot)       //控制 ZJ2 和 YJ2 实现后脚踏下
{

uchar i;
```

```
for(i=0;i<foot;i++)
{
position[2]+=2;
position[5]-=2;
PWM_24();
delay500us(30);
}
}
//######## 后拉 ##################
void hou_la(char foot)                  //控制 ZJ2.4 和 YJ2.4 实现后脚拉回来
{
uchar i;
for(i=0;i<foot;i++)
{
position[0]-=3;
position[3]+=3;
position[2]-=2;
position[5]+=2;
PWM_24();
delay500us(30);
}
}
//######## 后坐 ##################
void hou_zuo(char foot)                 //控制 ZJ2 和 YJ5 实现后坐下起来
{
uchar i;
for(i=0;i<foot;i++)
{
position[2]-=1;
position[5]+=1;
PWM_24();
delay500us(30);
}
}
//######## 立直 1##################
void zhi_li(char foot)                  //控制 ZJ2 和 YJ5 实现立直
{
uchar i;
for(i=0;i<foot;i++)
{
position[0]+=3;
position[3]-=3;
position[2]+=2;
position[5]-=2;
position[6]+=4;
position[7]-=4;
PWM_24();
delay500us(30);
}
}
//######## 立直 2##################
```

```
void zhi_li2(char foot)                //控制 ZJ2 和 YJ5 实现立直
{
uchar i;
for(i = 0;i<foot;i ++ )
{
position[0] += 2;
position[3] -= 2;
position[6] += 1;
position[7] -= 1;
PWM_24();
delay500us(30);
}
}
//######## 脚踏下反 ##################
void jiao_xia_1(char foot)             //控制 ZJ2 和 YJ2 实现后脚踏下
{
uchar i;
for(i = 0;i<foot;i ++ )
{
position[2] -= 2;
position[5] += 2;
PWM_24();
delay500us(30);
}
}
//######## 后拉反 ##################
void hou_la_1(char foot)               //控制 ZJ2.4 和 YJ2.4 实现后脚拉回来
{
uchar i;
for(i = 0;i<foot;i ++ )
{
position[0] += 3;
position[3] -= 3;
position[2] += 2;
position[5] -= 2;
PWM_24();
delay500us(30);
}
}
//######## 后坐反 ##################
void hou_zuo_1(char foot)              //控制 ZJ2 和 YJ5 实现后坐下起来
{
uchar i;
for(i = 0;i<foot;i ++ )
{
position[2] += 1;
position[5] -= 1;
PWM_24();
delay500us(30);
}
}
```

```
//########立直 1 反 ################
void zhi_li_1(char foot)                    //控制 ZJ2 和 YJ5 实现立直
{
uchar i;
for(i = 0;i<foot;i ++ )
{
position[0] -= 3;
position[3] += 3;
position[2] -= 2;
position[5] += 2;
position[6] -= 4;
position[7] += 4;
PWM_24();
delay500us(30);
}
}
//######## 立直 2 反 ################
void zhi_li2_1(char foot)                   //控制 ZJ2 和 YJ5 实现立直
{
uchar i;
for(i = 0;i<foot;i ++ )
{
position[0] -= 2;
position[3] += 2;
position[6] -= 1;
position[7] += 1;
PWM_24();
delay500us(30);
}
}
void PWM_24delay()
{ uchar i = 0,j;
for(i = 0;i< = 7;i ++ )                     //取 P0 口舵机对应的值
{arr[i] = position[i];}
array( );                                   //排序计算
low_level_t0(0xed00);                       //定时器赋初始值,22.118 4 MHz,2.5 ms 定时 0xdc00
P0 = 0xff;                                   //使口 P0 全部拉高
delay500us(1);                              //调用延时 500 us 函数
for(i = 0;i<8;i ++ )                        //P0 口 8 路同时输出
{ for(j = 0;j<arr[7 - i];j ++ )
{delay8us(1);}
P0 = P0&pick_up[7 - i];
}
while(t0bit == 0);
delay500us(1000);
/////////////////////////////////////////////////////////////////
for(i = 0;i<8;i ++ )                        //给排序数组赋值
{arr[i] = position[i + 8];}
array( );                                   //调用排序子程序
low_level_t0(0xed00);                       //定时器赋初始值,22.118 4 MHz,2.5 ms 定时 0xdc00
P2 = 0xff;                                   //使口 P2 全部拉高
```

```
delay500us(1);                          //调用延时 500 us 函数
for(i = 0;i<8;i ++ )                     //P2 口 8 路同时输出
{ for(j = 0;j<arr[7 - i];j ++ )
{delay8us(1);}
P2 = P2&pick_up[7 - i];
}
while(t0bit == 0);
delay500us(1000);
///////////////////////////////////////////////////////
arr[0] = position[16];
P4 = 0x01;                               //使口 P40 拉高
low_level_t0(0xed00);                    //定时器赋初始值,22.118 4 MHz,2.5 ms 定时 0xdc00
delay500us(1);                           //调用延时 500 us 函数
for(j = 0;j<arr[0];j ++ )
{delay8us(1);}
P4 = 0x00;
while(t0bit == 0);
TR0 = 0;
delay500us(1000);
}
// ######### 趴下 #####################
void pa_xia(void)                        //控制机器人趴下做俯卧撑
{
zhi_li2_1(17);
zhi_li_1(35);
hou_zuo_1(70);
hou_la_1(45);
shen_gebo(20);
jiao_xia_1(45);
}
// ######### 起立完整 ##################
void qi_liwanzheng(void)                 //控制机器人从做俯卧撑中起立
{
gebola_zhi(30);
jiao_xia(45);
jvgebo2(20);                             //举胳膊
hou_la(45);
hou_zuo(70);
zhi_li(35);
zhi_li2(17);
delay500us(1000);
initial_position();
}
void initial_position(void)
{
uchar i = 0;
for(i = 0;i<17;i ++ )
position[i] = position_initial[i];
PWM_24delay();
delay500us(10);
}
```

```
//######### 手臂舞蹈动作 #################
void shou_bi()              //控制 ZJ2 和 YJ5 实现立直
{
uchar i,j;
initial_position();         //身体初始化,立直
delay500us(4000);
for(i=0;i<20;i++)           //控制 ZS2 和 YS2,ZJ1 和 YJ1,ZJ5 和 YJ5 实现双臂伸平,双腿劈开
{
position[12] -= 5;
position[14] += 5;
position[9] += 1;
position[11] -= 1;
position[8] += 1;
position[10] -= 1;
PWM_24();
delay500us(30);}
delay500us(1000);
for(i=0;i<20;i++)           //控制 ZS1 和 YS1 向外弯与水平垂直
{
position[13] -= 5;
position[15] += 5;
PWM_24();
delay500us(30);
}
delay500us(1000);
for(i=0;i<22;i++)
{
position[6] -= 5;           //臂膀向后翻转
position[7] += 5;
PWM_24();
delay500us(30);
}
delay500us(1000);
for(i=0;i<20;i++)           //控制 ZS2 和 YS2 将手臂向前垂直合拢
{
position[12] += 5;
position[14] -= 5;
PWM_24();
delay500us(30);
}
delay500us(1000);
for(i=0;i<44;i++)           //控制 ZS1 和 YS1 向里弯
{
position[13] += 5;
position[15] -= 5;
PWM_24();
delay500us(30);
}
delay500us(1000);
for(i=0;i<22;i++)           //控制 ZS1 和 YS1 向外弯回正
{
```

```
position[13] -= 5;
position[15] += 5;
PWM_24();
delay500us(30);
}
delay500us(1000);
for(i = 0;i<20;i++)          //控制 ZS2 和 YS2;ZS3 和 YS3 向外弯直臂膀水平伸直
{
position[12] -= 5;
position[14] += 5;
position[6] += 5;
position[7] -= 5;
PWM_24();
delay500us(30);
}
delay500us(1000);
for(i = 0;i<24;i++)
{
position[13] += 5;          //控制 ZS1 和 YS1 向下垂直
position[15] -= 5;
PWM_24();
delay500us(30);
}
for(j = 0;j<4;j++)          //控制 ZS1 和 YS1 来回摆动
{
for(i = 0;i<12;i++)
{
position[13] -= 5;
position[15] += 5;
PWM_24();
delay500us(30);
}
for(i = 0;i<12;i++)
{
position[13] += 5;
position[15] -= 5;
PWM_24();
delay500us(30);
}
}
for(i = 0;i<24;i++)          //控制 ZS1 和 YS1 回正臂膀成水平伸直
{
position[13] -= 5;
position[15] += 5;
PWM_24();
delay500us(30);
}
for(i = 0;i<20;i++)          //撇开的腿回正
{
position[9] -= 1;
position[11] += 1;
```

```
position[8] -= 1;
position[10] += 1;
PWM_24();
delay500us(30);
}
}
//######### 舞蹈 ###################
void wu_dao()                    //控制 ZJ2 和 YJ5 实现立直
{
uchar i,j,a = 45,b = 50;
shou_bi();
for(i = 0;i<45;i ++ )            //左手抬到头顶
{
position[6] -= 5;
position[12] += 2;
position[13] += 2;
PWM_24();
delay500us(30);}
delay500us(1000);
for(i = 0;i<9;i ++ )            //向右摆头
{
position[16] -= 10;
PWM_24();
delay500us(30);
}
for(i = 0;i<30;i ++ )          //右胳膊初始位置,斜上方 45°
{
position[14] -= 2;
position[15] += 3;
PWM_24();
delay500us(30);
}
for(j = 0;j<3;j ++ )           //上下摆右臂
{
for(i = 0;i<60;i ++ )
{
position[14] += 2;
position[15] -= 3;
PWM_24();
delay500us(30);
}
for(i = 0;i<60;i ++ )
{
position[14] -= 2;
position[15] += 3;
PWM_24();
delay500us(30);
}
}
for(i = 0;i<48;i ++ )          //左臂回到水平位置
{
```

```
position[6] += 5;
position[12] -= 2;
position[13] -= 2;
PWM_24();
delay500us(30);}
delay500us(1000);
for(i = 0;i<30;i ++)                    //右臂回到水平位置
{
position[14] += 2;
position[15] -= 3;
PWM_24();
delay500us(30);
}
for(i = 0;i<45;i ++)                    //右臂抬到头顶
{
position[7] += 5;
position[14] -= 2;
position[15] -= 2;
PWM_24();
delay500us(30);
}
delay500us(1000);
for(i = 0;i<18;i ++)                    //向左摆头
{
position[16] += 10;
PWM_24();
delay500us(30);
}
for(i = 0;i<30;i ++)                    //左臂到初始位置,斜上方 45°
{
position[12] -= 2;
position[13] += 3;
PWM_24();
delay500us(30);
}
for(j = 0;j<3;j ++)                     //左臂上下摆动
{
for(i = 0;i<60;i ++)
{
position[12] += 2;
position[13] -= 3;
PWM_24();
delay500us(30);
}
for(i = 0;i<60;i ++)
{
position[12] -= 2;
position[13] += 3;
PWM_24();
delay500us(30);
}
```

```
}
for(i = 0;i<30;i ++ )                    //左臂到初始水平位置
{
position[12] += 2;
position[13] -= 3;
PWM_24();
delay500us(30);
}
/ * for(i = 0;i<75;i ++ )
{
if(a>0)
{position[16] -= 2;a-- ;}
if(b>0)
{position[12] += 2;b-- ;}
position[7] -= 2;
PWM_24();
delay500us(30);
}
for(i = 0;i<30;i ++ )
{
position[0] -= 4;
position[3] += 4;
position[2] -= 1;
position[5] += 1;
PWM_24();
delay500us(30);
}
delay500us(2000);
for(i = 0;i<30;i ++ )
{
position[0] += 4;
position[3] -= 4;
position[2] += 1;
position[5] -= 1;
PWM_24();
delay500us(30);
} * /
}
//######## 脚踏下 ##################
/ * void jiao_xia_1(char foot)              //控制 ZJ2 和 YJ2 实现后脚踏下
{
uchar i;
for(i = 0;i<foot;i ++ )
{
position[2] -= 2;
position[5] += 2;
PWM_24();
delay500us(30);
}
}
//######## 后拉 ##################
```

```
void hou_la_1(char foot)          //控制 ZJ2.4 和 YJ2.4 实现后脚拉回来
{
uchar i;
for(i = 0;i<foot;i++)
{
position[0] += 3;
position[3] -= 3;
position[2] += 2;
position[5] -= 2;
PWM_24();
delay500us(30);
}
}
//######### 后坐 ###################
void hou_zuo_1(char foot)          //控制 ZJ2 和 YJ5 实现后坐下起来
{
uchar i;
for(i = 0;i<foot;i++)
{
position[2] += 1;
position[5] -= 1;
PWM_24();
delay500us(30);
}
}
//######### 立直 1###################
void zhi_li_1(char foot)          //控制 ZJ2 和 YJ5 实现立直
{
uchar i;
for(i = 0;i<foot;i++)
{
position[0] -= 3;
position[3] += 3;
position[2] -= 2;
position[5] += 2;
position[6] -= 4;
position[7] += 4;
PWM_24();
delay500us(30);
}
}
//######### 立直 2###################
void zhi_li2_1(char foot)          //控制 ZJ2 和 YJ5 实现立直
{
uchar i;
for(i = 0;i<foot;i++)
{
position[0] -= 2;
position[3] += 2;
position[6] -= 1;
position[7] += 1;
```

```
    PWM_24();
    delay500us(30);
    }
  }
// ######### 趴下 ###################
void pa_xia(void)              //控制机器人趴下做俯卧撑
  {
  zhi_li2_1(17);
  zhi_li_1(35);
  hou_zuo_1(70);
  //hou_la_1(45);
  //shen_gebo(20);
  //jiao_xia_1(45);
  }
  */
// ######### 倒立舞蹈 ###################
void dao_li()
  {
  uchar i,j;
  for(i=0;i<40;i++)            //手往后滑,脚跟着往前移
  {
  position[6]+=1;
  position[7]-=1;
  position[2]+=1;
  position[5]-=1;
  PWM_24();
  delay500us(30);
  }
  delay500us(2000);
  for(i=0;i<120;i++)           //向左偏头
  {
  position[16]+=1;
  PWM_24();
  delay500us(30);
  }
  delay500us(2000);

  delay500us(2000);
  for(i=0;i<190;i++)           //脚往上蹬直
  {
  position[0]+=1;
  position[3]-=1;
  PWM_24();
  delay500us(30);
  }
  delay500us(2000);

  for(i=0;i<40;i++)            //控制 ZJ2 和 YJ2 实现脚板往后蹬直
  {
  position[2]-=1;
  position[5]+=1;
```

```
PWM_24();
delay500us(30);
}
delay500us(2000);

for(i = 0;i<20;i++ )          //定好姿势
{
position[0] += 2;
position[3] += 2;
PWM_24();
delay500us(30);
}
delay500us(3000);

for(j = 0;j<3;j++ )          //腿前后摆
{
for(i = 0;i<40;i++ )
{
position[0] -= 2;
position[3] -= 2;
PWM_24();
delay500us(30);
}
for(i = 0;i<40;i++ )
{
position[0] += 2;
position[3] += 2;
PWM_24();
delay500us(30);
}
}
for(i = 0;i<20;i++ )          //回归姿势
{
position[0] -= 2;
position[3] -= 2;
PWM_24();
delay500us(30);
}
for(j = 0;j<3;j++ )          //腿左右摆
{
for(i = 0;i<40;i++ )
{
position[8] += 2;
position[10] -= 2;
PWM_24();
delay500us(30);
}
for(i = 0;i<40;i++ )
{
position[8] -= 2;          //ZJ5 和 YJ5 回归位置
position[10] += 2;
```

```
PWM_24();
delay500us(30);
}
}
for(i = 0;i<60;i ++)                 //向右偏头
{
position[16] -= 2;
position[1] += 1;                    //摆 POSE
position[3] += 1;
PWM_24();
delay500us(30);
}
for(i = 0;i<35;i ++)                 //ZS1 和 ZS2 往回拨
{
position[13] += 1;
position[15] -= 1;
PWM_24();
delay500us(30);
}
for(i - 0;i<20;i ++)
{
position[12] -= 1;
//position[14] -= 2;
PWM_24();
delay500us(30);
}
for(i = 0;i<20;i ++)
{
//position[12] += 1;
position[14] -= 1;
PWM_24();
delay500us(30);
}
for(j = 0;j<5;j ++)                  //转圈
{
for(i = 0;i<40;i ++)
{
position[12] += 1;
position[14] += 1;
PWM_24();
delay500us(30);
}
for(i = 0;i<40;i ++)
{
position[12] -= 1;
//position[14] -= 2;
PWM_24();
delay500us(30);
}
for(i = 0;i<40;i ++)
{
```

```
//position[12] += 1;
position[14] -= 1;
PWM_24();
delay500us(30);
}
}
for(i = 0;i<20;i ++ )
{
position[12] += 1;
//position[14] -= 2;
PWM_24();
delay500us(30);
}
for(i = 0;i<20;i ++ )
{
//position[12] += 1;
position[14] += 1;
PWM_24();
delay500us(30);
}
for(i = 0;i<35;i ++ )    //ZS1 和 ZS2 往回拨
{
position[13] -= 1;
position[15] += 1;
PWM_24();
delay500us(30);
}
for(i = 0;i<60;i ++ )    //POSE 回归姿势
{
//position[16] -= 2;
position[1] -= 1;
position[3] -= 1;
PWM_24();
delay500us(30);
}
for(i = 0;i<40;i ++ )    //控制 ZJ2 和 YJ2 实现脚板往前蹬直
{
position[2] += 1;
position[5] -= 1;
PWM_24();
delay500us(30);
}
for(i = 0;i<100;i ++ )    //腿往下回归
{
position[0] -= 1;
position[3] += 1;
PWM_24();
delay500us(30);
}
for(i = 0;i<120;i ++ )    //向右偏头回归下蹲前位置,向左扭头
{
```

```
position[16] -= 1;
PWM_24();
delay500us(30);
}

for(i = 0;i<30;i++)              //ZS3 和 YS3 往后拨一点,将重心挪到脚跟,实现往后倾
{
position[6] += 1;
position[7] -= 1;
PWM_24();
delay500us(30);
}
for(i = 0;i<90;i++)             //腿往下回归 90°,补偿到下蹲前 190°位置
{
position[0] -= 1;
position[3] += 1;
PWM_24();
delay500us(30);
}
for(i = 0;i<90;i++)         //ZS2 和 YS2 向外转 90°
{
position[12] -= 1;
position[14] += 1;
//position[2] -= 1;
//position[5] += 1;
PWM_24();
delay500us(30);
}
for(i = 0;i<50;i++)            //ZS3 和 YS3 向后转 50°
{
position[6] -= 1;
position[7] += 1;
PWM_24();
delay500us(30);
}
for(i = 0;i<90;i++)            //ZS2 和 YS2 向里回 90°,ZJ2 和 YJ2 向后摆 30°
{
position[12] += 1;
position[14] -= 1;
PWM_24();
delay500us(30);
}
for(i = 0;i<30;i++)            //ZJ2 和 YJ2 向后摆 30°
{
position[2] -= 1;
position[5] += 1;
PWM_24();
delay500us(30);
}
for(i = 0;i<50;i++)            //控制 ZJ2 和 ZJ5 重心往后移
{
```

```
position[2] -= 1;
position[5] += 1;
PWM_24();
delay500us(30);
}
for(i = 0;i<60;i ++)              //控制 ZJ4 和 YJ4 实现身体立直
{
position[0] += 1;
position[3] -= 1;
PWM_24();
delay500us(30);
}
for(i = 0;i<35;i ++)              //控制 ZJ2、YJ2、ZJ4、YJ4 实现身体立直
{
position[2] += 1;
position[5] -= 1;
position[0] += 2;
position[3] -= 2;
PWM_24();
delay500us(30);
}
for(i = 0;i<70;i ++)             //手往后回正
{
position[6] += 2;
position[7] -= 2;
PWM_24();
delay500us(30);
}
for(i = 0;i<60;i ++)             //向左偏头回正
{
position[16] += 2;
PWM_24();
delay500us(30);
}
}
void initial_position_z(void)
{
uchar i,k;
for(i = 0;i<30;i ++)
{
for(k = 0;k<17;k ++)
{
if(position[k]>position_initial[k])
position[k] -= 1;
else
position[k] += 1;
PWM_24();
delay500us(30);
}
}
}
```

```
/ ********************* 主函数 ********************* /
void main(void)
{
P4M1 = 0x00;                //P40～P43 设置为推挽输出
P4M0 = 0x0f;
P0 = 0x00;P2 = 0x00;
Timer0_init();              //定时器 0 初始化
initial_position();
delay500us(4000);
ta_bu(5);
walk(5);
initial_position_z();
dao_li();
wu_dao();
while(1)
{
;
}
}
//################################################################
//函数名称:void T0_Interrupt(void) interrupt 1
//函数说明:PWM 信号低电平时间子程序,控制舵机 PWM 信号的低电平时间决定舵机转动的速度
//入口参数:低电平时间,500 us 为基础
//出口参数:无
//################################################################
void T0_Interrupt(void) interrupt 1
{THO = 0xED;                //22.118 4 MHz,2.5 ms 定时 0xed00
  TL0 = 0x00;
  t0bit = 1;
}
//################################################################
```

第 **19** 章

消防灭火小车电路

19.1　设计题目与设计任务

设计题目:消防灭火小车电路。

设计任务:设计一个消防灭火小车的电路,能准确检测到火源的位置并驱动小车到达火源位置进行灭火。

19.2　设计方案

19.2.1　电路设计的总体思路

本章所设计的简易智能消防车是以飞思卡尔公司的 MC9S12XS128 为核心处理器,通过火焰传感器实时监测周围火情,将实时数据以模拟信号的形式送入单片机,经过 A/D 转换数据处理确定火源位置,核心处理器发出控制信号驱动减速电机,使消防车整体向火源移动,通过红外传感器确定合理的停车灭火位置,满足灭火条件后,单片机启动灭火程序,发出控制信号驱动水泵(模型用电机带动风扇代替),直至火源被扑灭,停止灭火,整个系统再转入实时检测的状态。

19.2.2　系统组成

图 19.1 所示为消防灭火小车的系统整体设计框图。

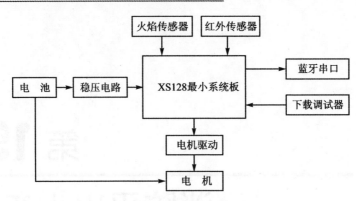

图 19.1　系统整体设计框图

19.2.3　电路各组成部分详解

1. 电源稳压电路的设计

任何一个控制系统的运行必须要有稳定持续的电源供给,电源稳压模块相当于房屋的基石,供电的稳定与否直接关系到整个消防小车能否稳定运行。由于使用的电池电压会随着放电时间的增加而下降,而且电池在充满电时电压达到将近 8 V,单片机以及所有的传感器均需要 5 V 的工作电压,所以我们的工作就是把电池电压稳定在 5 V。整个消防灭火小车的供电系统如图 19.2 所示。

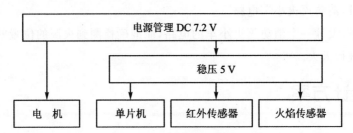

图 19.2　供电系统整体框图

为了提高电池的利用效率,提高电源的稳定性,我们将电池电压先进行升压,然后再稳压为各个模块所需要的电压,满足消防灭火小车的正常运行。

可通过 XL6009E 这款芯片将电源电压升为 9 V,电路如图 19.3 所示。

稳压芯片使用 LM2596,该器件内部集成频率补偿和固定频率发生器,开关频率为 150 kHz,与低频开关调节器相比较,可以使用更小规格的滤波元件。由于该器件只需 4 个外接元件,可以使用通用的标准电感,这更优化了 LM2596 的使用,极大地简化了开关电源电路的设计。

图 19.4 所示为 5 V 的稳压电路。

2. XS128 最小系统

本设计使用的主控芯片是 MC9S12XS128(简称 XS128),为了使整个系统运行稳

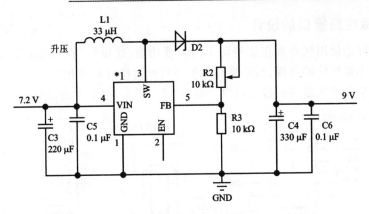

图 19.3　升压 9 V 电路

定,防止静电复位,也为了使整个设计更加模块化,我们将单片机从电路中摘取出来制作成最小系统,它将单片机的 112 个引脚全部引出,同时还包含复位按键、下载和串口功能,并设计了过电流、过电压保护功能,进一步增强 XS128 最小系统板的过电流、过电压保护功能。

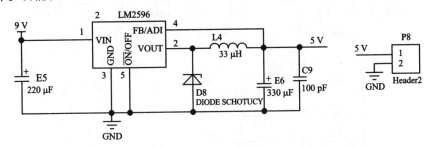

图 19.4　5 V 稳压电路

图 19.5 所示为单片机最小系统的电路图和实物图。

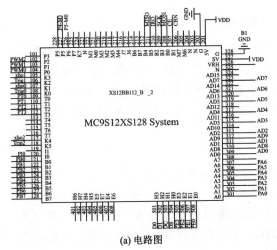

(a) 电路图

(b) 实物图

图 19.5　单片机最小系统

3. 扩展板电路接口的设计

为了更好地使用核心板完成消防车的各项功能,这里使用 Altium Designer 16 设计制作了最小系统的扩展板,最小系统与扩展板通过排针插座相连,同时在扩展板上预留出了消防小车可能需要的各类接口。如图 19.6 所示,整个扩展板分成以下三部分:

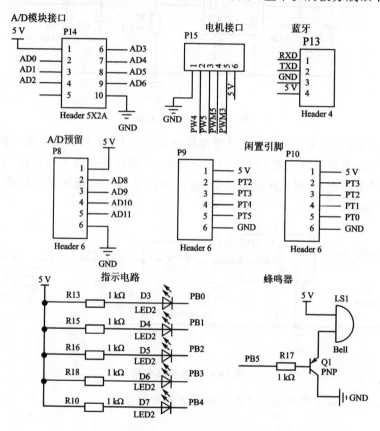

图 19.6　扩展板电路框图

插针部分——主要功能是将最小系统与扩展板相连,引出所需要的单片机的接口。

功能接口部分——包括火焰传感器接口,红外传感器接口,电机控制信号接口,电源接口,OLED 液晶屏接口,A/D 接口,同时还有一些后期开发用的预留 A/D 和 I/O 口。

调试工具接口——为了方便调试,也为了提高调试效率,在设计时特意增加了蜂鸣器、OLED 液晶屏、调车指示灯电路等。

整体电路图如图 19.7 所示。

经过电路实物测试,消防灭火小车能够自动识别火源并进行灭火。

构成本电路的元器件清单如表 19.1 所列。由于 Altium Designer 16 中未提供飞思卡尔系列单片机等元件,绘制 PCB 时需自己创建原理图元件库和 PCB 元件库。本设计所需要的自建元件库包括飞思卡尔 XS128 单片机元件库、晶振元件库、XL6009E1 元件库、LM2596 元件库和 TLP113 元件库。

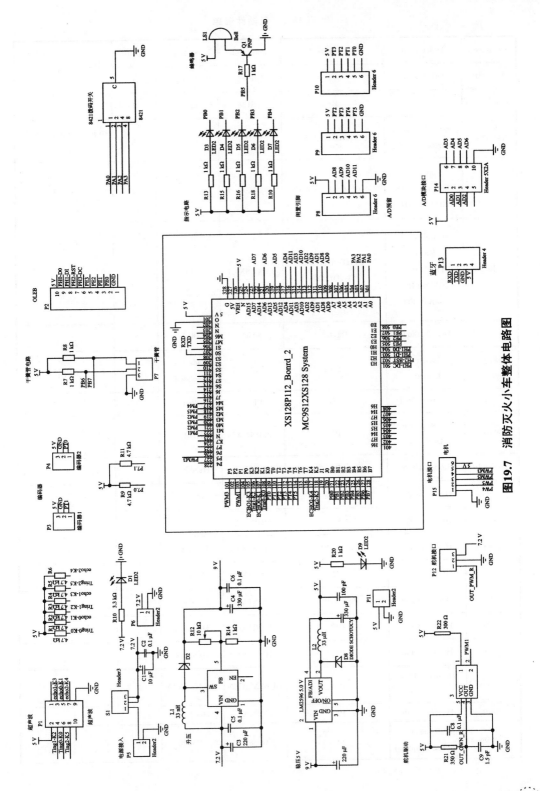

图19.7　消防灭火小车整体电路图

表 19.1 元器件清单

Comment	Description	Designator	Footprint	LibRef	Quantity	Value
SW – DIP4	DIP Switch	8421	DIP – 8	SW – DIP4	1	
Component_1		B1	XS128	Component_1	1	
Cap Pol3	Polarized Capacitor (Surface Mount)	C1,C3,C4,E1,E2	C0805	Cap Pol3	5	10 μF,220 μF,330 μF, 220 μF,330 μF
Cap Semi	Capacitor (Semiconductor SIM Model)	C2,C5,C6,C7,C8,C9	C1206	Cap Semi	6	100 pF
LED2	Typical RED, GREEN, YELLOW, AMBER GaAs LED	D1,D3,D4,D5, D6,D7,D9	3.2X1.6X1.1	LED2	7	
Diode	Default Diode	D2,D8	SMC	Diode	2	
Inductor Isolated	Isolated Inductor	L1,L2	425	Inductor Isolated	2	33 μH
Bell	Electrical Bell	LS1	PIN2	Bell	1	
Wave	Header,5-Pin, Dual row	P1	MHDR2X5	MHDR2X5	1	
Header 10	Header,10-Pin	P2	HDR1X10	Header 10	1	
Code1	Header,3-Pin	P3	HDR1X3	Header 3	1	
Code2	Header,3-Pin	P4	HDR1X3	Header 3	1	
Header 2	Header,2-Pin	P5,P6,P11	HDR1X2	Header 2	3	
Spring	Header,3-Pin	P7	HDR1X3	Header 3	1	
Header 6	Header,6-Pin	P8,P9,P10	HDR1X6	Header 6	3	
Servo	Header,3-Pin	P12	HDR1X3	Header 3	1	
Header 4	Header,4-Pin	P13	HDR1X4	Header 4	1	
Header 5X2A	Header,5-Pin, Dual row	P14	HDR2X5_CEN	Header 5X2A	1	
Motor	Header,6-Pin	P15	HDR1X6	Header 6	1	
2N3906	PNP General Purpose Amplifier	Q1	TO – 92A	2N3906	1	

续表 19.1

Comment	Description	Designator	Footprint	LibRef	Quantity	Value
Res3	Resistor	R1,R2,R3,R4,R5,R6, R7,R8,R9,R10,R11, R13,R14,R15,R16, R17,R18,R19,R20, R21,R22	J1 – 0603	Res3	21	4.7 kΩ,4.7 kΩ,4.7 kΩ, 4.7 kΩ,4.7 kΩ,4.7 kΩ, 1 kΩ,1 kΩ,4.7 kΩ, 3.3 kΩ,4.7 kΩ,1 kΩ, 1 kΩ,1 kΩ,1 kΩ,1 kΩ, 1 kΩ,1 kΩ,1 kΩ, 350 Ω,330 Ω
RPot	Potentiometer	R12	VR5	RPot	1	10 kΩ
Header 3	Header,3-Pin	S1	HDR1X3	Header 3	1	
XL6009		U1	XL6009E1	Component_1	1	
LM2596		U2	LM2596	Component_1	1	
TPL113		U3	TLP113	Component_1	1	

19.3　电路板布线图、实物照片

19.3.1　新建项目工程文件

首先,执行"文件"→"新建"→Project 命令,将新工程项目命名为"消防灭火小车",并向其中添加 1 个原理图文件和 1 个 PCB 文件。然后,执行"文件"→"新建"→"库"→"原理图库"命令,在"消防灭火小车"项目中添加 5 个原理图库文件。最后,执行"文件"→"新建"→"库"→"PCB库"命令,在"消防灭火小车"项目中添加 5 个 PCB 库文件。将所有文件重命名,如图 19.8 所示。

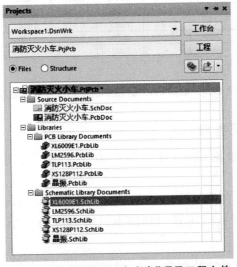

图 19.8　新建"消防灭火小车"项目工程文件

19.3.2　绘制元件库

1. 建立 XL6009E1 元件库

查看 XL6009E1 数据手册,封装类型为 TO263-5,各尺寸数据如图 19.9 所示。

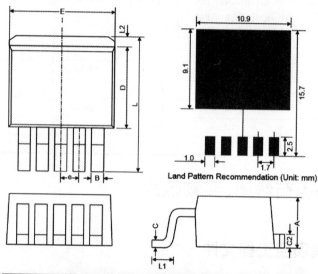

Land Pattern Recommendation (Unit: mm)

Symbol	Dimensions In Millimeters			Dimensions In Inches		
	Min.	Nom.	Max.	Min.	Nom.	Max.
A	4.07	4.46	4.85	0.160	0.176	0.191
B	0.66	0.84	1.02	0.026	0.033	0.040
C	0.36	0.50	0.64	0.014	0.020	0.025
C2	1.14	1.27	1.40	0.045	0.050	0.055
D	8.65	9.15	9.65	0.341	0.360	0.380
E	9.78	10.16	10.54	0.385	0.400	0.415
e	1.57	1.71	1.85	0.062	0.068	0.073
L	14.61	15.24	15.88	0.575	0.600	0.625
L1	2.29	2.54	2.79	0.090	0.100	0.110
L2	-		2.92	-	-	0.115

图 19.9　XL6009E1 数据手册中的尺寸数据截图

2. 建立 LM2596 元件库

查看 LM2596 的数据手册,封装类型为 TO263-5,各尺寸数据如图 19.10 所示。

LM2596 的 PCB 元件库与 XL4015E1 的 PCB 元件库一致,可将 XL4015E1 的 PCB 元件库复制到 LM2596.PcbLib 绘制环境中,LM2596 的 PCB 元件库即绘制完成,如图 19.11 所示。

LM2596 的 PCB 元件库绘制完毕后,打开 PCB Libraryc 对话框,双击元件栏中元

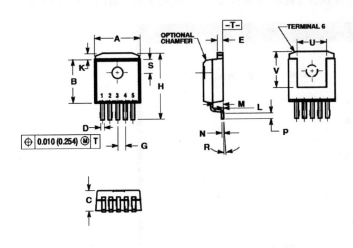

NOTES:
1. DIMENSIONING AND TOLERANCING PER ANSI Y14.5M, 1982.
2. CONTROLLING DIMENSION: INCH.
3. TAB CONTOUR OPTIONAL WITHIN DIMENSIONS A AND K.
4. DIMENSIONS U AND V ESTABLISH A MINIMUM MOUNTING SURFACE FOR TERMINAL 6.
5. DIMENSIONS A AND B DO NOT INCLUDE MOLD FLASH OR GATE PROTRUSIONS. MOLD FLASH AND GATE PROTRUSIONS NOT TO EXCEED 0.025 (0.635) MAXIMUM.

DIM	INCHES		MILLIMETERS	
	MIN	MAX	MIN	MAX
A	0.386	0.403	9.804	10.236
B	0.356	0.368	9.042	9.347
C	0.170	0.180	4.318	4.572
D	0.026	0.036	0.660	0.914
E	0.045	0.055	1.143	1.397
G	0.067 BSC		1.702 BSC	
H	0.539	0.579	13.691	14.707
K	0.050 REF		1.270 REF	
L	0.000	0.010	0.000	0.254
M	0.088	0.102	2.235	2.591
N	0.018	0.026	0.457	0.660
P	0.058	0.078	1.473	1.981
R	5° REF		5° REF	
S	0.116 REF		2.946 REF	
U	0.200 MIN		5.080 MIN	
V	0.250 MIN		6.350 MIN	

图 19.10　LM2596 数据手册中的尺寸数据载图

件,弹出"PCB 库元件"对话框,将名称更改为 LM2596,如图 19.12 所示。

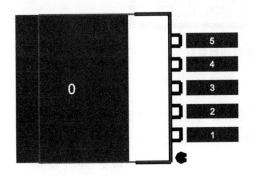

图 19.11　LM2596 的 PCB 元件库

图 19.12　"PCB 库元件"对话框

　　进入 LM2596.SchLib 绘制环境中,执行"放置"→"矩形"命令,绘制矩形(X1＝0,
Y1＝0,X2＝80,Y2＝70),矩形绘制完毕后,
执行"放置"→"引脚"命令,在已绘制好的矩
形四周放置 5 个引脚,引脚标识从左至右分
别为 1、2、3、4 和 5,引脚名称分别为 VIN、
VOUT、GND、$\overline{ON/OFF}$ 和 FB/ADJ,完成后
如图 19.13 所示。

　　打开 SCH Library 对话框,将 LM2596
的 PCB 元件库加载到 LM2596 原理图元件

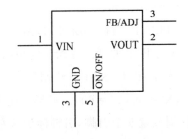

图 19.13　引脚放置完成后

库,在"选择封装"栏中出现封装模型,表示封装模型已经成功加载,如图 19.14 所示。

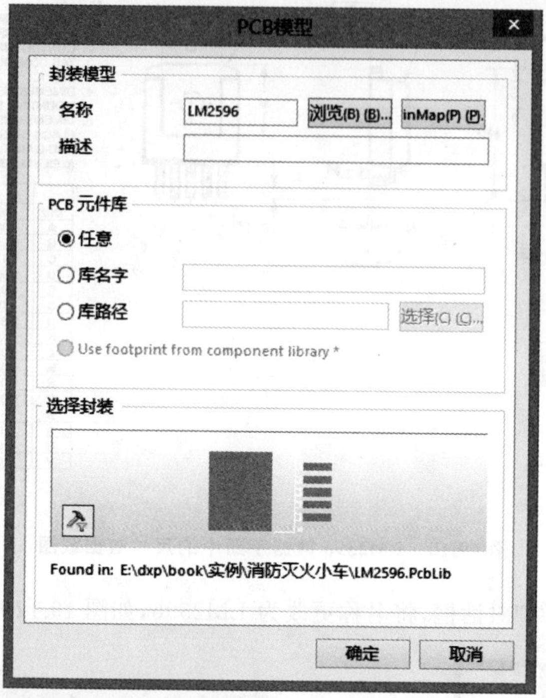

图 19.14 封装模型成功加载后

3. 建立 TLP113 元件库

查看 TLP113 的数据手册,封装类型为不规则类型,各尺寸数据如图 19.15 所示。

TLP113 的 PCB 元件库可以采用封装向导器与手动修改相结合的方式来绘制。

进入 TLP113.PcbLib 绘制环境中,执行"工具"→"元器件向导"命令,弹出 Component Wizard 对话框,选择封装形式为 SOP,选择单位为 mm,由封装尺寸图可知 TLP113 引脚尺寸为 0.4 mm×0.5 mm,焊盘尺寸设置为 0.4 mm×1.5 mm,纵向引脚间距为 1.27 mm,横向引脚间距为 7 mm,引脚数量设为 6 个,生成的 PCB 封装已经完成,如图 19.16 所示。

由 TLP113 数据手册可知,图 19.16 中 2 号焊盘为多余焊盘,故将 2 号焊盘删除,TLP113 的 PCB 原理图库绘制完成后如图 19.17 所示。

进入 TLP113.SchLib 绘制环境中,执行"放置"→"矩形"命令,绘制矩形(X1=0,Y1=0,X2=60,Y2=60)。矩形绘制完毕后,执行"放置"→"引脚"命令,在已绘制好的矩形四周放置 5 个引脚,引脚标识从左至右别为 1、3、4、5 和 6,引脚名称分别为 anode、cathode、GND、OUT 和 VCC,完成后如图 19.18 所示。

打开 SCH Library 对话框,将 TLP113 PCB 元件库加载到 TLP113 原理图元件库

在"选择封装"栏中出现封装模型,表示封装模型已经成功加载,如图 19.19 所示。

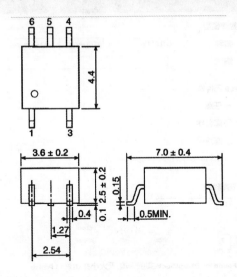

图 19.15　TLP113 数据手册中的尺寸数据截图

图 19.16　生成的 PCB 封装　　　　图 19.17　TLP113 封装库

4. 建立 XS128 最小系统元件库

飞思卡尔 XS128 芯片作为消防灭火小车的主控芯片,由于大多厂商已提供了此款芯片的最小系统通用电路,因而只需画出接口,即可满足使用。飞思卡尔 XS128 芯片最小系统的封装尺寸如图 19.20 所示。

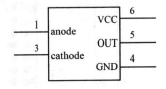

图 19.18　引脚放置完成后

进入 XS128.PcbLib 绘制环境中,绘制 XS128 最小系统的 PCB 元件库。将焊盘孔径设为 35.5 mil,其他参数根据 XS128 最小系统封装尺寸图的数据进行设置。绘制完成后如图 19.21 所示。

进入 XS128.SchLib 绘制环境中,执行"放置"→"矩形"命令,绘制矩形(X1＝0,Y1＝0,X2＝330,Y2＝320)。在矩形四周分别放置引脚,左侧、右侧和上侧分别放置 28 个引脚,下侧放置 16 个引脚,引脚标识需要与焊盘标识相对应。绘制完毕后如图 19.22 所示。

图 19.19 封装模型成功加载后

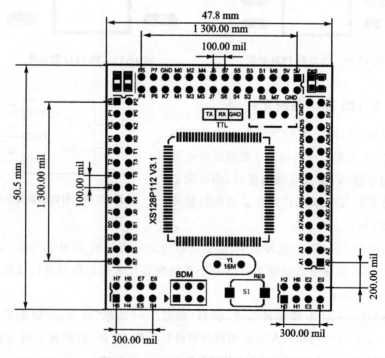

图 19.20 XS128 最小系统封装尺寸图

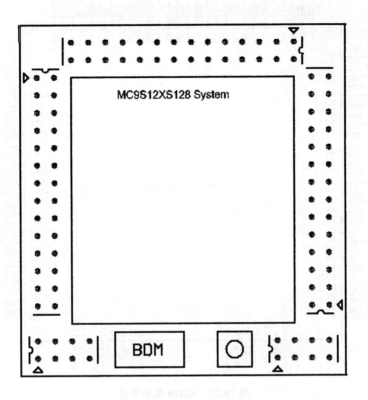

图 19.21　XS128 最小系统 PCB 元件库

　　打开 SCH Library 对话框，单击器件栏中的"编辑"按钮，弹出 Library Component Properties 对话框，单击右下角的 Add 按钮，弹出"添加新模型"对话框，选择模型种类为 Footprint，单击"确定"按钮，弹出"PCB 模型"对话框，单击"浏览"按钮，选择加载已经完成的 XS128.PcbLib 文件，如图 19.23 所示。

　　单击"浏览库"对话框中的"确定"按钮，返回到"PCB 模型"对话框，在"选择封装"栏中出现封装模型，表示封装模型已经成功加载，如图 19.24 所示。

　　单击"PCB 模型"对话框中的 in Map 按钮，进入"模型图"对话框，查看原理图元件库的引脚标识与 PCB 元件库的引脚标识是否对应，若不对应则手动修改，如图 19.25 所示。

　　返回到原理图元件库绘制界面，再次打开 SCH Library 对话框，同样显示模型已加载，如图 19.26 所示。

　　至此，已将本设计中所需自建的元件库绘制完毕，即可在绘制原理图环境中绘制整体电路。

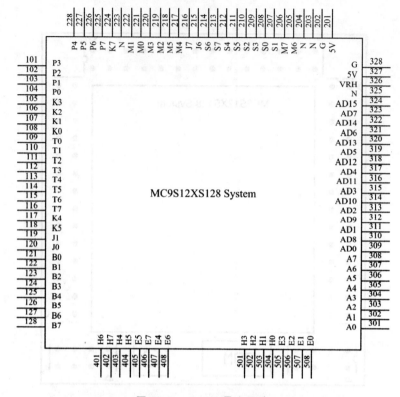

图 19.22   XS128 最小系统

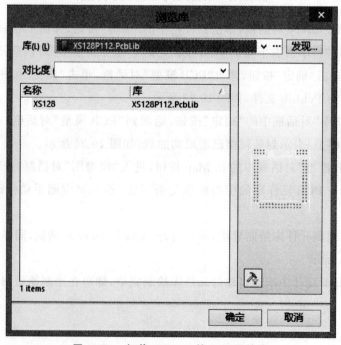

图 19.23   加载 LM1117 的 PCB 元件库

图 19.24　封装模型成功加载后

图 19.25　"模型图"对话框

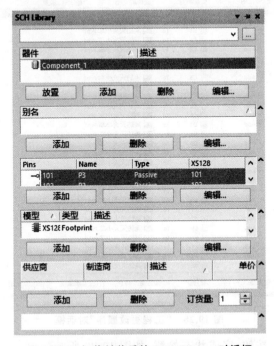

图 19.26　加载封装后的 SCH Library 对话框

19.3.3 元件布局和布线

1. 元件布局

消防灭火小车整体电路绘制后,执行"工程"→"Compile Document 消防灭火小车.SchDoc"命令,查看 Messages 窗口(如图 19.27 所示),显示原理图编译无错误。

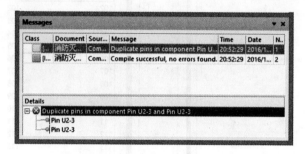

图 19.27 原理图编译后的 Messages 窗口

执行"设计"→"Update PCB Document 消防灭火小车.PcbDoc"命令,弹出"工程更改顺序"对话框,如图 19.28 所示。

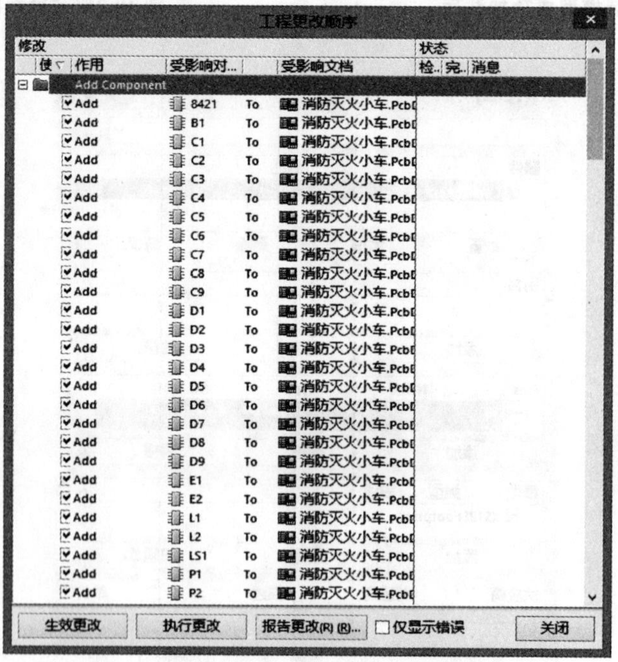

图 19.28 "工程更改顺序"对话框

单击"生效更改"按钮,完成状态检测,如图 19.29 所示。

检测全部通过后,单击"执行更改"按钮即可完成更改(如图 19.30 所示),并在 PCB 编辑环境下,自动生成 PCB 图(如图 19.31 所示)。

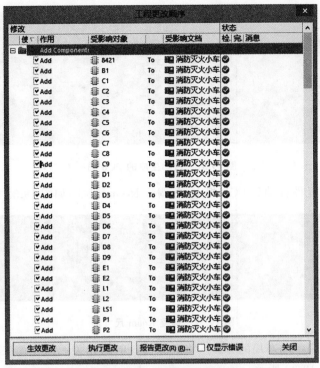

图 19.29　状态检测完成

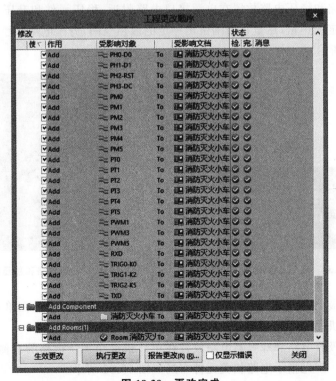

图 19.30　更改完成

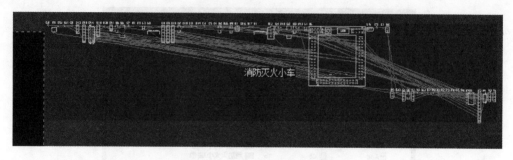

图 19.31　自动生成的 PCB 图

将 Room 和所有元件移动到 PCB 板上，并调整 Room 尺寸，如图 19.32 所示。

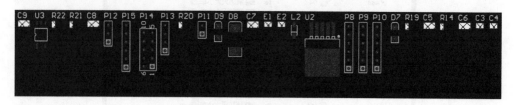

图 19.32　调整 Room 尺寸后

　　元件布局采用手动布局的方式。将电源接口电路相关元件放置在板子的左上角，各元件布局如图 19.33 所示。

　　将升压电路和稳压电路放置在电源接口电路附近，稳压元件和升压元件在工作时可能会产生一定的热量，尽量在周围留出一定的散热空间，升压电路和稳压电路元件布局如图 19.34 所示。

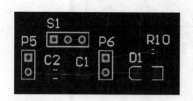

图 19.33　电源接口电路

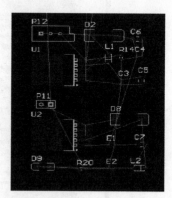

图 19.34　升压电路和稳压电路元件布局

　　将单片机最小系统电路放置在板子中央，将舵机驱动电路放置在单片机最小系统电路右侧。舵机驱动电路相关元件布局如图 19.35 所示。

　　将发光二极管电路和蜂鸣器电路放置在单片机最小系统电路的右侧，二者组成了声光指示电路。声光指示电路相关元件布局如图 19.36 所示。

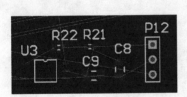

图 19.35　舵机驱动电路

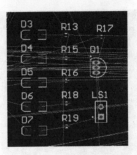

图 19.36　声光指示电路相关元件布局

将超声波接口电路旋转在声光指示电路下方。超声波接口电路相关元件的布局如图 19.37 所示。

其他传感器接口尽量放置在板子边缘，全部元件粗略布局如图 19.38 所示。

使用"排列工具"中的命令，将板子四周边缘元件分别沿一侧对齐，适当调整元件间间距。全部元件调整完毕后如图 19.39 所示。

布局完毕后，切换到 Top Overlay 层，执行"放置"→"走线"命令，绘制出几何图形，如图 19.40 所示。

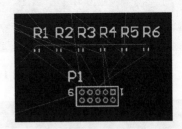

图 19.37　超声波接口电路相关元件的布局

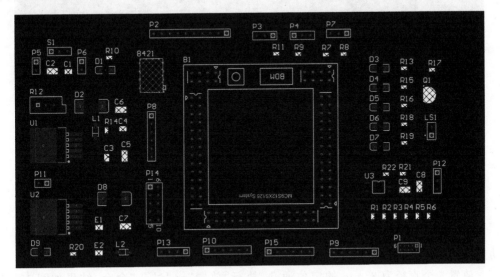

图 19.38　全部元件粗略布局

选择绘制出的几何图形，执行"设计"→"板子形状"→"按照选择对象定义"命令，执行结果如图 19.41 所示。

执行"设计"→"板子形状"→"根据板子外形生成线条"命令，在 PCB 板子外轮廓自

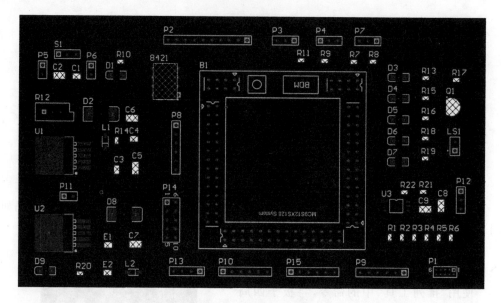

图 19.39　全部元件布局

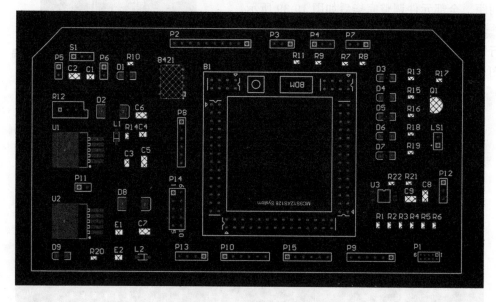

图 19.40　几何图形绘制完毕

动生成边界线,如图 19.42 所示。

　　放置 4 个直径为 3 mm 的定位通孔,执行"放置"→"过孔"命令,结果如图 19.43 所示。

　　至此,元件布局已经完成。需要注意的是元件布局并非越密越好,元件与元件之间最好应留出 100 mil 的空隙。

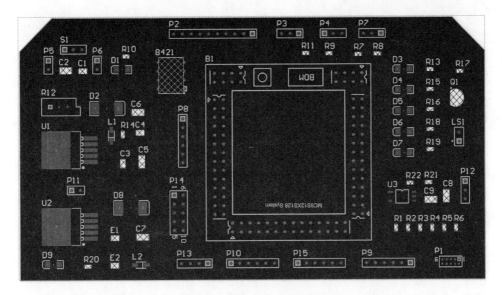

图 19.41 定义板子形状后

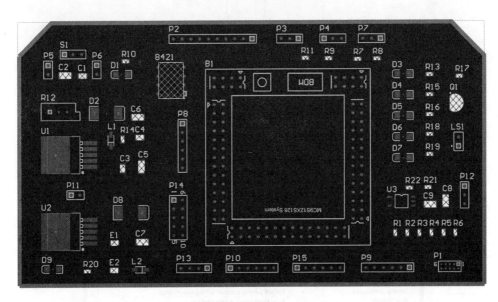

图 19.42 生成边界线后

2. 布　线

进行布线操作,执行"自动布线"→"全部"命令,弹出"Situs 布线策略"对话框,如图 19.44 所示。

单击"编辑规则"按钮,进入"PCB 规则及约束编辑器"对话框,对布线规则进行设定,GND、VCC 和 Width 的线宽分别设为 10 mil、20 mil 和 30 mil,其他电气规则与 1.3.3 小节中的电气规则一致。

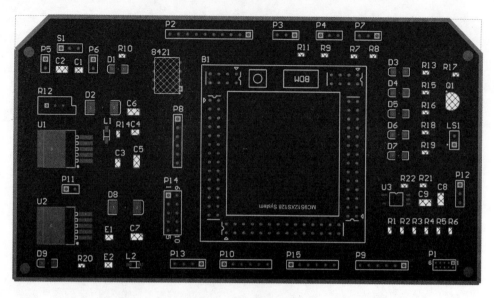

图 19.43 放置过孔后

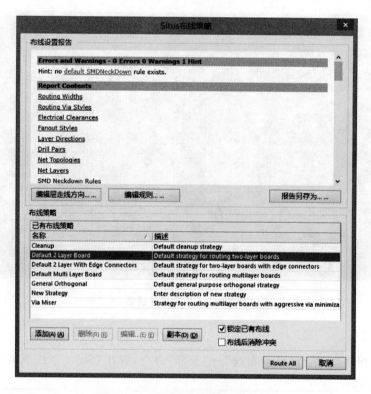

图 19.44 "Situs 布线策略"对话框

设置完基本规则后,单击"PCB 规则及约束编辑器"对话框中"确定"按钮,返回到
"Situs 布线策略"对话框,单击 Route All 按钮,即可完成自动布线,如图 19.45 所示。

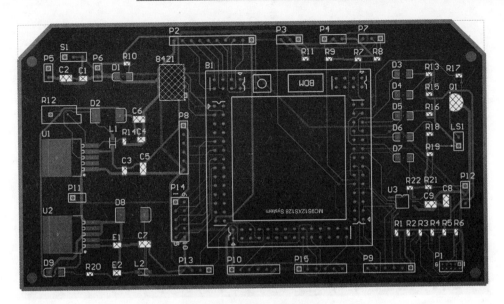

图 19.45　完成自动布线后

可见自动布线的结果并不理想,调整单片机最小系统右侧稳压电路和升压电路的布线,减少布线转弯次数,缩短布线长度。调整完毕后如图 19.46 所示。

调节单片机最小系统右侧指示电路和舵机驱动电路的布线,需要分别将元件 R18、R19、R16、R15、R13 的左、右引脚对调。调节完毕后如图 19.47 所示。

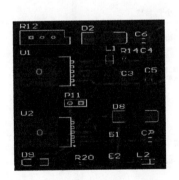

图 19.46　稳压电路和升压电路的布线

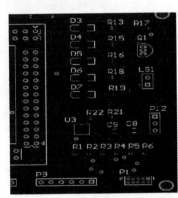

图 19.47　电路和舵机驱动电路的布线

采用"绕"或"打孔"的方式,调整其他不合理的布线。整体布线调整后如图 19.48 所示。

电路工作时,LM2596 等元件会产生一定的热量,因此需要在发热元件周围敷铜,以扩大散热面积,保证电源电路正常工作。执行"放置"→"多边形敷铜"命令或单击命令栏中的"敷铜"图标为 PCB 敷铜。在弹出的"多边形敷铜"对话框中选择填充模式为 Solid,如图 19.49 所示。

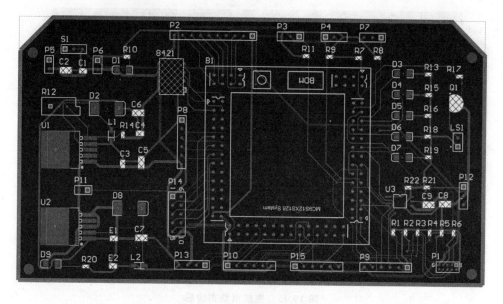

图 19.48 整体布线图

图 19.49 "多边形敷铜"对话框

设置好参数后，单击"确定"按钮，选择四点，使所画矩形覆盖发热元件所在区域，右键单击退出，敷铜之后如图 19.50 所示。

执行"放置"→"多边形敷铜"命令或单击命令栏中的"敷铜"图标为 PCB 敷铜。在弹出的"多边形敷铜"对话框中选择填充模式为 Hatched，连接网络选择 GND。

设置好参数后，对 PCB 板顶层和底层敷铜，完成后如图 19.51 和图 19.52 所示。

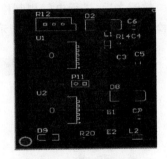

图 19.50　发热元件敷铜

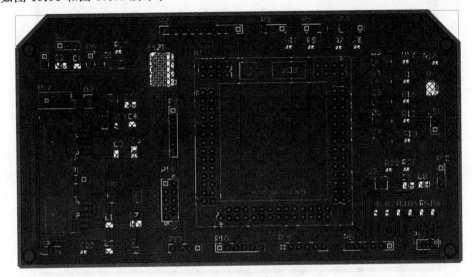

图 19.51　顶层敷铜之后

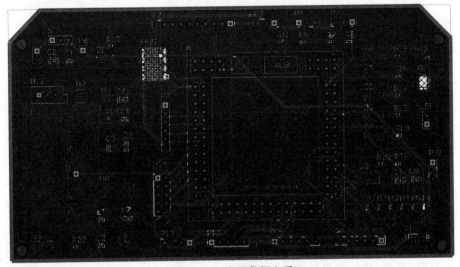

图 19.52　底层敷铜之后

敷铜之后,进行电气规制检查。执行"工具"→"设计规则检查"命令,弹出"设计规则检测"对话框,如图 19.53 所示。

图 19.53　"设计规则检测"对话框

单击"运行 DRC"按钮,Messages 窗口显示无错误,如图 19.54 所示。

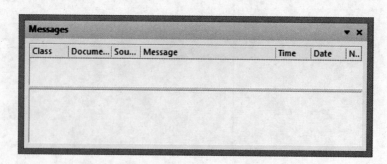

图 19.54　Messages 窗口

消防灭火小车 PCB 实例基本绘制完毕,下面查看 3 维视图。执行"查看"→"切换到 3 维显示"命令,执行结果如图 19.55 所示。

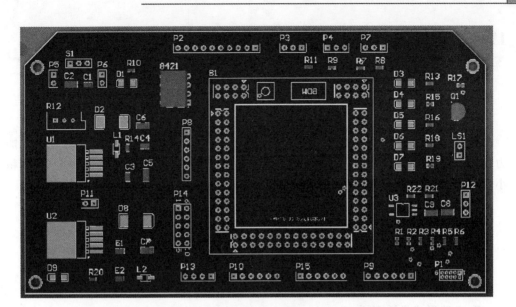

图 19.55　3 维显示

19.3.4　实物照片

消防灭火小车实物照片如图 19.56 所示。

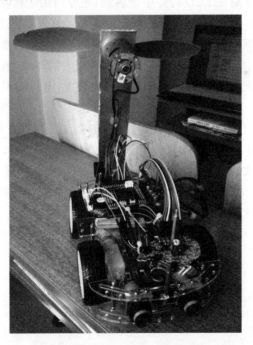

图 19.56　消防灭火小车实物照片

19.4　习题及程序代码

1. 习　题

（1）试比较开关型稳压电源与串联调整型稳压电源的特点。

答：开关型稳压电源与串联调整型稳压电源相比，具有：高效节能，适应市电变化能力强，输出电压可调范围宽，一只开关管可方便地获得多组电压等级不同的电源，体积小，质量轻等诸多优点，因而得到广泛应用。

其特点如下：

➢ 功耗低，效率高；

➢ 体积小，质量轻；

➢ 稳压范围宽；

➢ 滤波的效率大幅度提高，使滤波电容的容量和体积大大减小；

➢ 电路形式灵活多样。

（2）为什么电路中单片机供电采用先升压后降压的方式？

答：这种供电方式可以提高电源的利用效率。

（3）试说明红外对管的工作原理。

答：红外线接收管是在 LED 行业中命名的，是专门用来接收和感应红外线发射管发出的红外线光线的。一般情况下都是与红外线发射管成套运用在产品设备当中。红外线接收管是将红外线光信号变成电信号的半导体器件，它的核心部件是一个特殊材料的 PN 结，和普通二极管相比，在结构上采取了很大的改变，红外线接收管为了更多更大面积的接收入射光线，PN 结面积尽量做得比较大，电极面积尽量减小，而且 PN 结的结深很浅，一般小于 1 μm。红外线接收二极管是在反向电压作用之下工作的。没有光照时，反向电流很小（一般小于 0.1 μA），称为暗电流。当有红外线光照时，携带能量的红外线光子进入 PN 结后，把能量传给共价键上的束缚电子，使部分电子挣脱共价键，从而产生电子-空穴对（简称：光生载流子）。它们在反向电压作用下参加漂移运动，使反向电流明显变大，光的强度越大，反向电流也越大。这种特性称为光电导。红外线接收二极管在一般照度的光线照射下，所产生的电流叫光电流。如果在外电路上接上负载，则负载就获得了电信号，而且这个电信号随着光的变化而相应变化。

2. 程序代码

```
# include <hidef.h>              /* 库文件 */
# include "derivative.h"         /* 头文件 */
/ * * * * * * * * * * * * * * * * * * * * * * * * * * * * * * * * * * * * * * * *
A/D 模块需要变量定义                                                         *
/ * * * * * * * * * * * * * * * * * * * * * * * * * * * * * * * * * * * * * * * /
int  AD_value[6] = {0};          //A/D 最终结果存储变量
int  result[6] = {0};            //A/D 中间转存辅助变量
```

```
int   ad_count = 0;                      //求取几次结果的平均值
int   min_ad_value;                      //得到最小值
/ * * * * * * * * * * * * * * * * * * * * * * * * * * * * * * * * * * * * * * * * * * * *
位置辅助判断变量定义                                                                    *
 * * * * * * * * * * * * * * * * * * * * * * * * * * * * * * * * * * * * * * * * * * * * /
int   weizhi;                            //位置辅助判断变量
/ * * * * * * * * * * * * * * * * * * * * * * * * * * * * * * * * * * * * * * * * * * * *
转角度数辅助变量                                                                        *
/ * * * * * * * * * * * * * * * * * * * * * * * * * * * * * * * * * * * * * * * * * * * /
long int j;
long int zhuanjiao = 50000;             //转角度数辅助变量
/ * * * * * * * * * * * * * * * * * * * * * * * * * * * * * * * * * * * * * * * * * * * *
IOB 口初始化                                                                           *
/ * * * * * * * * * * * * * * * * * * * * * * * * * * * * * * * * * * * * * * * * * * * /
void IOB(void)
{
DDRB = 0X3F;                             //PB0～PB5 输出,PB6 和 PB7 输入,红外预留
}
/ * * * * * * * * * * * * * * * * * * * * * * * * * * * * * * * * * * * * * * * * * * * *
IOM 口初始化                                                                           *
/ * * * * * * * * * * * * * * * * * * * * * * * * * * * * * * * * * * * * * * * * * * * /
void IOM(void)                           //M 口初始化
{
  DDRM = 0XFF;                           //设置为输出
}
/ * * * * * * * * * * * * * * * * * * * * * * * * * * * * * * * * * * * * * * * * * * * *
锁相环初始化,将频率超频到 40 MHz
 * * * * * * * * * * * * * * * * * * * * * * * * * * * * * * * * * * * * * * * * * * * *
void SetBusCLK_40M(void)
{
  CLKSEL = 0X00;                         //不选择锁相环时钟
  PLLCTL_PLLON = 1;                      //打开 PLL,复位时默认为 1
  SYNR = 0X44;
  REFDV = 0X81;
  POSTDIV = 0X00;
  _asm(nop);                             //空指令
  _asm(nop);
  while(!(CRGFLG_LOCK == 1));            //等待锁相环时钟稳定
  CLKSEL_PLLSEL = 1;
}
/ * * * * * * * * * * * * * * * * * * * * * * * * * * * * * * * * * * * * * * * * * * * *
 * A/D 初始化                                                                          *
 * * * * * * * * * * * * * * * * * * * * * * * * * * * * * * * * * * * * * * * * * * * * /
void AD_init(void)
{
ATD0CTL0 = 0X05;                         //转换完 5 通道回绕到 0 通道
ATD0CTL1 = 0X10;                         //8 位精度,采样前放电
ATD0CTL2 = 0X40;                         //快速清除
ATD0CTL3 = 0XB0;                         //结果右对齐,6 个序列,冻结模式下继续转换
ATD0CTL4 = 0X21;         //采样周期位 6 个 ATD 周期,f(ATD) = f(BUS)/[2 * (PRS + 1)] = 10M
ATD0CTL5 = 0X10;                         //5:0 多通道单次转换
}
/ * * * * * * * * * * * * * * * * * * * * * * * * * * * * * * * * * * * * * * * * * * * *
```

电机 PWM 初始化， PWMx 周期 = 时钟周期 * PWMPERx

舵机 PWM 初始化， PWMx 频率 = 时钟频率/(PWMPERx)在周期寄存器允许范围内,时钟频率大些好

级联 23 控制左电机

级联 45 控制右电机

```
****************************************************************/
void Init_PWM(void)
{
PWME = 0X00;        //初始化前,禁止各路 PWM 信号输出,级联时设置通道数高的寄存器
PWMPRCLK = 0X00;        //总线 40 MHz,对总线频率不分频,A,B 时钟源都为 40 MHz
PWMSCLA = 8;        //对 A 分频得到 SA = 2.5 MHz,公式 SA = A/(2 * PWMSCLA)
PWMCLK_PCLK1 = 1;        //通道 1 选择 SA 时钟源
PWMCLK_PCLK3 = 0;        //通道 3 选择 B 时钟源
PWMCLK_PCLK5 = 0;        //通道 5 选择 A 时钟源
PWMPOL = 0XFF;        //各通道输出极性,周期开始时,先输出高电平
PWMCAE = 0X00;        //波形对齐方式为左对齐
PWMCTL_CON01 = 1;        //通道 01 级联
PWMCTL_CON23 = 1;        //通道 23 级联
PWMCTL_CON45 = 1;        //通道 45 级联
PWMPER01 = 25000;        //周期寄存器控制舵机 100 Hz
PWMPER23 = 8000;        //控制电机 10 kHz
PWMPER45 = 8000;
PWMDTY01 = 0;        //设置占空比为 0
PWMDTY23 = 5500;        //级联 23 控制左电机,5 000 刚好差一点
PWMDTY45 = 5500;        //级联 45 控制右电机
PWME_PWME1 = 1;        //舵机控制使能
PWME_PWME3 = 1;        //左电机控制使能
PWME_PWME5 = 1;        //右电机控制使能
PTM_PTM4 = 0;        //4,5 口输出,4 左 5 右
PTM_PTM5 = 0;
}
/****************************************************************
* A/D 采集并放入相关寄存器                                        *
****************************************************************/
void AD_get(void)
{
ATD0CTL5 = 0X10;
while(ATD0STAT0_SCF!=1); //转换完成标志位 TD0STAT0_SCF = 1 转换完成
result[0] += ATD0DR0L;        //将 A/D 相应寄存器中采集到的值放入相应变量中
result[1] += ATD0DR1L;
result[2] += ATD0DR2L;
result[3] += ATD0DR3L;
result[4] += ATD0DR4L;
result[5] += ATD0DR5L;
ad_count ++ ;
if(ad_count == 5)        //采集 5 次求取平均值
{
  ad_count = 0;
  AD_value[0] = result[0]/5;
  result[0] = 0;
  AD_value[1] = result[1]/5;
  result[1] = 0;
  AD_value[2] = result[2]/5;
  result[2] = 0;
```

```
  AD_value[3] = result[3]/5;
  result[3] = 0;
  AD_value[4] = result[4]/5;
  result[4] = 0;
  AD_value[5] = result[5]/5;
  result[5] = 0;
}
}
/ * * * * * * * * * * * * * * * * * * * * * * * * * * * * * * * * * * * * * * * * * * * * * * * * * * * * * * * * * * *
通过 A/D 值判断火焰位置,通过 weizhi 变量来确定火焰方位
  * * * * * * * * * * * * * * * * * * * * * * * * * * * * * * * * * * * * * * * * * * * * * * * * * * * * * * * * * * /
void judge_position(void)
{
if((AD_value[0] - AD_value[1])> = 0)
{
  min_ad_value = AD_value[1];
  weizhi = 1;
}
  else
{
    min_ad_value = AD_value[0];
    weizhi = 0;
}
if((min_ad_value - AD_value[2])> = 0)
{
  min_ad_value = AD_value[2];
  weizhi = 2;
}
  else
{
    min_ad_value = min_ad_value;
    weizhi = weizhi;

} if((min_ad_value - AD_value[3])> = 0)
{
  min_ad_value = AD_value[3];
  weizhi = 3;
}
  else
{
    min_ad_value = min_ad_value;
    weizhi = weizhi;
}
if((min_ad_value - AD_value[4])> = 0)
{
  min_ad_value = AD_value[4];
  weizhi = 4;
}
  else
{
    min_ad_value = min_ad_value;
    weizhi = weizhi;
}
```

```
 if((min_ad_value - AD_value[5]) > = 0)
{
   min_ad_value = AD_value[5];
weizhi = 5;
}
   else
{
   min_ad_value = min_ad_value;
   weizhi = weizhi;
}
}
/ * * * * * * * * * * * * * * * * * * * * * * * * * * * * * * * * * * * * * * * * * * * * * * * *
几种电机执行动作
   * * * * * * * * * * * * * * * * * * * * * * * * * * * * * * * * * * * * * * * * * * * * * * * */
void zhixing(void)//直行
{
   //for(j = 0;j < = zhuanjiao;j ++ )
   //{
       PTM = 0X0A;
   //}
}
void zuozhuan(void)//左转
{
   for(j = 0;j < = zhuanjiao;j ++ )
   {
    PTM = 0X06;
   }
}
void youzhuan(void)//右转
{
   for(j = 0;j < = zhuanjiao;j ++ )
   {
    PTM = 0X09;
   }
}
void tingche(void)   //停车
{
   for(j = 0;j < = zhuanjiao;j ++ )
   {
     PTM = 0X00;
   }
}
void daoche(void)   //倒车
{
   for(j = 0;j < = zhuanjiao;j ++ )
   {
     PTM = 0X05;
   }
}
void miehuo(void)
{
   if(PORTB_PB6 == 0 | PORTB_PB7 == 0)
   {
```

```
    PWMDTY01 = 24900;
    PTM_PTM4 = 1;//4,5 口输出,4 左 5 右
    PTM_PTM5 = 0;
    PWMDTY23 = 0;
    PWMDTY45 = 0;
    //}
    }
    else
    {
    dongzuo();
    }
}
/* ****************************************************************
确定火焰位置执行相应动作
 ************************************************************** */
int dongzuo(void)
{
switch(weizhi)
{
    case 0:{youzhuan();delay();};break;
    case 1:{youzhuan();delay();}break;
    case 2:{zhixing();}break;
    case 3:{zhixing();delay();}break;
    case 4:{zuozhuan();delay();}break;
    case 5:{zuozhuan();delay();}break;
}
}
/* ****************************************************************
延时函数
 ************************************************************** */
int delay(void)
{
long int i;
for(i = 0;i< = 10000;i ++ );
}
void main(void) {
    /* 写入自编代码 */
    SetBusCLK_40M();
    AD_init();
    Init_PWM();
IOB();
    IOM();
EnableInterrupts;
    for(;;) {
    PORTB_PB5 = 1;
    AD_get();
    judge_position();
    miehuo();
    _FEED_COP();                        /* 进入看门狗程序 */
    }
}
```

第 20 章

智能小车

20.1 设计题目与设计任务

设计题目：智能小车。

设计任务：设计一个智能小车，该小车能通过摄像头检测路径状况并拟合出中线轨迹，同时判断出赛道类型，根据赛道曲率做出适当的减速和差速控制以及舵机打角的控制，保证小车能在不出赛道的情况下跑完一圈。

基本要求：本章所研究的智能小车要求小车车轮必须保证行驶过程中至少三个轮子在赛道内且能以较快速度跑完一圈，同时要求在调试时能实时看到摄像头检测回来的赛道图像以便进行分析。

20.2 设计方案

20.2.1 电路设计的总体思路

智能小车主控电路板以 K60 单片机为核心，通过主控板控制电机驱动电路使电机运转，同时也根据路径情况控制舵机打角，小车速度通过光电编码器作为速度检测装置实现闭环控制。

20.2.2 系统组成

安防狗整个系统主要分为以下七部分：

第一部分：K60 电源电路，它包括 3 个稳压电路，能将 7.2 V 稳压为 5 V 和 3.3 V，从而为单片机和电路供电。

第二部分：K60 电机驱动电路，用来接驱动板，用 PWM 来控制电机。

第三部分：K60 舵机驱动电路，用来驱动舵机，用 PWM 控制舵机角度。

第四部分：K60 LCD 液晶屏，用来接 LCD 屏显示数据信息。

第五部分：驱动板稳压电路，将 7.2 V 稳压为 12 V 给电路供电。

第六部分：摄像头模块，用来检测路径实际情况。

第七部分：编码器模块，用来检测速度，以便实现闭环控制。

整个系统方案的模块框图如图 20.1 所示。

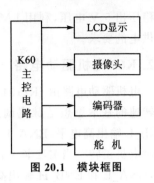

图 20.1 模块框图

20.2.3 电路各组成部分模块详解

1. K60 电源电路

K60 电源电路(如图 20.2 所示)利用 7.2 V 铬镍电池供电，电路中利用 TPS7350 芯

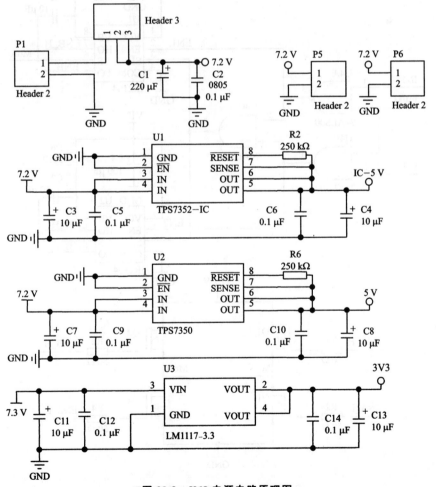

图 20.2 K60 电源电路原理图

片稳压出 5 V 电压,利用 LM1117 - 3.3 稳压出 3.3 V 电压,以满足给单片机及其他模块供电的要求。

2. K60 电机驱动电路

电机驱动电路由 IR2104 半桥驱动芯片和 MOS 管组成的全桥驱动电路。控制电机转速的基本思想是脉宽调制。当 IN1 输入高电平,IN2 输入低电平时,ENA_H 和 ENB_L 输出高电平,ENA_L 和 ENB_H 输出低电平,Q1 和 Q4 导通,Q2 和 Q3 截止,此时电机正转。当 IN2 输入高电平,IN1 输入低电平时,ENA_H 和 ENB_L 输出低电平,ENA_L 和 ENB_H 输出高电平,Q1 和 Q4 截止,Q2 和 Q3 导通,此时电机正转。具体电路如图 20.3 所示。

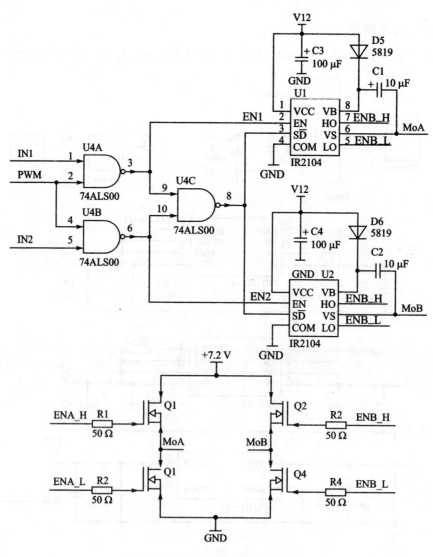

图 20.3　K60 电机驱动电路原理图

3. K60 舵机驱动电路

K60 舵机驱动电路的控制思想是脉宽调制。通过控制占空比来控制舵机的打角角度。其中 TLP113 为耦合器,主要用来隔离舵机接口与单片机,防止舵机堵转,电流过大出现灌流损坏单片机。舵机驱动电路原理图如图 20.4 所示。

4. LCD 显示电路

LCD 显示屏选用山外显示屏,主要用来显示摄像头检测到的图像以及 PID 参数等信息。LCD 显示电路原理图如图 20.5 所示。

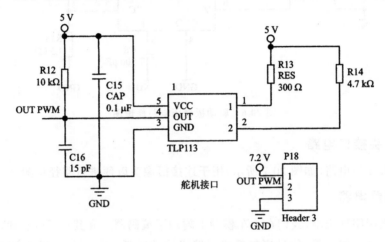

图 20.4　舵机驱动电路原理图

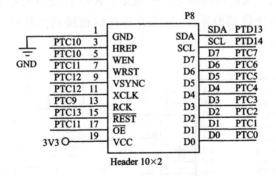

图 20.5　LCD 显示电路原理图

5. 驱动板升压电路

驱动板稳压电路采用 MC33063 芯片将 7.2 V 电压升压到 12 V,这样就能驱动 12 V 电机,如图 20.6 所示。

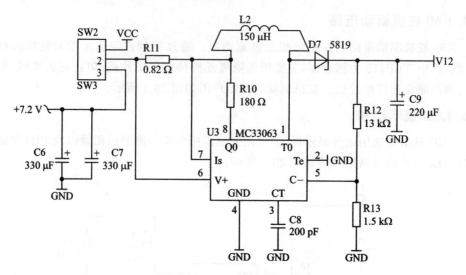

图 20.6　驱动板稳压电路原理图

6. 摄像头接口电路

摄像头接口电路(如图 20.7 所示)用于连接摄像头以便进行路径检测。

7. 编码器电路

为了使用闭环控制,我们在小车模型上附加了编码器。和其他元件相比,选用编码器可以使电路更加完善,信号更加精确。编码器功耗低,顶量轻,抗冲击抗振动,精度高,寿命长,非常实用。编码器内部无上拉电阻。K60 自身具有正交解码功能,因此这里无需使用任何外围计数辅助器件,只需要将接口连接到单片机上的相应接口即可。编码器电路如图 20.8 所示。

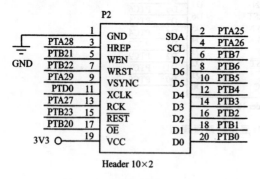

图 20.7　摄像头接口电路

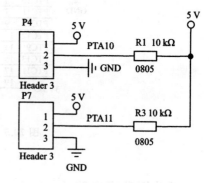

图 20.8　编码器电路

8. 整体电路

驱动电路如图 20.9 所示。

主控电路如图 20.10 所示。

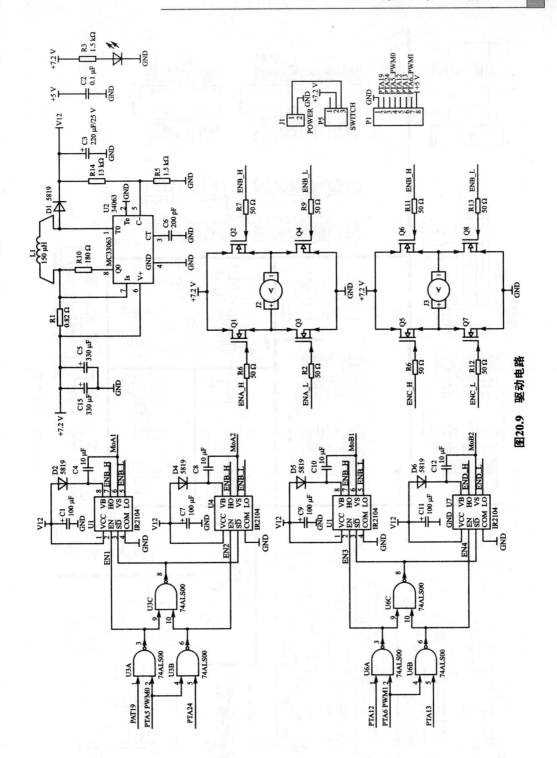

图 20.9　驱动电路

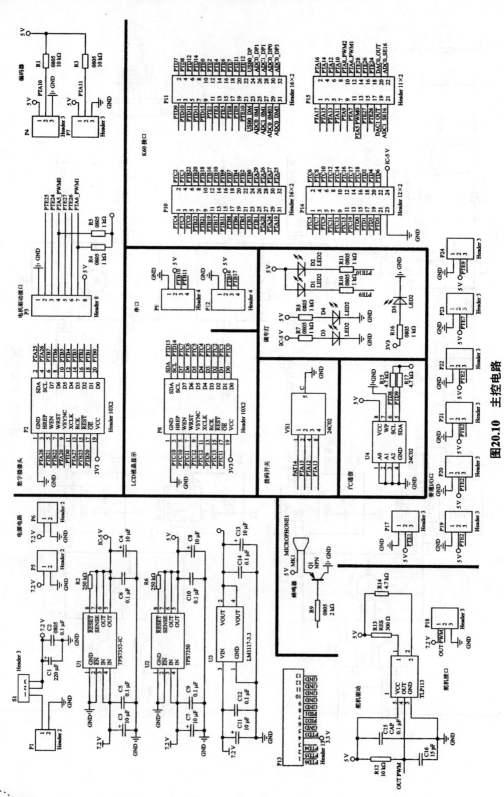

图20.10 主控电路

构成本电路的元器件清单如表 20.1 所列。由于 Altium Designer 16 中未提供本设计所需要的全部元件,绘制 PCB 时需自己创建原理图元件库和 PCB 元件库。本设计所需要的自建元件库包括 LM1117 元件库、IR2104 元件库、TSP7350 元件库、24C02元件库、MOS6990 元件库、TLP113 元件库/74ALS00 元件库和 MC34063 元件库。

表 20.1　元器件清单

Comment	Description	Designator	Footprint	LibRef	Quantity	Value
TLP113		1	TLP113	Component_1	1	
Cap Pol3	Polarized Capacitor (Surface Mount)	C1,C3,C4,C7, C8,C11,C13	C0805	Cap Pol3	7	220 μF,10 μF, 10 μF,10 μF, 10 μF,10 μF, 10 μF
Cap Semi	Capacitor (Semiconductor SIM Model)	C2,C5,C6,C9,C10, C12,C14,C15,C16	C1206	Cap Semi	9	100 pF,100 pF, 100 pF,100 pF, 100 pF,100 pF, 100 pF,100 pF, 15 pF
LED2	Typical RED, GREEN, YELLOW, AMBER GaAs LED	D1,D2,D3,D4	3.2×1.6×1.1	LED2	4	
Speaker	Loudspeaker	MK1	PIN2	Speaker	1	
Header 2	Header,2-Pin	P1,P5,P6	HDR1×2	Header 2	3	
Header 10×2	Header,10-Pin,Dual row	P2,P8	HDR2×10	Header 10×2	2	
Header 8	Header,8-Pin	P3	HDR1×8	Header 8	1	
Header 3	Header,3-Pin	P4,P7,P17,P18, P19,P20,P21, P22,P23,P24,S1	HDR1×3	Header 3	11	
Header 4	Header,4-Pin	P9,P12	HDR1×4	Header 4	2	
Header 16×2	Header, 16-Pin, Dual row	P10,P11	HDR2×16	Header 16×2	2	
Header 13	Header,13-Pin	P13	HDR1×13	Header 13	1	
Header 12×2	Header,12-Pin, Dual row	P14	HDR2×12	Header 12×2	1	

Comment	Description	Designator	Footprint	LibRef	Quantity	Value
Header 11×2	Header,11-Pin, Dual row	P15	HDR2×11	Header 11×2	1	
2N3906	PNP General Purpose Amplifier	Q1	TO－92A	2N3906	1	
Res3	Resistor	R1,R2,R3,R4,R5, R6,R7,R8,R9,R10, R11,R12,R13, R14,R15,R17	J1－0603	Res3	16	10 kΩ,250 kΩ, 10 kΩ,1 kΩ,1 kΩ, 250 kΩ,1 kΩ,1 kΩ, 2 kΩ,1 kΩ,1 kΩ, 10 kΩ,300 Ω, 4.7 kΩ,4.7 kΩ, 4.7 kΩ
TSP7350		U1,U2	TPS7350	Component_1	2	
LM1117		U3	LM1117	Component_1	1	
24C02		U4	24C02	Component_1	1	
SW DIP－4	DIP Switch, 4 Position,SPST	VS1	SO8_N	SW DIP－4	1	
Cap Pol3	Polarized Capacitor (Surface Mount)	C1,C7,C9,C11	C0805	Cap Pol3	4	100 μF
Cap Semi	Capacitor (Semiconductor SIM Model)	C2,C6	C1206	Cap Semi	2	100 pF,200 pF
Cap Pol1	Polarized Capacitor (Radial)	C3,C5,C13	RB7.6－15	Cap Pol1	3	330 μF
Cap2	Capacitor	C4,C8,C10,C12	CAPR5－4×5	Cap2	4	10 μF
Diode	Default Diode	D1,D2,D4,D5,D6	SMC	Diode	5	
LED3	Typical BLUE SiC LED	D3	3.5×2.8×1.9	LED3	1	
Header 2	Header,2－Pin	J1	HDR1×2	Header 2	1	
Motor Servo	Servo Motor	J2,J3	RAD－0.4	Motor Servo	2	
Inductor	Inductor	L1	0402－A	Inductor	1	150 μH
	Header,8-Pin	P1	HDR1×8	Header 8	1	
Header 3	Header,3-Pin	PS1	HDR1×3	Header 3	1	

续表 20.1

Comment	Description	Designator	Footprint	LibRef	Quantity	Value
Res3	Resistor	R1,R2,R3,R4, R5,R6,R7,R8, R9,R10,R11, R12,R13	J1 - 0603	Res3	13	$0.82\ \Omega$,$180\ \Omega$, $1.5\ k\Omega$,$13\ k\Omega$, $1.5\ k\Omega$,$50\ \Omega$, $50\ \Omega$,$50\ \Omega$, $50\ \Omega$,$50\ \Omega$, $50\ \Omega$,$50\ \Omega$, $50\ \Omega$
IR2104		U1,U4,U5,U7	IR2104	Component_1	4	
Component_1		U2	MC34063	Component_1	1	
Component_1		U3,U6	74ALS00 - duplicate	Component_1	2	
Component_1		U11,U12,U13,U14	MOS6990	Component_1	4	

20.3　电路板布线图、实物照片

20.3.1　新建项目工程文件

　　首先,执行"文件"→"新建"→"Project"命令,将新工程项目命名为"智能车",并向其中添加 2 个原理图文件和 2 个 PCB 文件。然后,执行"文件"→"新建"→"库"→"原理图库"命令,在"智能车"项目中添加 8 个原理图库文件。最后,执行"文件"→"新建"→"库"→"PCB 库"命令,在"智能车"项目中添加 8 个 PCB 库文件。将所有文件重命名,如图 20.11 所示。

20.3.2　绘制元件库

　　由于前面部分实例已经完成了 LM1117 元件库和 MOS6990 元件库的绘制,因此只需绘制 IR2104 元件库、TPS7350 元件库、24C02 元件库、74ALS00 元件库以及 MC34063 元件库。

1. 建立 IR2104 元件库

　　查看 IR2104 的数据手册,封装类型为 SOIC - 8,各尺寸数据如图 20.12 所示。

2. 建立 TPS7350 元件库

　　查看 TPS7350 的数据手册,封装类型为 SOIC - 8,各尺寸数据如图 20.13 所示。

　　进入 TPS7350.PcbLib 绘制环境中,执行"工具"→"元器件向导"命令,弹出 Component Wizard 对话框,选择封装形式为 SOP,选择单位为 mm,由封装尺寸图可知

图 20.11　新建"智能车"项目工程文件

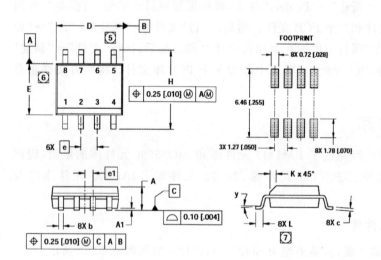

图 20.12　IR2104 数据手册中的尺寸数据截图

TPS7350 引脚尺寸为 0.51 mm×1.27 mm，纵向引脚间距为 1.27 mm，横向引脚间距为 6.2 mm，焊盘尺寸设置为 0.51 mm×1.7 mm，数量设为 8 个，TPS7350 的 PCB 封装完成后，如图 20.14 所示。

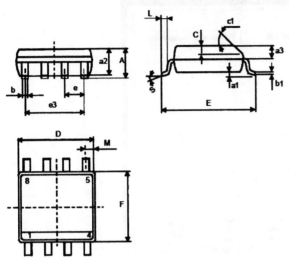

REF.	DIMENSIONS					
	Millimetres			Inches		
	Min.	Typ.	Max.	Min.	Typ.	Max.
A			1.75			0.069
a1	0.1		0.25	0.004		0.010
a2			1.65			0.065
a3	0.65		0.85	0.025		0.033
b	0.35		0.48	0.014		0.019
b1	0.19		0.25	0.007		0.010
C	0.25	0.50	0.50	0.010		0.020
c1	45° (typ)					
D	4.8		5.0	0.189		0.197
E	5.8		6.2	0.228		0.244
e		1.27			0.050	
e3		3.81			0.150	
F	3.8		4.0	0.15		0.157
L	0.4		1.27	0.016		0.050
M			0.6			0.024
S	8⊃ (max)					

图 20.13　TPS7350 数据手册中的尺寸数据截图

进入 TPS7350.SchLib 绘制环境中,执行"放置"→"矩形"命令,绘制矩形(X1＝0,Y1＝0,X2＝70,Y2＝80)。矩形绘制完毕后,执行"放置"→"引脚"命令,引脚同样依照此方法设置引脚名和标识,TPS7350 各个引脚依次命名为 GND、$\overline{\text{EN}}$、IN、IN、OUT、OUT、SEN、$\overline{\text{RESET}}$。8 个引脚放置完成后如图 20.15 所示。

图 20.14　TPS7350 的 PCB 封装

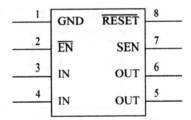

图 20.15　引脚放置完成后

打开 SCH Library 对话框,在"选择封装"栏中出现封装模型,表示封装模型已经成功加载,如图 20.16 所示。

3. 建立 24C02 元件库

查看 24C02 稳压元件的数据手册,封装类型为 SOT－3,各尺寸数据如图 20.17 所示。

进入 24C02.PcbLib 绘制环境中,执行"工具"→"元器件向导"命令,弹出 Component Wizard 对话框,选择封装形式为 SOP,选择单位为 mm,由封装尺寸图可知 24C02 引脚尺寸为 0.51 mm×1.27 mm,焊盘尺寸设置为 0.51 mm×1.7 mm,纵向引脚间距为 1.27 mm,横向引脚间距为 6.2 mm,引脚数量设为 8 个,24C02 的 PCB 封装完成后,如图 20.18 所示。

图 20.16　封装模型成功加载后

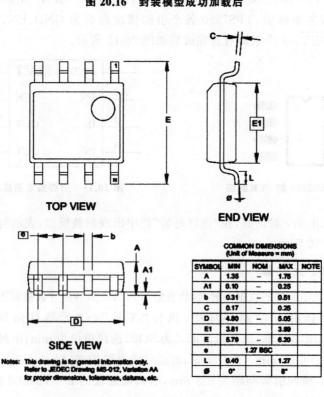

图 20.17　24C02 稳压元件的数据手册截图

进入 24C02.SchLib 绘制环境,执行"放置"→"矩形"命令,绘制矩形(X1＝0,Y1＝0,X2＝70,Y2＝80)。矩形绘制完毕后,执行"放置"→"引脚"命令,引脚依照此方法设置引脚名和标识,24C02 各个引脚依次命名为 A0、A1、A2、GND、SDA、SCL、WP、VCC。8 个引脚放置完成后如图 20.19 所示。

图 20.18　24C02 的 PCB 封装　　　　图 20.19　引脚放置完成后

打开 SCH Library 对话框,将 24C02PCB 元件库加载到 24C02 原理图元件库,在"选择封装"栏中出现封装模型,表示封装模型已经成功加载,如图 20.20 所示。

4. 建立 74ALS00 元件库

查看 74ALS00 的数据手册,封装类型为 SOIC－16,各尺寸数据如图 20.21 所示。

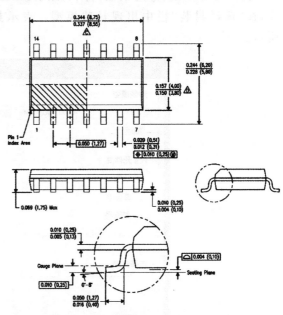

图 20.20　封装模型成功加载后　　　　图 20.21　74ALS00 数据手册中的尺寸数据截图

进入 74ALS00.PcbLib 绘制环境中,执行"工具"→"元器件向导"命令,弹出 Component Wizard 对话框,选择封装形式为 SOP,选择单位为 mm,由封装尺寸图可知 74ALS00 引脚尺寸为 0.51 mm×1.27 mm,焊盘尺寸设置为 0.51 mm×1.7 mm,纵向引脚间距为 1.27 mm,横向引脚间距为 6.2 mm,引脚数量设为 14 个,74ALS00 的 PCB 封装完成后,如图 20.22 所示。

进入 74ALS00.SchLib 绘制环境中,执行"放置"→"矩形"命令,绘制矩形(X1＝0,Y1＝0,X2＝70,Y2＝140)。矩形绘制完毕后,执行"放置"→"引脚"命令,引脚依照此方法设置引脚名和标识,74ALS00 左边从上至下引脚依次命名为 1A、1B、1Y、2A、2B、2Y、GND,右边引脚从下至上依次命名为 3Y、3A、3B、4Y、4A、4B、VCC。14 个引脚放置完成后如图 20.23 所示。

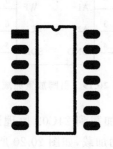

图 20.22　74ALS00 的 PCB 封装

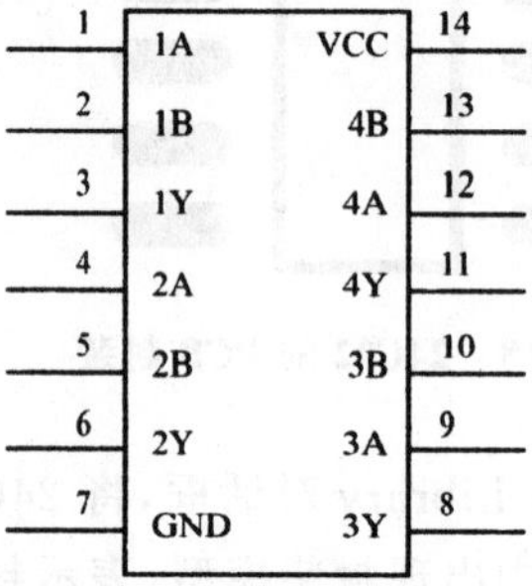

1	1A	VCC	14
2	1B	4B	13
3	1Y	4A	12
4	2A	4Y	11
5	2B	3B	10
6	2Y	3A	9
7	GND	3Y	8

图 20.23　引脚放置完成后

打开 SCH Library 对话框,将 74ALS00 PCB 元件库加载到 74ALS00 原理图元件库,在"选择封装"栏中出现封装模型。表示封装模型已经成功加载,如图 20.24 所示。

图 20.24　封装模型成功加载

5. 建立 MC34063 元件库

查看 MC34063 的数据手册,封装类型为 SOIC-8,各尺寸数据如图 20.25 所示。

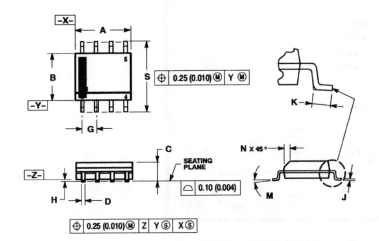

1. DIMENSIONING AND TOLERANCING PER ANSI Y14.5M, 1982.
2. CONTROLLING DIMENSION: MILLIMETER.
3. DIMENSION A AND B DO NOT INCLUDE MOLD PROTRUSION.
4. MAXIMUM MOLD PROTRUSION 0.15 (0.006) PER SIDE.
5. DIMENSION D DOES NOT INCLUDE DAMBAR PROTRUSION. ALLOWABLE DAMBAR PROTRUSION SHALL BE 0.127 (0.005) TOTAL IN EXCESS OF THE D DIMENSION AT MAXIMUM MATERIAL CONDITION.
6. 751-01 THRU 751-06 ARE OBSOLETE. NEW STANDARD IS 751-07.

DIM	MILLIMETERS		INCHES	
	MIN	MAX	MIN	MAX
A	4.80	5.00	0.189	0.197
B	3.80	4.00	0.150	0.157
C	1.35	1.75	0.053	0.069
D	0.33	0.51	0.013	0.020
G	1.27 BSC		0.050 BSC	
H	0.10	0.25	0.004	0.010
J	0.19	0.25	0.007	0.010
K	0.40	1.27	0.016	0.050
M	0°	8°	0°	8°
N	0.25	0.50	0.010	0.020
S	5.80	6.20	0.228	0.244

图 20.25　MC34063 数据手册中的尺寸数据截图

进入 MC34063.PcbLib 绘制环境中,执行"工具"→"元器件向导"命令,弹出 Component Wizard 对话框,选择封装形式为 SOP,选择单位为 mm,由封装尺寸图可知 MC34063 引脚尺寸为 0.51 mm×1.27 mm,焊盘尺寸设置为 0.5 mm×1.7 mm,纵向引脚间距为 1.27 mm,横向引脚间距为 6.2 mm,引脚数量数量设为 8 个。MC34063 的 PCB 封装完成后如图 20.26 所示。

进入 MC34063.SchLib 绘制环境中,执行"放置"→"矩形"命令,绘制矩形(X1=0,Y1=0,X2=60,Y2=80)。矩形绘制完毕后,执行"放置"→"引脚"命令,各引脚依照此方法设置引脚名和标识。MC34063 各个引脚依次命名为 SWC、SWE、TC、GND、CII、VCC、Ipk、DRC。8 个引脚放置完成后如图 20.27 所示。

图 20.26　MC34063 的 PCB 封装

1	SWC	DRC	8
2	SWE	Ipk	7
3	TC	VCC	6
4	GND	CII	5

图 20.27　引脚放置完成后

打开 SCH Library,将 MC34063PCB 元件库加载到 MC34063 原理图原价库,在"选择封装"栏中出现封装模型,表示封装模型已经成功加载,如图 20.28 所示。

至此,已将本设计中所需自建的元件库绘制完毕,接下来即可在绘制原理图环境中绘制如图 20.10 所示的主控电路。

图 20.28　封装模型成功加载后

20.3.3　元件布局和布线

1. 智能小车主控电路元件布局

智能小车主控电路绘制后，执行"工程"→"Compile Document 智能车主控电路.SchDoc"命令，查看 Messages 窗口（如图 20.29 所示），显示原理图编译有 38 个错误。

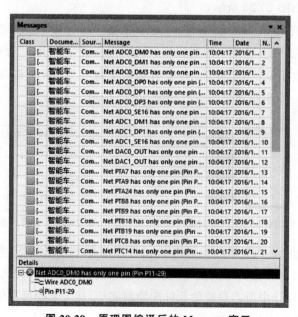

图 20.29　原理图编译后的 Messages 窗口

查看编译错误的类型，可知均为 Net XXXX has only one pin，表明智能小车原理图中某些网络只有一个引脚，此类型错误并不会影响 PCB 的生成，可以忽略。修改此类类型错误可以在原理图中添加对应的网络标号或删除单一的网络标号。本设计采用修改错误报告规则的方式，消除编译错误报告。执行"工程"→"工程参数"命令，弹出"Options for PCB Project 智能车.Project"对话框，如图 20.30 所示。

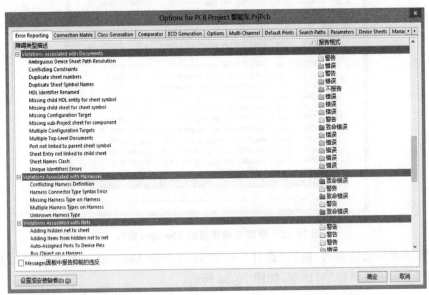

图 20.30　"Options for PCB Project 智能车.Project"对话框

单击 Error Reporting 栏，在子菜单 Violations Associated with Nets 中选择 Nets has only one pin，将其报告类型设为"警告"，如图 20.31 所示。

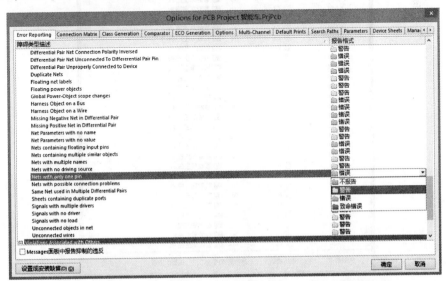

图 20.31　"Options for PCB Project 智能车.Project"对话框中的设置

再次执行"工程"→"Compile Document 智能车主控电路.SchDoc"命令,查看 Messages 窗口(如图 20.32 所示),列出 39 个信息,包括 38 条警告信息和 1 条编译成功信息。

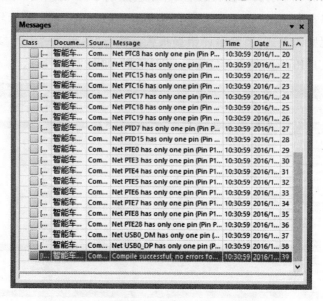

图 20.32 原理图编译后的 Messages 窗口

原理图编译无错误后,执行"设计"→"Update PCB Document 智能车.PcbDoc"命令,弹出"工程更改顺序"对话框,如图 20.33 所示。

图 20.33 "工程更改顺序"对话框

单击"生效更改"按钮,完成状态检测,如图 20.34 所示。

图 20.34　状态检测完成

检测全部通过后,单击"执行更改"按钮即可完成更改(如图 20.35 所示),并在 PCB 编辑环境下,自动生成 PCB 图(如图 20.36 所示)。

图 20.35　更改完成

图 20.36　自动生成的 PCB 图

将 Room 和所有元件移动到 PCB 板上,并调整 Room 尺寸,如图 20.37 所示。

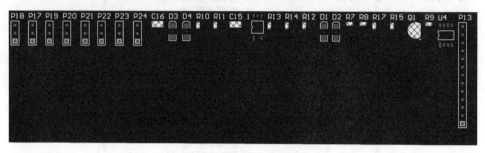

图 20.37　调整 Room 尺寸后

元件布局采用手动布局的方式。将飞思卡尔 K60 单片机的接口放置在 PCB 板的中央位置,且 4 个接口应与厂商生产的 K60 最小系统的外设引脚相对应,P14 接口放置在左侧,P10 接口放置在上侧,P15 接口放置在右侧,P11 接口放置在下侧。

飞思卡尔 K60 单片机的接口布局如图 20.38 所示。

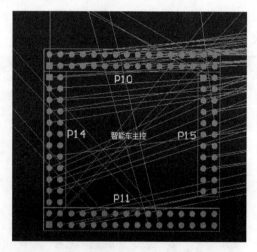

图 20.38　飞思卡尔 K60 单片机的接口布局

将电源电路放置在 K60 单片机最小系统接口的左侧,稳压元件在工作时可能会产生一定的热量,尽量在周围留出一定的散热空间。

电源电路元件布局如图 20.39 所示。

将舵机电路、声光指示电路和通信电路放置在 K60 单片机接口电路的左侧,如图 20.40 所示。

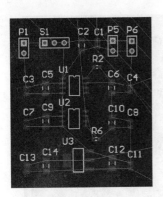

图 20.39　电源电路元件布局

图 20.40　舵机电路、声光指示电路和通信电路元件布局

　　将其他接口放置在板子边缘,2 个车灯分别放置在板子的左右边缘。使用"排列工具"中的命令,将板子四周边缘元件分别靠一侧对齐,适当调整元件间间距。全部元件调整完毕后的整体布局如图 20.41 所示。

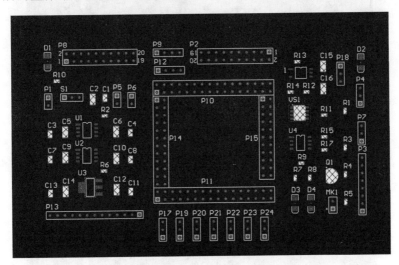

图 20.41　整体布局

　　布局完毕后,切换到 Top Overlay 层,执行"放置"→"走线"命令,绘制出框,如图 20.42 所示。

　　选择绘制出的矩形框,执行"设计"→"板子形状"→"按照选择对象定义"命令,结果如图 20.43 所示。

　　执行"设计"→"板子形状"→"根据板子外形生成线条"命令,在 PCB 板子外轮廓自动生成边界线,如图 20.44 所示。

　　放置 4 个直径为 3 mm 的定位通孔,执行"放置"→"过孔"命令,结果如图 20.45 所示。

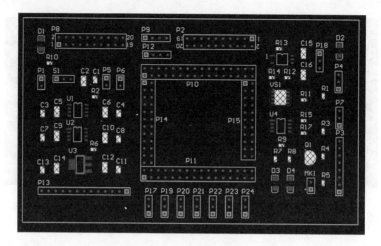

图 20.42　矩形框绘制完毕

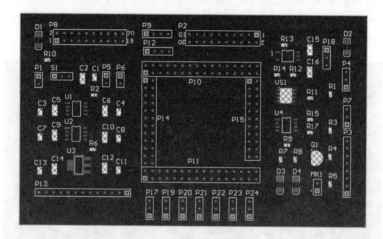

图 20.43　定义板子形状后

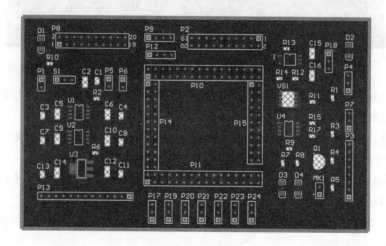

图 20.44　生成边界线后

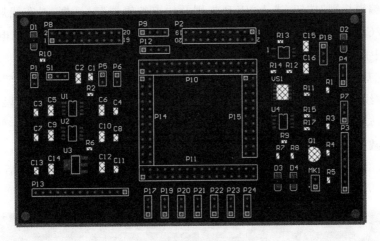

图 20.45　放置过孔后

至此,元件布局已经完成。需要注意的是元件布局并非越密越好,元件与元件之间最好应留出 100 mil 的空隙。

2. 智能小车主控电路布线

进行布线操作,执行"自动布线"→"全部"命令,弹出"Situs 布线策略"对话框,如图 20.46 所示。

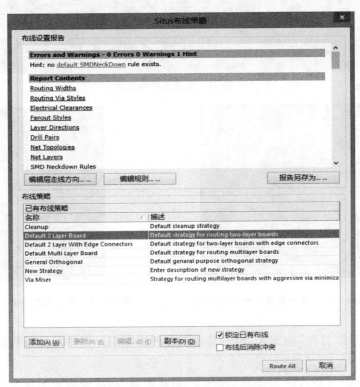

图 20.46　"Situs 布线策略"对话框

单击"编辑规则"按钮,进入"PCB 规则及约束编辑器"对话框,对布线规则进行设定,GND、VCC 和 Width 的线宽分别设为 10 mil、20 mil 和 30 mil,其他电气规则与 1.3.3 小节中的电气规则一致。

设置完基本规则后,单击"PCB 规则及约束编辑器"对话框中的"确定"按钮,返回到"Situs 布线策略"对话框,单击 Route All 按钮,即可完成自动布线,如图 20.47 所示。

可见自动布线的结果并不理想,调整 K60 单片机最小系统接口电路左侧的电源电路的布线,减少布线转弯次数,缩短布线长度。调节完毕后如图 20.48 所示。

调整 K60 单片机最小系统接口电路右侧部分元件的布线,调整完毕后如图 20.49 所示。

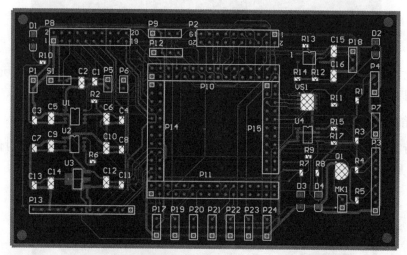

图 20.47　完成自动布线后

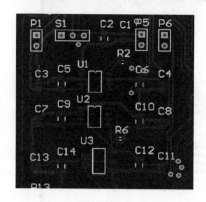

图 20.48　稳压电路和升压电路的布线

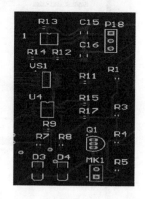

图 20.49　单片机右侧电路的布线

采用"绕"或"打孔"的方式,调整其他不合理的布线。整体布线调整后如图 20.50 所示。

电路工作时,LM1117 等元件会产生一定的热量,因此需要在发热元件周围敷铜,

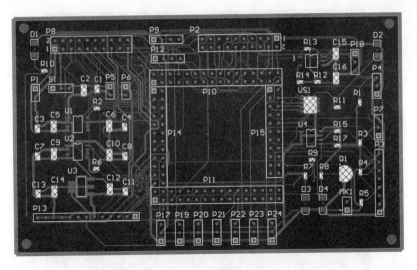

图 20.50 整体布线图

以扩大散热面积,保证电源电路正常工作。执行"放置"→"多边形敷铜"命令或单击命令栏中的"敷铜"图标为 PCB 敷铜。在弹出的"多边形敷铜"对话框中选择填充模式为 Solid。

    设置好参数后,单击"确定"按钮,选择四点,使所画矩形覆盖发热元件所在区域,右键单击退出,敷铜之后如图 20.51 所示。

    同样方法,对顶层敷铜,选择填充模式为 Hatched,连接网为 GND,单击"确定"按钮,选择四点,使所画矩形覆盖整个 PCB,右键单击退出。顶层敷铜之后如图 20.52 所示。

    底层敷铜方法与底层敷铜方法一致,需要注意的是执行"敷铜"操作之前,应先切换到底层图层。底层敷铜之后,如图 20.53 所示。

    敷铜之后,进行电气规制检查。执行"工具"→

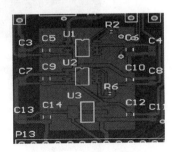

图 20.51 发热元件敷铜

"设计规则检查"命令,弹出"设计规则检测"对话框,如图 20.54 所示。

    单击"运行 DRC"按钮,Messages 窗口显示 5 条错误信息,如图 20.55 所示。

    单击错误详细信息,可知错误类型为 Minimum Solder Mask Sliver Constraint Violation,修改阻焊层规则即可消除错误信息,执行"设计"→"规则"命令,进入"PCB 规则及约束编辑器"对话框,将最小化阻焊层裂口设为 2 mil,如图 20.56 所示。

    设置完毕后再次执行"工具"→"设计规则检查"命令,单击"设计规则检测"对话框中的"运行 DRC"按钮,Messages 窗口显示无错误信息,如图 20.57 所示。

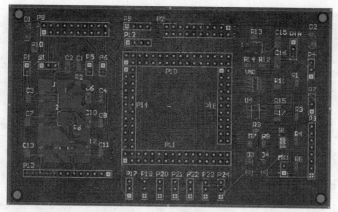

图 20.52　顶层敷铜之后

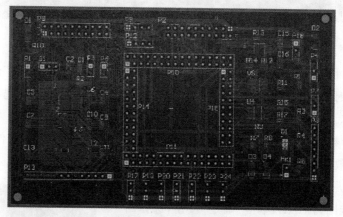

图 20.53　底层敷铜之后

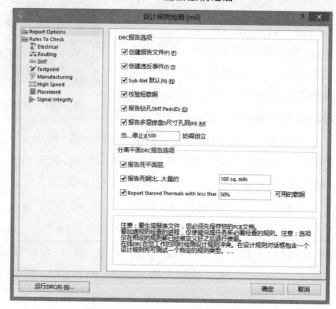

图 20.54　"设计规则检测"对话框

智能车主控电路 PCB 实例基本绘制完毕，下面查看 3 维视图。执行"查看"→"切换到 3 维显示"命令，执行结果如图 20.58 所示。

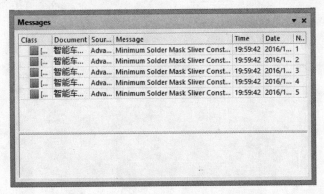

图 20.55 Messages 窗口中显示错误信息

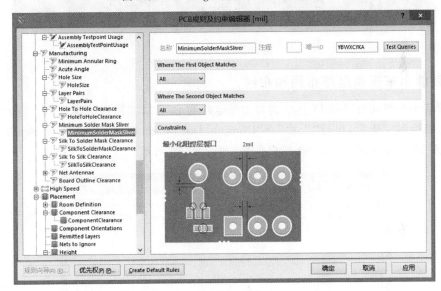

图 20.56 "PCB 规则及约束编辑器"对话框

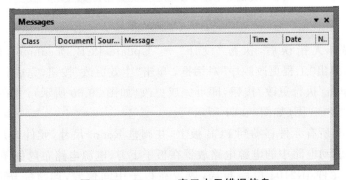

图 20.57 Messages 窗口中无错误信息

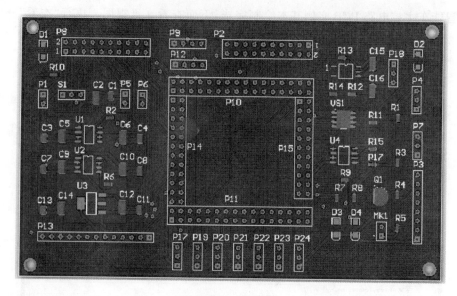

图 20.58　3 维显示

3. 智能小车驱动电路布局和布线

智能小车驱动电路的 PCB 绘制与主控电路的 PCB 绘制流程基本一致。智能小车主控电路绘制完毕后，执行"工程"→"Compile Document 智能车驱动电路.SchDoc"命令，查看 Messages 窗口，显示无错误信息，如图 20.59 所示。

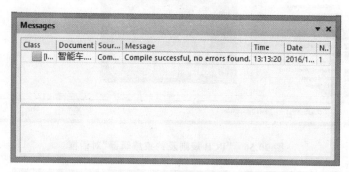

图 20.59　Messages 窗口

原理图编译无错误后，执行"设计"→"Update PCB Document 智能车驱动.PcbDoc"命令，弹出"工程更改顺序"对话框，单击"生效更改"按钮，完成状态检测，全部通过检测后，单击"执行更改"按钮，即可完成更改（如图 20.60 所示），并在 PCB 编辑环境下，自动生成 PCB 图（如图 20.61 所示）。

将 Room 和所有元件移动到 PCB 板上，并调整 Room 尺寸，元件布局采用手动布局的方式。将驱动电路中的电源电路放置在板子下方，电源电路布局如图 20.62 所示。

调整半控元件 IR2104 电路布局，放置在板子中间位置，调整完毕后如图 20.63 所示。

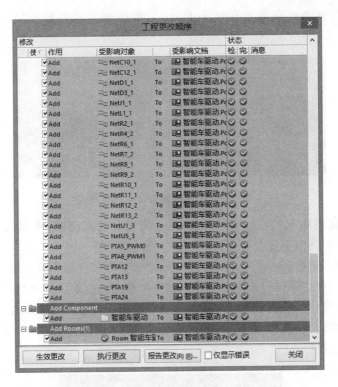

图 20.60　更改完成

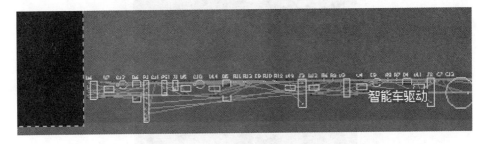

图 20.61　自动生成的 PCB 图

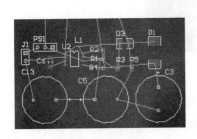

图 20.62　电源电路布局

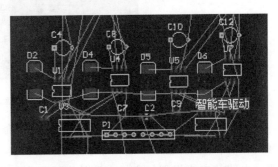

图 20.63　半控元件 IR2104 电路布局

将 MOS 管驱动电路放置在板子上方,并调整相关元件的布局,调整完毕后如图 20.64 所示。

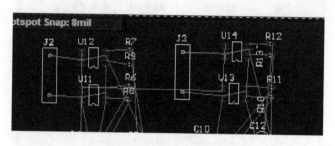

图 20.64　MOS 管驱动电路布局

整体布局依照从下至上的信号流向,适当调整元件间间距,使用"排列"工具等命令,使相邻元件对齐或等距排列。整体布局如图 20.65 所示。

布局完毕后,切换到 Top Overlay 层,执行"放置"→"走线"命令,绘制出矩形框,选择绘制出的矩形框,执行"设计"→"板子形状"→"按照选择对象定义"命令,板子形状定义完成。执行"设计"→"板子形状"→"根据板子外形生成线条"命令,在 PCB 板子外轮廓自动生成边界线,执行"放置"→"过孔"命令,放置 4 个直径为 3 mm 的定位通孔,执行结果如图 20.66 所示。

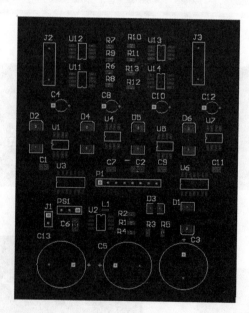

图 20.65　整体布局

进行布线操作,执行"自动布线"→"全部"命令,弹出"Situs 布线策略"对话框,单击"编辑规则"按钮,进入"PCB 规则及约束编辑器"对话框,对布线规则进行设定,智能车驱动电路的布线规则与主控电路的布线规则一致,设置完基本规则后,单击"PCB 规则及约束编辑器"对话框中"确定"按钮,返回到"Situs 布线策略"对话框,单击 Route All

按钮即可完成自动布线,如图 20.67 所示。

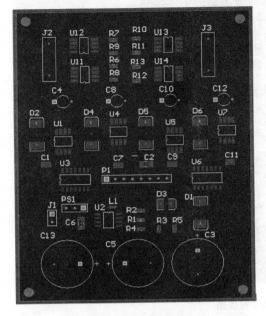

图 20.66　定义板子形状后

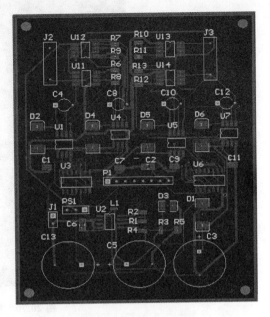

图 20.67　自动布线后

可见自动布线的结果并不理想,存在着许多不合理的布线,元件 U2 与元件 L1 之间的布线出现了锐角,如图 20.68 所示。

元件 R12 和元件 R13 周围的布线出现了环路,且较复杂,如图 20.69 所示。

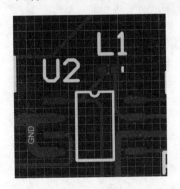

图 20.68　锐角布线

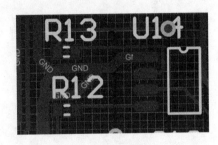

图 20.69　环路布线

采用"绕"或"打孔"的方式,调整不合理的布线,整体布线调整后如图 20.70 所示。

完成布线后,执行"放置"→"多边形敷铜"命令或单击命令栏中的"敷铜"图标为 PCB 敷铜。在弹出的"多边形敷铜"对话框中选择填充模式为 Solid,连接网络选择 GND。设置好参数后,分别对 PCB 板顶层和底层敷铜,完成后如图 20.71 和图 20.72 所示。

敷铜之后,进行电气规制检查。执行"工具"→"设计规则检查"命令,弹出"设计规则检测"对话框,如图 20.73 所示。

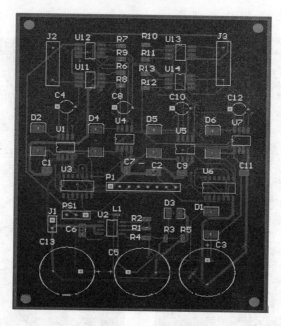

图 20.70　整体布线图

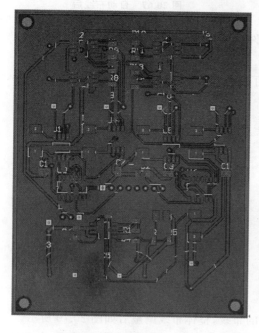

图 20.71　顶层敷铜之后

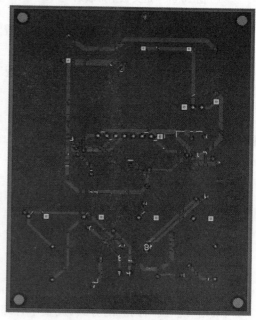

图 20.72　底层敷铜之后

　　单击"运行 DRC"按钮,Messages 窗口显示无错误,如图 20.74 所示。

　　智能车驱动电路 PCB 实例基本绘制完毕,下面查看 3D 视图。执行"查看"→"切换到 3 维显示"命令,执行结果如图 20.75 所示。

图 20.73　"设计规则检测"对话框

图 20.74　Messages 窗口

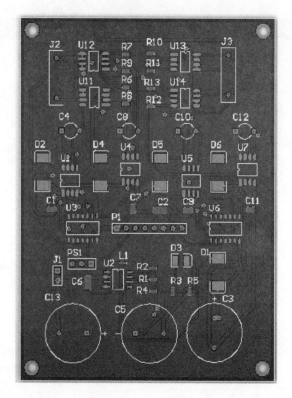

图 20.75　3 维显示

20.3.4　实物照片

K60 主控板实物照片如图 20.76 所示。

图 20.76　K60 主控板实物照片

电机驱动电路实物照片如图 20.77 所示。

智能车测试照片如图 20.78 所示。

图 20.77　电机驱动电路实物照片

图 20.78　智能车测试照片

20.4　习题、注意事项及程序代码

1. 习　题

（1）使用 K60 芯片时应注意什么？

答：K60 芯片具有高速的处理能力，使用时要注意温度的情况，最好在 K60 芯片上放一块散热片。

（2）驱动板的 MC34063 有什么作用？

答：MC34063 具有升压和一定的降压作用，用 34063 可以将外界电源稳定在 12 V，给半桥驱动电路 IR2104 芯片供电，当半桥驱动电路驱动 CMOS 管导通时，外接电源直接输出给电机输出口。

（3）驱动板的 IR2104 有什么作用？

答：IR2104 是一块半桥驱动电路，能驱动 CMOS 管的导通与闭合，在驱动板上应用较多。

2. 注意事项

（1）电路各部分设计完毕后，需对各部分进行适当的连接，并考虑器件间的相互影响。各部分的连接顺序如图 20.79 所示。

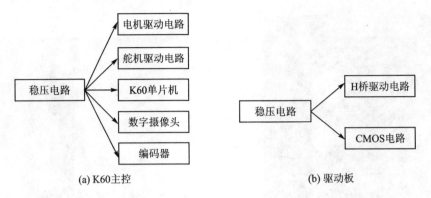

(a) K60 主控   (b) 驱动板

图 20.79　电路各部分的连接顺序

（2）设计完成后，要对电路进行各模块测试、图像分析等。

3. 程序代码

```
# include "common.h"
# include "include.h"
# include "math.h"
//变量声明
extern uint8 imgbuff[CAMERA_SIZE];                 //定义存储接收图像的数组
extern uint8 img[CAMERA_H][CAMERA_W];              //由于鹰眼摄像头是 1 字节 8 个像素,因
                                                   //而需要解压为 1 字节 1 个像素,方便处理
extern IMG_STATUS_e       ov7725_eagle_img_flag;   //图像状态
extern int mid_err;
char TX_Flag = 0;
uint16  start_line_time = 0;                        //开始检测起跑线的时间
uint8   start_flag = 0;
uint8 var[4];
extern uint8 x_location;
int count = 0;
int count1 = 0;
int count2 = 0;
volatile uint32 irqflag = 0;                        //标志位定义,非 0 表示进入中断
int vare1 = 0;
int vare2 = 0;
int pta16_data = 0;
int xiaodou;
int flashcount;
uint16 lighthouse;
int g_n10MS_delay_Count = 0;
uint8 light_on = 0,light_off = 0;
uint8 speed_light = 0;
uint8 stop_light_flag = 0;
//函数声明
void PORTA_IRQHandler();                            //场中断函数
void DMA0_IRQHandler();                             //DMA 中断函数
```

```
extern void PIT0_IRQHandler(void);
void FTM2_INPUT_IRQHandler();
uint8 check_light(void);
void Lighthouse_Control();
void Gears_Control();
void vcan_sendware(uint8 * wareaddr,uint32 waresize);
int p1 = 0;
int p2 = 0;
/*********BOMA_SWITCH************/
#define BOMA4 PTA13
#define BOMA3 PTA12
#define BOMA2 PTA15
#define BOMA1 PTA14
int16   BOMA4_VALUE = 0;
int16   BOMA3_VALUE = 0;
int16   BOMA2_VALUE = 0;
int16   BOMA1_VALUE = 0;
uint16  CTLVAL = 0;
uint16  CTLVALold = 0;
uint16  KAIGUAN = 0;
/**********BOMA 初始化**********/
void BOMA_Init(void);
void BOMA_Init()
{
gpio_init(BOMA4,GPI,0);
port_init_NoALT(BOMA4,PULLUP);
gpio_init(BOMA3,GPI,0);
port_init_NoALT(BOMA3,PULLUP);
gpio_init(BOMA2,GPI,0);
port_init_NoALT(BOMA2,PULLUP);
gpio_init(BOMA1,GPI,0);
port_init_NoALT(BOMA1,PULLUP);
}
void Get_BOMA()
{
    BOMA4_VALUE = gpio_get(BOMA4);
    BOMA3_VALUE = gpio_get(BOMA3);
    BOMA2_VALUE = gpio_get(BOMA2);
    BOMA1_VALUE = gpio_get(BOMA1);
        CTLVAL = 0;
CTLVAL += BOMA4_VALUE * 1;
CTLVAL += BOMA3_VALUE * 2;
CTLVAL += BOMA2_VALUE * 4;
CTLVAL += BOMA1_VALUE * 8;
    KAIGUAN = 15 - CTLVAL;
        if(CTLVAL != CTLVALold)
        {
CTLVALold = CTLVAL;
        }
}
//---------------------- 主函数 ----------------------
```

```
void main()
{
    //在 control.h 定义了相关宏
    /******************配置 K60 的优先级 ******************/
    //K60 的默认优先级都为 0
    //参考帖子:急求中断嵌套的例程/智能车讨论区/野火初学 123 论坛
    //http://www.chuxue123.com/forum.php? mod = viewthread&tid = 499&page = 1 # pid3270
    NVIC_SetPriorityGrouping(4);                //设置优先级分组,4 bit 抢占优先级,
                                                //没有亚优先级
    NVIC_SetPriority(UART0_RX_TX_VECTORn,0);    //配置优先级
    NVIC_SetPriority(PORTA_IRQn,1);             //配置优先级
    NVIC_SetPriority(PIT0_IRQn,2);              //配置优先级
    NVIC_SetPriority(DMA0_IRQn,3);              //配置优先级
    flash_init();                              //初始化 flash
    DELAY_MS(1000);
    //flash_erase_sector(SECTOR_NUM);
    Direct_P  =    flash_read(SECTOR_NUM,0,uint32);
    Direct_D  =    flash_read(SECTOR_NUM,4,uint32);
    Speed_P   =    flash_read(SECTOR_NUM,8,uint32);
    Speed_D   =    flash_read(SECTOR_NUM,12,uint32);
    Speed_I   =    flash_read(SECTOR_NUM,16,uint32);
    straight_d =   flash_read(SECTOR_NUM,20,uint32);
    straight  =    flash_read(SECTOR_NUM,24,uint32 );
    compensate =      flash_read(SECTOR_NUM,28,uint32 );
    barrier   =    flash_read(SECTOR_NUM,32,uint32 );
    zhidao    =     flash_read(SECTOR_NUM,36,uint32 );
    g_chasu   =      flash_read(SECTOR_NUM,40,uint32 );
    array     =    flash_read(SECTOR_NUM,44,uint32 );
    light     =    flash_read(SECTOR_NUM,48,uint32 );
    yuzhi     =    flash_read(SECTOR_NUM,52,uint32 );
    g_IMGY    =     flash_read(SECTOR_NUM,56,uint32 );
    adc_init(ADC1_SE5a);                        //右灰度
    adc_init(ADC1_SE6a);                        //左灰度
    CarSubInit();
    BOMA_Init();                                //拨码开关
    Get_BOMA();                                 //获取拨码状态
    Gears_Control();                            //挡位控制
    //FTM 的引脚可在 fire_port_cfg.h
    //舵机初始化
    FTM_PWM_init(FTM1,FTM_CH0,100,15000);       //PTA8
    //电机初始化
    FTM_PWM_init(FTM0,FTM_CH2,20000,0);         //PWM 初始化,PTA5
    FTM_PWM_init(FTM0,FTM_CH3,20000,0);         //PTA6
    gpio_init(PTE25,GPO,1);                     //控制信号引脚初始化
    gpio_init(PTE24,GPO,0);
    gpio_init(PTE27,GPO,0);
    gpio_init(PTE26,GPO,1);
    g_fCarSpeedSet = 0;
    gpio_init(PTE2,GPI,0);                      //光电对管左
    gpio_init(PTE12,GPI,0);                     //光电对管右
    //编码器初始化
```

```
FTM_Input_init(FTM2,FTM_CH0,FTM_Rising);          //初始化 FTM 输入捕捉模式,上升沿捕捉
                                                  //(FTM2_CH0 为 PTA10)
port_init_NoALT(FTM2_CH0 ,PULLUP);                //配置端口为上拉(保留原先的复用配置)

FTM_Input_init(FTM2,FTM_CH1,FTM_Rising);          //初始化 FTM 输入捕捉模式,上升沿捕捉
                                                  //(FTM2_CH1 为 PTA11)
port_init_NoALT(FTM2_CH1 ,PULLUP);                //配置端口为上拉(保留原先的复用配置)
set_vector_handler(FTM2_VECTORn ,FTM2_INPUT_IRQHandler);
                                //设置 FTM2 的中断服务函数为 FTM2_INPUT_IRQHandler
enable_irq (FTM2_IRQn);                           //使能 FTM2 中断
//FTM_QUAD_Init(FTM2);
gpio_init(PTA16,GPI,0);
gpio_init(PTA19,GPI,0);                           //串口引脚 UART0_RX
gpio_init(PTB17,GPI,0);                           //UART0_tX
//初始化摄像头
//camera_init(imgbuff);
//配置中断复位函数
set_vector_handler(PORTA_VECTORn ,PORTA_IRQHandler);//设置 LPTMR 的中断复位函数
                                                  //为 PORTA_IRQHandler
set_vector_handler(DMA0_VECTORn ,DMA0_IRQHandler); //设置 LPTMR 的中断复位函数
                                                  //为 DMA0_IRQHandler

//LCD 屏初始化
Site_t site     = {0,0};                          //显示图像左上角位置
Size_t imgsize  = {CAMERA_W,CAMERA_H};            //图像大小
Size_t size;                                      //显示区域图像大小
LCD_init();
LCD_menu1();
size.H = 60;
size.W = 80;
//LED 初始化
led_init(LED0);                                   //初始化 LED0,PIT0 中断用到 LED0
led_init(LED1);
led_init(LED2);
led_init(LED3);
//------------------------LPTMR 红外接收--------------------
lptmr_pulse_init(LPT0_ALT1,0xFFFF,LPT_Falling);
    //初始化脉冲计数器,用 LPT0_ALT1,即 PTA19 输入,每隔 INT_COUNT 产生中断(需要开
    //中断才能产生中断),上升沿触发
//定时器初始化
pit_init_ms(PIT0,1);                              //初始化 PIT0,定时时间为:1 ms
set_vector_handler(PIT0_VECTORn ,PIT0_IRQHandler);
                                //设置 PIT0 的中断复位函数为 PIT0_IRQHandler
enable_irq (PIT0_IRQn);                           //使能 PIT0 中断
EnableInterrupts;                                 //中断允许
//鹰眼初始化
ov7725_eagle_img_flag = IMG_START;                //开始采集图像
PORTA_ISFR = ~0;                                  //写 1 清中断标志位(必须的,不然会导
                                                  //致一开中断就马上触发中断)
enable_irq(PORTA_IRQn);                           //允许 PTA 的中断
key_init(KEY_MAX);
gpio_init(PTD1,GPO,1);                            //蜂鸣器
```

```
//--------------------起步--------------------
  while(1)
{
  STOP
  led(LED3,LED_ON);
  gpio_init(PTD1,GPO,1);                      //蜂鸣器
  DELAY_MS(12);
  if(check_light() == 0)
  { DELAY_MS(50);
      if(check_light() == 0)
      break;
  }
}
speed_light = 1;
led(LED3,LED_OFF);
//--------------------运行--------------------
  while(1)
{
    gpio_set(PTD1,0);
    deal_key_event_xue();                     //按键处理函数
    if(Clear_Flag == 1)                       //显示调参菜单
    {
      display_menu();
      Clear_Flag = 0;
    }
    //蓝牙发送命令
    //sendimg(imgbuff,CAMERA_SIZE);
    var[0] = 10;
    var[1] = 20;//   (YOUT,ADC_8bit);
    var[2] = 30;
    var[3] = 40;
    //var[2] = 30;
    vcan_sendware((uint8 * )var,sizeof(var));
    DELAY_MS(10);
    if(menu_flag == 0)
    { site.x = 0;
        site.y = 0;
        LCD_Img(site,size,(uint8 * )img);        //显示赛道图像信息
        site.x = 90;
        site.y = 0;
        LCD_num_C(site,Direction_P,BLUE,RED);    //舵机 P
        site.x = 90;
        site.y = 20;
        LCD_num_C(site,Direction_D,BLUE,RED);    //舵机 D
        site.x = 90;
        site.y = 40;
        LCD_num_C(site,vare1,BLUE,RED);          //速度设定量 g_fCarSpeedSet
        site.x = 90;
        site.y = 60;
        LCD_num_C(site,g_fCarSpeedSet,BLUE,RED); //曲率 KAIGUAN,k1
        site.x = 90;
```

```
                        site.y = 80;
                        LCD_num_C(site,g_SPEED_CONTROL_P,BLUE,RED);//g_SPEED_CONTROL_P,
                        site.x = 90;
                        site.y = 100;
                        LCD_num_C(site,g_SPEED_CONTROL_I,BLUE,RED);//g_SPEED_CONTROL_I
                        site.x = 90;
                        site.y = 120;
                        LCD_num_C(site,g_SPEED_CONTROL_D,BLUE,RED);//g_SPEED_CONTROL_D
                }
        }
}
//------------------灯塔检测------------------
uint8 check_light(void)
{
        if((lighthouse>=8)&&(lighthouse<=yuzhi))
                return 1;
        else
                return 0;
}
void Lighthouse_Control()
{
    if(speed_light == 1)
    {
        if(check_light() == 1)
        {
        g_n10MS_delay_Count++;
        led(LED1,LED_ON);
        if(g_n10MS_delay_Count>20)
{
            light_on = 1;
            }
        if(light_on == 1)
            {
            g_n10MS_delay_Count = 0;
            }
        }
        else
        {
          led(LED1,LED_OFF);
          if(light_on == 1)
            {
              g_n10MS_delay_Count++;
              if(g_n10MS_delay_Count>20)
{
                light_off = 1;
                g_n10MS_delay_Count = 0;
            }
            }
          else g_n10MS_delay_Count = 0;
        }
    }
}
```

```
// ----------------------定时中断----------------------
void PIT0_IRQHandler(void)
{
    // vare1 = adc_once(ADC1_SE5a,ADC_8bit);
    // vare2 = adc_once(ADC1_SE6a,ADC_8bit);
    g_n1MSEventCount ++ ;                              //定时中端分时处理
    g_nSpeedControlPeriod ++ ;                         //速度控制周期
    // SpeedControlOutput();        //速度控制输出函数,将速度的变化量平均到 20 个周期内
    if(g_n1MSEventCount >= 5)                          //10 ms,方向控制
    {
        flashcount ++ ;
        g_nSpeedControlCount ++ ;
        g_nDirectionControlCount ++ ;
        if(g_nDirectionControlCount >= 2)
        {
        Lighthouse_Control();
        LPTMR0_CNR = 50;
        lighthouse = LPTMR0_CNR;
        lptmr_pulse_clean();
        DirectionControl();
        S3010Out((int)g_fDirectionControlOut);
        g_nDirectionControlCount = 0;
        }
        if(flashcount >= 3)
        {
        key_IRQHandler();
        flashcount = 0;
        }
        if(g_nSpeedControlCount >= 4)
        {
            GetMotorPulse();
            //g_fCarSpeedSet = 15;
            led_turn(LED0);
            if((speed_light == 1)&&(light_off == 0))
            {
            MotorControl();
            }
//if(light == 1)
            {
                if(light_off == 1)
                {
                led_turn(LED2);
                uint8 i;
                if(stop_light_flag == 0)
                {
                for(i = 1;i <= 15;i ++ )
                {
            BACK
                FTM_PWM_Duty(FTM0,FTM_CH2,800);
                FTM_PWM_Duty(FTM0,FTM_CH3,800);
```

```
                    DELAY_MS(30);
                 }
              stop_light_flag = 1;
            }
            STOP
          // FTM_PWM_Duty(FTM0,FTM_CH2,0);
          // FTM_PWM_Duty(FTM0,FTM_CH3,0);
          }
        }
          g_nSpeedControlCount = 0;
      }
    g_n1MSEventCount = 0;
  }
  PIT_Flag_Clear(PIT0);                              //清中断标志位
}
//-------------------PORTA 中断服务函数-------------------
void PORTA_IRQHandler()
{
    uint8  n = 0;                                    //引脚号
    uint32 flag = PORTA_ISFR;
    PORTA_ISFR  = ~0;                                //清中断标志位
    n = 29;                                          //场中断
    if(flag & (1 << n))                              //PTA29 触发中断
    {
        camera_vsync();
    }
#if 0                                               //鹰眼直接全速采集,不需要行中断
    n = 28;
    if(flag & (1 << n))                              //PTA28 触发中断
    {
        camera_href();
    }
#endif
}
//-------------------DMA0 中断服务函数-------------------
void DMA0_IRQHandler()
{
    //led (LED1,LED_ON);
    camera_dma();
    img_extract((uint8 * )img,imgbuff,CAMERA_SIZE);  //解压图像
    ov7725_eagle_img_flag = IMG_START;               //开始采集图像
    PORTA_ISFR = ~0; //写 1 清中断标志位(必须的,不然回导致一开中断就马上触发中断)
    enable_irq(PORTA_IRQn);                          //允许 PTA 的中断 */
    //sendimg(imgbuff,CAMERA_SIZE);
    //if(start_flag == 1)
    //   start_line();//起跑线检测
    get_center();
    saidao_panduan ();
    //make_line();
    piancha();
    //
```

```
}
//------------------------输入捕捉中断--------------------
void FTM2_INPUT_IRQHandler()
{
    uint8 s = FTM2_STATUS;                    //读取捕捉和比较状态
    //uint8 CHn;
    FTM2_STATUS = 0x00;                       //清中断标志位
    //CHn = 0;PTA10
    if( s & (1 << 0) )
    {
        irqflag ++ ;
        count1 ++ ;
    }
    // CHn = 1;PTA11
    else if( s & (1 << 1) )
        {
            irqflag ++ ;
            count2 ++ ;
        }
}
//------------------------挡位控制--------------------
void Gears_Control()
{
    switch(KAIGUAN)
    {
    case 0:
        //40 转匀速
        Speed_set = 40;
        Speed_P = 190;
        Speed_I = 2;
        compensate = 6;
        Speed_D = 10;
        //方向 PID
        Direct_P = 46;
        Direct_D = 90;
        //前瞻
        zhidao = 34;
        straight = 28;
        straight_d = 15;
        barrier = 50;
        g_chasu = 4;
        array = 25;
        //flash_gg = 0;
        break;
    case 1:
        //43 转匀速
        Speed_set = 43;
        Speed_P = 190;
        Speed_I = 2;
        compensate = 6;
        Speed_D = 10;
```

```
    //方向 PID
    Direct_P = 46;
    Direct_D = 90;
    //前瞻
    zhidao = 34;
    straight = 28;
    straight_d = 15;
    barrier = 50;
    g_chasu = 5;
    array = 25;
    break;
case 2:
    //45 转匀速
    Speed_set = 45;
    Speed_P = 195;
    Speed_I = 2;
    compensate = 7;
    Speed_D = 12;
    //方向 PID
    Direct_P = 46;
    Direct_D = 88;
    //前瞻
    zhidao = 33;
    straight = 27;
    straight_d = 17;
    barrier = 50;
    g_chasu = 6;
    array = 25;
    break;
case3:
    //48 转匀速
    Speed_set = 48;
    Speed_P = 200;
    Speed_I = 2;
    compensate = 8;
    Speed_D = 15;
    //方向 PID
    Direct_P = 46;
    Direct_D = 88;
    //前瞻
    zhidao = 33;
    straight = 27;
    straight_d = 17;
    barrier = 50;
    g_chasu = 7;
    array = 25;
    break;
case 4:
    //50 转匀速
    Speed_set = 50;
    Speed_P = 210;
```

```
        Speed_I = 2;
        compensate = 9;
        Speed_D = 15;
        //方向 PID
        Direct_P = 46;
        Direct_D = 90;
        //前瞻
        zhidao = 31;
        straight = 25;
        straight_d = 18;
        barrier = 50;
        g_chasu = 8;
        array = 26;
        break;
    case 5:
        //55 转匀速
        Speed_set = 55;
        Speed_P = 240;
        Speed_I = 2;
        compensate = 12;
        Speed_D = 15;
        //方向 PID
        Direct_P = 46;
        Direct_D = 90;
        //前瞻
        zhidao = 29;
        straight = 23;
        straight_d = 20;
        barrier = 50;
        g_chasu = 9;
        array = 28;
        break;
    }
}
```

参考文献

[1] 童诗白,华成英.模拟电子技术基础[M].3 版.北京:高等教育出版社,2001.

[2] 康华光.电子技术基础 模拟部分[M].4 版.北京:高等教育出版社,2001.

[3] 周润景,李志,张大山.Altium Designer 原理图与 PCB 设计[M].3 版.北京:电子工业出版社,2015.

[4] 戴凤智,刘波,岳远里.机器人设计与制作[M].北京:化学工业出版社,2016.

[5] 周润景,张丽娜.Protel 99 SE 原理图与印制电路板设计[M].北京:电子工业出版社,2008.

[6] 杨小川.Protel DXP 设计指导教程[M].北京:清华大学出版社,2003.